"十四五"时期国家重点出版物出版专项规划项目
航天先进技术研究与应用系列
工业和信息化部"十四五"规划教材

现代电路分析与综合（第2版）

Analysis and Synthesis of Modern Circuit

刘洪臣 齐 超 霍 炬 王有政 主编

新形态教材

哈爾濱工業大學出版社
HARBIN INSTITUTE OF TECHNOLOGY PRESS

内容简介

本书系统介绍了现代电路理论的基础知识，内容涵盖网络分析和网络综合。全书共9章，包括网络方程的矩阵形式、网络的拓扑分析、网络的灵敏度分析、开关网络分析、电力变换器的非线性动力学分析、无源网络综合、无源二端口网络的性质与综合、滤波器逼近方法及有源网络综合。

本书适合作为高等学校电气工程、电子信息类专业硕士研究生的教学用书，也可作为大学本科电类专业学生的课外选修用书及相关领域科技人员的参考书。

图书在版编目(CIP)数据

现代电路分析与综合/刘洪臣等主编. —2版. —哈尔滨：哈尔滨工业大学出版社，2024.5

(航天先进技术研究与应用系列)

ISBN 978－7－5767－1021－2

Ⅰ.①现… Ⅱ.①刘… Ⅲ.①电路分析 Ⅳ.①TM133

中国国家版本馆CIP数据核字(2023)第164441号

策划编辑 王桂芝
责任编辑 陈雪巍
出版发行 哈尔滨工业大学出版社
社 址 哈尔滨市南岗区复华四道街10号 邮编 150006
传 真 0451-86414749
网 址 http://hitpress.hit.edu.cn
印 刷 哈尔滨市工大节能印刷厂
开 本 787 mm×1 092 mm 1/16 印张 16 字数 379千字
版 次 2014年8月第1版 2024年5月第2版
2024年5月第1次印刷
书 号 ISBN 978－7－5767－1021－2
定 价 68.00元

再版前言

“现代电路理论”是电气工程、电子信息及相关专业学生的专业基础课，是“电路理论基础”课程的延伸和扩展。其中，网络分析和网络综合是该课程的两大主要内容。通过本书的学习，可使电气相关领域的学生熟练掌握现代电路分析与综合常用的理论和方法，加强其独立分析电路理论问题及解决工程实际问题的能力。“十二五”国家重点图书出版规划项目《现代电路分析与综合》于2014年出版至今已近10年，随着时代的发展，教学内容及教学模式都发生了相应改变，为适应新时代教育教学改革的需求，以及面向电气工程领域新工科发展的需要，于2021年初启动了本书的修订工作（本书入选了“哈尔滨工业大学‘双一流’建设精品出版工程项目”）。编者首先考查了国内外相关专业该课程的授课计划，重新梳理了本书的体系结构，注意本书的系统性、科学性和先进性，突出知识性和实用性。在无源网络综合部分补充了无源 *RL* 一端口的实现、无源 *RLCM* 一端口的实现、无源二端口网络的性质与综合等方面的内容，把无源网络综合从一端口网络综合扩展到了二端口网络综合，从 *RC*、*LC* 综合扩展到了 *RLCM* 的综合。此外，将部分授课视频以二维码的形式融入教材，构造“纸质版＋视频讲解”的新形态教材，并在部分章节后增加习题，使本书讲练结合，适用于学生培养。

全书共9章，前4章主要内容是网络分析，第5章为非线性开关电路分析，后4章主要内容是网络综合。第1章介绍了网络图论基本概念，推导了网络方程的矩阵形式，介绍了状态方程与网络函数的关系。第2章利用拓扑介绍了含受控源网络的系统分析方法，推导了有或无多端元件时二端口网络函数拓扑公式。第3章对网络灵敏度的分析方法（增量网络法、伴随网络法及符号网络法）进行了介绍，最后利用互易定理分析了响应对激励的灵敏度。第4章首先介绍了开关电容等效电阻的原理，从频域、s 域到 z 域分析了几种基本单元电路，其次介绍了开关电容网络在DC－DC变换器性能改善方面的应用，最后简要介绍了开关电流滤波器。第5章对电力变换器（DC－DC，DC－AC）的离散迭代映射模型及非线性动力学进行介绍，分析了系统参数对系统性能的影响，本部分是编者相关研究工作的总结。第6章介绍了无源网络综合的基本知识，这是网络综合的基础。该部分同时介绍了正实函数、无源 *RC* 及 *LC* 一端口网络的福斯特综合法和考尔综合法等内容。第7章对无源二端口网络进行了介绍，包括无源二端口网络的性质，梯形电路的实现等内容。第8章介绍了几种常用的滤波器的逼近方法，包括巴特沃斯逼近、切比雪夫逼近、椭圆逼近及贝塞尔逼近。第9章对有源网络综合进行介绍，重点讲解了二阶有源网络的综合方法。

本书第 1 章由霍炬编写,第 2、3、4 章由齐超编写,第 5、6、7、8、9 章由刘洪臣编写,王有政完成部分习题的编写。全书由刘洪臣统稿。在本书的编写过程中,大连理工大学陈希有教授提出了很多宝贵的意见,并得到了哈尔滨工业大学电工基础教研室老师的关心和支持,在此一并表示感谢。

由于编者水平有限,书中难免存在疏漏和不足,希望同行专家、学者及读者批评指正,以便进一步改进和提高。

刘洪臣
2024 年 3 月
于哈尔滨

第1版前言

本书是电气工程、电子信息及其相关专业学生的专业基础课教材，是“电路理论基础”课程的延伸和扩展。其中，“网络分析”和“网络综合”是本门课程的两大主要内容。通过本书的学习，可使电气相关领域的学生熟练掌握现代电路分析与综合常用的理论和方法，加强学生独立分析电路理论问题及解决工程实际问题的能力。

本书编者长期以来一直从事电路理论本科教学及网络分析的研究生教学工作，本书内容是编者根据多年的教学和科研体会，并在参考了相关文献的基础上编写的。全书共8章，前5章主要内容是网络分析，后3章主要内容是网络综合。第1章介绍了网络图论，推导了网络分析方程的矩阵形式；第2章利用拓扑介绍了含受控源网络系统分析方法，推导了网络函数拓扑公式；第3章对网络灵敏度的分析方法（增量网络法、伴随网络法及符号网络法）进行了介绍，最后利用互易定理分析了响应对激励的灵敏度；第4章首先介绍了开关电容等效电阻的原理，从频域、s域到z域分析了几种基本单元电路，其次介绍了开关电容网络在DC－DC变换器性能改善方面的应用，最后简要介绍了开关电流滤波器；第5章对电力变换器（DC－DC，DC－AC）的离散迭代映射模型及非线性动力学进行了介绍，分析了系统参数对系统性能的影响，本部分是编者相关研究工作的总结；第6章介绍了无源网络综合的基本知识，这是网络综合的基础，该部分同时介绍了正实函数、无源RC，LC一端口网络的福斯特综合法和考尔综合法等内容；第7章介绍了几种常用滤波器的逼近方法，包括巴特沃斯逼近、切比雪夫逼近、椭圆逼近及贝塞尔逼近；第8章对有源网络综合的基础进行了介绍，重点讲解了二阶有源网络的综合方法。

本书由刘洪臣、齐超和霍炬共同编写，其中第1章由霍炬编写，第2，3，4章由齐超编写，第5，6，7，8章由刘洪臣编写，全书由刘洪臣统稿。大连理工大学陈希有教授对本书的编写提出了很多宝贵的意见，哈尔滨工业大学电工基础教研室的老师也给予了大力支持与帮助，在此一并感谢。

由于编者水平有限，书中难免存在疏漏和不妥之处，希望同行专家、学者及读者批评指正，以便进一步改进和提高。

编　者

2014年6月

目　　录

第1章　网络方程的矩阵形式

图论是研究自然科学、工程技术、经济管理、医学心理学及社会问题的一个重要工具，是数学领域拓扑学的一部分，在电力、交通、物流、信息等网络领域有许多成功的应用。对于明确的有穷系统的结构，图论看起来直观易懂，便于理解。本章通过线图(即点和线连接而成的几何图形)抽象模拟比较复杂的电网络，对形象直观的线图性质进行研究，得到各种网络的分析方法与综合方法。

1.1　网络图论基本概念

网络图论
基本概念

网络图论(graph theory)是拓扑学在电网络理论研究中的实际应用。当只考虑电网络的连接关系时，可将元件用支路表示，元件的端点用节点表示。本节将介绍网络图论的相关基本概念。

1. 网络线图

网络线图是由元件线图连接而成，即只由点(节点)和线(支路)抽象出的与原电网络具有相同连接方式的几何图形，它更突出体现了电路的结构特征，可简称为线图或图。电桥电路如图 1.1.1(a)所示，其中只含二端元件，相应的网络线图如图 1.1.1(b)所示。网络线图的节点和支路与电桥电路的节点和支路一一对应。

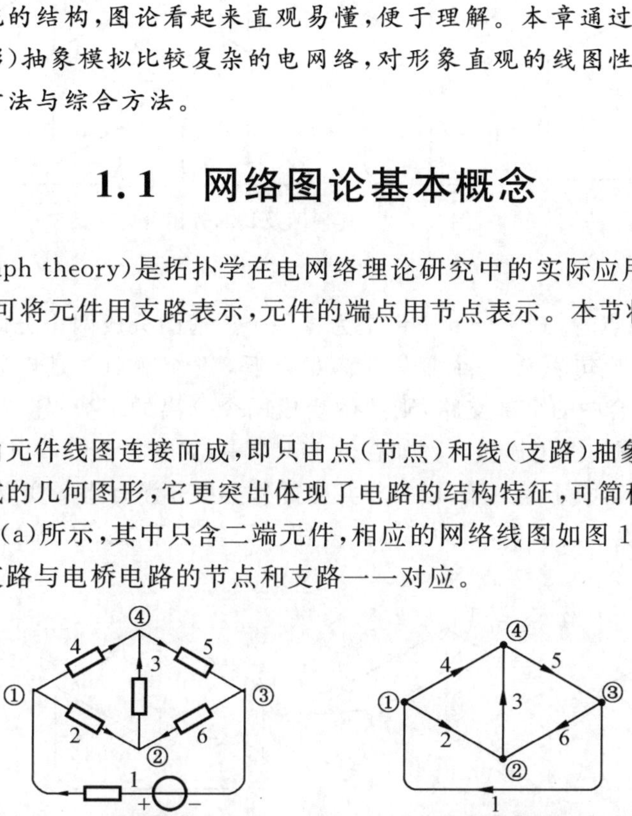

(a) 电桥电路　　(b) 网络线图

图 1.1.1　电桥电路和相应的网络线图

从网络图论的观点可知，线图是由节点和支路组成的集合，其中每条支路的两端都连到相应的节点上，但也允许节点孤立存在，通常用符号 G 表示。线图的特点是：①去掉节点时，节点上连接的支路要一并去掉；②去掉支路时，支路两端的节点要予以保留。线图的任一部分称为子图(subgraph)。如果线图的任意两个节点之间至少存在一条路径，则称为连通图(joint graph)。从任一节点出发，经过若干节点和支路所形成的闭合路径，称为回路(loop)。如果线图的全部支路都可以画在一个平面上且各不相交，则称为平面图(planar circuit)。若线图的所有支路均标明了方向，则称为有向图(directed graph)。

2. 树

网络图论中，树(tree)是一个重要的基本概念。连通图的树是一个包含全部节点而

树和割集

不形成回路的连通子图。属于树的支路称为树支(tree branch),其余支路称为连支(link branch)。图 1.1.2 画出连通图 1.1.1(b)的 8 个树(该图共有 16 个树)。每个树的树支数都是 3,可以这样来理解:首先画出 4 个节点,然后用一条支路将两个节点相连,之后依次连入其他每个节点,只需增加一条支路,这样用 3 条支路就可将全部节点连成树。推广:一个具有 n 个节点的连通图,其每个树的树支数都是 $n-1$。如果分别用 b、b_t、b_l 表示支路数、树支数和连支数,则有 $b_t=n-1$,$b_l=b-(n-1)$。

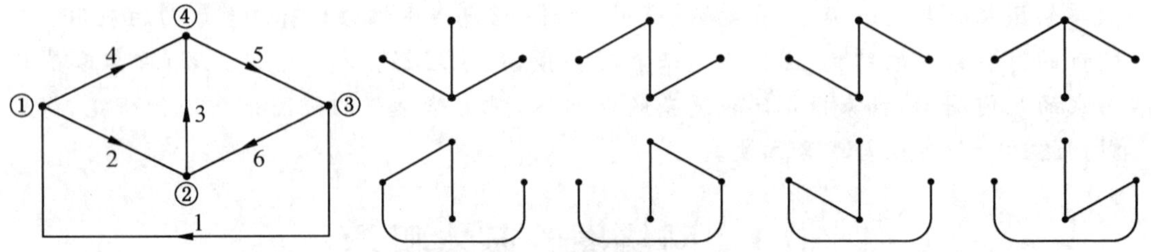

图 1.1.2　连通图及其部分树

3. 割集

从网络图论观点看,割集(cut-set)是为将一个连通图分成两个分离部分必须割断而移去的支路集合。换句话说,一个割集应满足以下 3 个条件:① 是连通图的一个支路集合;② 若移去此集合中的全部支路,则此图变成两个分离的部分;③ 若少移去该集合中的任一支路,则剩下的图仍连通。例如在图 1.1.3 中,支路集合{1,2,4}和{1,3,4,6}是割集,而支路集合{2,3,5}不是割集,因为将其全部移去后并没有将图变成两个分离部分;支路集合{3,4,5,6}也不是割集,因为将支路 6 留下而将支路 3、4、5 移去,剩下的线图仍非连通。

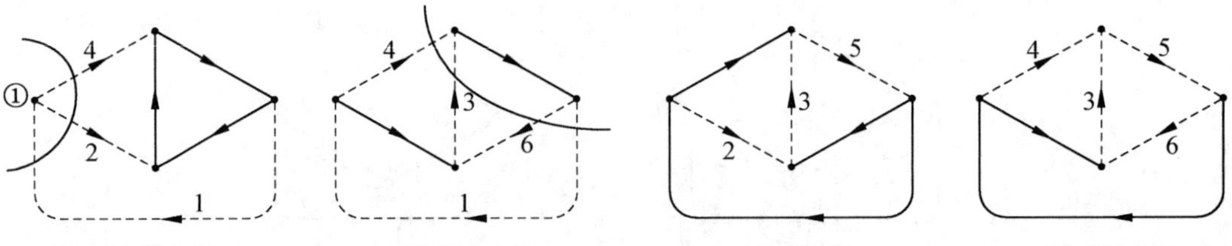

(a) {1,2,4}　　(b) {1,3,4,6}　　(c) {2,3,5}　　(d) {3,4,5,6}

图 1.1.3　割集与非割集示例

1.2　独立的基尔霍夫定律方程

电网络的两个基本定律是基尔霍夫电流定律(简称 KCL)和基尔霍夫电压定律(简称 KVL)。对某一具体电网络,通常可以列写许多 KCL 方程和 KVL 方程(即基尔霍夫定律方程),但是所有这些方程并不都是独立的。本节研究如何列写独立的基尔霍夫定律方程。

独立的
KCL 方程

1.2.1　独立的基尔霍夫电流定律方程

基尔霍夫电流定律可以用于闭合面，即流出闭合面的支路电流代数和恒等于零。有了割集的概念，基尔霍夫电流定律便可表述成：集中参数电路中，流入任意割集各支路的电流代数和恒等于零。一个线图存在许多不同的割集，每个割集都对应一个 KCL 方程，但并不都是独立的。如果对一组割集所列写的 KCL 方程是独立的，则这组割集称为独立割集。下面借助树讨论独立割集即 KCL 方程的独立性问题。

对线图任选一树，取一树支和若干必要连支只能得到一个单树支割集，称为基本割集(fundamental cut-set)，其方向规定为所含的树支方向。显然仅由连支不可能组成割集，因为移去连支后，剩余树是连通的，不符合割集条件②，所以每一个割集至少要包括一条树支。

以图 1.2.1 (a)为例研究基本割集的性质。图 1.2.1(b)～1.2.1(d)中 3 个基本割集 C_1、C_2、C_3分别对应树支 1、2、3，如图中与闭合虚线相交的支路。

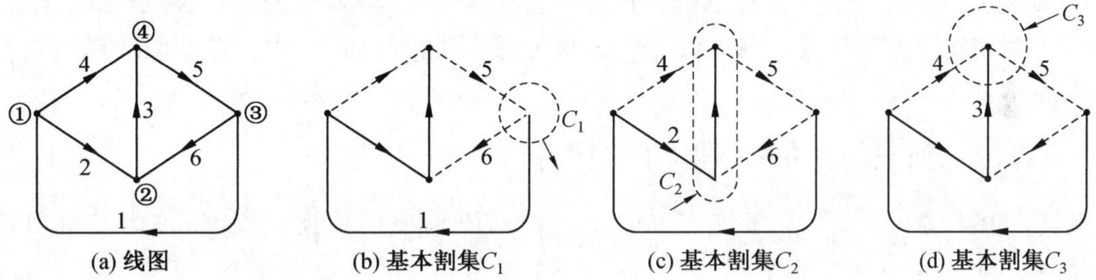

图 1.2.1　基本割集

这 3 个基本割集的 KCL 方程为

基本割集 C_1：
$$i_1 - i_5 + i_6 = 0 \tag{1.2.1a}$$
基本割集 C_2：
$$i_2 + i_4 - i_5 + i_6 = 0 \tag{1.2.1b}$$
基本割集 C_3：
$$i_3 + i_4 - i_5 = 0 \tag{1.2.1c}$$

显然这 3 个方程是相互独立的，因为每个方程都包含一个不同的树支电流，其中任一方程不可能通过其他方程线性组合而得。其他割集，例如支路 1、2、4，其 KCL 方程：$-i_1 + i_2 + i_4 = 0$ 就可通过式(1.2.1b)减式(1.2.1a)得出，因而是不独立的。推广为一般情况：基本割集的 KCL 方程是一组独立方程，方程的数目等于树支数 $b_t = n-1$，基本割集是一组独立割集。

式(1.2.1a)～(1.2.1c)经变换得到

$$i_1 = i_5 - i_6 \tag{1.2.2a}$$
$$i_2 = -i_4 + i_5 - i_6 \tag{1.2.2b}$$
$$i_3 = -i_4 + i_5 \tag{1.2.2c}$$

可见，树支电流可以表达成连支电流的线性组合。此外，因为树是连通的，仅由连支不能形成割集，所以任一连支电流不能仅通过 KCL 表达成其他连支电流的线性组合。于是得出结论：在全部支路电流中，连支电流是一组独立变量，个数等于连支数 $b_l = b-(n-1)$。

必须指出，按基本割集列写的 $n-1$ 个 KCL 方程只是保证方程独立的充分条件非必要条件。其实,随意选取 $n-1$ 个节点列写的 KCL 方程便是独立的,所选取的 $n-1$ 个节点称为独立节点(independent nodes)。例如图 1.2.1(a)中共有 4 个节点,列写每一节点的 KCL 方程为

节点①：　$-i_1+i_2+i_4=0$　(1.2.3a)

节点②：　$-i_3-i_4+i_5=0$　(1.2.3b)

节点③：　$i_1-i_5+i_6=0$　(1.2.3c)

节点④：　$-i_2+i_3-i_6=0$　(1.2.3d)

综观这 4 个方程,每一支路电流都出现两次,一次带"+"号,一次带"−"号。如果将此 4 个方程相加,等号左侧电流全部相消,所以其中至少有一式相对不独立。任意去掉一个节点的 KCL 方程,在剩下的 3 个方程中,与该节点相关联的电流均只出现一次。这 3 个剩下的方程左边的任意线性组合均不可能使电流全部相消,因而是独立的。此外,所去掉的节点的 KCL 方程可以由其他节点的 KCL 方程的线性组合而得。例如将式(1.2.3a)~(1.2.3c)相加后再取负号,即得式(1.2.3d)。

显然,对 $n-1$ 个节点列写 KCL 方程要比对 $n-1$ 个基本割集列写 KCL 方程方便。故在一般情况下常用独立节点 KCL 方程,只是在某些特殊场合,才不得不借助树的概念列写基本割集 KCL 方程。

独立的
KVL 方程

1.2.2　独立的基尔霍夫电压定律方程

对线图任选一树,取一条连支和若干必要树支形成的单连支回路,称为基本回路(fundamental loop),其方向规定为所含的连支方向。显然仅由树支不可能组成回路,这是因为树本身不含回路,每一个回路中至少要包括一条连支。

以图 1.2.2 为例研究基本回路的性质。图中有 3 个基本回路 l_1、l_2、l_3,分别对应连支 4、5、6。这 3 个基本回路的 KVL 方程为

基本回路 l_1：　$u_4-u_3-u_2=0$　(1.2.4a)

基本回路 l_2：　$u_5+u_1+u_2+u_3=0$　(1.2.4b)

基本回路 l_3：　$u_6-u_2-u_1=0$　(1.2.4c)

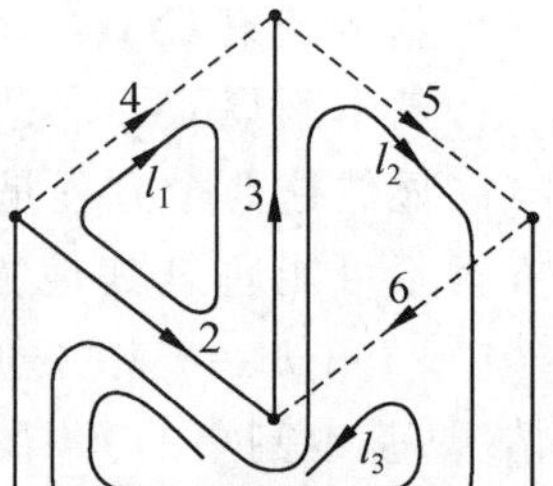

图 1.2.2　基本回路

显然这 3 个方程是相互独立的,因为每个方程都包含一个不同的连支电压。对基本回路以外的回路列写的 KVL 方程都可由基本回路的 KVL 方程线性组合得到,因而是不独立的。推广到一般情况:对基本回路列写的 KVL 方程是一组独立方程,方程的数目等于连支数 $b_l=b-(n-1)$,基本回路是一组独立回路。

式(1.2.4a)~(1.2.4c)经变换得到

$$u_4=u_2+u_3 \tag{1.2.5a}$$

$$u_5=-u_1-u_2-u_3 \tag{1.2.5b}$$

$$u_6=u_1+u_2 \tag{1.2.5c}$$

说明连支电压 u_4、u_5、u_6 可以用树支电压 u_1、u_2、u_3 的线性组合表示。但是任一树支电压不能仅由 KVL 表达成其他树支电压的线性组合,这是因为仅由树支不能形成回路。于是得出结论:在全部支路电压中,树支电压是一组独立变量,个数等于树支数 $b_t=n-1$。

还须说明，取基本回路只是列写独立的 KVL 方程的一个充分非必要条件。实际上，如果每取一个回路都至少包含一条新支路，那么所有 $b-(n-1)$ 个回路的 KVL 方程也是独立的。

1.2.3　基尔霍夫定律的基本回路矩阵形式

独立的 KCL/KVL 基本回路矩阵形式

对于有 n 个节点、b 条支路的连通图，当选定一树后，便唯一确定了一组基本回路。基本回路矩阵(fundamental loop matrix)用于描述基本回路与各支路的关联关系，用 $\boldsymbol{B}$ 表示。$\boldsymbol{B}$ 的行对应基本回路、列对应支路，$\boldsymbol{B}$ 是 $b_l \times b$ 矩阵，其元素为

$$b_{ij}=\begin{cases}1,\text{基本回路 } i \text{ 包含支路 } j\text{，且二者方向相同；}\\-1,\text{基本回路 } i \text{ 包含支路 } j\text{，但二者方向相反；}\\0,\text{基本回路 } i \text{ 不包含支路 } j\end{cases} \tag{1.2.6}$$

例如，对图 1.2.2 所示的基本回路，按基本回路的定义，可写出如下矩阵：

$$\boldsymbol{B}=\begin{matrix}l_1\\l_2\\l_3\end{matrix}\begin{bmatrix}0 & -1 & -1 & 1 & 0 & 0\\1 & 1 & 1 & 0 & 1 & 0\\-1 & -1 & 0 & 0 & 0 & 1\end{bmatrix} \tag{1.2.7}$$

如支路的编号顺序按照先树支后连支，并且基本回路的编号顺序与连支的编号顺序一致，则在矩阵 $\boldsymbol{B}$ 的右端必定出现 $b_l \times b_l$ 的单位矩阵。

下面将基尔霍夫定律表达成基本回路矩阵形式。

(1) 基本回路对应的 KVL 方程是一组独立方程。对图 1.2.2 所示的基本回路列写 KVL 方程并表达成矩阵形式：

$$\begin{bmatrix}0 & -1 & -1 & 1 & 0 & 0\\1 & 1 & 1 & 0 & 1 & 0\\-1 & -1 & 0 & 0 & 0 & 1\end{bmatrix}\begin{bmatrix}u_1\\u_2\\u_3\\u_4\\u_5\\u_6\end{bmatrix}=\begin{bmatrix}\sum\limits_{\text{回路}l_1}u\\\sum\limits_{\text{回路}l_2}u\\\sum\limits_{\text{回路}l_3}u\end{bmatrix}=\begin{bmatrix}0\\0\\0\end{bmatrix} \tag{1.2.8}$$

将式(1.2.8)推广到一般情况，设 $\boldsymbol{U}$ 为支路电压列矢量，则 KVL 的基本回路矩阵形式为

$$\boldsymbol{BU}=\boldsymbol{0} \tag{1.2.9}$$

(2) 接下来分析 KCL 方程。连支电流是一组独立变量，可以用来表达全部支路电流。利用基本割集上的 KCL 方程，能够将树支电流表达成连支电流的代数和。对图 1.2.1 所示的基本割集列写 KCL 方程并表达成矩阵形式：

$$\begin{bmatrix}0 & 1 & -1\\-1 & 1 & -1\\-1 & 1 & 0\end{bmatrix}\begin{bmatrix}i_4\\i_5\\i_6\end{bmatrix}=\begin{bmatrix}i_1\\i_2\\i_3\end{bmatrix} \tag{1.2.10}$$

再将上述方程扩展到全部支路电流，则有

$$\begin{bmatrix} 0 & 1 & -1 \\ -1 & 1 & -1 \\ -1 & 1 & 0 \\ 1 & 0 & 0 \\ 0 & 1 & 0 \\ 0 & 0 & 1 \end{bmatrix} \begin{bmatrix} i_4 \\ i_5 \\ i_6 \end{bmatrix} = \begin{bmatrix} i_1 \\ i_2 \\ i_3 \\ i_4 \\ i_5 \\ i_6 \end{bmatrix} \tag{1.2.11}$$

将式(1.2.11)推广到一般情况,设连支电流列矢量为 $\boldsymbol{I}_l = [i_{l1} \quad i_{l2} \quad \cdots \quad i_{lb_l}]^T$,则 KCL 的基本回路矩阵形式为

$$\boldsymbol{B}^T \boldsymbol{I}_l = \boldsymbol{I} \tag{1.2.12}$$

式中,$\boldsymbol{I}$ 为支路电流列矢量。

独立的 KCL/KVL 基本割集矩阵形式

1.2.4 基尔霍夫定律的基本割集矩阵形式

对于有 n 个节点、b 条支路的连通图,当选定一树后,便也唯一确定了一组基本割集。基本割集与各支路的关联关系可以用基本割集矩阵(fundamental cut-set matrix)$\boldsymbol{C}$ 来表示。$\boldsymbol{C}$ 的行对应基本割集、列对应支路,其元素为

$$c_{ij} = \begin{cases} 1, \text{基本割集 } i \text{ 包含支路 } j\text{,且二者方向相同;} \\ -1, \text{基本割集 } i \text{ 包含支路 } j\text{,但二者方向相反;} \\ 0, \text{基本割集 } i \text{ 不包含支路 } j \end{cases} \tag{1.2.13}$$

例如,对图 1.2.3 所示的基本割集,按基本割集的定义,可写出如下矩阵:

$$\boldsymbol{C} = \begin{matrix} C_1 \\ C_2 \\ C_3 \end{matrix} \begin{bmatrix} 1 & 0 & 0 & 0 & -1 & 1 \\ 0 & 1 & 0 & 1 & -1 & 1 \\ 0 & 0 & 1 & 1 & -1 & 0 \end{bmatrix} \tag{1.2.14}$$

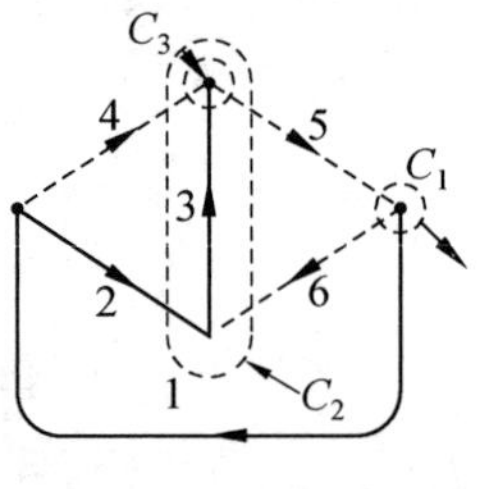

图 1.2.3　基本割集

如支路的编号顺序按照先树支后连支,并且基本割集的编号顺序与树支的编号顺序一致,则在矩阵 $\boldsymbol{C}$ 的左端必定出现 $b_t \times b_t$ 的单位矩阵。

下面将基尔霍夫定律方程表达成基本割集矩阵形式。

(1) 基本割集对应的 KCL 方程是一组独立方程。对图 1.2.3 所示的基本割集列写 KCL 方程并表达成矩阵形式:

$$\begin{bmatrix} 1 & 0 & 0 & 0 & -1 & 1 \\ 0 & 1 & 0 & 1 & -1 & 1 \\ 0 & 0 & 1 & 1 & -1 & 0 \end{bmatrix} \begin{bmatrix} i_1 \\ i_2 \\ i_3 \\ i_4 \\ i_5 \\ i_6 \end{bmatrix} = \begin{bmatrix} \sum\limits_{\text{流出割集}C_1} i \\ \sum\limits_{\text{流出割集}C_2} i \\ \sum\limits_{\text{流出割集}C_3} i \end{bmatrix} = \begin{bmatrix} 0 \\ 0 \\ 0 \end{bmatrix} \tag{1.2.15}$$

与式(1.2.14)对比可见,上述方程的系数矩阵刚好是图 1.2.3 的基本割集矩阵。

将式(1.2.15)推广到一般情况,设 $\boldsymbol{I}$ 为支路电流列矢量,则 KCL 的基本割集矩阵形式为

$$\boldsymbol{C}\boldsymbol{I}=\boldsymbol{0} \tag{1.2.16}$$

(2) 接下来分析 KVL 方程。树支电压是一组独立变量，可以用来表达全部支路电压。利用基本回路上的 KCL 方程，能够将连支电压表达成树支电压的代数和。对图 1.2.2 所示的基本回路列写 KCL 方程并表达成矩阵形式为

$$\begin{bmatrix}0 & 1 & 1\\ -1 & -1 & -1\\ 1 & 1 & 0\end{bmatrix}\begin{bmatrix}u_1\\ u_2\\ u_3\end{bmatrix}=\begin{bmatrix}u_4\\ u_5\\ u_6\end{bmatrix} \tag{1.2.17}$$

再将上述方程扩展到全部支路电压，则有

$$\begin{bmatrix}1 & 0 & 0\\ 0 & 1 & 0\\ 0 & 0 & 1\\ 0 & 1 & 1\\ -1 & -1 & -1\\ 1 & 1 & 0\end{bmatrix}\begin{bmatrix}u_1\\ u_2\\ u_3\end{bmatrix}=\begin{bmatrix}u_1\\ u_2\\ u_3\\ u_4\\ u_5\\ u_6\end{bmatrix} \tag{1.2.18}$$

将式(1.2.18) 推广到一般情况，设树支电压列矢量为 $\boldsymbol{U}_\mathrm{t}=[u_{\mathrm{t}1}\quad u_{\mathrm{t}2}\quad \cdots\quad u_{\mathrm{t}b_\mathrm{t}}]^\mathrm{T}$，则 KVL 的基本割集矩阵形式为

$$\boldsymbol{C}^\mathrm{T}\boldsymbol{U}_\mathrm{t}=\boldsymbol{U} \tag{1.2.19}$$

1.2.5　基尔霍夫定律方程的关联矩阵形式

独立的 KCL/KVL 关联矩阵形式

由 1.1 节得知，网络线图可以用来表示电路的结构，即表示电路的节点、支路及其连接关系，这种相互关联关系也可以用一个矩阵来表示。对于有 n 个节点、b 条支路的网络线图，定义一个矩阵 $\boldsymbol{A}_\mathrm{a}$，其行对应节点、列对应支路，矩阵中第 i 行第 j 列元素为

$$a_{ij}=\begin{cases}1\text{，当支路 } j \text{ 从节点 } i \text{ 连出；}\\ -1\text{，当支路 } j \text{ 向节点 } i \text{ 连入；}\\ 0\text{，当支路 } j \text{ 与节点 } i \text{ 不直接相连}\end{cases} \tag{1.2.20}$$

由此写出的矩阵 $\boldsymbol{A}_\mathrm{a}$ 称为网络线图的[节点支路] 关联矩阵(incidence matrix)。例如，对图 1.1.1 所示的电桥电路和相应的网络线图，其关联矩阵为

$$\boldsymbol{A}_\mathrm{a}=\begin{bmatrix}-1 & 1 & 0 & 1 & 0 & 0\\ 0 & -1 & 1 & 0 & 0 & -1\\ 1 & 0 & 0 & 0 & -1 & 1\\ 0 & 0 & -1 & -1 & 1 & 0\end{bmatrix} \tag{1.2.21}$$

由关联矩阵的定义可知，$\boldsymbol{A}_\mathrm{a}$ 的每一列有且仅有两个非零元素，分别是 1 和 −1，每一列元素之和均为零。所以，$\boldsymbol{A}_\mathrm{a}$ 的任意一行都可由其他 $n-1$ 行来确定，$\boldsymbol{A}_\mathrm{a}$ 只有 $n-1$ 个独立行。因此，可将 $\boldsymbol{A}_\mathrm{a}$ 的任意一行省略(通常省略参考节点对应的行)，得到一个降阶关联矩阵(reduced incidence matrix)，记为 $\boldsymbol{A}$。例如，对式(1.2.21) 所示的关联矩阵，除去节点 ④ 对应的第 4 行，则降阶关联矩阵为

$$\boldsymbol{A}=\begin{bmatrix}-1 & 1 & 0 & 1 & 0 & 0\\ 0 & -1 & 1 & 0 & 0 & -1\\ 1 & 0 & 0 & 0 & -1 & 1\end{bmatrix} \tag{1.2.22}$$

由于实际应用中常用降阶关联矩阵,所以将“降阶”两字省略,简称关联矩阵。

关联矩阵与网络线图一一对应。从它的行可以得知与该行对应节点相连的支路情况;从它的列可以得知与该列对应支路所连接的节点情况。关联矩阵、基本回路矩阵和基本割集矩阵都是网络线图的一种数学表示,这种表示便于对网络线图进行各种数学计算。这些矩阵可以从已知的网络线图根据定义分别得到;反过来,从已知的任意一种矩阵,不难画出对应的网络线图。

基尔霍夫定律与元件性质无关,仅取决于电路结构。因此,也可以利用网络线图的关联矩阵来列写电路的基尔霍夫定律方程。例如,对图 1.1.1(b) 所示网络线图的独立节点 ①、②、③ 列写 KCL 方程并表达成矩阵形式:

$$\begin{bmatrix} -1 & 1 & 0 & 1 & 0 & 0 \\ 0 & -1 & 1 & 0 & 0 & -1 \\ 1 & 0 & 0 & 0 & -1 & 1 \end{bmatrix} \begin{bmatrix} i_1 \\ i_2 \\ i_3 \\ i_4 \\ i_5 \\ i_6 \end{bmatrix} = \begin{bmatrix} 0 \\ 0 \\ 0 \end{bmatrix} \tag{1.2.23}$$

这一结果不难从关联矩阵的定义来理解。将式(1.2.23) 推广到一般情况,将 b 个支路电流写成支路电流列矢量 $\boldsymbol{I} = [i_1 \quad i_2 \quad \cdots \quad i_b]^{\mathrm{T}}$,则 KCL 方程的关联矩阵形式为

$$\boldsymbol{AI} = \boldsymbol{0} \tag{1.2.24}$$

下面分析KVL方程。选图1.1.1的节点④为参考点,用节点电压之差表示支路电压并写成矩阵形式,则得图 1.1.1 的 KVL 方程为

$$\begin{bmatrix} -1 & 0 & 1 \\ 1 & -1 & 0 \\ 0 & 1 & 0 \\ 1 & 0 & 0 \\ 0 & 0 & -1 \\ 0 & -1 & 1 \end{bmatrix} \begin{bmatrix} u_{\mathrm{n1}} \\ u_{\mathrm{n2}} \\ u_{\mathrm{n3}} \end{bmatrix} = \begin{bmatrix} u_1 \\ u_2 \\ u_3 \\ u_4 \\ u_5 \\ u_6 \end{bmatrix} \tag{1.2.25}$$

将式(1.2.25) 推广到一般情况,设网络有 n 个节点、b 条支路,第 n 号节点为参考节点,支路电压和节点电压列矢量分别记作

$$\boldsymbol{U} = [u_1 \quad u_2 \quad \cdots \quad u_b]^{\mathrm{T}}, \quad \boldsymbol{U}_{\mathrm{n}} = [u_{\mathrm{n1}} \quad u_{\mathrm{n2}} \quad \cdots \quad u_{\mathrm{n},n-1}]^{\mathrm{T}}$$

则 KVL 方程的关联矩阵形式为

$$\boldsymbol{A}^{\mathrm{T}}\boldsymbol{U}_{\mathrm{n}} = \boldsymbol{U} \tag{1.2.26}$$

1.2.6 网络矩阵之间的关系

前面分别定义了三种网络矩阵,它们都可以用来表示网络的结构信息。其中基本回路矩阵 $\boldsymbol{B}$ 和基本割集矩阵 $\boldsymbol{C}$ 还反映了所选择的树。因此,这些矩阵之间必定存在一定的关系。借助基尔霍夫定律的三种网络矩阵形式,可以讨论它们之间的关系。

1. 关联矩阵与基本回路矩阵的关系

对同一网络线图写出关联矩阵 $\boldsymbol{A}$ 和对应某一树的基本回路矩阵 $\boldsymbol{B}$,将式(1.2.12) 代

入式(1.2.24)得 $\boldsymbol{AI}=\boldsymbol{A}\boldsymbol{B}^{\mathrm{T}}\boldsymbol{I}_{\mathrm{l}}=\boldsymbol{0}$,此式对任一树的任意连支电流 $\boldsymbol{I}_{\mathrm{l}}$ 均成立。由此得关联矩阵与基本回路矩阵的关系为

$$\boldsymbol{AB}^{\mathrm{T}}=\boldsymbol{0} \quad 或 \quad \boldsymbol{BA}^{\mathrm{T}}=\boldsymbol{0} \tag{1.2.27}$$

A、B、C 矩阵关系

如果对支路和基本回路进行编号能够使得矩阵 $\boldsymbol{B}$ 中出现单位子矩阵,则上式可进一步写成分块矩阵的形式

$$\begin{bmatrix}\boldsymbol{A}_{\mathrm{t}} & \boldsymbol{A}_{\mathrm{l}}\end{bmatrix}\begin{bmatrix}\boldsymbol{B}_{\mathrm{t}}^{\mathrm{T}}\\ \boldsymbol{1}_{\mathrm{l}}\end{bmatrix}=\boldsymbol{0}$$

其中下标 t 和 l 分别表示对应树支和连支的分块。将上式展开得

$$\boldsymbol{B}_{\mathrm{t}}^{\mathrm{T}}=-\boldsymbol{A}_{\mathrm{t}}^{-1}\boldsymbol{A}_{\mathrm{l}} \tag{1.2.28}$$

第 2 章将证明,关联矩阵中对应树支的分块子矩阵 $\boldsymbol{A}_{\mathrm{t}}$ 的行列式为 ± 1,故其逆矩阵总是存在的。

2. 基本回路矩阵与基本割集矩阵的关系

对应网络线图同一个树,写出基本回路矩阵 $\boldsymbol{B}$ 和基本割集矩阵 $\boldsymbol{C}$,将式(1.2.19)代入式(1.2.9)得 $\boldsymbol{BU}=\boldsymbol{BC}^{\mathrm{T}}\boldsymbol{U}_{\mathrm{t}}=\boldsymbol{0}$,此式对任意树支电压 $\boldsymbol{U}_{\mathrm{t}}$ 均成立。由此得基本回路矩阵与基本割集矩阵的关系为

$$\boldsymbol{BC}^{\mathrm{T}}=\boldsymbol{0} \quad 或 \quad \boldsymbol{CB}^{\mathrm{T}}=\boldsymbol{0} \tag{1.2.29}$$

如果对支路按先树支后连支的顺序进行编号,一定使得基本回路矩阵 $\boldsymbol{B}$ 和基本割集矩阵 $\boldsymbol{C}$ 中出现相应单位子矩阵,则式(1.2.29)可进一步写成分块矩阵的形式,即

$$\begin{bmatrix}\boldsymbol{B}_{\mathrm{t}} & \boldsymbol{1}_{\mathrm{l}}\end{bmatrix}\begin{bmatrix}\boldsymbol{1}_{\mathrm{t}}\\ \boldsymbol{C}_{\mathrm{l}}^{\mathrm{T}}\end{bmatrix}=\boldsymbol{0}$$

将上式展开后得常用关系为

$$\boldsymbol{B}_{\mathrm{t}}=-\boldsymbol{C}_{\mathrm{l}}^{\mathrm{T}} \tag{1.2.30}$$

A、B、C 矩阵例题

式(1.2.30)表明,对同一网络线图的同一树,基本回路矩阵 $\boldsymbol{B}$ 和基本割集矩阵 $\boldsymbol{C}$ 可以简单地相互求得。

本节使用了电压、电流的瞬时值形式,其对应结论完全可以推广到电压、电流的相量或象函数形式。

1.3　支路方程的矩阵形式

前一节将基尔霍夫定律表达成了矩阵形式。为建立矩阵形式的电路方程,还需建立矩阵形式的支路方程。为规范起见,引入图 1.3.1(a)所示的广义支路(generalized branch)。其中包括一个阻抗、一个电压源和一个电流源。暂不考虑受控电源情况。为一般性起见,这里使用了复频域形式的广义支路模型。对于只含其中一种元件或两种元件的支路,可以看作是上述广义支路在其他元件参数为零时的特殊情况。有时广义支路也称为标准支路或一般支路。广义支路在线图中对应的一条支路,如图 1.3.1(b)所示。

支路方程矩阵形式

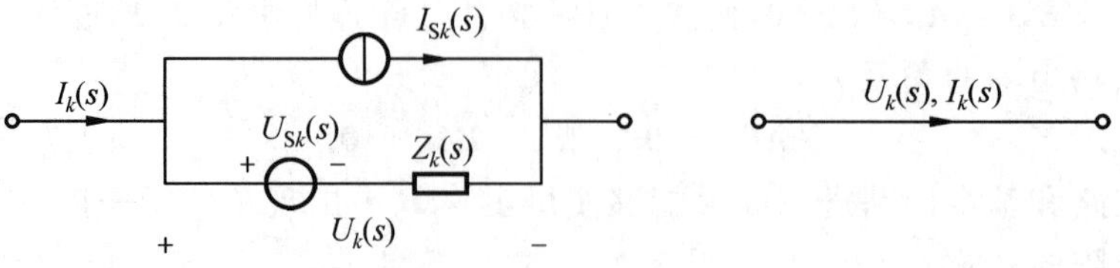

(a) 广义支路 (b) 广义支路线图

图 1.3.1 广义支路及其线图

第 k 条广义支路的支路方程可以表示成

$$U_k(s)=Z_k(s)[I_k(s)-I_{Sk}(s)]+U_{Sk}(s)=$$
$$Z_k(s)I_k(s)-Z_k(s)I_{Sk}(s)+U_{Sk}(s)\quad(k=1,\cdots,b)\tag{1.3.1}$$

或

$$I_k(s)=Y_k(s)[U_k(s)-U_{Sk}(s)]+I_{Sk}(s)=$$
$$Y_k(s)U_k(s)-Y_k(s)U_{Sk}(s)+I_{Sk}(s)\quad(k=1,\cdots,b)\tag{1.3.2}$$

其中,$Y_k(s)=1/Z_k(s)$,表示支路运算导纳。

写出每一个广义支路的支路方程,并表达成矩阵形式(为简便起见,以下省略复变函数中的复变量 s):

$$\boldsymbol{U}=\boldsymbol{ZI}-\boldsymbol{ZI}_{\mathrm{S}}+\boldsymbol{U}_{\mathrm{S}}\tag{1.3.3}$$

$$\boldsymbol{I}=\boldsymbol{YU}-\boldsymbol{YU}_{\mathrm{S}}+\boldsymbol{I}_{\mathrm{S}}\tag{1.3.4}$$

其中,$\boldsymbol{U}$、$\boldsymbol{I}$ 分别称为[广义]支路电压列矢量与[广义]支路电流列矢量;$\boldsymbol{U}_{\mathrm{S}}=[U_{\mathrm{S1}}\quad U_{\mathrm{S2}}\quad\cdots\quad U_{\mathrm{S}b}]^{\mathrm{T}}$,$\boldsymbol{I}_{\mathrm{S}}=[I_{\mathrm{S1}}\quad I_{\mathrm{S2}}\quad\cdots\quad I_{\mathrm{S}b}]^{\mathrm{T}}$ 分别称为支路源电压列矢量与支路源电流列矢量;对角矩阵 $\boldsymbol{Z}=\mathrm{diag}[Z_1\quad Z_2\quad\cdots\quad Z_b]$、$\boldsymbol{Y}=\mathrm{diag}[Y_1\quad Y_2\quad\cdots\quad Y_b]$ 分别称为支路阻抗矩阵与支路导纳矩阵。若逆矩阵存在,则 $\boldsymbol{Z}=\boldsymbol{Y}^{-1}$ 或 $\boldsymbol{Y}=\boldsymbol{Z}^{-1}$。

而当电路中含受控电源时,其支路阻抗矩阵或支路导纳矩阵不再具有对角性质,以图 1.3.2 为例。

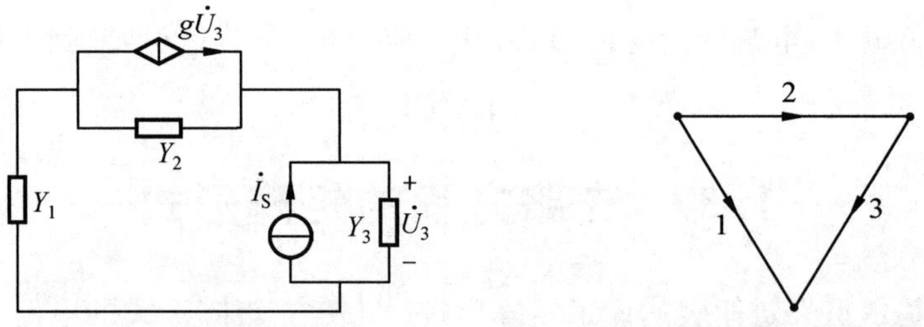

(a) 含受控源电路示例 (b) 含受控源电路的线图

图 1.3.2 含受控源电路及其线图

图 1.3.2 中含 VCCS(电压控制电流源,即压控流源)支路的支路方程为

$$\dot{I}_2=Y_2\dot{U}_2+g\dot{U}_3\tag{1.3.5}$$

与其他支路方程合写成矩阵形式得

$$\begin{bmatrix}\dot I_1\\ \dot I_2\\ \dot I_3\end{bmatrix}=\begin{bmatrix}Y_1 & 0 & 0\\ 0 & Y_2 & g\\ 0 & 0 & Y_3\end{bmatrix}\begin{bmatrix}\dot U_1\\ \dot U_2\\ \dot U_3\end{bmatrix}+\begin{bmatrix}0\\ 0\\ -\dot I_S\end{bmatrix} \tag{1.3.6}$$

故支路导纳矩阵为

$$\boldsymbol{Y}=\begin{bmatrix}Y_1 & 0 & 0\\ 0 & Y_2 & g\\ 0 & 0 & Y_3\end{bmatrix} \tag{1.3.7}$$

式(1.3.7)是在不含VCCS电路的支路导纳矩阵的第2行第3列位置上增加VCCS的控制系数 g。其中下标“2”表示被控支路编号，下标“3”表示控制支路编号。该结论可以推广到一般情况：设支路 i 是 VCCS 的被控支路，它受支路 j 导纳上的电压控制，控制系数为 g_{ij}，则支路导纳矩阵的第 i 行第 j 列元素将产生 $\pm g_{ij}$ 的增量。当控制电压、被控电流分别与支路 j 和支路 i 方向一致时，g_{ij} 前面取“+”号；否则，每改变一个方向，g_{ij} 的前面变号一次。按照这一规则便可直接列写含 VCCS 的支路导纳矩阵。当含其他受控电源时，可利用电源等效变换，将其全部等效成 VCCS，然后再按上述规则列写支路导纳矩阵。

根据上述分析可知，当直接列写含受控源电路的支路阻抗矩阵时，宜将全部受控电源等效成 CCVS(电流控制电压源，即流控压源)，然后仿照支路导纳矩阵的列写规则列写支路阻抗矩阵即可。在此不再赘述。

当电路中含互感元件时，其支路阻抗矩阵可以直接列写。设支路 i、j 间含互感 M，如图 1.3.3 所示。

支路方程矩阵形式——例题

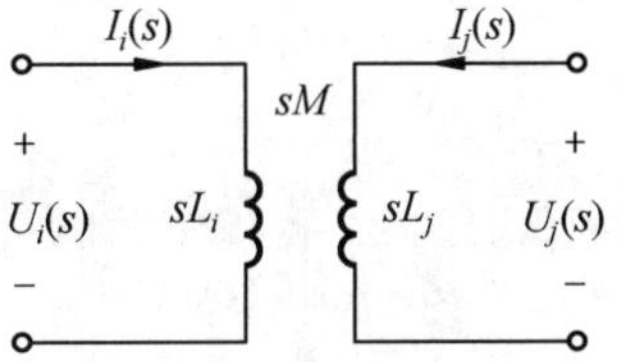

图 1.3.3　互感支路

其支路方程的矩阵形式为

$$\begin{bmatrix}U_i(s)\\ U_j(s)\end{bmatrix}=\begin{bmatrix}sL_i & \pm sM\\ \pm sM & sL_j\end{bmatrix}\begin{bmatrix}I_i(s)\\ I_j(s)\end{bmatrix} \tag{1.3.8}$$

由此可见，含互感元件时，支路阻抗矩阵不是对角矩阵，其非对角元素变为 $Z_{ij}=Z_{ji}=\pm sM_{ij}$。含互感元件的电路支路导纳矩阵通过支路阻抗矩阵的逆来得到。

广义支路虽然表示了相当一部分具体支路，但它仍有许多局限性。因为式(1.3.3)是用支路电流表示支路电压；式(1.3.4)则反之。对于纯电压源支路，只存在式(1.3.3)，而对纯电流源支路，则只存在式(1.3.4)。尤其对于含理想变压器、VCVS(电压控制电压源，即压控压源)或 CCCS(电流控制电流源，即流控流源)的电路，如不对其预先进行人为的等效变换，则难以写出式(1.3.3)或式(1.3.4)所示的支路方程。

当遇到上述情况时，为了增强支路方程的适用性，通常将支路方程推广为如下更普遍的形式：

$$\boldsymbol{YU}+\boldsymbol{ZI}=\boldsymbol{W} \tag{1.3.9}$$

式(1.3.9)所示的支路方程在形式上虽比式(1.3.3)和式(1.3.4)所示的支路方程复杂,但它的适应性却强很多。在改进节点中,对以电流为变量的支路通常就是用式(1.3.9)所示的支路方程。

下面举例说明。

【例 1.3.1】 写出图 1.3.4(a)所示电路支路方程的矩阵形式。

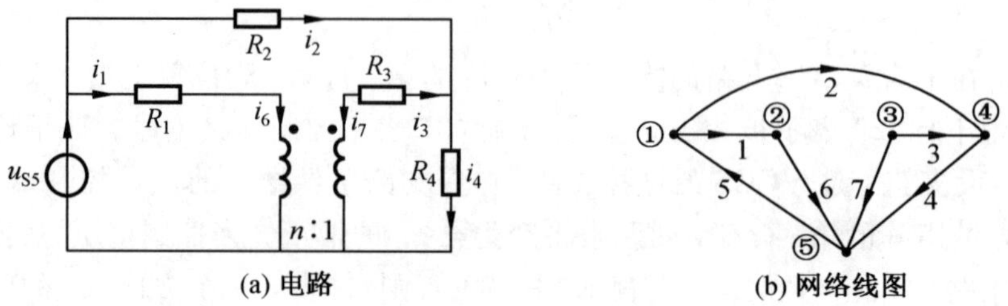

(a) 电路　　(b) 网络线图

图 1.3.4　例 1.3.1 和例 1.5.1 图

解　画出图 1.3.4(a)所示电路的网络线图,如图 1.3.4(b)所示。将纯电压源及理想变压器支路单独考虑,它们的元件方程分别是

$$u_5=-u_{S5}$$

$$\begin{cases}u_6-nu_7=0\\ ni_6+i_7=0\end{cases}$$

写成矩阵形式为

$$\boldsymbol{Y}_2\boldsymbol{U}_2+\boldsymbol{Z}_2\boldsymbol{I}_2=\boldsymbol{W}_2$$

其中

$$\boldsymbol{Y}_2=\begin{bmatrix}1&0&0\\0&1&-n\\0&0&0\end{bmatrix},\quad \boldsymbol{Z}_2=\begin{bmatrix}0&0&0\\0&0&0\\0&n&1\end{bmatrix},\quad \boldsymbol{W}_2=\begin{bmatrix}-u_{S5}\\0\\0\end{bmatrix},$$

$$\boldsymbol{U}_2=\begin{bmatrix}u_5\\u_6\\u_7\end{bmatrix},\quad \boldsymbol{I}_2=\begin{bmatrix}i_5\\i_6\\i_7\end{bmatrix}$$

将上述方程与电阻元件的欧姆定律方程联立,按支路编号依次排列后列写支路方程的矩阵形式:

$$\begin{bmatrix}G_1&0&0&0&0&0&0\\0&G_2&0&0&0&0&0\\0&0&G_3&0&0&0&0\\0&0&0&G_4&0&0&0\\0&0&0&0&1&0&0\\0&0&0&0&0&1&-n\\0&0&0&0&0&0&0\end{bmatrix}\begin{bmatrix}u_1\\u_2\\u_3\\u_4\\u_5\\u_6\\u_7\end{bmatrix}+\begin{bmatrix}-1&0&0&0&0&0&0\\0&-1&0&0&0&0&0\\0&0&-1&0&0&0&0\\0&0&0&-1&0&0&0\\0&0&0&0&0&0&0\\0&0&0&0&0&0&0\\0&0&0&0&0&n&1\end{bmatrix}\begin{bmatrix}i_1\\i_2\\i_3\\i_4\\i_5\\i_6\\i_7\end{bmatrix}=\begin{bmatrix}0\\0\\0\\0\\-u_{S5}\\0\\0\end{bmatrix}$$

1.4　节点方程、回路方程和割集方程的矩阵形式

本节在基尔霍夫定律方程及支路方程矩阵形式的基础上建立节点电压方程(节点方程)、回路电流方程(回路方程)和割集电压方程(割集方程)的矩阵形式。

电路方程矩阵形式——节点电压方程

1.4.1　节点方程的矩阵形式

将支路方程(式(1.3.4))代入 KCL 方程的关联矩阵形式(式(1.2.24)),以消去支路电流变量,得到

$$\boldsymbol{AI}=\boldsymbol{A}(\boldsymbol{YU}-\boldsymbol{YU}_{\mathrm{S}}+\boldsymbol{I}_{\mathrm{S}})=\boldsymbol{0} \tag{1.4.1}$$

再将 KVL 方程的关联矩阵形式(式(1.2.26))代入上式,以消去支路电压,取而代之的是节点电压,即

$$\boldsymbol{AYA}^{\mathrm{T}}\boldsymbol{U}_{\mathrm{n}}-\boldsymbol{AYU}_{\mathrm{S}}+\boldsymbol{AI}_{\mathrm{S}}=\boldsymbol{0} \tag{1.4.2}$$

移项后得

$$\boldsymbol{AYA}^{\mathrm{T}}\boldsymbol{U}_{\mathrm{n}}=\boldsymbol{AYU}_{\mathrm{S}}-\boldsymbol{AI}_{\mathrm{S}} \tag{1.4.3}$$

这就是节点方程的矩阵形式。它是 $n-1$ 元联立方程,方程变量是独立节点电压。其中 $\boldsymbol{AYA}^{\mathrm{T}}$ 是 $(n-1)\times(n-1)$ 方阵,$\boldsymbol{AYU}_{\mathrm{S}}$ 和 $\boldsymbol{AI}_{\mathrm{S}}$ 都是 $n-1$ 阶列矩阵。令

$$\boldsymbol{Y}_{\mathrm{n}}=\boldsymbol{AYA}^{\mathrm{T}} \tag{1.4.4}$$

为节点导纳矩阵(node admittance matrix),对不含受控电源和回转器的电路,它是对称矩阵。再设

$$\boldsymbol{I}_{\mathrm{Sn}}=\boldsymbol{AYU}_{\mathrm{S}}-\boldsymbol{AI}_{\mathrm{S}} \tag{1.4.5}$$

为节点源电流列矢量(node injection current vector),其中右边第一项是广义支路中各电压源化为电流源后流入各节点的电流,而第二项是广义支路中电流源流出各节点的电流。

根据式(1.4.4)、式(1.4.5),式(1.4.3)可以简写成

$$\boldsymbol{Y}_{\mathrm{n}}\boldsymbol{U}_{\mathrm{n}}=\boldsymbol{I}_{\mathrm{Sn}} \tag{1.4.6}$$

对于较复杂的电路,通常要借助计算机求得上述方程的数值解。直接分解法和迭代法是两类常用的数值解法。读者可参阅有关数值分析方面的书籍以获得更多知识和技能。

【例 1.4.1】　利用本节方法列写图 1.4.1(a)所示电路节点方程的矩阵形式。

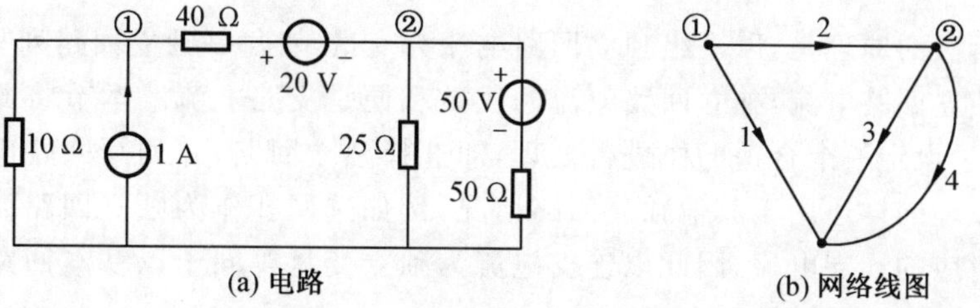

(a) 电路　　(b) 网络线图

图 1.4.1　例 1.4.1 图

解　按下列步骤列写矩阵形式的节点方程。

(1) 按照广义支路的定义,作出网络线图,如图1.4.1(b)所示。

(2) 根据网络线图写出关联矩阵 $\boldsymbol{A}$:

$$\boldsymbol{A}=\begin{bmatrix}1 & 1 & 0 & 0\\ 0 & -1 & 1 & 1\end{bmatrix}$$

(3) 根据网络线图并对照电路图写出:

支路导纳矩阵　$\boldsymbol{Y}=\mathrm{diag}\begin{bmatrix}\frac{1}{10} & \frac{1}{40} & \frac{1}{25} & \frac{1}{50}\end{bmatrix}(\mathrm{S})$

支路源电压列矢量　$\boldsymbol{U}_{\mathrm{S}}=[0 \quad 20 \quad 0 \quad 50]^{\mathrm{T}}(\mathrm{V})$

支路源电流列矢量　$\boldsymbol{I}_{\mathrm{S}}=[-1 \quad 0 \quad 0 \quad 0]^{\mathrm{T}}(\mathrm{A})$

(4) 根据式(1.4.4)计算节点导纳矩阵,根据式(1.4.5)计算节点源电流列矢量:

$$\boldsymbol{Y}_{\mathrm{n}}=\boldsymbol{AYA}^{\mathrm{T}}=\begin{bmatrix}\frac{1}{8} & -\frac{1}{40}\\ -\frac{1}{40} & \frac{17}{200}\end{bmatrix}(\mathrm{S})$$

$$\boldsymbol{I}_{\mathrm{Sn}}=\boldsymbol{AYU}_{\mathrm{S}}-\boldsymbol{AI}_{\mathrm{S}}=\begin{bmatrix}\frac{3}{2} & \frac{1}{2}\end{bmatrix}^{\mathrm{T}}(\mathrm{A})$$

(5) 按式(1.4.6)列写节点方程的矩阵形式:

$$\begin{bmatrix}\frac{1}{8} & -\frac{1}{40}\\ -\frac{1}{40} & \frac{17}{200}\end{bmatrix}\begin{bmatrix}U_{\mathrm{n1}}\\ U_{\mathrm{n2}}\end{bmatrix}=\begin{bmatrix}\frac{3}{2}\\ \frac{1}{2}\end{bmatrix}$$

(6) 求解上式得到节点电压:

$$\boldsymbol{U}_{\mathrm{n}}=\begin{bmatrix}U_{\mathrm{n1}}\\ U_{\mathrm{n2}}\end{bmatrix}=\begin{bmatrix}\frac{1}{8} & -\frac{1}{40}\\ -\frac{1}{40} & \frac{17}{200}\end{bmatrix}^{-1}\begin{bmatrix}\frac{3}{2}\\ \frac{1}{2}\end{bmatrix}=\begin{bmatrix}14\\ 10\end{bmatrix}(\mathrm{V})$$

若要再求解各广义支路的电压和电流,可根据式(1.3.3)求出各广义支路电压,根据式(1.3.4)求出各广义支路电流。对于图1.4.1(a)所示的简单电路,用节点方程的直观列写规则可以简单许多。但对于复杂电路,必须按照规范步骤列写节点方程,以便编制计算程序。本例只是借助简单电路说明复杂电路的分析方法。

1.4.2　回路方程的矩阵形式

回路分析法的原理是,以一组独立回路电流为变量,对每一独立回路列写KVL方程,求解后得到独立回路电流,独立回路电流的代数和便是支路电流。本节将此方法应用到基本回路,通过设定一个合适的树进行处理,即选择独立回路,并列写回路电流方程的矩阵形式。其原理同样适用于其他独立回路情况,例如选网孔作为独立回路。由于基本回路电流等于对应的连支电流,因此以连支电流为独立变量等同于以基本回路电流为独立变量。

建立回路方程的矩阵形式要依据基尔霍夫定律的基本回路矩阵形式和支路方程的矩

阵形式。首先将支路方程的矩阵形式（式(1.3.3)）代入KVL的基本回路矩阵形式（式(1.2.9)），以消去支路电压：

$$\boldsymbol{BU}=\boldsymbol{B}(\boldsymbol{ZI}-\boldsymbol{ZI}_{\mathrm{S}}+\boldsymbol{U}_{\mathrm{S}})=\boldsymbol{0} \tag{1.4.7}$$

电路方程矩阵形式——回路电流方程和割集电压方程

再将KCL的基本回路矩阵形式，即式(1.2.12)代入式(1.4.7)，得到以连支电流即基本回路电流为独立变量的方程：

$$\boldsymbol{B}(\boldsymbol{Z}\boldsymbol{B}^{\mathrm{T}}\boldsymbol{I}_{l}-\boldsymbol{ZI}_{\mathrm{S}}+\boldsymbol{U}_{\mathrm{S}})=\boldsymbol{0} \tag{1.4.8}$$

移项得

$$\boldsymbol{BZ}\boldsymbol{B}^{\mathrm{T}}\boldsymbol{I}_{l}=\boldsymbol{BZI}_{\mathrm{S}}-\boldsymbol{BU}_{\mathrm{S}} \tag{1.4.9}$$

式(1.4.9)就是回路方程的矩阵形式。令

$$\boldsymbol{Z}_{l}=\boldsymbol{BZB}^{\mathrm{T}} \tag{1.4.10}$$

为回路阻抗矩阵。再令

$$\boldsymbol{U}_{\mathrm{S}l}=\boldsymbol{BZI}_{\mathrm{S}}-\boldsymbol{BU}_{\mathrm{S}} \tag{1.4.11}$$

为回路源电压列矢量(loop source-voltage vector)。式(1.4.11)中右边第一项是广义支路中各电流源化为电压源后产生的回路电压升(电动势)，而第二项是广义支路中由电压源产生的回路电压升。

根据式(1.4.10)、式(1.4.11)，回路方程的矩阵形式（式(1.4.9)）可以简写成

$$\boldsymbol{Z}_{l}\boldsymbol{I}_{l}=\boldsymbol{U}_{\mathrm{S}l} \tag{1.4.12}$$

1.4.3 割集方程的矩阵形式

割集分析法可以理解成是广义的节点分析法，将节点推广为基本割集便是割集分析法。在割集分析法中，以树支电压为独立变量，对每个基本割集列写KCL方程，求解后得到树支电压，树支电压的代数和便是连支电压。割集分析法与回路分析法互为对偶，读者可对照理解和记忆。

将基尔霍夫定律的基本割集矩阵形式（式(1.2.16)、式(1.2.19)）与支路方程的矩阵形式（式(1.3.4)）联立，化简后只保留树支电压，得到

$$\boldsymbol{CYC}^{\mathrm{T}}\boldsymbol{U}_{\mathrm{t}}=\boldsymbol{CYU}_{\mathrm{S}}-\boldsymbol{CI}_{\mathrm{S}} \tag{1.4.13}$$

式(1.4.13)就是割集方程的矩阵形式。它是节点方程的推广，并与回路方程的矩阵形式（式(1.4.9)）对偶。令

$$\boldsymbol{Y}_{\mathrm{t}}=\boldsymbol{CYC}_{\mathrm{t}}^{\mathrm{T}} \tag{1.4.14}$$

为割集导纳矩阵。它是节点导纳矩阵的推广，并与回路阻抗矩阵（式(1.4.10)）对偶。再令

$$\boldsymbol{I}_{\mathrm{St}}=\boldsymbol{CYU}_{\mathrm{S}}-\boldsymbol{CI}_{\mathrm{S}} \tag{1.4.15}$$

为割集源电流列矢量。它是节点源电流列矢量的推广，并与回路源电压列矢量（式(1.4.11)）对偶。

根据式(1.4.14)、式(1.4.15)，割集电压方程的矩阵（式(1.4.13)）可以简写成

$$\boldsymbol{Y}_{\mathrm{t}}\boldsymbol{U}_{\mathrm{t}}=\boldsymbol{I}_{\mathrm{St}} \tag{1.4.16}$$

1.5　改进节点法方程的矩阵形式

改进节点法由于其适应性强,因此在实际中得到越来越广泛的应用。在应用改进节点法时,电路的支路实际上被分成了两部分:一部分是以支路电流为变量的支路(无伴电压源支路和直接求电流支路),在此用下角标 2 表示,作为第 2 组支路;其余部分,在此用下角标 1 表示,作为第 1 组支路。这样,电路关联矩阵的基尔霍夫定律方程可以写成如下分块形式:

KCL
$$\begin{bmatrix}\boldsymbol{A}_1 & \boldsymbol{A}_2\end{bmatrix}\begin{bmatrix}\boldsymbol{I}_1\\ \boldsymbol{I}_2\end{bmatrix}=\boldsymbol{0} \tag{1.5.1}$$

KVL
$$\begin{bmatrix}\boldsymbol{A}_1^{\mathrm{T}}\\ \boldsymbol{A}_2^{\mathrm{T}}\end{bmatrix}\boldsymbol{U}_{\mathrm{n}}=\begin{bmatrix}\boldsymbol{U}_1\\ \boldsymbol{U}_2\end{bmatrix} \tag{1.5.2}$$

两部分的支路方程分别写成

$$\boldsymbol{I}_1=\boldsymbol{Y}_1\boldsymbol{U}_1-\boldsymbol{Y}_1\boldsymbol{U}_{\mathrm{S1}}+\boldsymbol{I}_{\mathrm{S1}} \tag{1.5.3}$$

$$\boldsymbol{Y}_2\boldsymbol{U}_2+\boldsymbol{Z}_2\boldsymbol{I}_2=\boldsymbol{W}_2 \tag{1.5.4}$$

根据上述方程便可得到改进节点法方程的矩阵形式为

$$\begin{bmatrix}\boldsymbol{A}_1\boldsymbol{Y}_1\boldsymbol{A}_1^{\mathrm{T}} & \boldsymbol{A}_2\\ \boldsymbol{Y}_2\boldsymbol{A}_2^{\mathrm{T}} & \boldsymbol{Z}_2\end{bmatrix}\begin{bmatrix}\boldsymbol{U}_{\mathrm{n}}\\ \boldsymbol{I}_2\end{bmatrix}=\begin{bmatrix}\boldsymbol{I}_{\mathrm{Sn1}}\\ \boldsymbol{W}_2\end{bmatrix} \tag{1.5.5}$$

其中,$\boldsymbol{I}_{\mathrm{Sn1}}=\boldsymbol{A}_1\boldsymbol{Y}_1\boldsymbol{U}_{\mathrm{S1}}-\boldsymbol{A}\boldsymbol{I}_{\mathrm{S1}}$。

$\boldsymbol{A}_1\boldsymbol{Y}_1\boldsymbol{A}_1^{\mathrm{T}}$ 和 $\boldsymbol{I}_{\mathrm{Sn1}}$ 实际上就是将以电流为变量的第 2 组支路断开后的节点导纳矩阵和节点源电流列矢量;$\boldsymbol{Z}_2\boldsymbol{I}_2$ 表示第 2 组支路的支路电流对节点 KCL 方程的影响。式(1.5.5)下面的子矩阵方程实际就是第 2 组支路的支路方程(式(1.5.4))。

【例 1.5.1】　列写图 1.3.4(a) 所示电路的改进节点法方程的矩阵形式。

解　网络线图如图 1.3.4(b) 所示,本题中 5、6、7 支路是以电流为变量的支路。改进节点法的电路变量是$[u_{\mathrm{n1}}\ \ u_{\mathrm{n2}}\ \ u_{\mathrm{n3}}\ \ u_{\mathrm{n4}}\ \ i_5\ \ i_6\ \ i_7]^{\mathrm{T}}$。因此,其关联矩阵的两个分块子矩阵分别为

$$\boldsymbol{A}_1=\begin{array}{c}\begin{matrix}1 & 2 & 3 & 4\end{matrix}\\ \begin{bmatrix}1 & 1 & 0 & 0\\ -1 & 0 & 0 & 0\\ 0 & 0 & 1 & 0\\ 0 & -1 & -1 & 1\end{bmatrix}\end{array},\quad \boldsymbol{A}_2=\begin{array}{c}\begin{matrix}5 & 6 & 7\end{matrix}\\ \begin{bmatrix}-1 & 0 & 0\\ 0 & 1 & 0\\ 0 & 0 & 1\\ 0 & 0 & 0\end{bmatrix}\end{array}$$

第 1 分块的支路导纳矩阵、支路源电压列矢量和支路源电流列矢量分别为

$$\boldsymbol{Y}_1=\mathrm{diag}[G_1\ \ G_2\ \ G_3\ \ G_4]$$

$$\boldsymbol{U}_{\mathrm{S1}}=\boldsymbol{0},\quad \boldsymbol{I}_{\mathrm{S1}}=\boldsymbol{0}$$

经计算得

$$\boldsymbol{I}_{\mathrm{Sn1}}=\boldsymbol{A}_1\boldsymbol{Y}_1\boldsymbol{U}_{\mathrm{S1}}-\boldsymbol{A}_1\boldsymbol{I}_{\mathrm{S1}}=[0\ \ 0\ \ 0\ \ 0]^{\mathrm{T}}$$

$\boldsymbol{Y}_2$、$\boldsymbol{Z}_2$、$\boldsymbol{W}_2$ 仍如例 1.3.1 中的相应矩阵所示。

将以上结果代入改进节点法方程的矩阵形式(式(1.5.5))并将各矩阵展开,最后得

$$\begin{bmatrix} G_1+G_2 & -G_1 & 0 & -G_2 & -1 & 0 & 0 \\ -G_1 & G_1 & 0 & 0 & 0 & 1 & 0 \\ 0 & 0 & G_3 & -G_3 & 0 & 0 & 1 \\ -G_2 & 0 & -G_3 & G_2+G_3+G_4 & 0 & 0 & 0 \\ -1 & 0 & 0 & 0 & 0 & 0 & 0 \\ 0 & 1 & -n & 0 & 0 & 0 & 0 \\ 0 & 0 & 0 & 0 & 0 & n & 1 \end{bmatrix} \begin{bmatrix} u_{n1} \\ u_{n2} \\ u_{n3} \\ u_{n4} \\ i_5 \\ i_6 \\ i_7 \end{bmatrix} = \begin{bmatrix} 0 \\ 0 \\ 0 \\ 0 \\ -u_{S5} \\ 0 \\ 0 \end{bmatrix}$$

通过以上例题可见，改进节点法是以增加网络变量数为代价，避开了列写无伴电压源支路的支路导纳。设网络有 $n+1$ 个节点、p 个无伴电压源支路和 r 个要直接求解电流的支路，则改进节点法方程的网络变量数为 $n+p+r$，系数矩阵为 $n+p+r$ 阶方阵。虽然系数矩阵的维数增加了，但矩阵是稀疏的，利用稀疏矩阵技术计算仍很方便。

1.6　网络状态方程分析法

随着现代控制理论的发展，状态变量法被广泛应用于网络的分析与综合。尤其在分析网络暂态过程时，虽然微分方程法（经典法）和拉普拉斯变换法是两种重要的基本分析方法，但当网络阶数在二阶以上时，求解过程将变得十分复杂。网络状态方程分析法正是解决上述难题的有效方法，首先找到能够代表网络特性的一组状态变量，然后通过状态变量和输入激励求得所需的输出响应。它实现了信号的成组输入和成组输出计算，易于计算机编程分析。

1.6.1　状态变量

状态变量是描述网络中储能元件储能状态的物理量，是能完整地、确定地描述动态电路时域行为的最少变量，是一组独立的动态变量。对于线性电容和电感，如果确定了 u_C 与 i_L 在 $t=0_+$ 时的初始值，又已知 $t>0$ 时的外施激励，那么动态电路在 $t>0$ 时的响应也就完全确定了，故称 u_C 和 i_L 为电路的状态变量（state variable）。当网络中含有非线性元件时，也可以用电容元件上的电荷 $q_C(u_C=f(q_C))$ 和电感元件上的磁链 $\psi_L(i_L=f(\psi_L))$ 作为状态变量。一般情况，状态变量个数与独立储能元件个数相等。所谓独立储能元件是指在任意时刻与其他储能元件彼此毫无依赖关系的储能元件。例如仅由 k 个电容形成的闭合回路，因受到KVL方程的约束，只有 $k-1$ 个电容是独立的；同理仅由 k 个电感相连的节点，因受到KCL方程的约束，只有 $k-1$ 个电感是独立的。在 RLC 电网络中，独立状态变量的个数也称为网络的复杂度，用 n 表示为

电路状态方程

$$n=n_{LC}-n_C-n_L \tag{1.6.1}$$

式中，n_{LC} 为网络储能元件 L 和 C 的总数；n_C 为仅由电容或电容和电压源组成的独立回路总数；n_L 为仅由电感或电感和电流源组成的独立割集总数。

一个元件作为一条支路，由网络的状态变量及其一阶导数组成的一阶微分方程组，称为网络的状态方程（state equation）。在网络图论的基础上，借助“专用树”列写状态方程是一套比较系统的分析方法。

1.6.2　专用树的最优排列

专用树的最优排列,就是看优先选取什么元件,按照什么方式组成的树,可使列写状态方程的工作量最少,得到的方程标准式对网络分析最为有利。下面对网络中不含受控源和含受控源两种情况进行分析。

从拓扑观点出发,由 1.2 节"独立的基尔霍夫定律方程"可知,树支电压是一组独立变量,可以表达连支电压,即

$$u_l = f(u_t) \tag{1.6.2}$$

连支电流是一组独立变量,可以表达树支电流,即

$$i_t = f(i_l) \tag{1.6.3}$$

状态变量 x 和输入激励 v 可以表达任意非状态变量 y,即

$$y = f(x, v) \tag{1.6.4}$$

以上各式即作为选专用树时元件排序的依据,见表 1.6.1。

表 1.6.1　专用树元件排序 (不含受控源)

树支元件	u_S	C	G	L	i_S
连支元件	i_S	L	R	C	u_S

表 1.6.1 的含义是,当电路中不含仅由电容或电容和电压源组成的独立回路(图 1.6.1) 以及仅由电感或电感和电流源组成的独立割集(图 1.6.2) 时,一定能够选出这种专用树: 全部电容、电压源和必要的电阻作为树支,全部电感、电流源和剩余的电阻作为连支。当网络存在退化情况时,还可能含有被迫充当树支的电感和独立电流源。

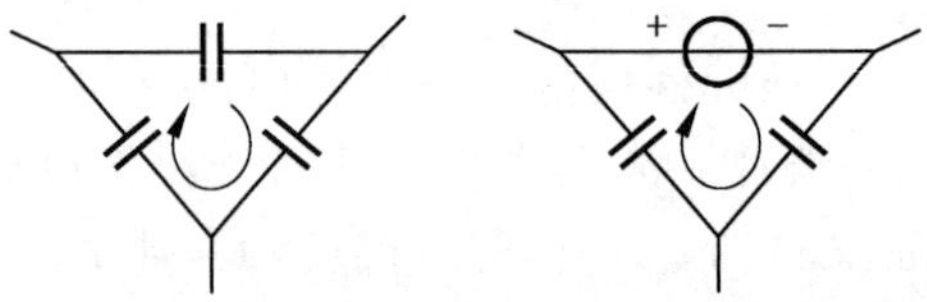

(a) 全电容回路　　(b) 电容和电压源回路

图 1.6.1　独立回路

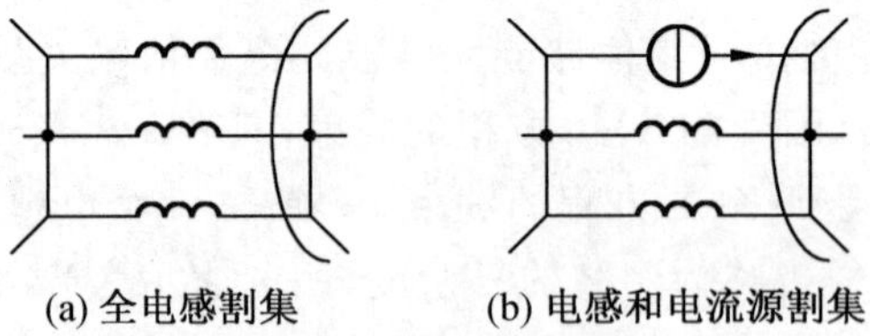

(a) 全电感割集　　(b) 电感和电流源割集

图 1.6.2　独立割集

如果网络中含受控源、短路支路 d 和开路支路 k 时,选专用树各元件的最优排序见表 1.6.2。

表 1.6.2　专用树元件排序（含受控源、短路支路和开路支路）

树支元件	u_S	d	$\hat{u}_S$	C	G	L	$\hat{i}_S$	k	i_S
连支元件	i_S	k	$\hat{i}_S$	L	R	C	$\hat{u}_S$	d	u_S

受控源不同于独立电源，属于二端口网络，即含控制支路和被控支路，每一支路原则上都可以单独作为树支或连支，但究竟作为树支还是连支，要视元件而定。若被控支路是受控电压源，无论 VCVS 或 CCVS，其支路方程

$$\hat{u}_S = \alpha u_C \quad 或 \quad \hat{u}_S = r i_C \tag{1.6.5a}$$

可以表达为

$$u_C = \hat{u}_S / \alpha \quad 或 \quad i_C = \hat{u}_S / r \tag{1.6.5b}$$

式(1.6.5b)表明受控源电压可以用来表达控制支路 u_C 或 i_C，即受控电压源支路符合作为树支的基本依据。

既然独立电压源 u_S 和受控电压源 $\hat{u}_S$ 都适合作为树支，二者优先顺序应该 u_S 在前 $\hat{u}_S$ 在后，其说明如图 1.6.3(a) 所示。独立电压源 u_S 为由自身确定的已知量，与网络无关；而受控电压源 $\hat{u}_S$ 是由网络决定的受控量，在此网络中 $\hat{u}_S$ 取决于独立电压源 u_S，相反情况不存在(即 u_S 不取决于 $\hat{u}_S$)，所以在选树支时，独立电压源 u_S 优先于受控电压源 $\hat{u}_S$。根据对偶原理，受控电流源 $\hat{i}_S$ 支路适宜作为连支，并且排在独立电流源 i_S 之后。

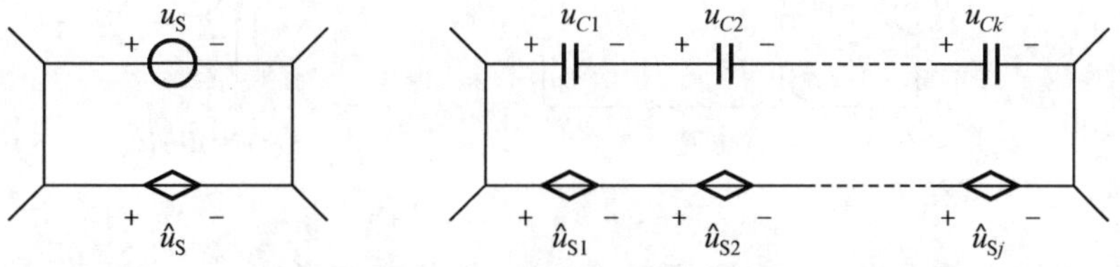

(a) 独立电压源 u_S 和受控电压源 $\hat{u}_S$　　(b) 受控电压源 $\hat{u}_S$ 和电容 C

图 1.6.3　树支排序说明

至于受控电压源 $\hat{u}_S$ 和电容 C 作为树支的优先排序问题，说明如图1.6.3(b) 所示，图中 j、$k=1,2,3,\cdots$。若受控电压源 $\hat{u}_S$ 全部选作树支，必然有一个电容电压 u_{Ci} 被迫为非独立电压，不再作为状态变量，可以充当连支使网络降阶。若电容电压 u_C 全部选作树支，并未使网络降阶，从工作量角度考虑，一般选取表 1.6.2 所示树支排序，当然随之就对偶出连支排序。当受控源的控制量明确取自短路支路 d 和开路支路 k 时，这时 d 和 k 的特性方程如下：

$$\begin{cases} i_d = 任意值 \\ u_d = 0 \end{cases}, \quad \begin{cases} u_k = 任意值 \\ i_k = 0 \end{cases} \tag{1.6.6}$$

可以认为 d 是独立电压源在 $u=0$ 时的特例，而 k 是独立电流源在 $i=0$ 时的特例。从而 d 为树支仅排在 u_S 之后；k 为连支仅排在 i_S 之后。

1.6.3　状态方程

既然状态方程是由网络的状态变量及其一阶导数形成的一组微分方程，结合选树的依据可知，由树支电容 C 所确定的基本割集方程和由连支电感 L 所确定的基本回路方程

是列写状态方程的基础。借助专用树列写状态方程的步骤可概括如下：

(1) 选取状态变量。一般线性元件取电容电压 u_C 和电感电流 i_L 为状态变量;非线性元件取控制量为状态变量。

(2) 作专用树,按照表 1.6.2 顺序,并以树支电压和连支电流作为电路变量。

(3) 列写(除电压源以外的) 单电容树支割集的 KCL 方程和(除电流源以外的) 单电感连支回路的 KVL 方程(关键步骤)。

(4) 消去非状态变量,列写状态方程标准式:

$$\dot{\boldsymbol{X}} = \boldsymbol{AX} + \boldsymbol{BV} \tag{1.6.7}$$

其中,$\boldsymbol{X}=[u_{C1} \quad u_{C2} \quad \cdots \quad i_{L1} \quad i_{L2} \quad \cdots]^{\mathrm{T}}$ 为状态变量列向量或状态向量;$\dot{\boldsymbol{X}}$ 为状态变量的一阶导数列向量;$\boldsymbol{V}=[u_{S1} \quad u_{S2} \quad \cdots \quad i_{S1} \quad i_{S2} \quad \cdots]^{\mathrm{T}}$ 为输入激励列向量;$\boldsymbol{A}$ 是 $n\times n$ 方阵,n 为状态变量个数;$\boldsymbol{B}$ 是 $n\times m$ 矩阵,m 为外加独立源个数。$\boldsymbol{A}$ 与 $\boldsymbol{B}$ 均是由电路结构和参数决定的系数矩阵。

电路状态方程——例题

【例 1.6.1】 列写图 1.6.4(a) 所示电路的状态方程。

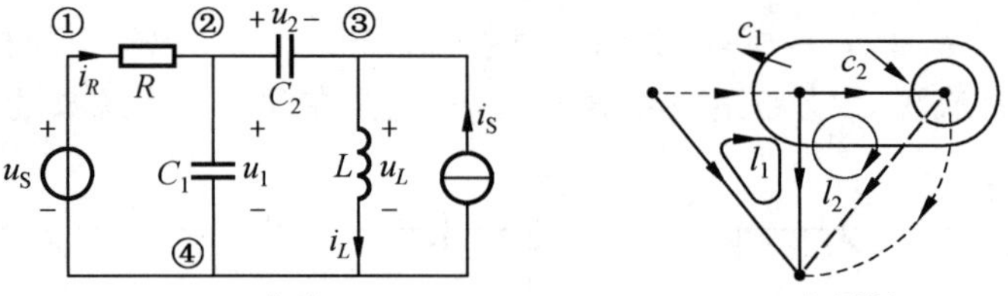

(a) 电路 (b) 专用树

图 1.6.4 例 1.6.1 图

解 (1) 取电容电压 u_1、u_2 和电感电流 i_L 为状态变量。

(2) 作专用树,如图 1.6.4(b) 所示。

(3) 列写(除电压源以外的) 单电容树支割集的 KCL 方程和(除电流源以外的) 单电感连支回路的 KVL 方程。

割集 c_1 $$i_{C1} = C_1\dot{u}_1 = -i_L + i_R + i_S \tag{1.6.8a}$$

割集 c_2 $$i_{C2} = C_2\dot{u}_2 = i_L - i_S \tag{1.6.8b}$$

回路 l_1 $$Ri_R = -u_1 + u_S \tag{1.6.8c}$$

回路 l_2 $$u_L = L\dot{i}_L = u_1 - u_2 \tag{1.6.8d}$$

(4) 消去非状态变量,列写状态方程标准式。

式(1.6.8a) 中电阻电流 i_R 为非状态变量。此电阻连支对应一个单连支回路的 KVL 方程,即式(1.6.8c)。由式(1.6.8c) 解出

$$i_R = -\frac{1}{R}u_1 + \frac{1}{R}u_S$$

再代入式(1.6.8a),经整理得到状态方程标准式为

$$\begin{bmatrix}\dot{u}_1\\ \dot{u}_2\\ \dot{i}_L\end{bmatrix}=\begin{bmatrix}\dfrac{\mathrm{d}u_1}{\mathrm{d}t}\\ \dfrac{\mathrm{d}u_2}{\mathrm{d}t}\\ \dfrac{\mathrm{d}i_L}{\mathrm{d}t}\end{bmatrix}=\begin{bmatrix}-\dfrac{1}{RC_1} & 0 & -\dfrac{1}{C_1}\\ 0 & 0 & \dfrac{1}{C_2}\\ \dfrac{1}{L} & -\dfrac{1}{L} & 0\end{bmatrix}\begin{bmatrix}u_1\\ u_2\\ i_L\end{bmatrix}+\begin{bmatrix}\dfrac{1}{RC_1} & \dfrac{1}{C_1}\\ 0 & -\dfrac{1}{C_2}\\ 0 & 0\end{bmatrix}\begin{bmatrix}u_S\\ i_S\end{bmatrix}$$

1.6.4　状态方程系数矩阵与网络函数

状态方程系数矩阵与网络函数

式(1.6.7) 表明状态方程实际上就是网络中电容电流、电感电压与作为状态变量的电容电压(或电荷)、电感电流(或磁链)以及激励的关系方程，系数矩阵 $\boldsymbol{A}$ 与 $\boldsymbol{B}$ 均是由电路结构和参数决定的常量，下面讨论 $\boldsymbol{A}$ 和 $\boldsymbol{B}$ 与网络函数的关系。图 1.6.5 所示为一线性时不变网络，为分析方便，假设 $C=1$ F，$L=1$ H。

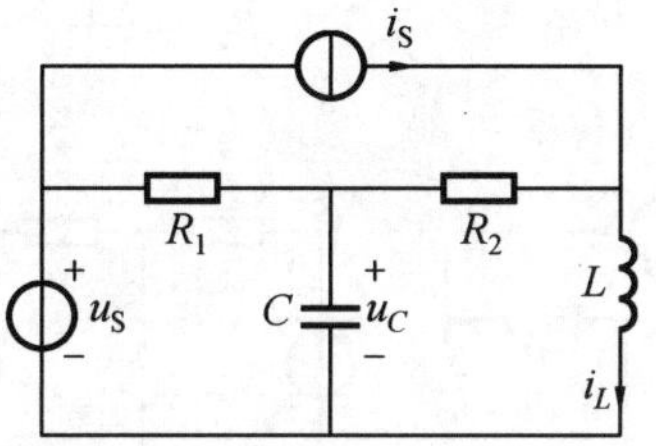

图 1.6.5　线性时不变网络

按照状态方程列写规则可以得到如下表达式：

$$\begin{bmatrix}i_C\\ u_L\end{bmatrix}=\begin{bmatrix}C\dot{u}_C\\ L\dot{i}_L\end{bmatrix}=\begin{bmatrix}-\dfrac{1}{R_1} & -1\\ 1 & -R_2\end{bmatrix}\begin{bmatrix}u_C\\ i_L\end{bmatrix}+\begin{bmatrix}\dfrac{1}{R_1} & 1\\ 0 & R_2\end{bmatrix}\begin{bmatrix}u_S\\ i_S\end{bmatrix}=$$

$$\begin{bmatrix}a_{11} & a_{12}\\ a_{21} & a_{22}\end{bmatrix}\begin{bmatrix}u_C\\ i_L\end{bmatrix}+\begin{bmatrix}b_{11} & b_{12}\\ b_{21} & b_{22}\end{bmatrix}\begin{bmatrix}u_S\\ i_S\end{bmatrix}\tag{1.6.9}$$

其中，系数矩阵 $\boldsymbol{A}=\begin{bmatrix}-\dfrac{1}{R_1} & -1\\ 1 & -R_2\end{bmatrix}=\begin{bmatrix}a_{11} & a_{12}\\ a_{21} & a_{22}\end{bmatrix}$，$\boldsymbol{B}=\begin{bmatrix}\dfrac{1}{R_1} & 1\\ 0 & R_2\end{bmatrix}=\begin{bmatrix}b_{11} & b_{12}\\ b_{21} & b_{22}\end{bmatrix}$，下面分析系数矩阵中各元素的物理含义。

系数矩阵 $\boldsymbol{A}$ 中，$a_{11}=\left.\dfrac{i_C}{u_C}\right|_{u_S=0,\ i_S=0,\ i_L=0}=-\dfrac{1}{R_1}$，为原网络在所有激励和电感电流均为零时，电容端口策动点导纳，等效电路如图 1.6.6(a) 所示；$a_{12}=\left.\dfrac{i_C}{i_L}\right|_{u_S=0,\ i_S=0,\ u_C=0}=-1$，为原网络在所有激励和电容电压均为零时，电容与电感的转移电流比，等效电路如图 1.6.6(b) 所示；$a_{21}=\left.\dfrac{u_L}{u_C}\right|_{u_S=0,\ i_S=0,\ i_L=0}=1$，为原网络在所有激励和电感电流均为零时，电感与电容的转移电压比，等效电路如图 1.6.6(c) 所示；$a_{22}=\left.\dfrac{u_L}{i_L}\right|_{u_S=0,\ i_S=0,\ u_C=0}=-R_2$，为原网络在所有激励和电容电压均为零时，电感端口策动点阻抗，等效电路如

图 1.6.6(d) 所示。

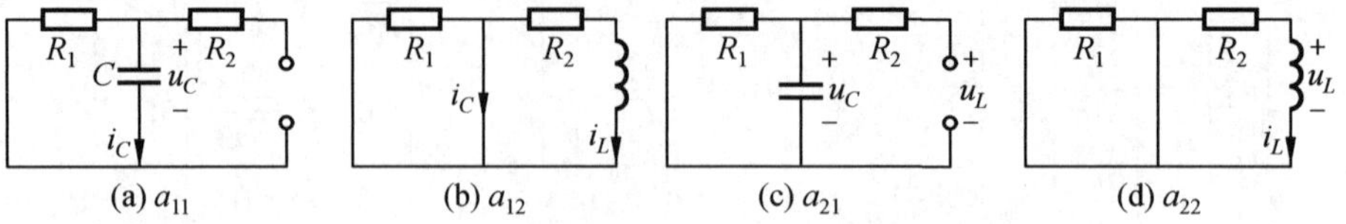

图 1.6.6　系数矩阵 **A** 中各元素等效电路

可见系数矩阵 **A** 中各元素实际上是原网络当激励全部为零时的一组网络函数。同理可得系数矩阵 **B** 中各元素物理含义(式(1.6.10)),系数矩阵 **B** 中各元素等效电路如图 1.6.7 所示。

$$\begin{cases} b_{11}=\dfrac{i_C}{u_S}\bigg|_{u_C=0,i_L=0,i_S=0}=\dfrac{1}{R_1}\ ; \quad b_{12}=\dfrac{i_C}{i_S}\bigg|_{u_C=0,i_L=0,u_S=0}=1 \\ b_{21}=\dfrac{u_L}{u_S}\bigg|_{u_C=0,i_L=0,i_S=0}=0\ ; \quad b_{22}=\dfrac{u_L}{i_S}\bigg|_{u_C=0,i_L=0,u_S=0}=R_2 \end{cases} \tag{1.6.10}$$

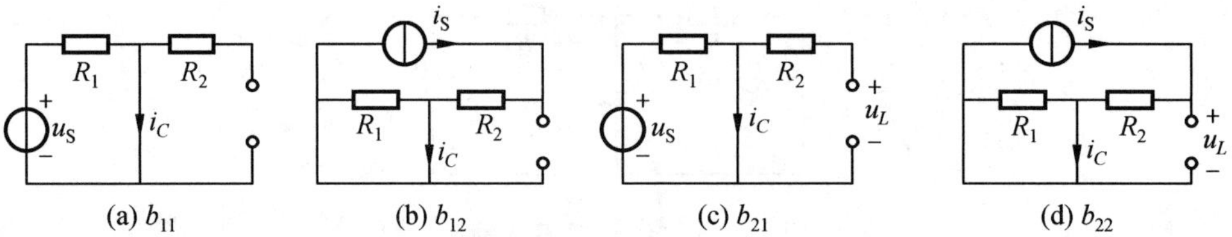

图 1.6.7　系数矩阵 **B** 中各元素等效电路

可见系数矩阵 **B** 中各元素实际上是原网络当状态变量全部为零时的一组网络函数。经过上文分析,也可以通过分别求解激励为零和状态变量为零两种情况下的相应网络函数,从而确定电容电流和电感电压与状态变量以及激励之间的关系,进而得到网络的状态方程。

1.7　本章习题

1. 选择题

(1) 图 1.7.1 所示网络中,符合构成树的支路集合有(　　)。

A. {1,2,3},{2,3,4}　　B. {1,3,4},{2,3,5}

C. {2,3,4},{2,3,5}　　D. {1,2,4,5},{1,3,5,6}

(2) 图 1.7.1 所示网络中,若选 1、2、3 为树支,则基本回路支路集合为(　　)。

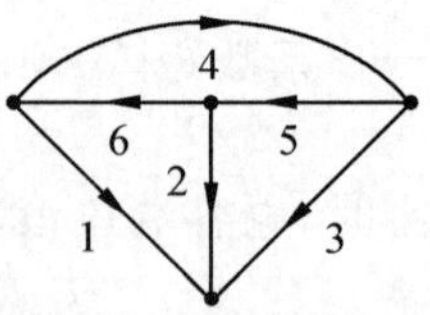

图 1.7.1

A. {1,3,5,6},{2,3,4,6}　　B. {1,2,6},{4,5,6}

C. {1,3,4},{2,3,5},{1,2,6}　　D. {1,3,4},{2,3,5},{1,2,4,5}

(3) 下列说法不正确的是(　　)。

A. 树支电流可以表达成连支电流的线性组合

B. 列写割集的 KCL 方程是独立的

C. 基本割集列写的 $n-1$ 个 KCL 方程保证是独立的

D. 连支电流是一组独立变量，个数等于连支数 $b_l=b-n+1$

(4) 下面论述中正确的是（　　）。

A. 对于有 n 个节点的连通图，其由 $n-1$ 条支路构成的子图必为树

B. 连通图的一个不含回路的子图即为该连通图的树

C. 作一个连通图的树时，任何一组支路都可选为树支或连支

D. 在树中，从一个节点到另一个节点不可能有两个不同的路径

(5) 对于有 n 个节点、b 条支路的网络线图，下列说法错误的是（　　）。

A. 基本割集的 KCL 方程是一组独立方程，共 $n-1$ 个

B. 独立 KCL 方程的数目等于树支数，即 $n-1$ 个

C. 树支电流可以表达成连支电流的线性组合，因为连支电流是一组独立变量

D. 在全部支路电流中，树支电流是一组独立变量，有 $n-1$ 个

(6) 可以通过基本矩阵 $\boldsymbol{C}$ 确定基本矩阵 $\boldsymbol{B}$ 的关系式为（　　）

A. $\boldsymbol{B}_l=\boldsymbol{C}_t^{\mathrm{T}}$　　B. $\boldsymbol{B}_l=-\boldsymbol{C}_t^{\mathrm{T}}$　　C. $\boldsymbol{B}_t=-\boldsymbol{C}_l^{\mathrm{T}}$　　D. $\boldsymbol{B}_t=\boldsymbol{C}_l^{\mathrm{T}}$

(7) 图 1.7.2 所示参考方向下，广义支路方程矩阵形式的正确表达为（　　）。

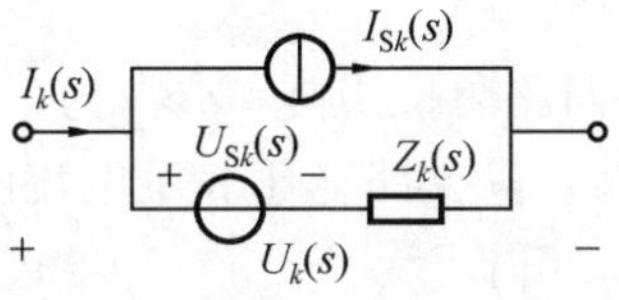

图 1.7.2

A. $\boldsymbol{U}=\boldsymbol{ZI}+\boldsymbol{ZI}_{\mathrm{S}}+\boldsymbol{U}_{\mathrm{S}}$　　B. $\boldsymbol{U}=\boldsymbol{ZI}-\boldsymbol{ZI}_{\mathrm{S}}+\boldsymbol{U}_{\mathrm{S}}$

C. $\boldsymbol{U}=\boldsymbol{ZI}+\boldsymbol{ZI}_{\mathrm{S}}-\boldsymbol{U}_{\mathrm{S}}$　　D. $\boldsymbol{U}=\boldsymbol{ZI}-\boldsymbol{ZI}_{\mathrm{S}}-\boldsymbol{U}_{\mathrm{S}}$

(8) 电路割集电压方程矩阵形式正确的是（　　）。

A. $\boldsymbol{CYC}^{\mathrm{T}}\boldsymbol{U}_{\mathrm{t}}=\boldsymbol{CYU}_{\mathrm{S}}-\boldsymbol{CI}_{\mathrm{S}}$　　B. $\boldsymbol{CYC}^{\mathrm{T}}\boldsymbol{U}_{\mathrm{t}}=\boldsymbol{CYU}_{\mathrm{S}}+\boldsymbol{CI}_{\mathrm{S}}$

D. $\boldsymbol{CYC}^{\mathrm{T}}\boldsymbol{U}_{\mathrm{t}}=-\boldsymbol{CYU}_{\mathrm{S}}-\boldsymbol{CI}_{\mathrm{S}}$　　D. $\boldsymbol{CYC}^{\mathrm{T}}\boldsymbol{U}_{\mathrm{t}}=\boldsymbol{CI}_{\mathrm{S}}-\boldsymbol{CYU}_{\mathrm{S}}$

(9) 线性电容和电感的状态变量分别为（　　）。

A. u_C、i_L　　B. i_C、u_L　　C. u_C、u_L　　D. i_C、i_L

(10) 列写状态方程关键一步是（　　）。

A. 列写单电感树支割集的 KCL 方程和单电容连支回路的 KVL 方程

B. 列写单电容树支割集的 KCL 方程和单电感连支回路的 KVL 方程

C. 列写单电容树支割集的 KVL 方程和单电感连支回路的 KCL 方程

D. 列写单电感连支割集的 KCL 方程和单电容树支回路的 KVL 方程

2. 填空题

(1) 由关联矩阵 $\boldsymbol{A}$ 列写的 KVL 方程和 KCL 方程的矩阵形式为（　　）。

(2) 由基本回路矩阵 $\boldsymbol{B}$ 列写的 KVL 方程和 KCL 方程的矩阵形式为（　　）。

(3) 由基本割集矩阵 $\boldsymbol{C}$ 列写的 KVL 方程和 KCL 方程的矩阵形式为（　　）。

(4) 图 1.7.3 所示电路支路导纳矩阵为（　　）。

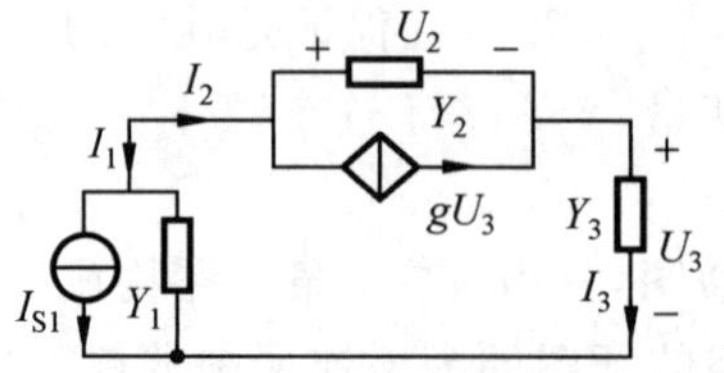

图 1.7.3

(5) 如图 1.7.4(a) 所示，按照广义支路，其网络线图(图 1.7.4(b))的关联矩阵为(　　)。

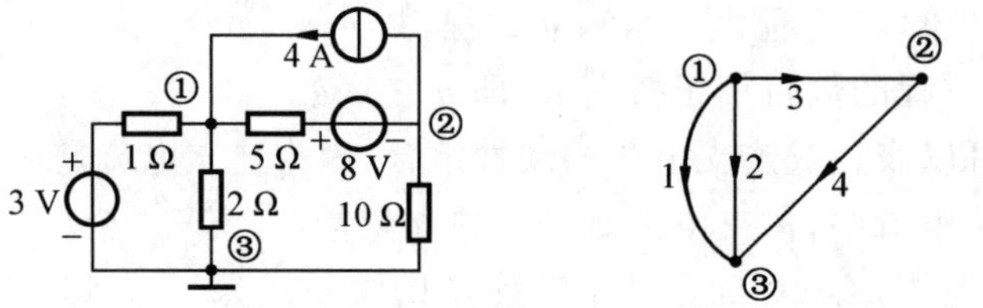

(a)　　(b)

图 1.7.4

(6) 回路方程的矩阵形式为(　　)。

(7) 对应图 1.7.5 所示电路回路阻抗矩阵 $\boldsymbol{BZB}^{\mathrm{T}}$ 为(　　)。

(8) 如图 1.7.6 所示广义支路，其支路电压表示电流的方程矩阵形式为(　　)。

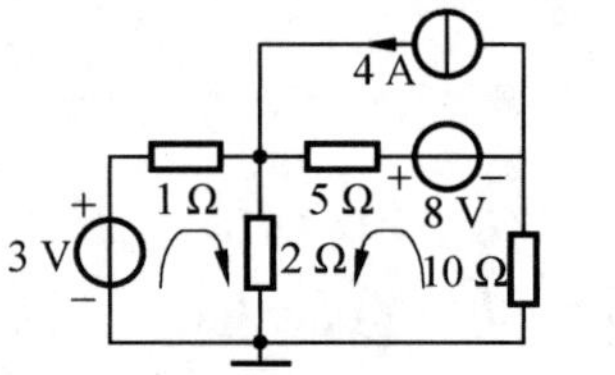

图 1.7.5

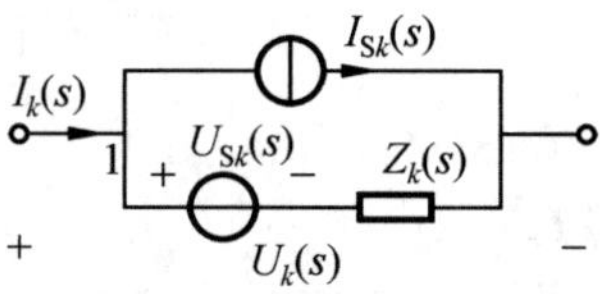

图 1.7.6

(9) 图 1.7.7(a) 所示电路的网络线图如图 1.7.7(b) 所示，其节点导纳矩阵 $\boldsymbol{AYA}^{\mathrm{T}}$ 为(　　)。

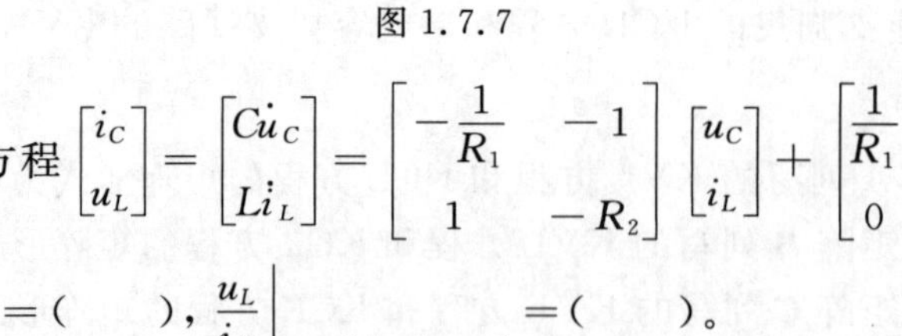

(a)　　(b)

图 1.7.7

(10) 已知状态方程 $\begin{bmatrix} i_C \\ u_L \end{bmatrix} = \begin{bmatrix} C\dot{u}_C \\ L\dot{i}_L \end{bmatrix} = \begin{bmatrix} -\dfrac{1}{R_1} & -1 \\ 1 & -R_2 \end{bmatrix} \begin{bmatrix} u_C \\ i_L \end{bmatrix} + \begin{bmatrix} \dfrac{1}{R_1} & 1 \\ 0 & R_2 \end{bmatrix} \begin{bmatrix} u_S \\ i_S \end{bmatrix}$，则网络函数 $\left.\dfrac{i_C}{u_S}\right|_{u_C=0,i_L=0,i_S=0}=$ (　　)，$\left.\dfrac{u_L}{i_S}\right|_{u_C=0,i_L=0,u_S=0}=$ (　　)。

3. 分析计算题

(1) 某网络线图如图 1.7.8 所示，请以支路 3、4、5 为树支，列写基本回路矩阵 $\boldsymbol{B}$。

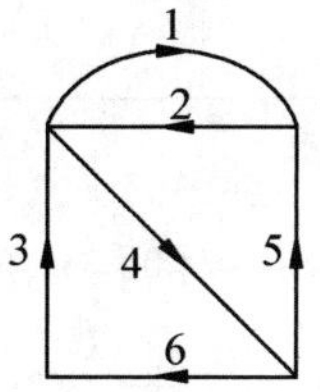

图 1.7.8

(2) 网络线图的关联矩阵 $\boldsymbol{A}$ 为

$$\boldsymbol{A}=\begin{array}{c} \begin{matrix} 1 & 2 & 3 & 4 & 5 & 6 & 7 \end{matrix} \\ \begin{bmatrix} 1 & 0 & 0 & 0 & 0 & -1 & 1 \\ -1 & 1 & 0 & 0 & 0 & 0 & 0 \\ 0 & -1 & 1 & 0 & 1 & 0 & 0 \end{bmatrix} \end{array}$$

以支路 1、2、3、4 为树支，列写基本回路矩阵 $\boldsymbol{B}$。

(3) 某网络基本割集矩阵为

$$\boldsymbol{C}=\begin{array}{c} \begin{matrix} 1 & 2 & 3 & 4 & 5 & 6 \end{matrix} \\ \begin{bmatrix} 1 & 0 & 0 & 0 & -1 & 1 \\ 0 & 1 & 0 & 1 & -1 & 1 \\ 0 & 0 & 1 & 1 & -1 & 0 \end{bmatrix} \end{array}$$

树支电阻 $R_1=3\ \Omega$，$R_2=2\ \Omega$，$R_3=1\ \Omega$，连支电流 $i_4=4\ \text{A}$，$i_5=5\ \text{A}$，$i_6=6\ \text{A}$，求其连支电压 u_4、u_5、u_6 各为多少？

(4) 图 1.7.9(a) 所示电路的网络线图如图 1.7.9 (b) 所示，已知 $\dot{U}_{S1}=3\ \text{V}$，$\dot{U}_{S2}=3\ \text{V}$，$\dot{I}_{S1}=\dfrac{3}{2}\ \text{A}$，$\dot{I}_{S2}=\left(\dfrac{1}{2}+\text{j}\right)\ \text{A}$，列写 $\boldsymbol{A}$、$\boldsymbol{Y}$、$\boldsymbol{I}_S$、$\boldsymbol{U}_S$ 的表达式以及节点电压方程的矩阵形式，并求解 $\dot{U}_{n1}$、$\dot{U}_{n2}$。

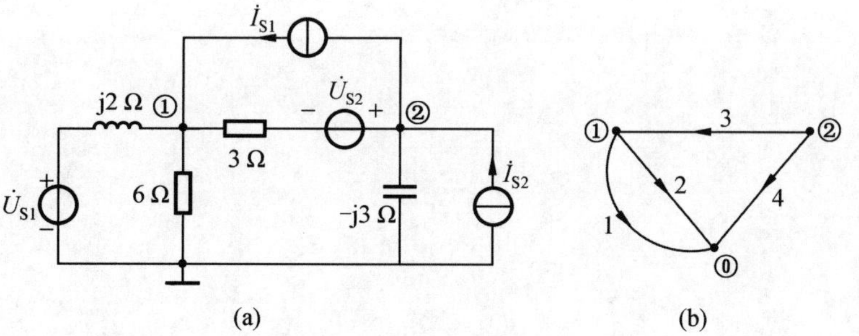

图 1.7.9

(5) 列写图 1.7.10 所示电路状态方程的标准形式。

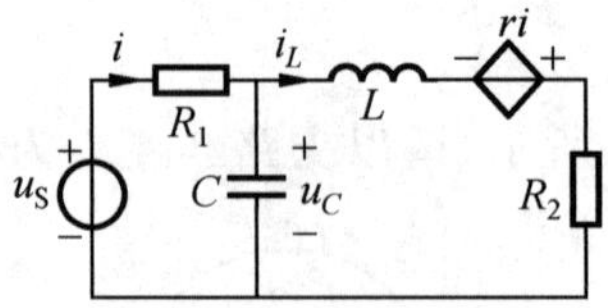

图 1.7.10

(6) 列写图 1.7.11 所示电路状态方程的标准形式。

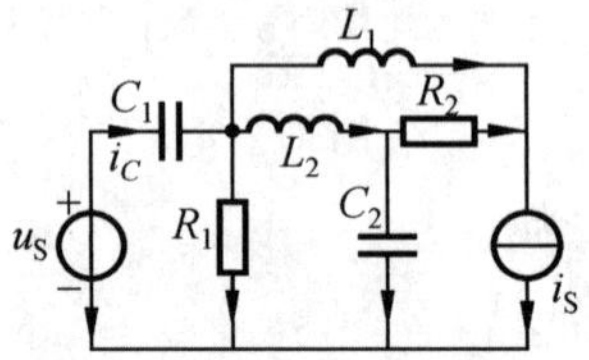

图 1.7.11

第 2 章　网络的拓扑分析

拓扑分析是一种不需要列写网络方程，而直接根据网络线图（也就是网络拓扑结构）和元件参数求解响应、分析网络的方法，对网络的进一步应用和发展具有重大意义。拓扑分析避免了大量无效成分的出现，是一种展开符号网络行列式及其余子式的有效方法。

2.1　命题及定理

2.1.1　基本定义、命题及定理

定义 1　若干字母（或数字）的不合并同类项的相加，称为不变相加。

定义 2　若干字母（或数字）的不求乘方的相乘，称为不变相乘。

以下若无特别说明，本章的不变相加均用普通加法的"+"号表示；不变相乘均用普通乘法的"·"号表示，有时也会略去不写。

命题 1　在不变相加下，$a+b$ 表示 a 和 b 的并列关系。

推论 1　设集合 $A=\{a,b,c,\cdots\}$，则在不变相加下，$A=a+b+c+\cdots$。

命题 2　在不变相乘下，$a\cdot b$ 也表示 a 和 b 的并列关系。

推论 2　设（可有重复组元）元素组集合 $B=\{\alpha,\beta,\gamma,\cdots\}$，则在不变相乘下，$B=\alpha\beta\lambda\cdots$。

关于矩阵的几个定理

定义 3　设有集合 $A=\{a_1,a_2,\cdots,a_m\}$，$B=\{b_1,b_2,\cdots,b_n\}$，m、$n\in\mathbf{N}$，规定运算 $A\cdot B=(a_1+a_2+\cdots+a_m)\cdot(b_1+b_2+\cdots+b_n)$。

命题 3　设有集合 $A=\{a_1,a_2,\cdots,a_m\}$，$B=\{b_1,b_2,\cdots,b_n\}$，集合内元素无次序区分，m、$n\in\mathbf{N}$，则 A 与 B 的无序积 $A\&B=A\cdot B$。

比奈－柯西(Binet-Cauchy)定理：设 $\boldsymbol{F}$ 和 $\boldsymbol{H}$ 分别为 $m\times n$ 和 $n\times m$ 阶矩阵（$m\leqslant n$），则

$$\det(\boldsymbol{FH})=\sum \boldsymbol{F}\text{ 和 }\boldsymbol{H}\text{ 对应大子式之积} \tag{2.1.1}$$

式中，大子式为最高阶子行列式（$m\times m$）。

下面通过一个实例来说明此定理的应用。

设 $\boldsymbol{F}=\begin{bmatrix}2&3&4\\1&2&5\end{bmatrix}$，$\boldsymbol{H}=\begin{bmatrix}3&6\\-1&2\\0&1\end{bmatrix}$，则对应大子式有

$$|\boldsymbol{F}_1|=\overset{\begin{matrix}1&2\end{matrix}}{\begin{vmatrix}2&3\\1&2\end{vmatrix}}=1,\quad |\boldsymbol{F}_2|=\overset{\begin{matrix}1&3\end{matrix}}{\begin{vmatrix}2&4\\1&5\end{vmatrix}}=6,\quad |\boldsymbol{F}_3|=\overset{\begin{matrix}2&3\end{matrix}}{\begin{vmatrix}3&4\\2&5\end{vmatrix}}=7$$

$$|\boldsymbol{H}_1| = \begin{matrix}1\\2\end{matrix}\begin{vmatrix}3 & 6\\ -1 & 2\end{vmatrix} = 12,\quad |\boldsymbol{H}_2| = \begin{matrix}1\\3\end{matrix}\begin{vmatrix}3 & 6\\ 0 & 1\end{vmatrix} = 3,\quad |\boldsymbol{H}_3| = \begin{matrix}2\\3\end{matrix}\begin{vmatrix}-1 & 2\\ 0 & 1\end{vmatrix} = -1$$

根据比奈－柯西定理,得

$$\det(\boldsymbol{FH}) = \begin{vmatrix}3 & 22\\ 1 & 15\end{vmatrix} = 1\times 12 + 6\times 3 + 7\times(-1) = 23$$

2.1.2 关联矩阵的几个定理

定理 1 任何一个树的关联矩阵 **A** 的行列式都等于 ±1,即 $\det(\boldsymbol{A}_k) = \pm 1$。

证明 用归纳法证明。图 2.1.1(a) 所示为具有 2 个节点、1 条支路的连通树,显然有 $\det(\boldsymbol{A}_1) = \pm 1$;图 2.1.1(b) 所示为具有 3 个节点、2 条支路的连通树,即有 $\det(\boldsymbol{A}_2) = \begin{vmatrix}-1 & 1\\ 0 & -1\end{vmatrix} = 1 = (-1)\times\det(\boldsymbol{A}_1)$;图 2.1.1(c) 所示为具有 4 个节点、3 条支路的连通树,即有 $\det(\boldsymbol{A}_3) = \begin{vmatrix}-1 & 1 & -1\\ 0 & -1 & 0\\ 0 & 0 & 1\end{vmatrix} = 1 = 1\times\det(\boldsymbol{A}_2)$。可见,新增的节点只有一条支路与原连通树相连,因此关联矩阵 **A** 将是一个对角线非零的右上三角阵,关联矩阵 **A** 的行列式等于其对角线元素之积。即

$$\det(\boldsymbol{A}_{k+1}) = \begin{matrix} \\ k+1\end{matrix}\overset{\qquad\quad k+1}{\begin{vmatrix}\boldsymbol{A}_k & \mp 1\\ 0 & \pm 1\end{vmatrix}} = \pm\det(\boldsymbol{A}_k) = \pm 1 \tag{2.1.2}$$

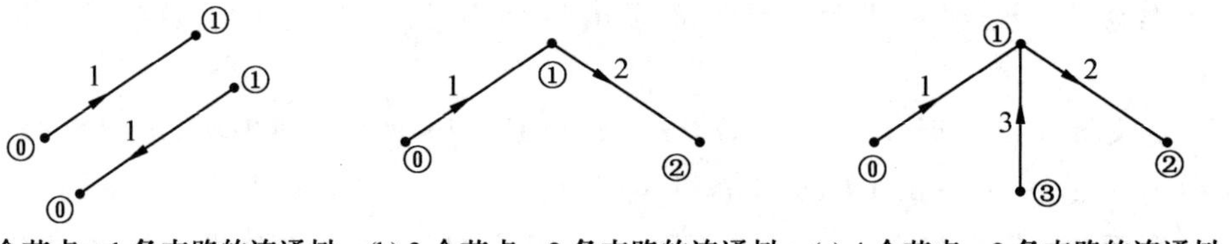

(a) 2 个节点、1 条支路的连通树 (b) 3 个节点、2 条支路的连通树 (c) 4 个节点、3 条支路的连通树

图 2.1.1 定理 1 证明

定理 2 连通图的关联矩阵 **A** 或 $\boldsymbol{A}_a$(非降阶)的秩为 $n-1$(n 为节点数),即

$$\mathrm{rank}(\boldsymbol{A}) = \mathrm{rank}(\boldsymbol{A}_a) = n - 1 = \text{树支数} \tag{2.1.3}$$

该定理可以利用一般域上的线性空间理论证明,详见参考文献[2]和[3]。

定理 3 连通图 G 的关联矩阵 **A** 的一个 $(n-1)\times(n-1)$ 阶子矩阵是非奇异的充要条件是此子矩阵的列对应 G 的一个树的所有树支,子矩阵的行列式为 ±1。

注释:① 充分性。$(n-1)\times(n-1)$ 阶子矩阵若非奇异 → 列线性独立 → 由定理 3 知这 $n-1$ 列不构成回路 → 得到支路数为 $n-1$ 的一个树的所有树支 → 由定理 1 知子矩阵的行列式为 ±1。

② 必要性。线图若为树 → 子矩阵行列式为 ±1 → 非零,即非奇异。

定理 4 连通图 G 的非降阶关联矩阵里对应回路的列是线性不独立的。

例如对应如下关联矩阵(非降阶)的连通图如图 2.1.2 所示。

$$\boldsymbol{A}_a = \begin{array}{c} \begin{matrix} 1 & 2 & 3 & 4 & 5 \end{matrix} \\ \begin{bmatrix} -1 & 1 & 0 & 0 & 0 \\ 1 & 0 & 1 & 0 & 1 \\ 0 & -1 & -1 & 1 & 0 \\ 0 & 0 & 0 & -1 & -1 \end{bmatrix} \end{array}$$

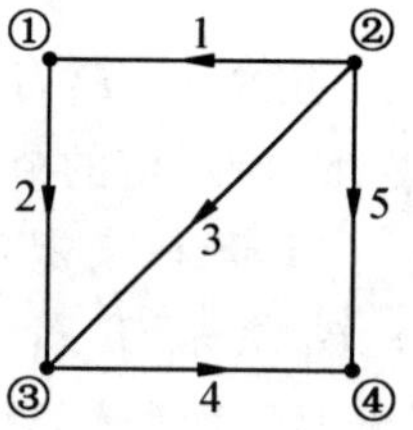

图 2.1.2　连通图

其中，支路 1、2、3 和支路 1、2、4、5 支路构成的子矩阵的秩分别为

$$\text{rank}\begin{array}{c} \begin{matrix} 1 & 2 & 3 \end{matrix} \\ \begin{bmatrix} -1 & 1 & 0 \\ 1 & 0 & 1 \\ 0 & -1 & -1 \\ 0 & 0 & 0 \end{bmatrix} \end{array} = 2 < 3, \quad \text{rank}\begin{array}{c} \begin{matrix} 1 & 2 & 4 & 5 \end{matrix} \\ \begin{bmatrix} -1 & 1 & 0 & 0 \\ 1 & 0 & 0 & 1 \\ 0 & -1 & 1 & 0 \\ 0 & 0 & -1 & -1 \end{bmatrix} \end{array} = 3 < 4$$

即 1、2、3 列对应的支路构成一个回路，1、2、4、5 列对应的支路构成另外一个回路。

注释：回路中节点数等于支路数(m)，子矩阵中非零行数等于 m，每列只有两个非零元素，$+1$ 和 -1，因此 rank[] $< m$，而构成回路的支路为 m 列，故列线性不独立。

定理 5　不含自环(两个节点间存在两条支路称为自环) 连通图 G 的树的总数为 $\det(\boldsymbol{A}\boldsymbol{A}^{\mathrm{T}})$。

证明　$\det(\boldsymbol{A}\boldsymbol{A}^{\mathrm{T}}) = \sum\limits_{\text{全部大子式}} \boldsymbol{A}$ 和 $\boldsymbol{A}^{\mathrm{T}}$ 对应大子式之积 $= \sum\limits_{\text{全部大子式}} (\boldsymbol{A}\text{ 的大子式})^2 =$

$$\boldsymbol{A}\text{ 的大子式总数} = \sum_{\text{全部树}} (\pm 1)^2 = \text{树的总数}$$

注释：$\boldsymbol{A}^{\mathrm{T}}$ 是 $\boldsymbol{A}$ 的转置矩阵，两者对应的非奇异 $n-1$ 阶子矩阵必对应连通图 G 的同一树，故 $\boldsymbol{A}^{\mathrm{T}}$ 与 $\boldsymbol{A}$ 对应大子式值必同为 $+1$ 或同为 -1。

2.2　拓扑网络全部树的生成

找出全部树的方法——节点多项式法

互联网、数字电视网的设计，广播网、有线电视网覆盖及卫星传播技术的发展，都离不开网络拓扑中全部树的生成问题。一般来说，对于任意一个不含自环的连通图，生成树的总数为 $\det(\boldsymbol{A}\boldsymbol{A}^{\mathrm{T}})$；特殊情况，即对 n 个节点($n \geqslant 2$)，任何两个节点之间都存在且只存在一条支路的完备图(即任何节点所连的支路数都是 $n-1$)，其树的总数可由 n^{n-2} 计算得到。由此可见，生成树的总数将随着网络节点数 n 的增大而急剧地增加。下面介绍几种寻找全部树的方法。

2.2.1　多项式法

1. 节点多项式法

(1) 定义、命题及定理。

命题 1　设 $E_1, E_2, E_3, \cdots, E_{n-1}$ 为 n 阶连通图 G 的节点 ①，②，③，…，ⓝ的 n 个关联集中的任意 $n-1$ 个关联集；每次从 $E_1, E_2, E_3, \cdots, E_{n-1}$ 中分别选取 1 个关联集且每个关联集仅选 1 次，这样可以组合成图的 1 个集合：

$$G^{*}=E_1\cdot E_2\cdot E_3\cdot\cdots\cdot E_{n-1} \tag{2.2.1}$$

定义 1 $E_1,E_2,E_3,\cdots,E_{n-1}$以外的$n$阶连通图$G$的节点的关联集$E_n$称为参考关联集,$E_n$所对应的节点称为参考点。

注释:G表示用不同字母代表不同边的n阶连通图,G_1表示G^{*}中有重边的线图的集合,G_2表示G^{*}中有回路的线图的集合。显然,G_1和G_2都是$E_1,E_2,E_3,\cdots,E_{n-1}$的一个$n-1$元关系式,于是可得以下命题和推论。

命题 2 $\alpha\in G_1\Leftrightarrow\alpha$是一个有若干对重复元素的$n-1$元无序组。

推论 1 $\alpha\in G_1\Leftrightarrow$在不变相乘下,$\alpha$是一个在$G^{*}$的表达式中有若干成对相同因子的乘积项。

推论 2 $\alpha\in G_1\Leftrightarrow$在普通乘法下,$\alpha$为$G^{*}$的表达式中含有某些字母平方的乘积项。

命题 3 $\beta\in G_2\Leftrightarrow$在对$G^{*}$进行不变相乘和不变相加后,会有成对的$\beta$相加。

推论 3 $\beta\in G_2\Leftrightarrow$在对$G^{*}$进行普通乘法后再进行普通加法(合并同类项),$\beta$的系数等于2。

定理 1 设T为n阶连通图G的全部生成树的集合,也就是对G^{*}进行普通乘法和普通加法后,删除含字母的平方项及系数等于2的项的结果,即

$$T=G^{*}-G_1-G_2 \tag{2.2.2}$$

注释:由于要使n个节点、$n-1$条边的无向图不连通,当且仅当它没有重边或回路时才可实现;再由树的定义,以及本节命题2、推论2、命题3即可得式(2.2.2)。

(2) 节点多项式法步骤及说明。

根据本节定理1,不难得到找出n阶连通图G的全部生成树的步骤:

① 在连通图G的节点①,②,③,…,ⓝ中任选一点为参考点;

② 用普通加法、普通乘法计算G^{*};

③ 删除G^{*}中含字母的平方项及系数等于2的项;

④ 整理得到连通图G的全部生成树的集合T。

按上述方法,由于参考点的关联集不参与有关运算,故不难看出,在求解过程中注意下列几点可使计算简便:

① 选含边数量多的关联集所对应的节点为参考点;

② 选在连通图G中与其他节点形成回路多的节点为参考点;

③ 在计算中,遇到某些字母自乘即令该项等于零。

(3) 举例。

用节点多项式法找出图2.2.1所示连通图G的全部树。

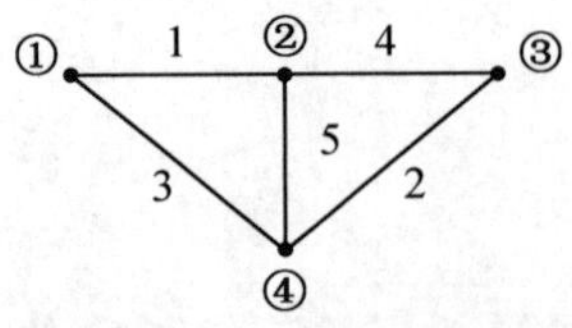

图 2.2.1 连通图 G

用e_j表示支路j。选取节点②为参考节点,其他节点①、③、④对应的关联集分别为

$E_1 = e_1 + e_3, E_3 = e_2 + e_4, E_4 = e_2 + e_3 + e_5$。

由式(2.2.1)得

$$G^* = E_1 \cdot E_3 \cdot E_4 = (e_1 + e_3)(e_2 + e_4)(e_2 + e_3 + e_5) = (e_1e_2 + e_1e_4 + e_2e_3 + e_3e_4)(e_2 + e_3 + e_5) = e_1e_2e_2 + e_1e_2e_3 + e_1e_2e_4 + e_1e_2e_5 + e_1e_3e_4 + e_1e_4e_5 + e_2e_3e_2 + e_2e_3e_3 + e_2e_3e_5 + e_2e_3e_4 + e_3e_3e_4 + e_3e_4e_5$$

去掉有重边和回路的集合，即由式(2.2.2)得

$$T = G^* - G_1 - G_2 = e_1e_2e_3 + e_1e_2e_5 + e_1e_2e_4 + e_1e_3e_4 + e_1e_4e_5 + e_2e_3e_5 + e_2e_3e_4 + e_3e_4e_5$$

故构成连通图 G 全部树的支路集合为

$$T = \{1,2,3\},\{1,2,4\},\{1,2,5\},\{1,3,4\},\{1,4,5\},\{2,3,5\},\{2,3,4\},\{3,4,5\}$$

2. 割集多项式法

找出全部树的方法——割集多项式法

依旧以图 2.2.1 为例，在连通图 G 中任选一个树，例如 $T=\{2,3,5\}$，称为基本树，如图 2.2.2 所示。

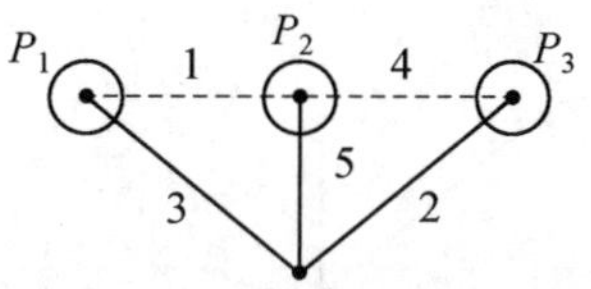

图 2.2.2　基本树 $T = \{2,3,5\}$

定义基本割集多项式：$P_1 = e_1 + e_3, P_2 = e_1 + e_4 + e_5, P_3 = e_2 + e_4$。

规定运算：$e_j + e_j = 0, e_j \times e_j = 0$，并且满足交换律与结合律：$e_i \times e_j = e_j \times e_i, e_i \times (e_j + e_k) = e_i \times e_j + e_i \times e_k, 0 \times e_j = 0, 0 + e_j = e_j$，则

$$P = P_1P_2P_3 = e_1e_1e_2 + e_1e_1e_4 + e_1e_4e_2 + e_1e_4e_4 + e_1e_5e_2 + e_1e_5e_4 + e_3e_1e_2 + e_3e_1e_4 + e_3e_4e_2 + e_3e_4e_4 + e_3e_5e_2 + e_3e_5e_4$$

去掉 $e_1e_1e_2$、$e_1e_1e_4$、$e_1e_4e_4$ 和 $e_3e_4e_4$ 项，所剩 8 项就是对应该图的全部树。

分析如下：

(1) P 中含有全部树的项，而且与基本割集的选择无关。

①$P = (e_3 + \cdots)(e_5 + \cdots)(e_2 + \cdots) = e_2e_3e_5 + \cdots$，$P$ 中一定含有对应树 $e_2e_3e_5$ 的项。

② 其他割集均可由基本割集的线性组合来表示，例如

$$P_4 = e_1 + e_2 + e_5 = P_2 + P_3, \quad P_5 = e_2 + e_3 + e_5 = P_1 + P_2 + P_3$$

③ 对应任何树的基本割集多项式之积都相等。例如图 2.2.3(a)、图 2.2.3(b) 分别对应基本树 $T = \{2,3,4\}$ 和 $T = \{1,4,5\}$。

对于图 2.2.3(a) 中，$P_4 = e_1 + e_2 + e_5$，则有

$$P_1P_2P_4 = P_1P_2(P_2 + P_3) = P_1P_2P_3 = P = e_1e_2e_3 + e_1e_2e_5 + e_1e_2e_4 + e_1e_3e_4 + e_1e_4e_5 + e_2e_3e_5 + e_2e_3e_4 + e_3e_4e_5$$

对于图 2.2.3(b) 中，$P_5 = e_2 + e_3 + e_5$，则有

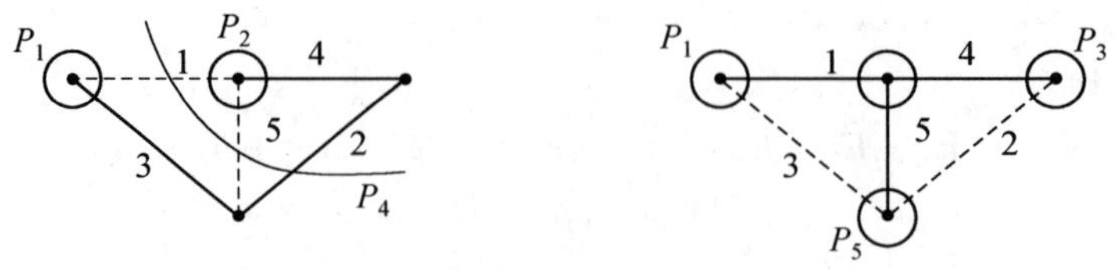

(a) $T=\{2,3,4\}$　　(b) $T=\{1,4,5\}$

图 2.2.3　基本树

$$P_1P_3P_5 = P_1P_3(P_1+P_2+P_3) = P_1P_2P_3 = P = e_1e_2e_3 + e_1e_2e_5 + e_1e_2e_4 + e_1e_3e_4 + e_1e_4e_5 + e_2e_3e_5 + e_2e_3e_4 + e_3e_4e_5$$

可见对应任何基本树的割集多项式之积都相等,即为全部树项。

(2) P 中任一项,一定对应一个树。

证明　假设 P 中含有一项 $e_ie_je_k$ 不与树对应,则存在不含 e_i、e_j、e_k 的割集,其多项式记作 P_x,$P=P_xP_yP_z$ 中一定不含 $e_ie_je_k$,故假设不成立。例如图 2.2.4 所示的反证示例。

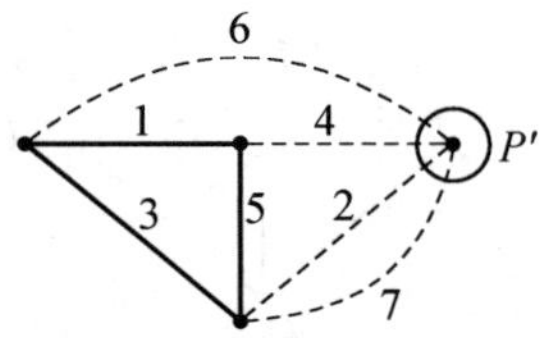

图 2.2.4　反证示例

设 P 中含有一项 $e_1e_3e_5$,则存在割集{2,4,6,7},割集多项式 $P'=e_2+e_4+e_6+e_7$,将其放在 P 中做乘法时,无论如何也不会包含 $e_1e_3e_5$ 项,显然与假设矛盾,故 P 中任一项,一定对应一个树。

2.2.2　搜索法

1. 收缩法(Minty 法)

(1) 基本思想。

按连通图 G 的任一边 e 将 G 的树分为两类,一类含边 e,另一类不含边 e。G 中不含边 e 的树正是 G 中去掉含边 e 后的子图(记为 $G-e$) 中的树,而 G 中含边 e 的树正是 G 中收缩边 e 后的子图(记为 $G\odot e$) 中的树再加上边 e。按此规律依次进行搜索,直到最简形式。用 $T(G)$ 表示 G 中树的集合,则有

$$T(G) = T(G-e) \cup [T(G\odot e) + e] \tag{2.2.3}$$

(2) 举例。

用收缩法找连通图 G 的全部树的示例如图 2.2.5 所示。连通图 G 收缩支路 1(即边 1)得到图 G_1,去掉支路 1 得到图 G_2;图 G_1 收缩支路 2(即边 2) 得到图 G_{12-},去掉支路 2 得到图 G_{1--};图 G_2 收缩支路 2 得到图 G_{2--},去掉支路 2 得到图 G_{345}。图 G_{12-} 中 3、4、5 支路形成自环,不能再收缩,图 G_{1--},G_{2--} 和 G_{345} 也化到了最简形式。从分解图中可见,图 G_1 中含支路 2 的树有 3 个,分别为{2,3},{2,4},{2,5},不含支路 2 的树有 2 个,分别为{3,4},

{4,5}，它们与支路 1 合成图 G 中含支路 1 的树共 5 个，分别为{1,2,3}，{1,2,4}，{1,2,5}，{1,3,4}，{1,4,5}；连通图 G 中不含支路 1 的树共 3 个，分别为{2,3,4}，{2,3,5}，{3,4,5}。即连通图 G 的全部树总计 8 个，分别为

$$T=\{1,2,3\},\{1,2,4\},\{1,2,5\},\{1,3,4\},\{1,4,5\},\{2,3,4\},\{2,3,5\},\{3,4,5\}$$

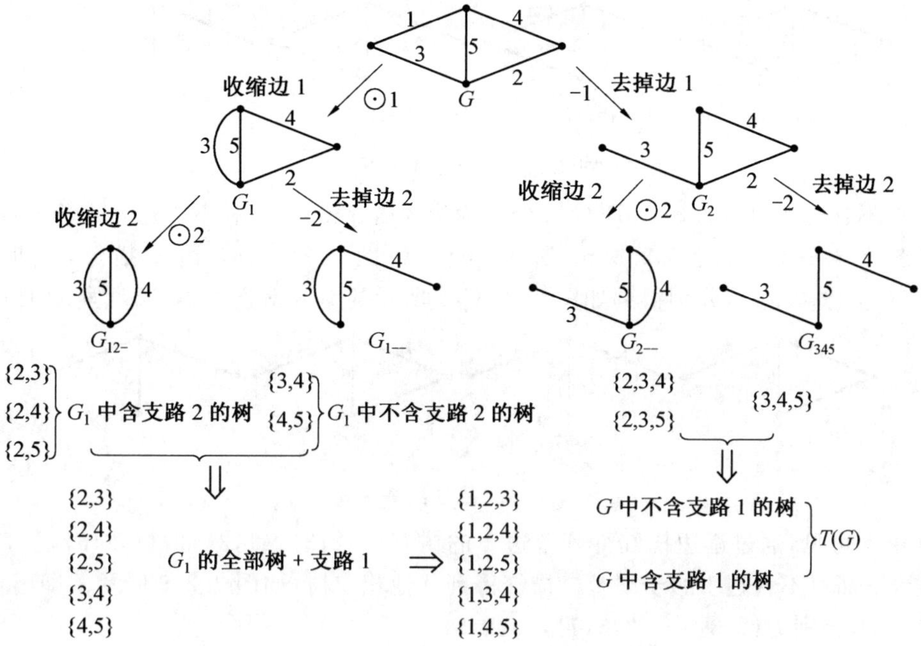

图 2.2.5　用收缩法找连通图 G 的全部树的示例

2. 描红法

(1) 基本思想。

其基本思想与 Minty 法相同，所不同的是：含有边 e 的树，不收缩边 e，而是将它描红得到 G_1；不含边 e 的树正是 G 中去掉边 e 后的子图 G_2 的树。然后再对 G_1、G_2 按上述规律依次进行描红，对含 n 个节点的网络，直到描红的边为 $n-1$ 个且不形成回路的所有子图即为网络线图 G 的所有树。

(2) 举例。

用描红法找出图 2.2.5 所示连通图 G 的全部树，过程如下。

① 边 1 描红图 G_1 和不含边 1 的子图 G_{1-} 分别如图 2.2.6(a) 和图 2.2.6(b) 所示；继续将图 G_1 分解为边 2 描红图 G_{12} 和不含边 2 的子图 G_{12-}，分别如图 2.2.6 (c) 和图 2.2.6(d) 所示。

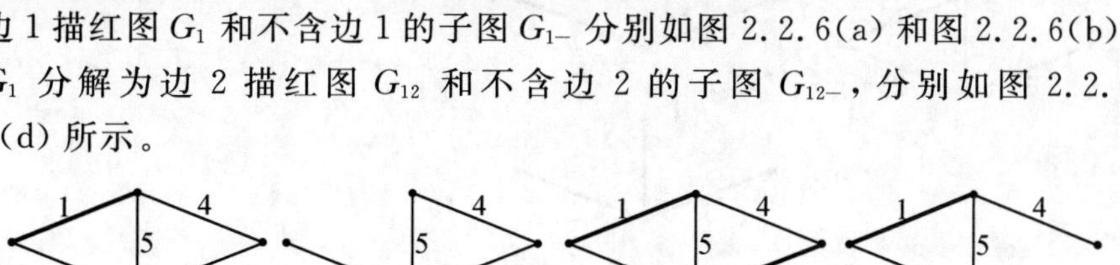

(a) G_1　(b) G_{1-}　(c) G_{12}　(d) G_{12-}

图 2.2.6　描红法举例 1

② 将边 1、2 都包括的 G_{12} 再分解为边 3 描红图 G_{123} 和不含边 3 的子图 G_{123-}，分别如图 2.2.7(a) 和图 2.2.7(b) 所示；可见，G_{123} 不能再进行边 4 和边 5 的描红，否则会构成回路；G_{123-} 可以再分解为边 4 描红图 G_{124}（图 2.2.7(c)）和不含边 4 的子图且将边 5 描红得到 G_{125}（图 2.2.7(d)）。

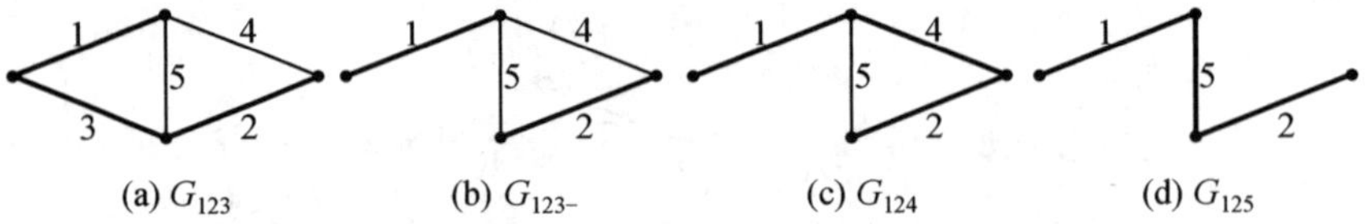

图 2.2.7　描红法举例 2

③ 将不含边 2 的图 2.2.6(d) G_{12-} 分解为边 3 描红图 G_{12-3} 和不含边 3 的子图 G_{12-3-}，分别如图 2.2.8(a) 和图 2.2.8(b) 所示；继续将图 2.2.8 (a) 边 4 描红，同时描红图 2.2.8(b) 边 4、边 5，分别得到如图 2.2.8(c) 所示的 G_{134} 和图 2.2.8(d) 所示的 G_{145}。

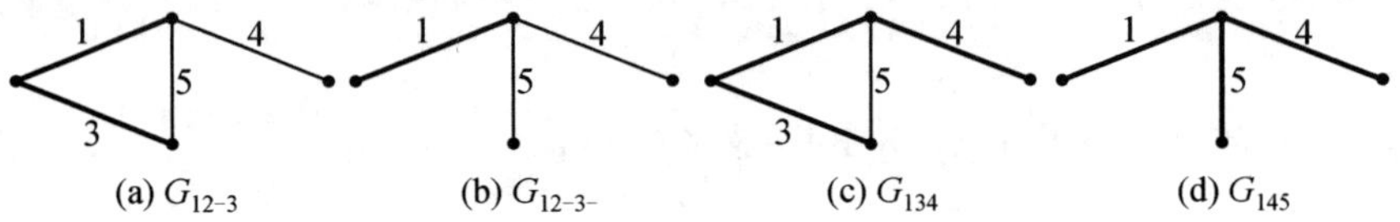

图 2.2.8　描红法举例 3

④ 由上可见，通过逐边描红得到含边 1 的树有{1,2,3}，{1,2,4}，{1,2,5}，{1,3,4}，{1,4,5}，下面对不含边 1 的子图 G_{1-} 描红得到其他相应树，如图 2.2.9 所示。即不含边 1 的树有 3 个，分别为{2,3,4}，{2,3,5}，{3,4,5}。

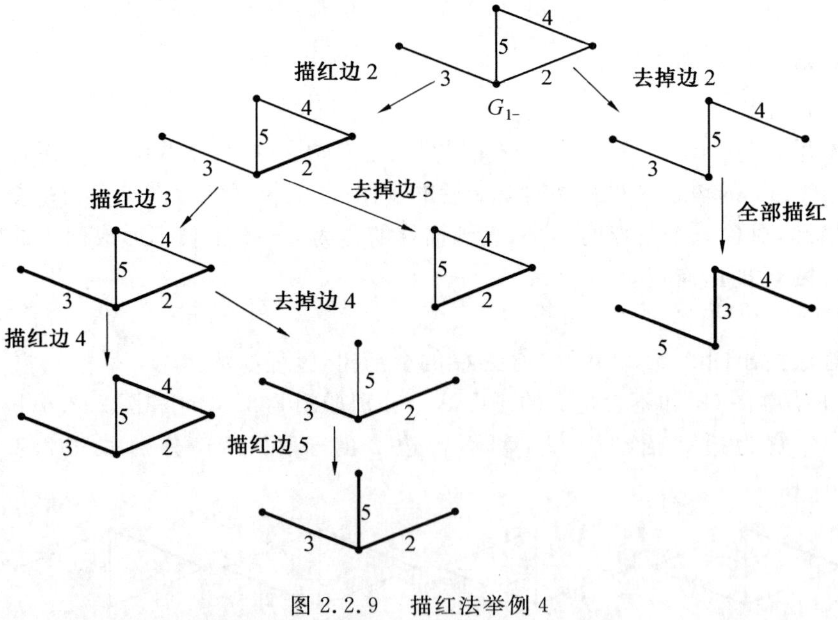

图 2.2.9　描红法举例 4

故构成网络线图 G 全部树的集合为

$$T=\{1,2,3\},\{1,2,4\},\{1,2,5\},\{1,3,4\},\{1,4,5\},\{2,3,4\},\{2,3,5\},\{3,4,5\}$$

可见使用描红法的结论同使用 Minty 法时所得结论一致。

2.2.3　树支行列式法

1. 基本思想

这种求取全部树的方法是通过判断节点关联矩阵 $\boldsymbol{A}$ 的行列式值来确定是否构成树。由 2.1 节关联矩阵定理 1 可知，任何一个树的关联矩阵 $\boldsymbol{A}$ 的行列式都等于 ± 1。

2. 举例

求取图 2.2.10 所示网络线图的全部树。

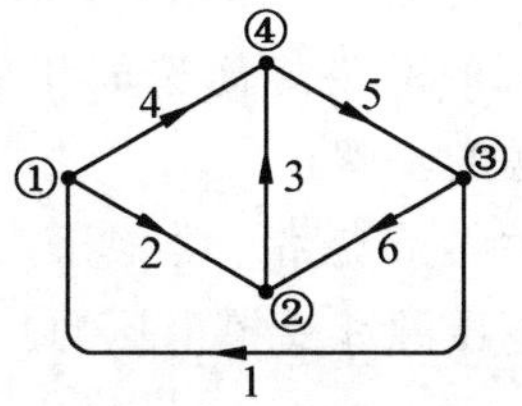

图 2.2.10　求全部树例图

对于图 2.2.10，设节点 ④ 为参考节点，则

$$\boldsymbol{A}=\begin{array}{c} \begin{matrix}1 & 2 & 3 & 4 & 5 & 6\end{matrix} \\ \begin{bmatrix}-1 & 1 & 0 & 1 & 0 & 0\\ 0 & -1 & 1 & 0 & 0 & -1\\ 1 & 0 & 0 & 0 & -1 & 1\end{bmatrix}\end{array}$$

得到其树的总数为

$$\det(\boldsymbol{AA}^{\mathrm{T}})=16$$

对该图支路数 $b=6$、节点数 $n=4$，可能产生树的树支组合数为 $C_b^{n-1}=C_6^3=20$。对支路 1、2、6 的组合 $\boldsymbol{A}_1$，有

$$\det(\boldsymbol{A}_1)=\begin{vmatrix}-1 & 1 & 0\\ 0 & -1 & -1\\ 1 & 0 & 1\end{vmatrix}=0$$

即支路 1、2、6 不能构成一个树的树支。从图 2.2.10 可见，支路 1、2、6 形成回路且不包含全部节点，也就是支路 1、2、6 为线性相关。

若取支路 1、2、3 的组合 $\boldsymbol{A}_2$，则有

$$\det(\boldsymbol{A}_2)=\begin{vmatrix}-1 & 1 & 0\\ 0 & -1 & 1\\ 1 & 0 & 0\end{vmatrix}=1$$

即支路 1,2,3 可构成一个树的树支，也就是支路 1、2、3 为线性无关。

可见，用计算机产生图的所有可能的支路组合，并计算对应的 $\det(\boldsymbol{A}_i)$。若该值为 ± 1，则该支路组合构成一个树的树支；若该值为 0，则该支路组合不能构成一个树的树支。

由此得出图 2.2.10 的 16 个全部生成树的支路组合为

$T=\{1,2,3\},\{1,2,4\},\{1,2,5\},\{1,3,4\},\{1,3,5\},\{1,3,6\},\{1,4,6\},\{1,5,6\},$
$\{2,3,5\},\{2,3,6\},\{2,4,5\},\{2,4,6\},\{2,5,6\},\{3,4,5\},\{3,4,6\},\{4,5,6\}$

综上，该算法可以得出全部树的组合，但由于该算法属于遍历算法，所以其效率较低，尤其当图足够复杂的时候，组合数会很大，因此限制了该算法的应用。

2.3　含受控源网络的系统分析法

在 1.4 节介绍的节点方程、回路方程和割集方程的矩阵形式中，对应的变量分别是 $n-1$ 个节点电压 u_n、($b-n+1-$电流源支路数) 个回路电流 i_l 和($n-1-$电压源支路数) 个树支电压u_t，那么对含受控源的网络如何选取相应的变量以列写最简的方程？下面介绍含受控源网络的系统分析法的步骤：

(1) 拓扑网络选树时(1 个元件 1 条支路)，类似于 1.6 节状态方程列写时专用树的选取，树支应包括全部电压源(独立电压源和受控电压源) 支路，连支应包括全部电流源(独立电流源和受控电流源) 支路。

(2) 对于含有电压控制的受控源，将电压控制量选作树支；对于含有电流控制的受控源，将电流控制量选作连支。

(3) 利用基本割集建立关于树支电压的 KCL 方程，方程数为($n-1-$电压源支路数) 个，或利用基本回路建立关于连支电流的 KVL 方程，方程数为($b-n+1-$电流源支路数) 个。

(4) 选择步骤(3) 中方程数少的，从而大大减小计算量。

通过以下几道例题帮助理解含受控源网络的系统分析法。

含有电流控制的受控源非平面电路的分析

2.3.1　含有电流控制的受控源非平面电路的分析

【例 2.3.1】　如图 2.3.1(a) 所示电路，已知 $R_1=R_2=R_3=R_4=R_5=R_6=1\ \Omega$，$u_{S1}=20\ \text{V}$，$u_{S2}=2\ \text{V}$，$i_S=-18.75\ \text{A}$。求各支路电压和电流。

解　(1) 画出电路拓扑图，如图 2.3.1(b) 所示，将电压源选作树支，将电流源和受控源的控制量 i_6 选作连支。

(2) 根据拓扑理论，树支电压是一组独立的电压变量，连支电流是一组独立的电流变

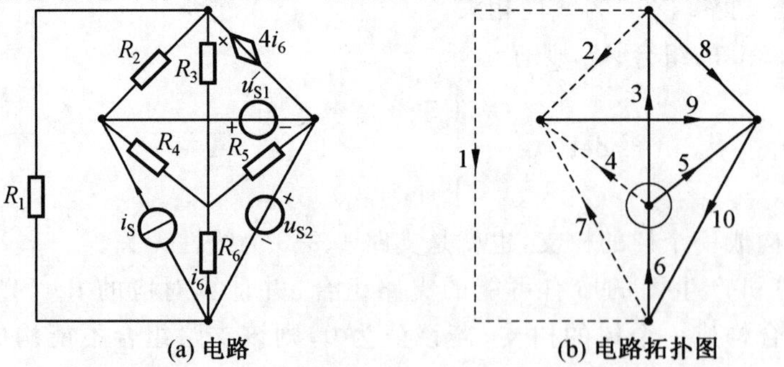

(a) 电路　　　(b) 电路拓扑图

图 2.3.1　例 2.3.1 图

量。若选树支电压为待求量，利用基本割集建立 KCL 方程，方程数为 1 个（$n-1-$电压源支路数 $=1$）；若选连支电流为待求量，利用基本回路建立 KVL 方程，方程数为 5 个（$b-n+1-$电流源支路数 $=5$）。比较上述两种情形，显然应选树支电压为待求量，只需列写 1 个关于未知树支电压的 KCL 方程：

$$\frac{u_5}{R_5}+\frac{u_5-4i_6}{R_3}+\frac{u_5-u_{S1}}{R_4}-\frac{-u_{S2}-u_5}{R_6}=0$$

其中，$i_6=(-u_{S2}-u_5)/R_6$。

代入数值，解得树支电压 $u_5=1.25$ V，控制量 $i_6=-3.25$ A；依次得其他各支路电压和电流为

$u_7=-u_{S1}-u_{S2}=-22$ V，$u_4=u_5-u_{S1}=-18.75$ V，$u_6=-u_5-u_{S2}=-3.25$ V，$u_8=4i_6=-13$ V，$u_1=u_8+u_{S2}=-11$ V，$u_2=u_8-u_{S1}=-33$ V，$u_3=u_5-u_8=-11.75$ V；

$$i_1=\frac{u_1}{R_1}=-11\text{ A},\ i_2=-33\text{ A},\ i_3=-11.75\text{ A},\ i_4=-18.75\text{ A},\ i_5=1.25\text{ A},$$

$$i_6=\frac{u_6}{R_6}=-3.25\text{ A},i_7=i_S=-18.75\text{ A},i_8=i_3-i_1-i_2=32.25\text{ A},$$

$$i_9=i_2+i_4+i_7=-33\text{ A},\ i_{10}=i_6+i_7-i_1=26.5\text{ A}$$

含有电压控制的受控源非平面电路的分析

2.3.2　含有电压控制的受控源非平面电路的分析

【例 2.3.2】　求图 2.3.2(a) 所示电路各支路电流和电压。

解　(1) 画出电路拓扑图，如图 2.3.2(b) 所示，将电压源和电压控制电流源的控制量支路选作树支，将电流源（包括独立源和受控源）选作连支。

(2) 根据拓扑理论，节点数 $n=6$，支路数 $b=9$。若选树支电压为待求量，利用基本割集建立 KCL 方程，方程数为 4 个（$n-1-$电压源支路数 $=4$）；若选连支电流为待求量，利用基本回路建立 KVL 方程，方程数为 1 个（$b-n+1-$电流源支路数 $=1$）。比较上述两种情形，显然应选连支电流为待求量，只需列写单连交回路（图 2.3.2(c)）的 1 个关于连支电流 i_3 的 KVL 方程：

$$R_1(i_3+4u_2)+R_2(i_3+4u_2+i_{S1})+R_4(i_3+4u_2+i_{S1}+i_{S2})+u_{S1}+R_5(i_3+i_{S2})+R_3i_3=0$$

其中，$u_2=R_2(i_3+4u_2+i_{S1})$。

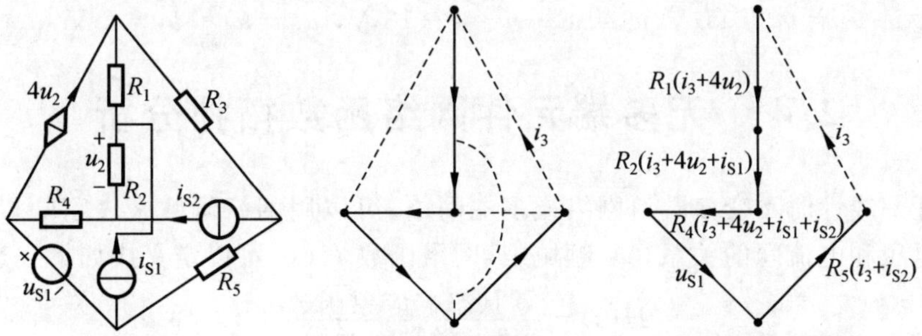

(a) 电路　(b) 电路拓扑图　(c) 单连支回路

图 2.3.2　例 2.3.2 图

由此可解得连支电流 i_3 和控制量 u_2，最终利用连支电流即可求出树支电流和各支路

电压。

2.3.3　含有受控源平面电路的分析

含有受控源的网络拓扑系统分析法

【例 2.3.3】　如图 2.3.3(a) 所示电路，已知 $R_1=1\ \Omega$，$R_2=2\ \Omega$，$R_3=3\ \Omega$，$R_4=4\ \Omega$，$u_S=11\ V$，$i_{S1}=1\ A$，$i_{S2}=2\ A$。求各支路电流和电压。

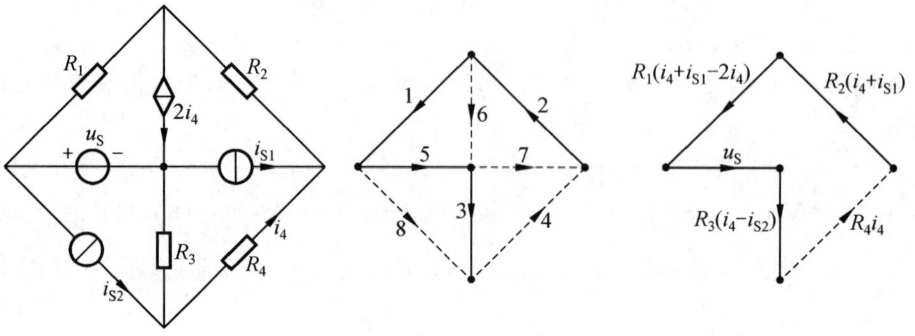

(a) 电路　　(b) 电路拓扑图　　(c) 单连支回路

图 2.3.3　例 2.3.3 图

解　(1) 画出电路拓扑图，如图 2.3.3(b) 所示，将电压源支路选作树支，将电流源(包括独立源和受控源)和受控电流源的控制量选作连支。

(2) 根据拓扑理论，节点数 $n=5$，支路数 $b=8$。若选树支电压为待求量，利用基本割集建立 KCL 方程，方程数为 3 个($n-1-$电压源支路数$=3$)；若选连支电流为待求量，利用基本回路建立 KVL 方程，方程数为 1 个($b-n+1-$电流源支路数$=1$)。比较上述两种情形，显然应选连支电流 i_4 为待求量，只需列写图 2.3.3(c) 所示的 1 个关于连支电流 i_4 的 KVL 回路方程：

$$u_S+R_3(i_4-i_{S2})+R_4 i_4+R_2(i_4+i_{S1})+R_1(i_4+i_{S1}-2i_4)=0$$

由此解得连支电流 $i_4=-1$ A(也为控制量)，利用连支电流即可求出树支电流和各支路电压：

$$i_1=2\ A,\ i_2=0\ A,\ i_3=-3\ A,\ i_{u_S}=i_1-i_{S2}=0\ A;$$

$$u_1=2\ V,\ u_2=0\ V,\ u_3=-9\ V,\ u_4=-4\ V,\ u_6=u_1+u_S=13\ V,$$

$$u_5=u_S=11\ V,u_7=u_3+u_4=-13\ V,\ u_8=u_S+u_3=2\ V$$

2.4　无多端元件网络函数拓扑分析

对于任一线性时不变多端口网络或多端网络，可以用网络函数来表示端口电压和电流或端子电压和电流间的关系。复频域中，网络函数 $H(s)$ 可以定义成如下表达式：

$$H(s)=\frac{\text{零状态响应象函数}}{\text{单一激励象函数}} \tag{2.4.1}$$

响应和激励均可任意为电压或电流。如果响应和激励在同一端口(两者必须 1 个是电压 1 个是电流)，则网络函数称为策动点函数；否则称为转移函数或传递函数，其中包括转移阻抗、转移导纳、转移电压比和转移电流比。由式(2.4.1) 可知，当已知某一初始状态为

零的网络函数 $H(s)$ 时，就可以根据已知的输入激励与其乘积直接求得输出响应，而不必经过建立和求解网络方程的步骤，可见确定网络函数是一项很重要的工作。$H(s)$ 由网络的结构和参数决定，可通过对网络用节点电压方程法、回路电流方程法或割集电压方程分析法求得。以开路阻抗参数（阻抗参数又称作 Z 参数）为例，首先用节点电压方程法找到无多端元件网络 Z 参数与节点导纳矩阵行列式及其代数余子式之间的关系，即代数公式，进而导出节点导纳矩阵行列式及其代数余子式与网络拓扑的树、2－树、支路导纳矩阵的关系，从而确定无多端元件二端口网络开路阻抗参数的拓扑公式。该过程称为拓扑分析，即研究网络的代数表达式，目的是得到利用拓扑分析求解网络函数的方法。

2.4.1　一端口网络参数代数公式

如图 2.4.1 所示一端口网络，$1'$ 为参考点，确定其输入阻抗 Z。根据第 1 章式(1.4.6)，得复频域网络节点方程矩阵形式为

$$\boldsymbol{Y}_{\mathrm{n}}(s)\boldsymbol{U}_{\mathrm{n}}(s)=\boldsymbol{I}_{\mathrm{Sn}}(s) \tag{2.4.2}$$

式(2.4.2)的解为

$$\boldsymbol{U}_{\mathrm{n}}(s)=\boldsymbol{Y}_{\mathrm{n}}^{-1}(s)\boldsymbol{I}_{\mathrm{Sn}}(s) \tag{2.4.3}$$

将式(2.4.3)展开可得如下形式：

$$\begin{bmatrix} U_{\mathrm{n}1}(s) \\ U_{\mathrm{n}2}(s) \\ \vdots \\ U_{\mathrm{n}N}(s) \end{bmatrix}=\begin{bmatrix} \frac{\Delta_{11}}{\Delta_{\mathrm{n}}} & \frac{\Delta_{21}}{\Delta_{\mathrm{n}}} & \cdots & \frac{\Delta_{N1}}{\Delta_{\mathrm{n}}} \\ \frac{\Delta_{12}}{\Delta_{\mathrm{n}}} & \frac{\Delta_{22}}{\Delta_{\mathrm{n}}} & \cdots & \frac{\Delta_{N2}}{\Delta_{\mathrm{n}}} \\ \vdots & \vdots & & \vdots \\ \frac{\Delta_{1N}}{\Delta_{\mathrm{n}}} & \frac{\Delta_{2N}}{\Delta_{\mathrm{n}}} & \cdots & \frac{\Delta_{NN}}{\Delta_{\mathrm{n}}} \end{bmatrix}\begin{bmatrix} I_1(s) \\ 0 \\ \vdots \\ 0 \end{bmatrix} \tag{2.4.4}$$

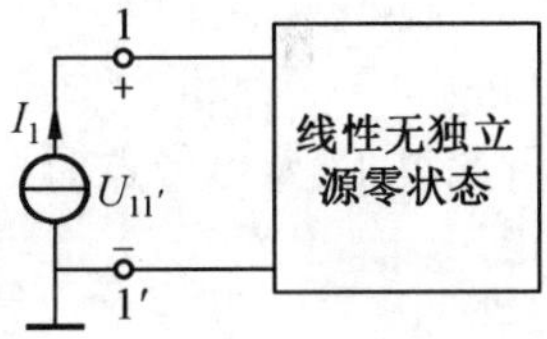

图 2.4.1　一端口网络

其中 Δ_{n} 为节点导纳矩阵 $\boldsymbol{Y}_{\mathrm{n}}(s)$ 的行列式，即

$$\Delta_{\mathrm{n}}=\det(\boldsymbol{Y}_{\mathrm{n}}) \tag{2.4.5}$$

二端口网络参数的代数公式

Δ_{ij} 为在节点导纳矩阵 $\boldsymbol{Y}_{\mathrm{n}}(s)$ 中划去第 i 行第 j 列的代数余子式，即

$$\Delta_{ij}=(-1)^{i+j}\det(\text{划去 }\boldsymbol{Y}_{\mathrm{n}}\text{ 的第 }i\text{ 行第 }j\text{ 列}) \tag{2.4.6}$$

那么节点 1 电压即为一端口电压：

$$U_{\mathrm{n}1}(s)=\frac{\Delta_{11}}{\Delta_{\mathrm{n}}}I_1(s) \tag{2.4.7}$$

由此得一端口输入阻抗为

$$Z=\frac{U_{\mathrm{n}1}(s)}{I_1(s)}=\frac{\Delta_{11}}{\Delta_{\mathrm{n}}} \tag{2.4.8}$$

2.4.2　二端口网络参数代数公式

当二端口网络两端均接电源时，如图 2.4.2 所示。

电路节点方程（以下省去 s）为

$$\boldsymbol{Y}_{\mathrm{n}}\boldsymbol{U}_{\mathrm{n}}=\boldsymbol{I}_{\mathrm{Sn}},\quad \boldsymbol{I}_{\mathrm{Sn}}=[I_1\quad I_2\quad -I_2\quad 0\quad \cdots\quad 0]^{\mathrm{T}} \tag{2.4.9}$$

其解为

图 2.4.2　二端口网络

$$\begin{cases} U_{n1}=\dfrac{\Delta_{11}}{\Delta_n}I_1+\dfrac{\Delta_{21}}{\Delta_n}I_2-\dfrac{\Delta_{2'1}}{\Delta_n}I_2 \\ U_{n2}=\dfrac{\Delta_{12}}{\Delta_n}I_1+\dfrac{\Delta_{22}}{\Delta_n}I_2-\dfrac{\Delta_{2'2}}{\Delta_n}I_2 \\ U_{n2'}=\dfrac{\Delta_{12'}}{\Delta_n}I_1+\dfrac{\Delta_{22'}}{\Delta_n}I_2-\dfrac{\Delta_{2'2'}}{\Delta_n}I_2 \end{cases} \tag{2.4.10}$$

端口方程：

$$\begin{cases} U_{11'}=U_{n1}=\dfrac{\Delta_{11}}{\Delta_n}I_1+\dfrac{\Delta_{21}-\Delta_{2'1}}{\Delta_n}I_2=Z_{11}I_1+Z_{12}I_2 \\ U_{22'}=U_{n2}-U_{n2'}=\dfrac{\Delta_{12}-\Delta_{12'}}{\Delta_n}I_1+\dfrac{\Delta_{22}+\Delta_{2'2'}-\Delta_{2'2}-\Delta_{22'}}{\Delta_n}I_2=Z_{21}I_1+Z_{22}I_2 \end{cases} \tag{2.4.11}$$

由此得 1′ 为参考点时二端口输入阻抗的公式为

$$\boldsymbol{Z}=\begin{bmatrix} Z_{11} & Z_{12} \\ Z_{21} & Z_{22} \end{bmatrix}=\begin{bmatrix} \dfrac{\Delta_{11}}{\Delta_n} & \dfrac{\Delta_{21}-\Delta_{2'1}}{\Delta_n} \\ \dfrac{\Delta_{12}-\Delta_{12'}}{\Delta_n} & \dfrac{\Delta_{22}+\Delta_{2'2'}-\Delta_{2'2}-\Delta_{22'}}{\Delta_n} \end{bmatrix} \tag{2.4.12}$$

可见，对一端口、二端口网络函数的求解可归为对 Δ_n、Δ_{jj}、Δ_{ij} 的求解。但注意，式(2.4.12)只适用于没有受控源或类似器件的网络，若含受控源或类似器件，相应的网络函数见 2.6 节。

2.4.3　阻抗参数拓扑公式

Δ_n 的计算

1. $\boldsymbol{\Delta_n}$ 的计算

节点导纳矩阵 $\boldsymbol{Y}_n$ 的行列式可通过下式得到：

$$\Delta_n=\det(\boldsymbol{Y}_n)=\det(\boldsymbol{AYA}^T)=\sum(\boldsymbol{AY}\text{ 和 }\boldsymbol{A}^T\text{ 对应的非零大子式之积}) \tag{2.4.13}$$

其中，$\boldsymbol{AY}$ 对应的非零大子式 =(±1)× 相应树支导纳之积(因为无源网络 $\boldsymbol{Y}$ 是对角矩阵)；$\boldsymbol{A}^T$ 对应的非零大子式 =±1(因为它对应树)。

说明　因所研究的二端无源 *RLC* 网络中 $\boldsymbol{AY}$ 与 $\boldsymbol{A}$ 结构相同，即二者非零元素位置相同，根据 2.1.2 节定理 3，$\boldsymbol{AY}$ 对应大子式不再为 ±1，而是等于该子矩阵所对应的树支导纳之积再乘以 ±1，正负号由对应 $\boldsymbol{A}$ 的大子式决定。以下用图 2.4.3 所示网络及其网络线图进行 Δ_n 的计算。

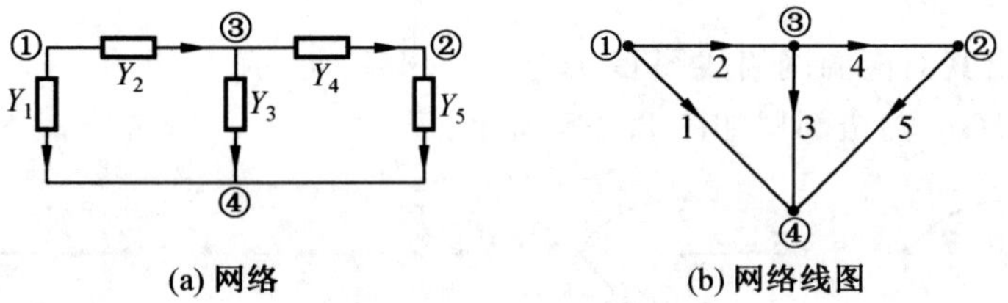

图 2.4.3　网络及其网络线图

$$\boldsymbol{A}=\begin{bmatrix}1 & 1 & 0 & 0 & 0\\ 0 & 0 & 0 & -1 & 1\\ 0 & -1 & 1 & 1 & 0\end{bmatrix},\quad \boldsymbol{Y}=\mathrm{diag}[Y_1 \quad Y_2 \quad Y_3 \quad Y_4 \quad Y_5]$$

$$\boldsymbol{AY}=\begin{bmatrix}Y_1 & Y_2 & 0 & 0 & 0\\ 0 & 0 & 0 & -Y_4 & Y_5\\ 0 & -Y_2 & Y_3 & Y_4 & 0\end{bmatrix}$$

$\boldsymbol{AY}$ 非零大子式为

$$\begin{vmatrix}Y_2 & 0 & 0\\ 0 & 0 & -Y_4\\ -Y_2 & Y_3 & Y_4\end{vmatrix}=\begin{vmatrix}1 & 0 & 0\\ 0 & 0 & -1\\ -1 & 1 & 1\end{vmatrix}\cdot\begin{vmatrix}Y_2 & 0 & 0\\ 0 & Y_3 & 0\\ 0 & 0 & Y_4\end{vmatrix}=Y_2Y_3Y_4$$

显然其列 2、3、4 支路对应一个树。

又有

$$\begin{vmatrix}Y_1 & 0 & 0\\ 0 & 0 & Y_5\\ 0 & Y_3 & 0\end{vmatrix}=\begin{vmatrix}1 & 0 & 0\\ 0 & 0 & 1\\ 0 & 1 & 0\end{vmatrix}\cdot\begin{vmatrix}Y_1 & 0 & 0\\ 0 & Y_3 & 0\\ 0 & 0 & Y_5\end{vmatrix}=-Y_1Y_3Y_5$$

对应树支 1、3、5。

而由列 1、2、3 支路形成的大子式为

$$\begin{vmatrix}Y_1 & Y_2 & 0\\ 0 & 0 & 0\\ 0 & -Y_2 & Y_3\end{vmatrix}=\begin{vmatrix}1 & 1 & 0\\ 0 & 0 & 0\\ 0 & -1 & 1\end{vmatrix}\cdot\begin{vmatrix}Y_1 & 0 & 0\\ 0 & Y_2 & 0\\ 0 & 0 & Y_3\end{vmatrix}=0$$

因为其含有回路。

根据 2.1.2 节定理 5 注释可知 $\boldsymbol{AY}$ 与 $\boldsymbol{A}^{\mathrm{T}}$ 的大子式值有相同的正负号，即有

$$\Delta_{\mathrm{n}}=\sum_{\text{全部树}} G \text{ 的树支导纳之积} \tag{2.4.14}$$

【例 2.4.1】　确定图 2.4.4(a) 所示二端口网络的 Δ_{n}。

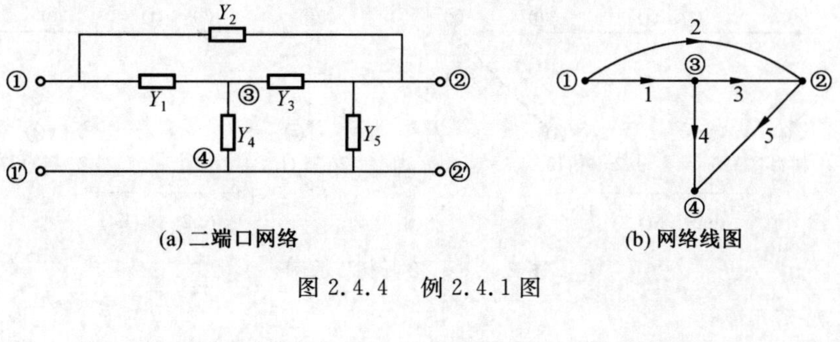

图 2.4.4　例 2.4.1 图

解　方法 1：

(1) 首先画出其对应的网络线图 G，如图 2.4.4(b) 所示。

(2) 图 2.4.4(b) 的全部树如图 2.4.5 所示。

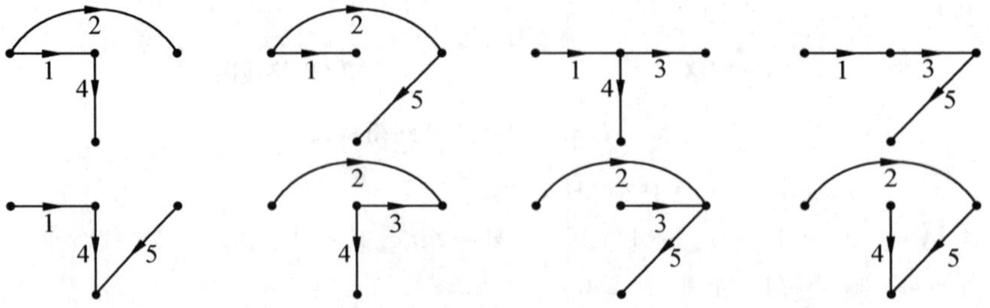

图 2.4.5　图 2.4.4(b) 的全部树

$$\Delta_{\rm n}=Y_1Y_2Y_4+Y_1Y_2Y_5+Y_1Y_3Y_4+Y_1Y_3Y_5+Y_1Y_4Y_5+Y_2Y_3Y_4+Y_2Y_3Y_5+Y_2Y_4Y_5$$

方法 2：

以节点 ④ 为参考点的节点导纳行列式为

$$\det(\boldsymbol{Y}_{\rm n})=\begin{vmatrix} Y_1+Y_2 & -Y_2 & -Y_1 \\ -Y_2 & Y_2+Y_3+Y_5 & -Y_3 \\ -Y_1 & -Y_3 & Y_1+Y_3+Y_4 \end{vmatrix}=$$

$$Y_1Y_2Y_4+Y_1Y_2Y_5+Y_1Y_3Y_4+Y_1Y_3Y_5+Y_1Y_4Y_5+$$
$$Y_2Y_3Y_4+Y_2Y_3Y_5+Y_2Y_4Y_5$$

可见，$\Delta_{\rm n}=\det(\boldsymbol{Y}_{\rm n})=\sum\limits_{\text{全部树}}$ G 的树支导纳之积。由于结果与支路方向无关，故也可将支路中的方向去掉。

“2－树”

2.“2－树”

为了计算 Δ_{jj} 和 Δ_{ij}，下面给出“2－树”的定义：G 的一个“2－树”是一对包含 G 的全部节点，无任何回路的不连通子图，但每个子图是连通的。例如图 2.4.6(b)(c) 是连通图 2.4.6(a) 的几个“2－树”，表示为“2－树(j, k)”，其中 j、k 表示分属两部分的节点号。

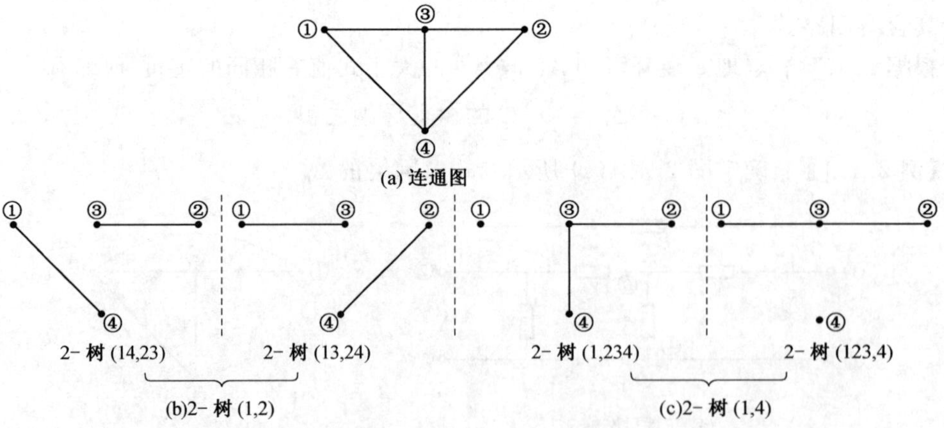

图 2.4.6　“2－树”示例

3. $\boldsymbol{\Delta}_{jj}$（对角元素的代数余因子）的计算

分析

$$\Delta_{jj}=\det(\text{划去 }\boldsymbol{Y}_\text{n}\text{ 的第 }j\text{ 行第 }j\text{ 列})=\det(\boldsymbol{Y}_{\text{n}j})=\det(\boldsymbol{A}_{-j}\boldsymbol{Y}\boldsymbol{A}_{-j}^{\text{T}})=$$
$$\det[\text{节点 }j\text{ 与参考点短接后的节点导纳矩阵（设对应的图为 }G_1\text{）}]=$$
$$\sum G_1\text{ 的树支导纳之积} \tag{2.4.15}$$

Δ_{jj}（对角元素的代数余因子）的计算

式中，$\boldsymbol{A}_{-j}$ 表示从矩阵 $\boldsymbol{A}$ 中划去第 j 行后得到的矩阵。

【例 2.4.2】　确定图 2.4.7(a) 所示网络线图的 Δ_{11}。

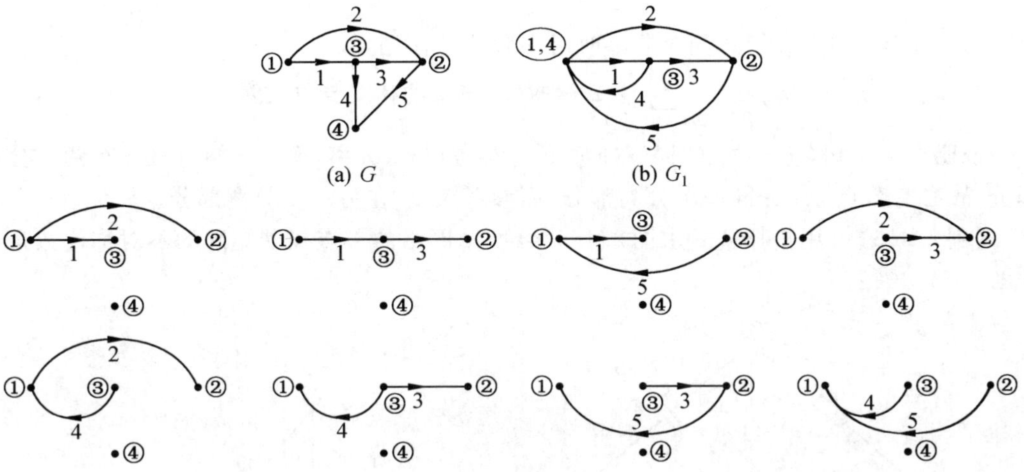

(a) G　　(b) G_1

(c) G_1 的全部树

图 2.4.7　例 2.4.2 图

解　G 对应的 G_1 如图 2.4.7(b) 所示，G_1 的全部树如图 2.4.7(c) 所示。

$$\boldsymbol{Y}_{\text{n1}}=\begin{bmatrix} Y_1+Y_2 & -Y_2 & -Y_1 \\ -Y_2 & Y_2+Y_3+Y_5 & -Y_3 \\ -Y_1 & -Y_3 & Y_1+Y_3+Y_4 \end{bmatrix} \xRightarrow{\text{划去第 1 行第 1 列}}$$
$$\begin{bmatrix} Y_2+Y_3+Y_5 & -Y_3 \\ -Y_3 & Y_1+Y_3+Y_4 \end{bmatrix}$$

$$\det(\boldsymbol{Y}_{\text{n1}})=Y_1Y_2+Y_1Y_3+Y_1Y_5+Y_2Y_3+Y_2Y_4+Y_3Y_4+Y_3Y_5+Y_4Y_5=$$
$$\sum G_1\text{ 的树支导纳之积}=\Delta_{11}$$

通过上例可见，对 G_1 的全部树补充节点 ④ 后，成为 G 的全部 2－树(1,4)。所以

$$\Delta_{jj}=\sum_{\text{全部2—树}(j,v_0)} G\text{ 的 2－树}(j,v_0)\text{ 树支导纳之积}=\sum G_1\text{ 的树支导纳之积} \tag{2.4.16}$$

式中，v_0 表示参考点。

4. $\boldsymbol{\Delta}_{ij}$ 的计算

$$\Delta_{ij}=(-1)^{i+j}\det(\text{从 }\boldsymbol{Y}_\text{n}\text{ 中划去第 }i\text{ 行第 }j\text{ 列})=(-1)^{i+j}\det(\boldsymbol{A}_{-i}\boldsymbol{Y}\boldsymbol{A}_{-j}^{\text{T}})=$$

$$\sum_{\text{全部大子式}} \boldsymbol{A}_{-i}\boldsymbol{Y} \text{ 和 } \boldsymbol{A}_{-j}^{\mathrm{T}} \text{ 对应大子式之积} \tag{2.4.17}$$

Δ_{ij} 的计算

分析

(1)$\boldsymbol{A}_{-i}\boldsymbol{Y}$ 的非零大子式＝±1×[节点 i 与参考点相连后的树支导纳之积,即 2－树(i, v_0)的树支导纳之积]。

(2)$\boldsymbol{A}_{-j}^{\mathrm{T}}$ 的非零大子式＝±1[节点 j 与参考点相连后的网络线图的树,即 2－树(j, v_0)]。

(3)$\boldsymbol{A}_{-i}$ 与 $\boldsymbol{A}_{-j}$ 不一定取相同符号,可以证明其对应非零大子式之积的符号为 $(-1)^{i+j}$。

(4) 由于当两个大子式同时非零时对求和才有作用,故有

$$\Delta_{ij} = \sum_{\text{全部2－树}(ij, v_0)} 2－\text{树}(ij, v_0)\text{ 的树支导纳之积} \tag{2.4.18}$$

说明　2－树(ij, v_0)表明节点 i、j 必与参考点 v_0 分离,而 2－树有且仅有两个分离部分,故必有节点 i、j 在同一个分离部分,而参考点 v_0 在另一个分离部分。

【例 2.4.3】 用拓扑公式求图 2.4.8(a)所示网络的节点导纳矩阵的不对称代数余子式 Δ_{13}。

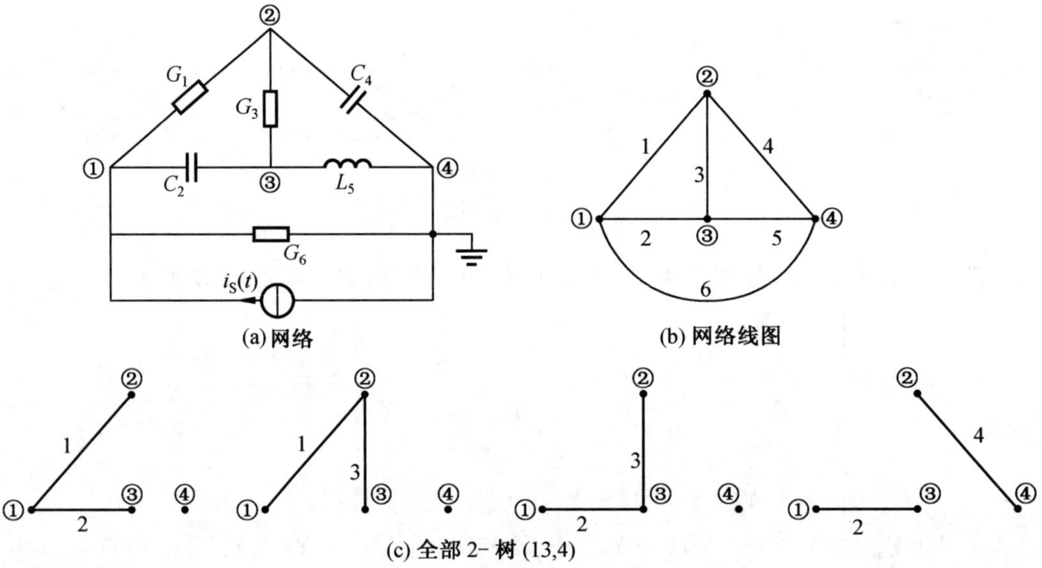

图 2.4.8　例 2.4.3 图

互易二端口网络Z参数拓扑求解

解　图 2.4.8(a) 对应的网络线图如图 2.4.8(b) 所示,其对应的全部2－树(13,4)如图 2.4.8(c) 所示,即得

$$\Delta_{13} = \sum 2－\text{树}(13,4)\text{ 的树支导纳之积} = G_1 sC_2 + G_1 G_3 + sC_2 G_3 + s^2 C_2 C_4$$

5. 二端口阻抗参数拓扑公式

引入符号:$\Delta_n = V$,$\Delta_{jj} = W_{j,v_0}$,$\Delta_{ij} = W_{ij,v_0}$,分别代入式(2.4.8)和式(2.4.12)中,得一端口输入阻抗为

$$Z=\frac{\Delta_{11}}{\Delta_{\mathrm{n}}}=\frac{W_{1,1'}}{V}\tag{2.4.19}$$

二端口开路阻抗矩阵参数为

$$Z_{11}=\frac{\Delta_{11}}{\Delta_{\mathrm{n}}}=\frac{W_{1,1'}}{V}\tag{2.4.20}$$

$$Z_{12}=Z_{21}=\frac{\Delta_{12}-\Delta_{12'}}{\Delta_{\mathrm{n}}}=\frac{W_{12,1'}-W_{12',1'}}{V}=\frac{W_{122',1'}+W_{12,1'2'}-W_{122',1'}-W_{12',1'2}}{V}=$$
$$\frac{W_{12,1'2'}-W_{12',1'2}}{V}\tag{2.4.21}$$

由式(2.4.21) 推出，Z_{ij} 的分子为 $W_{ji,j'i'}-W_{j'i,ji'}$，记忆规则如下：

$$Z_{ij}\text{的分子}=\begin{pmatrix} j\bullet\!\!-\!\!\!-\!\!\bullet i\\ j'\bullet\!\!-\!\!\!-\!\!\bullet i'\end{pmatrix}-\begin{pmatrix} j & & i\\ & \times & \\ j' & & i'\end{pmatrix}$$

$$Z_{22}=\frac{\Delta_{22}+\Delta_{2'2'}-\Delta_{2'2}-\Delta_{22'}}{\Delta_{\mathrm{n}}}\tag{2.4.22}$$

考虑到互易二端口(无多端元件) 有 $\Delta_{kk'}=\Delta_{k'k}$，其分子部分为

$$\Delta_{22}+\Delta_{2'2'}-\Delta_{2'2}-\Delta_{22'}=\Delta_{22}+\Delta_{2'2'}-2\Delta_{22'}=W_{2,1'}+W_{2',1'}-2W_{22',1'}\tag{2.4.23a}$$

其中

$$\begin{cases}W_{2,1'}=W_{22',1'}+W_{2,1'2'}=W_{122',1'}+W_{22',11'}+W_{12,1'2'}+W_{2,11'2'}\\ W_{2',1'}=W_{22',1'}+W_{2',1'2}=W_{122',1'}+W_{22',11'}+W_{12',1'2}+W_{2',11'2}\\ W_{12,1'2'}+W_{2,11'2'}+W_{12',1'2}+W_{2',11'2}=W_{2,2'}\\ 2W_{22',1'}=2(W_{122',1'}+W_{22',11'})\end{cases}\tag{2.4.23b}$$

将式(2.4.22b) 代入式(2.4.22a) 中得

$$Z_{22}=\frac{\Delta_{22}}{\Delta_{\mathrm{n}}}=\frac{W_{2,2'}}{V}\tag{2.4.24}$$

说明

(1)$W_{12,1'}$ 表示节点 1 和节点 2 在一起与参考点 1′ 分离(节点 2′ 没指出)，它包括两部分 $W_{122',1'}+W_{12,1'2'}$。

(2)$W_{12,1'}$ 与 $W_{12',1'}$ 存在相同 2－树(因为下标只包含 3 个节点号)，相应冗余项消去。

(3) 利用关系 $W_{p,q}=W_{pr,q}+W_{p,rq}$，最后整理式(2.4.12) 得无多端元件网络的二端口阻抗拓扑公式为

$$\boldsymbol{Z}=\begin{bmatrix}Z_{11} & Z_{12}\\ Z_{21} & Z_{22}\end{bmatrix}=\frac{1}{V}\begin{bmatrix}W_{1,1'} & W_{12,1'2'}-W_{12',1'2}\\ W_{12,1'2'}-W_{12',1'2} & W_{2,2'}\end{bmatrix}\tag{2.4.25}$$

由以上可见，用拓扑公式计算无多端元件网络参数时，不需要建立电路方程，也不必确定参考点和支路的参考方向，只要找出全部树及有关 2－树，计算相应导纳之积的和即可。

【例 2.4.4】　求图 2.4.9(a) 所示二端口网络 Z 参数矩阵。

解　相应的网络线图如图 2.4.9(b) 所示。

$$\boldsymbol{A}=\begin{bmatrix}1 & 1 & 0 & 0 & 0\\ 0 & 0 & 0 & -1 & 1\\ 0 & -1 & 1 & 1 & 0\end{bmatrix},\quad \det(\boldsymbol{A}\boldsymbol{A}^{\mathrm{T}})=8$$

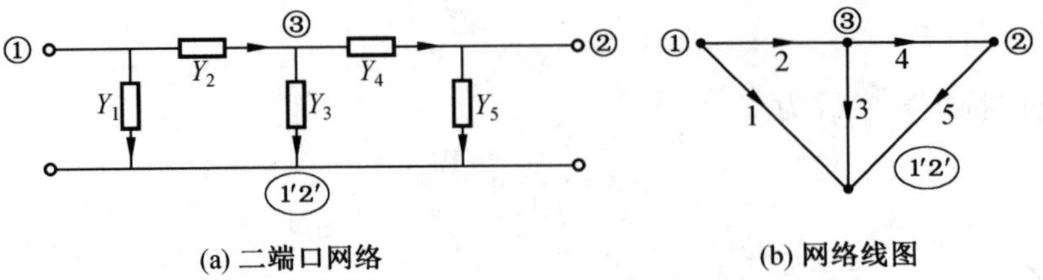

图 2.4.9　例 2.4.4 图

(1) 求 V,全部树如图 2.4.10 所示。

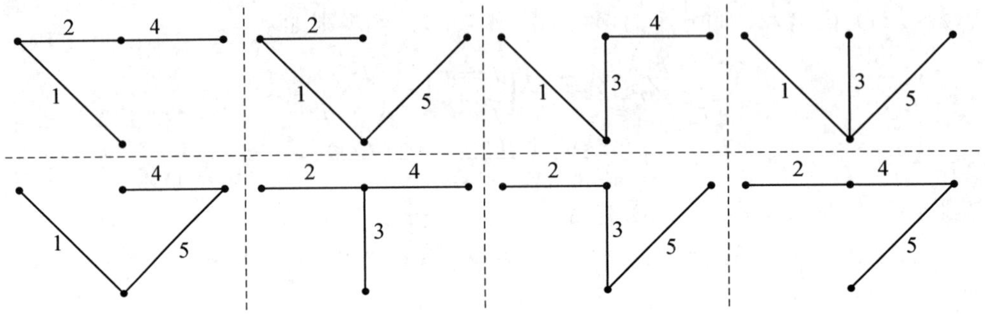

图 2.4.10　全部树

$$V = Y_1Y_2Y_4 + Y_1Y_2Y_5 + Y_1Y_3Y_4 + Y_1Y_3Y_5 + Y_1Y_4Y_5 + Y_2Y_3Y_4 + Y_2Y_3Y_5 + Y_2Y_4Y_5$$

(2) 求 $W_{1,1'}$,全部 2－树$(1,1')$ 如图 2.4.11 所示。

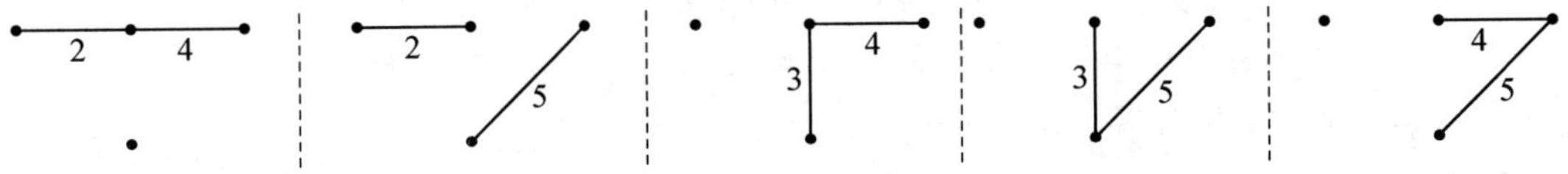

图 2.4.11　全部 2－树$(1,1')$

$$W_{1,1'} = Y_2Y_4 + Y_2Y_5 + Y_3Y_4 + Y_3Y_5 + Y_4Y_5$$

(3) 求 $W_{2,2'}$,全部 2－树$(2,2')$ 如图 2.4.12 所示。

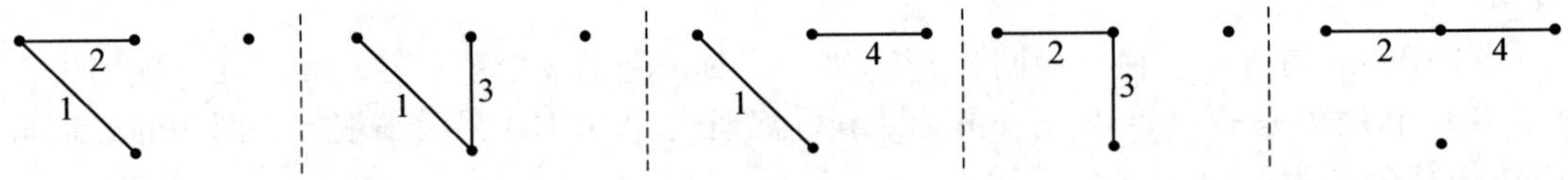

图 2.4.12　全部 2－树$(2,2')$

$$W_{2,2'} = Y_1Y_2 + Y_1Y_3 + Y_1Y_4 + Y_2Y_3 + Y_2Y_4$$

(4) 求 $W_{12,1'2'}$、$W_{12',1'2}$。

由于不含 2－树$(12',1'2)$,所以 $W_{12',1'2} = 0$。

2－树$(12,1'2')$ 如图 2.4.13 所示。

$$W_{12,1'2'} = Y_2Y_4$$

代入式(2.4.25),计算结果为

$$Z_{11} = \frac{W_{1,1'}}{V} = \frac{Y_2Y_4 + Y_2Y_5 + Y_3Y_4 + Y_3Y_5 + Y_4Y_5}{V}$$

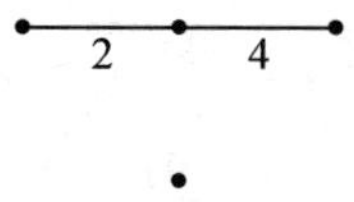

图 2.4.13　2－树(12,1′2′)

$$Z_{12}=Z_{21}=\frac{W_{12,1'2'}-W_{12',1'2}}{V}=\frac{Y_2Y_4}{V}$$

$$Z_{22}=\frac{W_{2,2'}}{V}=\frac{Y_1Y_2+Y_1Y_3+Y_1Y_4+Y_2Y_3+Y_2Y_4}{V}$$

由此可见，无源网络阻抗参数可通过节点导纳矩阵行列式和代数余子式的运算得到，而节点导纳矩阵行列式和代数余子式的展开式中每一项又与网络拓扑图中的树支导纳之积和 2－树的树支导纳之积相对应，因此无源网络阻抗参数的拓扑分析就是围绕求取无向拓扑图中的树和 2－树进行的。

2.4.4　传递函数拓扑公式

1. 电压传递函数的拓扑公式

在无源网络综合设计过程中，常用到转移电压比。如图 2.4.14 所示，转移电压比即开路电压 $\dot{U}_2$ 与输入电压 $\dot{U}_1$ 之比 α。

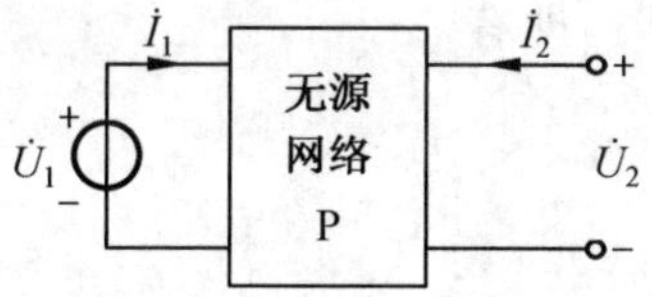

图 2.4.14　转移电压比示例

根据电路中二端口网络开路阻抗参数方程可得

$$\begin{cases}\dot{U}_1=Z_{11}\dot{I}_1+Z_{12}\dot{I}_2\\ \dot{U}_2=Z_{21}\dot{I}_1+Z_{22}\dot{I}_2\end{cases}\tag{2.4.26}$$

当 $\dot{I}_2=0$ 时，即有

$$\alpha=\frac{\dot{U}_2}{\dot{U}_1}=\frac{Z_{21}}{Z_{11}}\tag{2.4.27}$$

将式(2.4.26)代入上式得

$$\alpha=\frac{W_{12,1'2'}-W_{12',1'2}}{W_{1,1'}}\tag{2.4.28}$$

【例 2.4.5】　求图 2.4.9(a) 所示二端口网络的转移电压比 α($\alpha=\frac{\dot{U}_2}{\dot{U}_1}$,$\dot{U}_1$、$\dot{U}_2$ 如图 2.4.15 所示)。

解　将例 2.4.4 计算结果代入式(2.4.28) 中得

$$\alpha=\frac{W_{12,1'2'}-W_{12',1'2}}{W_{1,1'}}=\frac{Y_2Y_4}{Y_2Y_4+Y_2Y_5+Y_3Y_4+Y_3Y_5+Y_4Y_5}$$

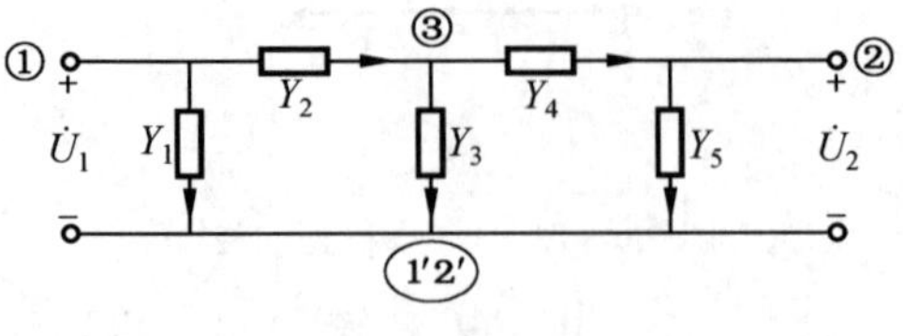

图 2.4.15　例 2.4.5 图

2. 转移导纳的拓扑公式

如图 2.4.16 所示，确定短路电流 $\dot{I}_2$ 与输入电压 $\dot{U}_1$ 之比 g。

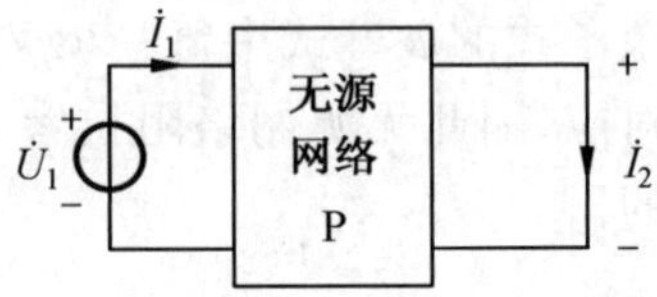

图 2.4.16　转移导纳示例

根据图 2.4.16，式(2.4.26)即改写为

$$\dot{U}_1 = Z_{11}\dot{I}_1 + Z_{12}(-\dot{I}_2) \tag{2.4.29a}$$

$$\dot{U}_2 = Z_{21}\dot{I}_1 + Z_{22}(-\dot{I}_2) \tag{2.4.29b}$$

当式(2.4.29b)中 $\dot{U}_2 = 0$ 时，即有

$$\dot{I}_1 = \frac{Z_{22}}{Z_{21}}\dot{I}_2 \tag{2.4.30}$$

将式(2.4.30)代入式(2.4.29a)得

$$g = \frac{\dot{I}_2}{\dot{U}_1} = \frac{Z_{21}}{Z_{11}Z_{22} - Z_{12}Z_{21}} = \frac{Z_{21}}{Z_{11}Z_{22} - Z_{21}^2} \tag{2.4.31}$$

将式(2.4.25)代入式(2.4.31)整理得

$$g = \frac{Z_{21}}{Z_{11}Z_{22} - Z_{21}^2} = \frac{W_{12,1'2'} - W_{12',1'2}}{W_{1,1'}W_{2,2'} - (W_{12,1'2'} - W_{12',1'2})^2} \tag{2.4.32}$$

可见求传递函数时不必确定网络的树，只要求取有关 2－树的树支导纳之积的和即可。

2.5　不定导纳矩阵

当网络的外部连接不能使网络的所有引出端都形成端口或含多端元件时，可引入不定导纳矩阵来描述端变量之间的约束关系(端子伏安特性)，该方法在多端网络中的应用尤其广泛。

2.5.1　不定导纳矩阵的定义

不定导纳矩阵的定义及公式法

研究图 2.5.1 所示 N 端无独立源线性网络，参考点为网络外不确定的任意点，$\boldsymbol{I}=[\dot{I}_1\quad \dot{I}_2\quad \cdots\quad \dot{I}_N]^{\mathrm{T}}$ 和 $\boldsymbol{U}_{\mathrm{n}}=[\dot{U}_{\mathrm{n1}}\quad \dot{U}_{\mathrm{n2}}\quad \cdots\quad \dot{U}_{\mathrm{n}N}]^{\mathrm{T}}$ 分别为端电流列向量和端电压列向量。根据线性性质，端电流可由端电压表示为

$$\begin{bmatrix}\dot{I}_1\\ \dot{I}_2\\ \vdots\\ \dot{I}_N\end{bmatrix}=\begin{bmatrix}y_{11} & y_{12} & \cdots & y_{1N}\\ y_{21} & y_{22} & \cdots & y_{2N}\\ \vdots & \vdots & & \vdots\\ y_{N1} & y_{N2} & \cdots & y_{NN}\end{bmatrix}_{N\times N}\begin{bmatrix}\dot{U}_{\mathrm{n1}}\\ \dot{U}_{\mathrm{n2}}\\ \vdots\\ \dot{U}_{\mathrm{n}N}\end{bmatrix} \tag{2.5.1a}$$

其中

$$\boldsymbol{Y}_i=\begin{bmatrix}y_{11} & y_{12} & \cdots & y_{1N}\\ y_{21} & y_{22} & \cdots & y_{2N}\\ \vdots & \vdots & & \vdots\\ y_{N1} & y_{N2} & \cdots & y_{NN}\end{bmatrix}_{N\times N}$$

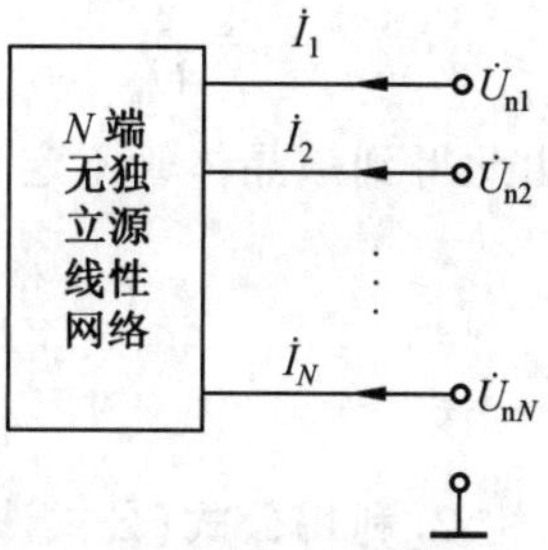

图 2.5.1　N 端无独立源线性网络

称为该网络的不定节点导纳矩阵，简称不定导纳矩阵。式(2.5.1a)可简写成如下形式：

$$\boldsymbol{I}=\boldsymbol{Y}_i\boldsymbol{U}_{\mathrm{n}} \tag{2.5.1b}$$

$\boldsymbol{Y}_i$ 中的各元素是短路导纳，因为各项可由下式得到：

$$y_{ij}=\left.\frac{\dot{I}_i}{\dot{U}_{\mathrm{n}j}}\right|_{\dot{U}_k=0(k\neq j)} \tag{2.5.2}$$

式(2.5.2)表明，若 $i=j$，则 y_{ii} 是当除 i 以外所有端子接到参考点上时，端子 i 和参考点的输入导纳；而若 $i\neq j$，则 y_{ij} 是当除 j 以外所有端子接到参考点上时，从端子 j 到端子 i 的转移导纳。利用此物理含义可直接计算 $\boldsymbol{Y}_i$ 的各元素。

2.5.2　不定导纳矩阵的计算

1. 利用物理含义

【例 2.5.1】　利用式(2.5.2)的物理含义求图 2.5.2 所示晶体管等效网络的不定导纳矩阵。

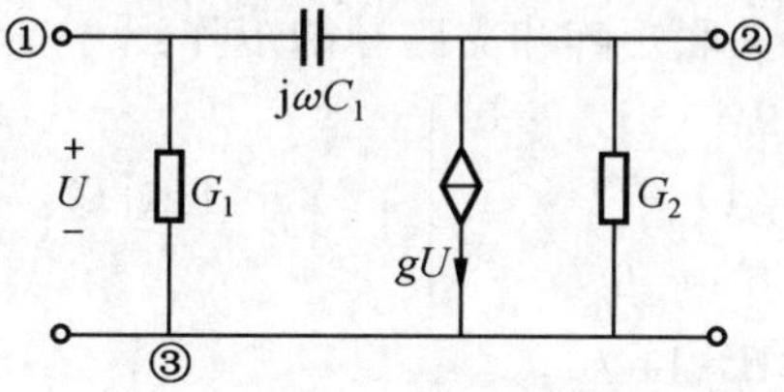

图 2.5.2　例 2.5.1 图

解　由图 2.5.2 可见，$\boldsymbol{Y}_i$ 应是一个 3×3 的矩阵，根据式(2.5.2)，可以先假设在端子①和外参考点之间接一电压源 $\dot{U}_{\mathrm{n1}}$，同时令 $\dot{U}_{\mathrm{n2}}=\dot{U}_{\mathrm{n3}}=0$ 以确定 y_{11}、y_{21}、y_{31}。

$$y_{11}=\frac{\dot{I}_1}{\dot{U}_{n1}}\bigg|_{\dot{U}_{n2}=\dot{U}_{n3}=0}=G_1+j\omega C_1,\quad y_{21}=\frac{\dot{I}_2}{\dot{U}_{n1}}\bigg|_{\dot{U}_{n2}=\dot{U}_{n3}=0}=g-j\omega C_1,$$

$$y_{31}=\frac{\dot{I}_3}{\dot{U}_{n1}}\bigg|_{\dot{U}_{n2}=\dot{U}_{n3}=0}=-G_1-g$$

用类似方法计算其他参数如下：

$$y_{12}=\frac{\dot{I}_1}{\dot{U}_{n2}}\bigg|_{\dot{U}_{n1}=\dot{U}_{n3}=0}=-j\omega C_1,\quad y_{22}=\frac{\dot{I}_2}{\dot{U}_{n2}}\bigg|_{\dot{U}_{n1}=\dot{U}_{n3}=0}=G_2+j\omega C_1,$$

$$y_{32}=\frac{\dot{I}_3}{\dot{U}_{n2}}\bigg|_{\dot{U}_{n1}=\dot{U}_{n3}=0}=-G_2,\quad y_{13}=\frac{\dot{I}_1}{\dot{U}_{n3}}\bigg|_{\dot{U}_{n1}=\dot{U}_{n2}=0}=-G_1,$$

$$y_{23}=\frac{\dot{I}_2}{\dot{U}_{n3}}\bigg|_{\dot{U}_{n1}=\dot{U}_{n2}=0}=-G_2-g,\quad y_{33}=\frac{\dot{I}_3}{\dot{U}_{n3}}\bigg|_{\dot{U}_{n1}=\dot{U}_{n2}=0}=G_1+G_2+g$$

由此得到该晶体管不定导纳矩阵为

$$\boldsymbol{Y}_i=\begin{bmatrix}G_1+j\omega C_1 & -j\omega C_1 & -G_1\\ g-j\omega C_1 & G_2+j\omega C_1 & -G_2-g\\ -G_1-g & -G_2 & G_1+G_2+g\end{bmatrix}$$

2. 利用公式(公式法)

$$\boldsymbol{Y}_i=\boldsymbol{A}_a\boldsymbol{Y}\boldsymbol{A}_a^{T} \tag{2.5.3}$$

其中，$\boldsymbol{A}_a$ 为网络非降阶关联矩阵。

【例 2.5.2】 求图 2.5.3(a) 所示网络的不定导纳矩阵。

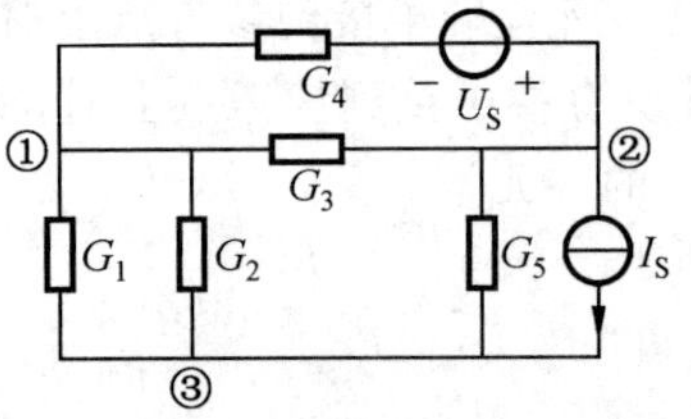

(a)网络

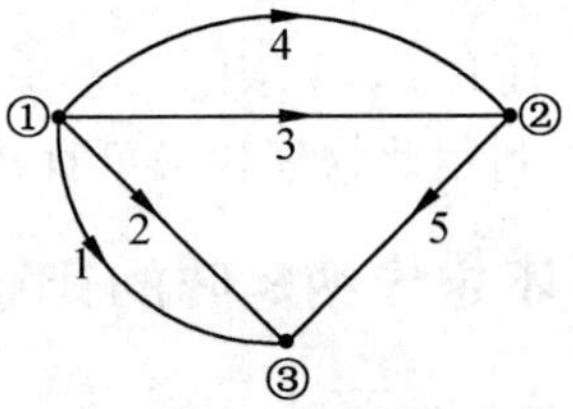

(b) 网络线图

图 2.5.3 例 2.5.2 图

解 作出图 2.5.3(a) 的网络线图，如图 2.5.3(b) 所示。

分别写出其网络非降阶关联矩阵和支路导纳矩阵：

$$\boldsymbol{A}_a=\begin{bmatrix}1 & 1 & 1 & 1 & 0\\ 0 & 0 & -1 & -1 & 1\\ -1 & -1 & 0 & 0 & -1\end{bmatrix},\quad \boldsymbol{Y}=\text{diag}[G_1\quad G_2\quad G_3\quad G_4\quad G_5]$$

代入式(2.5.3) 得到不定导纳矩阵为

$$\boldsymbol{Y}_i=\boldsymbol{A}_a\boldsymbol{Y}\boldsymbol{A}_a^{T}=\begin{bmatrix}G_1+G_2+G_3+G_4 & -(G_3+G_4) & -(G_1+G_2)\\ -(G_3+G_4) & G_3+G_4+G_5 & -G_5\\ -(G_1+G_2) & -G_5 & G_1+G_2+G_5\end{bmatrix}$$

【例 2.5.3】 将图 2.5.3(a) 所示网络的支路 2 换为 VCCS，如图 2.5.4 所示，确定其

不定导纳矩阵。

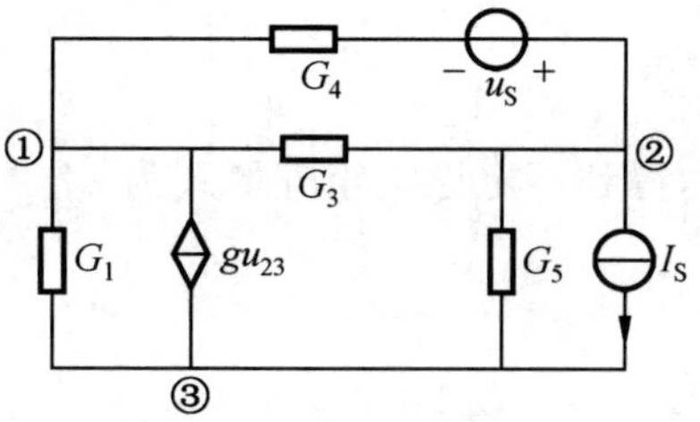

图 2.5.4　例 2.5.3 图

解　网络线图同图 2.5.3(b)，其网络非降阶关联矩阵同上例。

支路导纳矩阵为

$$\boldsymbol{Y}=\begin{bmatrix} G_1 & 0 & 0 & 0 & 0 \\ 0 & 0 & 0 & 0 & g \\ 0 & 0 & G_3 & 0 & 0 \\ 0 & 0 & 0 & G_4 & 0 \\ 0 & 0 & 0 & 0 & G_5 \end{bmatrix}$$

则可由式(2.5.3) 得到不定导纳矩阵[①]为

$$\begin{array}{ccc} & ②_+ & ③_- \end{array}$$

$$\boldsymbol{Y}_i=\boldsymbol{A}_a\boldsymbol{Y}\boldsymbol{A}_a^{\mathrm{T}}=\begin{array}{c} ①_+ \\ \\ ③_- \end{array}\begin{bmatrix} G_1+G_3+G_4 & -(G_3+G_4)+g & -G_1-g \\ -(G_3+G_4) & G_3+G_4+G_5 & -G_5 \\ -G_1 & -G_5-g & G_1+G_5+g \end{bmatrix}$$

不定导纳矩阵——直接列写法

3. 直接列写

(1) 不含多端元件时的列写规则。

$$y_{ii}=\sum(\text{与节点 } i \text{ 相连的支路导纳})$$

$$y_{ij}=y_{ji}=-\sum(\text{节点 } i、j \text{ 之间的支路导纳})$$

(2) 含多端元件时的列写规则。

① 列写不含多端元件时的不定导纳矩阵，记作 $\boldsymbol{Y}_i'$；

② 将所有多端元件用 VCCS 来等效，或将支路 VCR 方程表达成电流是电压的函数；

③ 考虑多端元件对不定导纳矩阵 $\boldsymbol{Y}_i'$ 的影响，即 ① 和 ② 中对应行列元素相加。

说明

①VCCS 不定导纳矩阵分析如图 2.5.5 所示，列出 VCCS 对应支路节点电流方程：

$$i_c=g(u_a-u_b)$$

$$i_d=-g(u_a-u_b)$$

得到 VCCS 不定导纳矩阵为

---

① “+”“−”表示对应节点项有增 / 减。

$$\begin{array}{c} \\ c \\ d \end{array}\begin{array}{c} \begin{array}{cc} \mathrm{a} & \mathrm{b} \end{array} \\ \begin{bmatrix} g & -g \\ -g & g \end{bmatrix} \end{array} \tag{2.5.4a}$$

结合图 2.5.6 所示网络,得到不定导纳矩阵形式为

$$\boldsymbol{Y}_i' = \begin{array}{c} \\ \mathrm{c}_+ \\ \\ \mathrm{d}_- \\ \\ \end{array}\begin{bmatrix} & \vdots & & \vdots & \\ \cdots & y_{\mathrm{ca}}+g & \cdots & y_{\mathrm{cb}}-g & \cdots \\ & \vdots & & \vdots & \\ \cdots & y_{\mathrm{da}}-g & \cdots & y_{\mathrm{db}}+g & \cdots \\ & \vdots & & \vdots & \end{bmatrix} \tag{2.5.4b}$$

(columns: a_+, b_-)

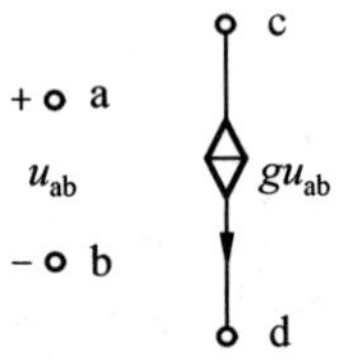

图 2.5.5　VCCS 不定导纳矩阵分析

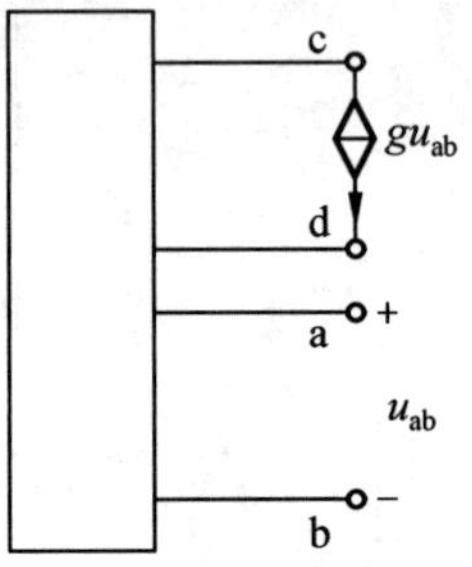

图 2.5.6　不定导纳矩阵分析网络

② 当多端元件为互感元件时,复频域网络如图 2.5.7 所示。

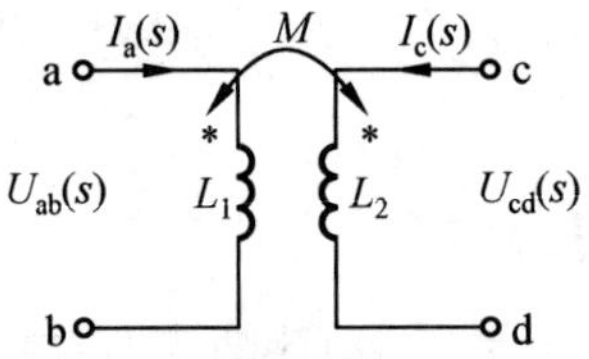

图 2.5.7　互感元件

其端口 VCR 方程为

$$\begin{bmatrix} U_{\mathrm{ab}}(s) \\ U_{\mathrm{cd}}(s) \end{bmatrix} = \begin{bmatrix} sL_1 & sM \\ sM & sL_2 \end{bmatrix} \begin{bmatrix} I_{\mathrm{a}}(s) \\ I_{\mathrm{c}}(s) \end{bmatrix} \tag{2.5.5}$$

将其表达成电流是电压的函数:

$$\begin{bmatrix} I_{\mathrm{a}}(s) \\ I_{\mathrm{c}}(s) \end{bmatrix} = \frac{1}{s(L_1L_2-M^2)} \begin{bmatrix} L_2 & -M \\ -M & L_1 \end{bmatrix} \begin{bmatrix} U_{\mathrm{ab}}(s) \\ U_{\mathrm{cd}}(s) \end{bmatrix} \tag{2.5.6}$$

由此得互感元件对不定导纳矩阵的 a、b、c、d 行及 a、b、c、d 列元素的贡献,表示为以下 4 个端电流用 4 个端电压表达的方程:

$$\begin{bmatrix} I_{\mathrm{a}}(s) \\ I_{\mathrm{b}}(s) \\ I_{\mathrm{c}}(s) \\ I_{\mathrm{d}}(s) \end{bmatrix} = \frac{1}{s(L_1L_2-M^2)} \begin{bmatrix} L_2 & -L_2 & -M & M \\ -L_2 & L_2 & M & -M \\ -M & M & L_1 & -L_1 \\ M & -M & -L_1 & L_1 \end{bmatrix} \begin{bmatrix} U_{\mathrm{a}}(s) \\ U_{\mathrm{b}}(s) \\ U_{\mathrm{c}}(s) \\ U_{\mathrm{d}}(s) \end{bmatrix} \tag{2.5.7}$$

【例 2.5.4】　写出图 2.5.8 所示多端网络的不定导纳矩阵(其中 $i_{35}=\beta i_{23}$)。

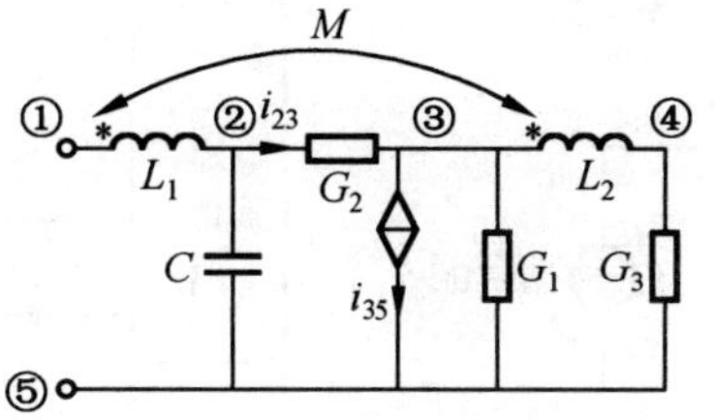

图 2.5.8　例 2.5.4 图

解　(1) 先将 CCCS 变为 VCCS：

$$i_{35}=\beta i_{23}=\beta G_2 u_{23}$$

由此得对不定导纳矩阵的贡献：

$$\begin{array}{c} \\ ③ \\ ⑤ \end{array}\begin{array}{c} \begin{array}{cc} ② & ③ \end{array} \\ \begin{bmatrix} \beta G_2 & -\beta G_2 \\ -\beta G_2 & \beta G_2 \end{bmatrix} \end{array}$$

(2) 互感用导纳参数表示的 VCR 方程如下。

$$\begin{bmatrix} I_{12}(s) \\ I_{34}(s) \end{bmatrix}=\frac{1}{s(L_1L_2-M^2)}\begin{bmatrix} L_2 & -M \\ -M & L_1 \end{bmatrix}\begin{bmatrix} U_{12}(s) \\ U_{34}(s) \end{bmatrix}$$

令

$$D=s(L_1L_2-M^2)$$

则互感元件对不定导纳矩阵的贡献为

$$\begin{array}{c} \\ ① \\ ② \\ ③ \\ ④ \end{array}\begin{array}{c} \begin{array}{cccc} ① & ② & ③ & ④ \end{array} \\ \begin{bmatrix} L_2/D & -L_2/D & -M/D & M/D \\ -L_2/D & L_2/D & M/D & -M/D \\ -M/D & M/D & L_1/D & -L_1/D \\ M/D & -M/D & -L_1/D & L_1/D \end{bmatrix} \end{array}$$

(3) 考虑 CCCS 和互感元件对无多端元件不定导纳矩阵的影响，得

$$\boldsymbol{Y}_i(s)=\begin{bmatrix} L_2/D & -L_2/D & -M/D & M/D & 0 \\ -L_2/D & G_2+sC+L_2/D & -G_2+M/D & -M/D & -sC \\ -M/D & -G_2+\beta G_2+M/D & G_1+G_2-\beta G_2+L_1/D & -L_1/D & -G_1 \\ M/D & -M/D & -L_1/D & G_3+L_1/D & -G_3 \\ 0 & -sC-\beta G_2 & -G_1+\beta G_2 & -G_3 & G_1+G_3+sC \end{bmatrix}$$

2.5.3　不定导纳矩阵的性质

不定导纳矩阵的性质

性质 1　不定导纳矩阵的任一行元素之和或任一列元素之和都为零(零和特性)，即任一行之和

$$\sum_{j=1}^{N} y_{ij}=0 \quad (i=1,2,\cdots,N) \tag{2.5.8a}$$

任一列之和

$$\sum_{i=1}^{N} y_{ij}=0 \quad (j=1,2,\cdots,N) \tag{2.5.8b}$$

证明　网络如图 2.5.9(a) 所示。

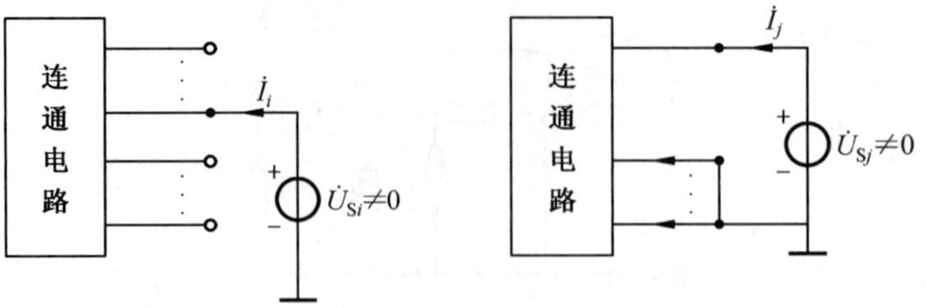

(a) 性质1的证明1　　(b) 性质1的证明2

图 2.5.9　不定导纳矩阵性质的证明

(1) 因为表达式 $\boldsymbol{I}=\boldsymbol{Y}_i\boldsymbol{U}_n$ 中的 $\boldsymbol{U}_n=[\dot U_{n1}\quad \dot U_{n2}\quad \cdots\quad \dot U_{nN}]^T$ 为网络中 N 个端子相对参考点的电压,它们是一组相互独立的网络变量,可以独立地取任意值。图 2.5.9(a) 只有端子 i 接电压源 $\dot U_{Si}$,其他端子悬空(端电流为零),故悬空点电位均为 $\dot U_{Si}$。根据基尔霍夫电流定律,网络各端电流满足 $\sum_{j=1}^{N}\dot I_j=0$,由

$$\begin{bmatrix}\dot I_1\\ \dot I_2\\ \vdots\\ \dot I_N\end{bmatrix}=\begin{bmatrix}y_{11} & y_{12} & \cdots & y_{1N}\\ y_{21} & y_{22} & \cdots & y_{2N}\\ \vdots & \vdots & & \vdots\\ y_{N1} & y_{N2} & \cdots & y_{NN}\end{bmatrix}_{N\times N}\begin{bmatrix}\dot U_{n1}\\ \dot U_{n2}\\ \vdots\\ \dot U_{nN}\end{bmatrix}$$

得

$$\dot I_i=\sum_{j=1}^{N}y_{ij}\dot U_{Si}=\dot U_{Si}\sum_{j=1}^{N}y_{ij}=0\Rightarrow\sum_{j=1}^{N}y_{ij}=0$$

即不定导纳矩阵的任一行元素之和等于零。

(2) 网络如图 2.5.9(b) 所示,设某一端电压不为零($\dot U_{Sj}\neq0$),其余各端电压均为零。

由 $\begin{bmatrix}\dot I_1\\ \vdots\\ \dot I_j\\ \vdots\\ \dot I_N\end{bmatrix}=\begin{bmatrix}y_{ij}\\ \vdots\\ y_{jj}\\ \vdots\\ y_{Nj}\end{bmatrix}\dot U_{Sj}$ 及 KCL 得

$$\sum_{i=1}^{N}\dot I_i=\sum_{i=1}^{N}y_{ij}\dot U_{Sj}=\dot U_{Sj}\sum_{i=1}^{N}y_{ij}=0\Rightarrow\sum_{i=1}^{N}y_{ij}=0$$

即不定导纳矩阵的任一列元素之和等于零。

性质 2　不定导纳矩阵的行列式等于零,即

$$\det(\boldsymbol{Y}_i)=0\tag{2.5.9}$$

注释　由性质 1 可知,不定导纳矩阵是个零和矩阵,其中的任一行(一列) 元素是其余各行(各列) 的同列(同行) 元素的线性组合。再根据行列式运算性质便推知性质 2。

性质 3　不定导纳矩阵中所有一阶代数余子式(余因式)都相等(等余因式特性)。

证明　按第 j 行展开

$$|\boldsymbol{Y}_i| = y_{j1}\Delta_{j1} + y_{j2}\Delta_{j2} + \cdots + y_{jN}\Delta_{jN} \quad (j=1,2,\cdots,N) \tag{2.5.10}$$

由零和特性可知，$y_{j1} = -(y_{j2} + y_{j3} + \cdots + y_{jN})$，将其代入上式得

$$|\boldsymbol{Y}_i| = y_{j2}(\Delta_{j2} - \Delta_{j1}) + y_{j3}(\Delta_{j3} - \Delta_{j1}) + \cdots + y_{jN}(\Delta_{jN} - \Delta_{j1}) \quad (j=1,2,\cdots,N) \tag{2.5.11}$$

不论 y_{jk} 取何值，上式皆成立，故有

$$\Delta_{jk} = \Delta_{j1} \quad (k=2,3,\cdots,N; j=1,2,\cdots,N) \tag{2.5.12}$$

上式说明不定导纳矩阵行列式任意行的所有一阶代数余子式都相等。同理，可以证得任意列上的所有一阶代数余子式都相等。以例 2.5.3 的不定导纳矩阵为例：

$$\Delta_{11} = \begin{vmatrix} G_3+G_4+G_5 & -G_5 \\ -G_5-g & G_1+G_5+g \end{vmatrix},\quad \Delta_{22} = \begin{vmatrix} G_1+G_3+G_4 & -G_1-g \\ -G_1 & G_1+G_5+g \end{vmatrix},$$

$$\Delta_{12} = (-1)^{1+2}\begin{vmatrix} -(G_3+G_4) & -G_5 \\ -G_1 & G_1+G_5+g \end{vmatrix},\quad \Delta_{32} = (-1)^{3+2}\begin{vmatrix} G_1+G_3+G_4 & -G_1-g \\ -(G_3+G_4) & -G_5 \end{vmatrix}$$

即 $\Delta_{11} = \Delta_{22} = \Delta_{12} = \Delta_{32} = \cdots = G_1G_3 + G_1G_4 + G_1G_5 + G_3G_5 + G_4G_5 + g(G_3+G_4)$。

性质 4　删除不定导纳矩阵中的第 k 行第 k 列，得到以 k 为参考点的定导纳矩阵。

$$\boldsymbol{Y}_{\mathrm{n}} = (\boldsymbol{A}_{\mathrm{a}})_{-k}\boldsymbol{Y}(\boldsymbol{A}_{\mathrm{a}})_{-k}^{\mathrm{T}} = \boldsymbol{AYA}^{\mathrm{T}} \tag{2.5.13}$$

证明　网络如图 2.5.10(a) 所示，若将 k 端子接地，则网络如图 2.5.10(b) 所示，即令 $\dot{U}_{\mathrm{n}k} = 0$。

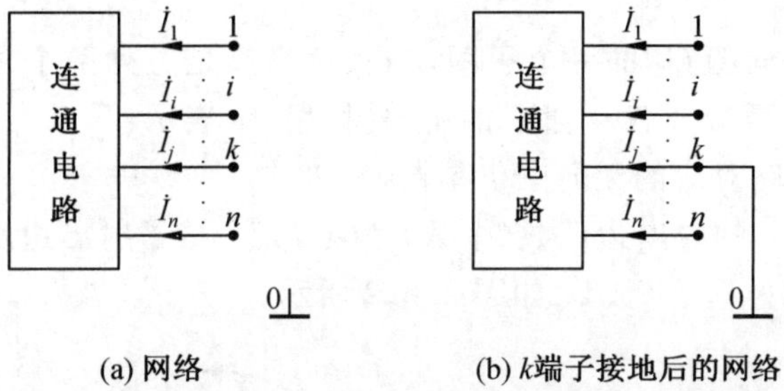

图 2.5.10　性质 4 证明

由式(2.5.1a)可知，这时在不定导纳矩阵 $\boldsymbol{Y}_i$ 中的第 k 列元素都将与 0 相乘，因而可将它们删掉。与此对应，根据 KCL 方程，即有

$$\dot{I}_k = -\sum_N \dot{I}_i \tag{2.5.14}$$

可见 $\dot{I}_k$ 不是独立变量，可由其他未接地端电流的代数和表示，故 $\boldsymbol{Y}_i$ 中的第 k 行元素也可以删除。这样网络矩阵便从 N 阶不定导纳矩阵降至 $N-1$ 阶定导纳矩阵。

2.6 含多端元件网络的拓扑分析

利用上节介绍的不定导纳矩阵可以使网络的分析得到简化，以不定导纳矩阵的映射 —— 有向图为基础的拓扑分析，是目前为止公认的最好的分析和求解含多端元件网络的方法。

2.6.1 定义和定理

伴随有向图和有向树

定义 1 伴随有向图

不定导纳矩阵 $\boldsymbol{Y}_i$ 的伴随有向图 G_d 是一个具有 n 个端子的加权有向图，端子编号与网络 N 一一对应，如果 $y_{ij} \neq 0(i \neq j;i,j=1,\cdots,n)$，则从端子 i 到端子 j 之间有一条有向支路，该支路的权等于 $-y_{ij}$，故 G_d 又称为 $\boldsymbol{Y}_i$ 的加权伴随有向图。

例如，对应下式的伴随有向图如图 2.6.1 所示。

$$\boldsymbol{Y}_i = \begin{bmatrix} G_{11} & -G_{12} & 0 \\ -G_{21} & G_{22} & -G_{23} \\ -G_{31} & 0 & G_{33} \end{bmatrix} \tag{2.6.1}$$

注意 权的符号；伴随有向图 G_d 的边与 $\boldsymbol{Y}_i$ 的非对角元素对应；对角元素不直接对应，根据零和特性，$\boldsymbol{Y}_i$ 的对角元素等于同行(或同列) 非对角元素之和的相反数，即

$$y_{ii} = -\sum_n y_{ik} = -\sum_n y_{ki} \tag{2.6.2}$$

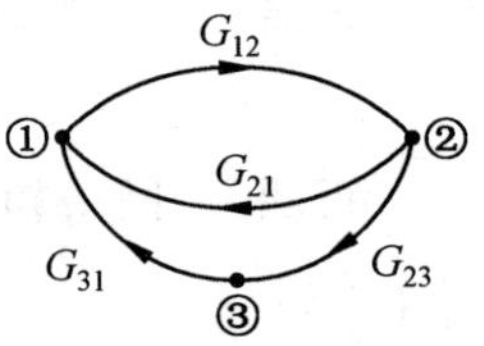

图 2.6.1 伴随有向图

定义 2 有向树

有向树为伴随有向图 G_d 的一个子图，当且仅当满足下列两个条件时，称为 G_d 的以 r 为参考点(或根) 的有向树，用 T_r 表示：

(1) T_r 的每个支路对应的无向图仍是树。

(2) T_r 中参考点 r 的射出边度数(个数) 为零，其余端子射出边度数为 1。

图 2.6.1 的有向树 T_1、T_2、T_3 如图 2.6.2 所示。

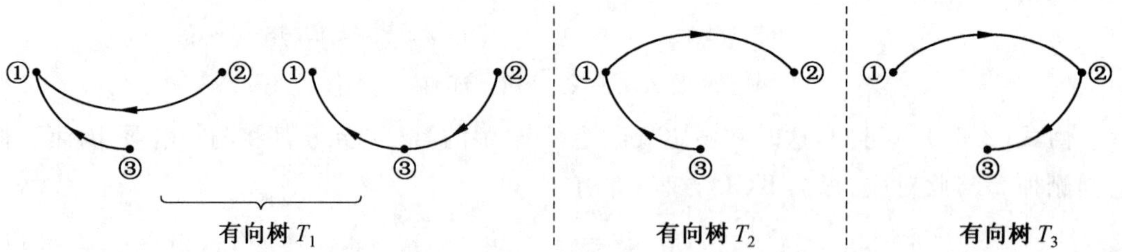

图 2.6.2 图 2.6.1 的有向树 T_1、T_2、T_3

图 2.6.1 的非有向树示例如图 2.6.3 所示。

由有向树定义可知，与参考点相连的射出边不会出现在有向树上，故找有向树时可以先去掉。简便起见，选择参考点的一般原则是“选射入边少的端子为参考点”。

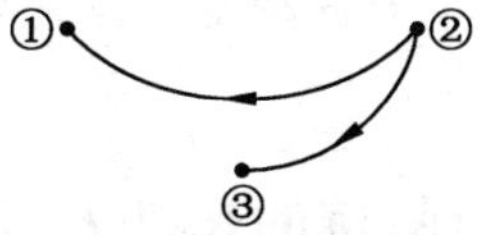

图 2.6.3　图 2.6.1 的非有向树示例

定义 3　有向 2 — 树

有向 2 — 树为伴随有向图 G_d 的一个子图，当且仅当满足下列条件时，称为 G_d 的一个以 a、c 为参考点的有向 2 — 树，用 $T_{a,c}$ 表示：

(1) 去掉各支路的方向以后，它仍是一个 2 — 树。

(2) 每一独立部分有一个参考点，分别为 a、c。

(3) $T_{a,c}$ 中除参考点外，每个节点仅有一个射出边，而参考点的射出边数为零。

表示法：$T_{ab,cd}$ 表示分别以 a、c 为参考点，ab、cd 各自在一起的 2 — 树。

伴随有向图(图 2.6.4) 的 4 个有向 2 — 树如图 2.6.5 所示。

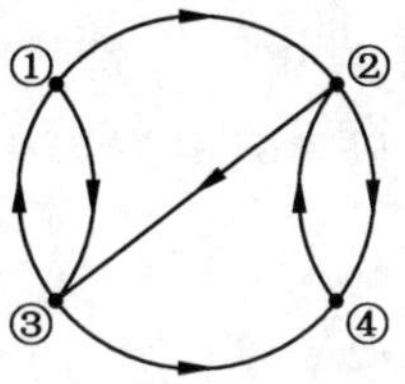

图 2.6.4　伴随有向图

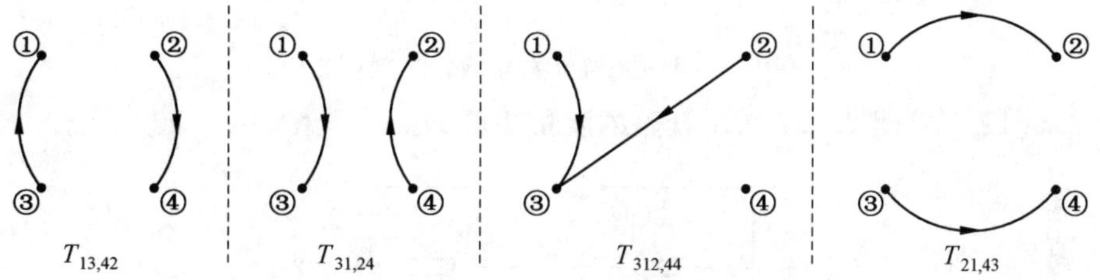

图 2.6.5　图 2.6.4 的 4 个有向 2 — 树

定理 1　$\boldsymbol{Y}_i$ 的所有一阶代数余子式(余因式) 由下式给出

$$V_i = \sum_{T_r} \text{以 } r \text{ 为参考点的(有向) 树支导纳之积} = \text{(定) 导纳矩阵行列式} \quad (2.6.3)$$

注释　V_i 与式(2.4.25) 中的 V 相比较，是非降阶的(包含参考点的) 不定导纳矩阵一阶代数余子式，根据不定导纳矩阵性质 3(等余因子特性)，就等于(定) 导纳矩阵行列式。例如对应图 2.6.2 中有

$$V_i = G_{21}G_{31} + G_{23}G_{31} = G_{12}G_{31} = G_{12}G_{23}$$

定理 2　$\boldsymbol{Y}_i$ 的二阶代数余子式(其中包括 $\boldsymbol{Y}_n$ 的一阶代数余子式) 由下式给出：

$$W_{ij,kk} = \sum_{T_{ij,kk}} 2 - \text{树 } T_{ij,kk} \text{ 的树支导纳之积 (删去 } i\text{、}k \text{ 行和 } j\text{、}k \text{ 列)} \quad (2.6.4)$$

可见类似无源网络阻抗参数，含多端元件网络阻抗参数的拓扑分析就是围绕求取伴随有向图中的有向树和有向 2—树展开的。即 $\boldsymbol{Y}_i$ 的一阶代数余子式和二阶代数余子式的展开式中每一项都与网络拓扑图中的有向树支导纳之积和有向 2－树的树支导纳之积相对应。

2.6.2　含多端元件二端口阻抗的拓扑公式

含多端元件二端口阻抗的拓扑公式如下：

$$Z_{11}=\frac{\Delta_{11}}{\Delta_{\text{n}}}=\frac{W_{1,1'}}{V_i},\ Z_{22}=\frac{\Delta_{22}}{\Delta_{\text{n}}}=\frac{W_{2,2'}}{V_i}$$

考虑到含多端元件网络不互易，即 $Z_{12}\neq Z_{21}$，由式(2.4.12)整理得

$$Z_{12}=\frac{\Delta_{21}-\Delta_{2'1}}{\Delta_{\text{n}}}=\frac{W_{21,1'}-W_{2'1,1'}}{V_i}=\frac{W_{212',1'}+W_{21,2'1'}-W_{2'12,1'}-W_{2'1,21'}}{V_i}=\frac{W_{21,2'1'}-W_{2'1,21'}}{V_i}$$

$$Z_{21}=\frac{\Delta_{12}-\Delta_{12'}}{\Delta_{\text{n}}}=\frac{W_{12,1'}-W_{12',1'}}{V_i}=\frac{W_{122',1'}+W_{12,1'2'}-W_{122',1'}-W_{12',1'2}}{V_i}=\frac{W_{12,1'2'}-W_{12',1'2}}{V_i}$$

则有

$$\boldsymbol{Z}=\frac{1}{V_i}\begin{bmatrix} W_{1,1'} & W_{21,2'1'}-W_{2'1,21'} \\ W_{12,1'2'}-W_{12',1'2} & W_{2,2'} \end{bmatrix}\tag{2.6.5}$$

拓扑公式求网络函数

它的证明类似于式(2.4.25)，可以查阅相关参考资料。矩阵非对角线记忆规则如图 2.6.6 所示。

(a)Z_{12} 的分子 $W_{21,2'1'}-W_{2'1,21'}$　　(b)Z_{21} 的分子 $W_{12,1'2'}-W_{12',1'2}$

图 2.6.6　矩阵非对角线记忆规则

【例 2.6.1】　求图 2.6.7 所示开路的阻抗矩阵 $\boldsymbol{Z}$。

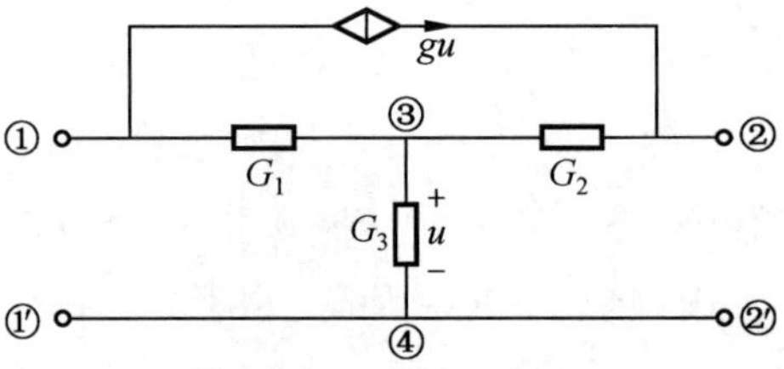

图 2.6.7　例 2.6.1 图

解　(1) 直接列写不定导纳矩阵 $\boldsymbol{Y}_i$ 为

$$\boldsymbol{Y}_i=\begin{bmatrix} G_1 & 0 & -G_1+g & -g \\ 0 & G_2 & -G_2-g & g \\ -G_1 & -G_2 & G_1+G_2+G_3 & -G_3 \\ 0 & 0 & -G_3 & G_3 \end{bmatrix}$$

(2) 画出伴随有向图，如图 2.6.8(a) 所示。以节点 ① 为参考点的有向树如图 2.6.8(b)(c) 所示。

若以其他节点为参考点，则有向树较多。例如以节点 ④ 为参考点时共有 8 个有向

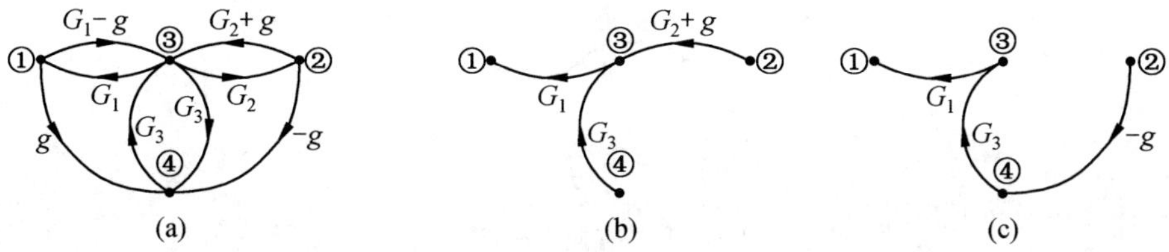

图 2.6.8　伴随有向图和以节点 ① 为参考点的有向树

树。若以节点 ② 为参考点也比较简单，共 2 个有向树。

$$V_i = \sum_{T_r} \text{以 } r \text{ 为参考点的(有向)树支导纳之积} =$$

$$G_1G_3(G_2+g) - G_1G_3g = G_1G_2G_3 = V_{i'}$$

(3) 求 $W_{1,1'}$。对应的有向 2 — 树 $T_{11,1'1'}$ 如图 2.6.9 所示。

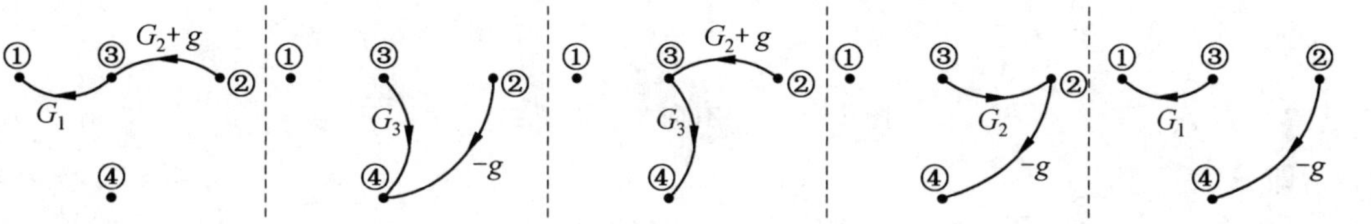

图 2.6.9　有向 2 — 树 $T_{11,1'1'}$

即

$$W_{1,1'} = G_1(G_2+g) - gG_3 + G_3(G_2+g) - gG_2 - gG_1 = G_1G_2 + G_2G_3 - gG_2$$

故

$$Z_{11} = \frac{G_1G_2 + G_2G_3 - gG_2}{G_1G_2G_3} = \frac{G_1 + G_3 - g}{G_1G_3}$$

(4) 求 $W_{2,2'}$。对应的有向 2 — 树 $T_{22,2'2'}$ 如图 2.6.10 所示。

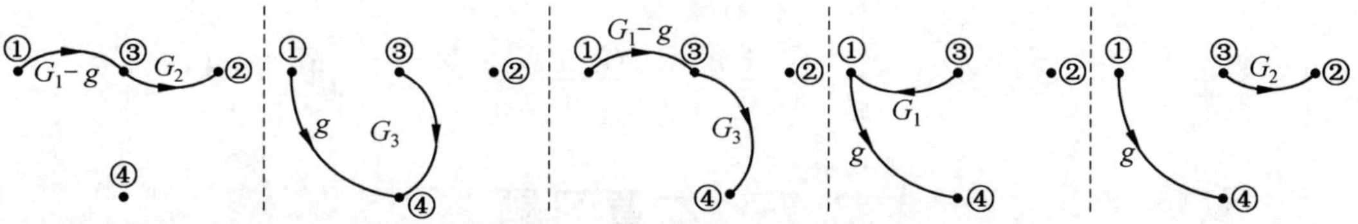

图 2.6.10　有向 2 — 树 $T_{22,2'2'}$

即

$$W_{2,2'} = G_2(G_1-g) + gG_3 + G_3(G_1-g) + gG_1 + gG_2 = G_1G_2 + G_1G_3 + gG_1$$

故

$$Z_{22} = \frac{G_1G_2 + G_1G_3 + gG}{G_1G_2G_3} = \frac{G_2 + G_3 + g}{G_2G_3}$$

(5) 求 $W_{21,2'1'}$、$W_{2'1,21'}$。对应的有向 2 — 树 $T_{21,2'1'}$ 如图 2.6.11 所示。

即

$$W_{21,2'1'} = G_2(G_1-g)$$

无 2 — 树 $T_{2'1,21'}$，则

$$W_{2'1,21'} = 0$$

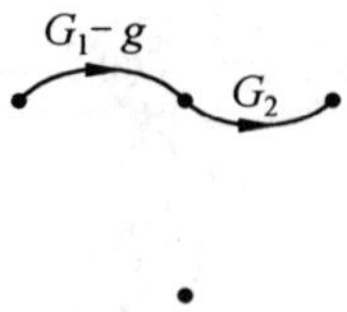

图 2.6.11　有向 2－树 $T_{21,2'1'}$

故

$$Z_{12}=\frac{G_2(G_1-g)}{G_1G_2G_3}=\frac{G_1-g}{G_1G_3}$$

(6) 求 $W_{12,1'2'}$、$W_{12',1'2}$。对应的有向 2－树 $T_{12,1'2'}$ 如图 2.6.12 所示。

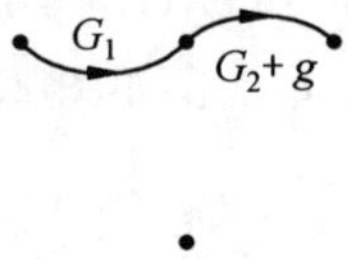

图 2.6.12　有向 2－树 $T_{12,1'2'}$

即

$$W_{12,1'2'}=G_1(G_2+g)$$

无 2－树 $T_{12',1'2}$,则

$$W_{12',1'2}=0$$

故

$$Z_{21}=\frac{G_1(G_2+g)}{G_1G_2G_3}=\frac{G_2+g}{G_2G_3}$$

整理得

$$\boldsymbol{Z}=\begin{bmatrix}\dfrac{G_1+G_3-g}{G_1G_3} & \dfrac{G_1-g}{G_1G_3}\\ \dfrac{G_2+g}{G_2G_3} & \dfrac{G_2+G_3+g}{G_2G_3}\end{bmatrix}$$

2.7　本章习题

1. 选择题

(1) 对应图 2.7.1 所示基本树{1,4,5} 的全部基本割集为(　　)。

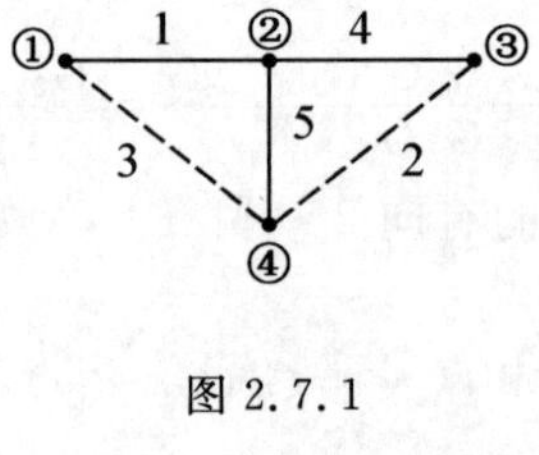

图 2.7.1

A. {1,3},{2,4},{2,3,5}　　B. {1,3},{2,4},{1,4,5}

C. {1,3},{1,2,4},{3,4,5}　　　D. {1,2,5},{3,4,5},{2,3,5}

(2) 选取图 2.7.2 的节点 ④ 为参考节点，其他节点 ①、②、③ 对应的关联集为(　　)。

A. $E_1 = e_1 + e_3, E_2 = e_2 + e_4 + e_5, E_3 = e_2 + e_4$

B. $E_1 = e_1 + e_3, E_2 = e_1 + e_4 + e_5, E_3 = e_2 + e_4$

C. $E_1 = e_1 + e_5, E_2 = e_2 + e_3 + e_5, E_3 = e_2 + e_4$

D. $E_1 = e_1 + e_3, E_2 = e_2 + e_3 + e_5, E_3 = e_4 + e_5$

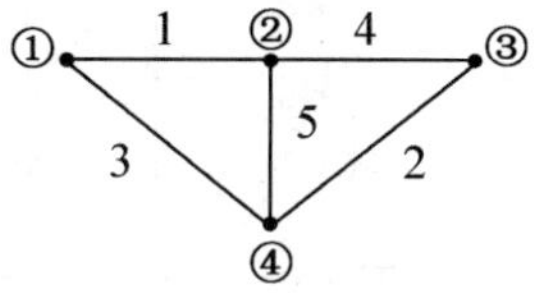

图 2.7.2

(3) 对含有电流控制的受控源进行电路分析时，下列说法最合理的是(　　)。

A. 受控源的控制量电流作为树支　　　B. 电流可以作为树支也可作为连支

C. 受控源的控制量电流作为连支　　　D. 以上说法都不对

(4) 对含有电压控制的受控源进行电路分析时，下列说法最合理的是(　　)。

A. 受控源的控制量电压作为连支　　　B. 电压可以作为树支也可作为连支

C. 受控源的控制量电压作为树支　　　D. 以上说法都不对

(5) 用割集多项式法寻找全部树，下列说法正确的是(　　)。

A. 全部树集合与参考点的选取有关　　　B. 全部树集合与基本回路的选取有关

C. 全部树集合与基本树的选取有关　　　D. 全部树集合与基本割集的选取无关

(6) 用节点多项式法寻找全部树，下列说法正确的是(　　)。

A. 同一线图任何独立节点对应的关联集之比都相等

B. 同一线图任何独立节点对应的关联集之差都相等

C. 同一线图任何独立节点对应的关联集之积都相等

D. 同一线图任何独立节点对应的关联集之和都相等

(7) 无源一端口输入阻抗表达式 $Z = \frac{\Delta_{11}}{\Delta_{\mathrm{n}}}$ 中，Δ_{n} 为(　　)。

A. 节点导纳矩阵　　　B. 节点导纳矩阵对应的行列式

C. 回路阻抗矩阵对应的行列式　　　D. 支路导纳矩阵对应的行列式

(8) 关于一个树的关联矩阵 $\boldsymbol{A}$ 的行列式，下列说法正确的是(　　)。

A. 可能是 $+1$，也可能是 -1　　　B. 一定为 $+1$

C. 一定为 -1　　　D. 可能是零

(9) 下列叙述正确的是(　　)。

A. 连通图 G 的关联矩阵对应回路的列是线性不独立的

B. 连通图 G 的同一树 $\boldsymbol{A}^{\mathrm{T}}$ 与 $\boldsymbol{A}$ 对应的大子式值一定不相等

C. 连通图 G 的同一树 $\boldsymbol{A}^{\mathrm{T}}$ 与 $\boldsymbol{A}$ 对应的大子式值不一定相等

D. 连通图 G 的关联矩阵对应回路的列是线性独立的

(10) 下列对 Δ_n 描述正确的是(　　)。

A. Δ_n 表示节点导纳矩阵 $\boldsymbol{Y}_n$ 的一阶代数余子式

B. Δ_n 表示节点导纳矩阵 $\boldsymbol{Y}_n$ 的行列式

C. Δ_n 表示支路导纳矩阵 $\boldsymbol{Y}$ 的一阶代数余子式

D. Δ_n 表示支路导纳矩阵 $\boldsymbol{Y}$ 的行列式

(11) 图 2.7.3 所示线图的 Δ_{11} 应为(　　)。

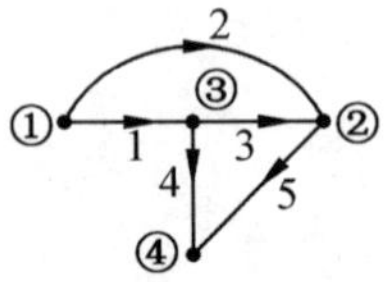

图 2.7.3

A. $\begin{vmatrix} Y_1+Y_2 & -Y_2 & -Y_1 \\ -Y_2 & Y_2+Y_3+Y_5 & -Y_3 \\ -Y_1 & -Y_3 & Y_1+Y_3+Y_4 \end{vmatrix}$

B. $\begin{bmatrix} Y_1+Y_2 & -Y_2 & -Y_1 \\ -Y_2 & Y_2+Y_3+Y_5 & -Y_3 \\ -Y_1 & -Y_3 & Y_1+Y_3+Y_4 \end{bmatrix}$

C. $\begin{vmatrix} Y_2+Y_3+Y_5 & -Y_3 \\ -Y_3 & Y_1+Y_3+Y_4 \end{vmatrix}$

D. $\begin{bmatrix} Y_2+Y_3+Y_5 & -Y_3 \\ -Y_3 & Y_1+Y_3+Y_4 \end{bmatrix}$

(12) 图 2.7.4 所示电压控制电流源对不定导纳矩阵的贡献可表达为(　　)。

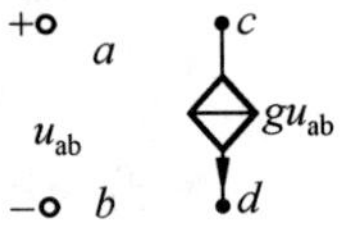

图 2.7.4

A. $\begin{matrix} & c & d \\ a & g & -g \\ b & -g & g \end{matrix}$ (矩阵)

B. $\begin{matrix} & c & d \\ a & -g & g \\ b & g & -g \end{matrix}$ (矩阵)

C. $\begin{matrix} & a & b \\ c & -g & g \\ d & g & -g \end{matrix}$ (矩阵)

D. $\begin{matrix} & a & b \\ c & g & -g \\ d & -g & g \end{matrix}$ (矩阵)

(13) 对 Δ_{11} 描述正确的是(　　)。

A. $\sum\limits_{\text{全部大子式}} \boldsymbol{A}_{-i}\boldsymbol{Y}$ 和 $\boldsymbol{A}_{-j}^{\mathrm{T}}$ 对应大子式之积

B. $(-1)^{i+j}\det(\boldsymbol{A}_{-i}\boldsymbol{Y}\boldsymbol{A}_{-j}^{\mathrm{T}})$

C. det(划去 $\boldsymbol{Y}_n$ 的第 1 行第 1 列)

D. $\sum\limits_{\text{全部2—树}(ij,v_0)}$ 2－树(ij,v_0)的树支导纳之积

2. 填空题

(1) 利用基本割集建立关于树支电压的 KCL 方程个数为(　　)个。

(2) 图 2.7.5 所示电路节点导纳矩阵 $\boldsymbol{AYA}^{\mathrm{T}}$ 的行列式 Δ_n 为(　　)。

(3) 图 2.7.6 所示线图共有 2－树(1,3)(　　)个。

(4) 利用基本回路建立关于连支电流的 KVL 方程个数为(　　)个。

(5) 设 $\boldsymbol{F}=\begin{bmatrix} 2 & 3 & 4 \\ 1 & 2 & 5 \end{bmatrix}$，$\boldsymbol{H}=\begin{bmatrix} 3 & 6 \\ -1 & 2 \\ 0 & 1 \end{bmatrix}$，那么与 $|\boldsymbol{F}_1|=\begin{vmatrix} 2 & 4 \\ 1 & 5 \end{vmatrix}$ 对应的大子式为

(　　)。

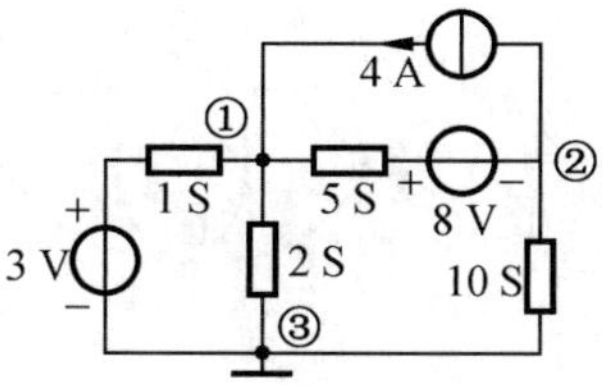

图 2.7.5

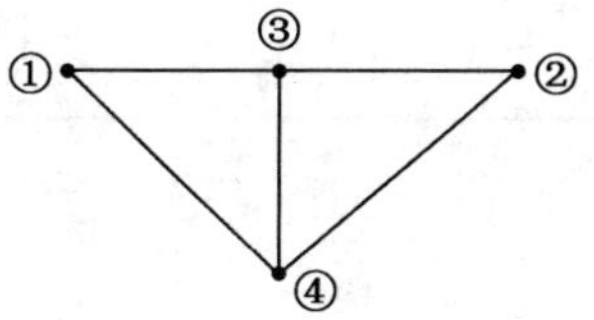

图 2.7.6

(6) 不定导纳矩阵的行列式 det($\boldsymbol{Y}_i$) 等于(　　)。

(7) 对应图 2.7.7 所示二端口的转移阻抗为(　　)。

(8) 对应图 2.7.8 所示伴随有向图的有向树 T_1 有(　　)个。

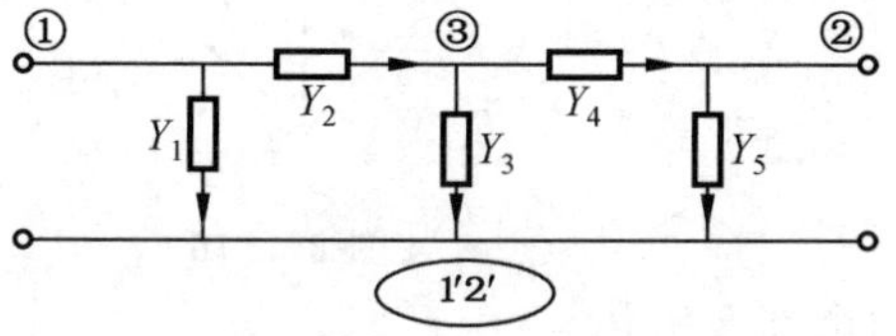

图 2.7.7

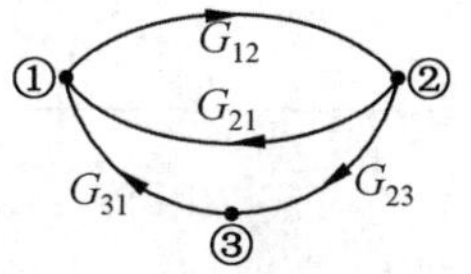

图 2.7.8

(9) 图 2.7.9 所示电路 Δ_{13} 为(　　)。

(10) 图 2.7.10 所示伴随有向图的有向 2－树 $T_{1,4}$ 有(　　)个。

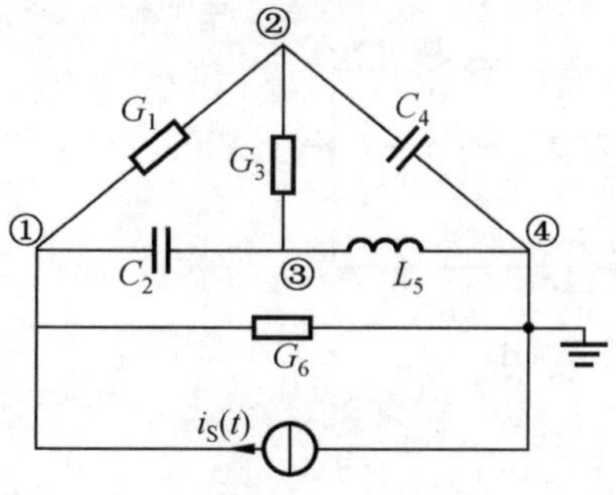

图 2.7.9

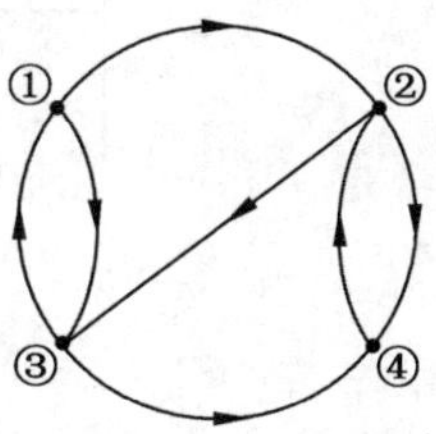

图 2.7.10

(11) 图 2.7.11 所示网络不定导纳矩阵 $\boldsymbol{Y}_i$ 为(　　)。

(12) 图 2.7.12 所示伴随有向图以 ① 为参考点的 $\boldsymbol{Y}_i$ 一阶代数余子式为(　　)。

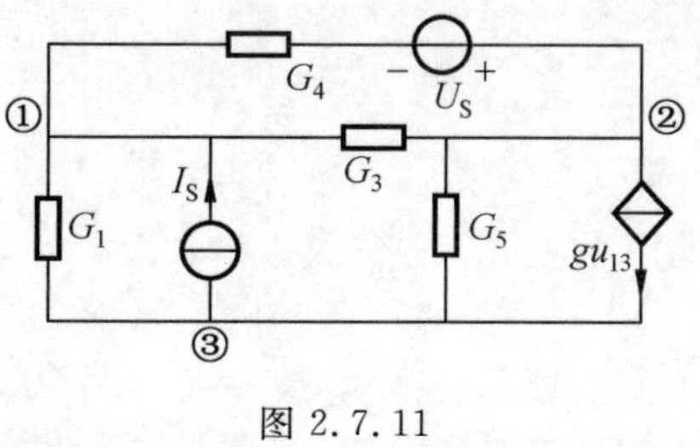

图 2.7.11

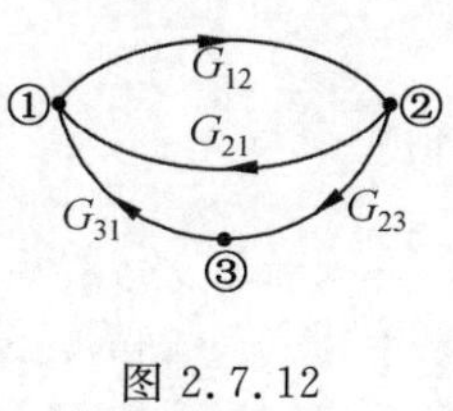

图 2.7.12

3. 分析计算题

(1) 画出图 2.7.13 所示二端口 Δ_n 的全部树。

(2) 画出图 2.7.14 所示网络以 ② 为参考点的全部有向树。

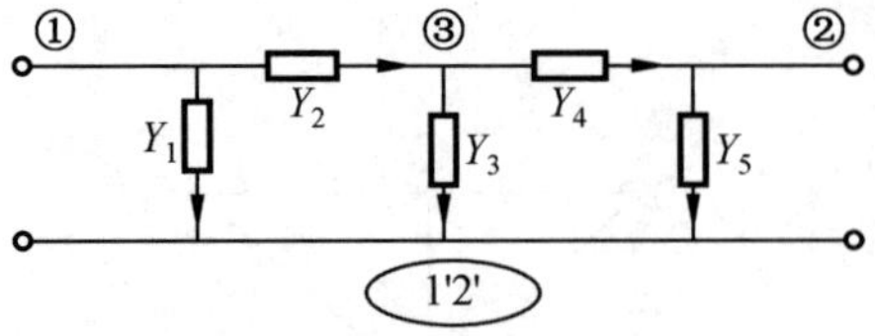

图 2.7.13

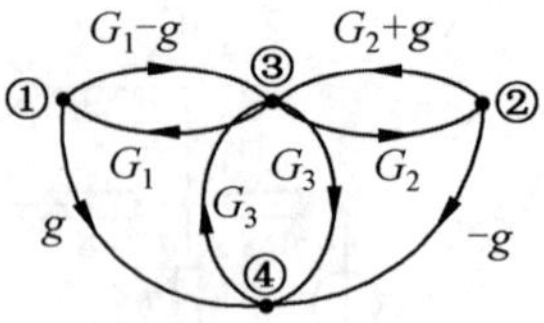

图 2.7.14

(3) 求解图 2.7.15 所示二端口网络 Δ_n。

(4) 画出图 2.7.16 所示网络的全部 2－树(1,4)。

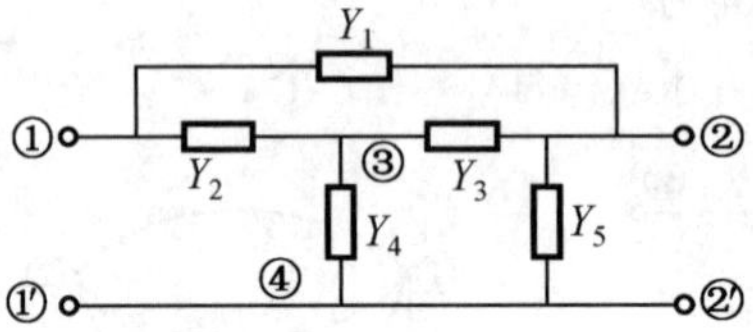

图 2.7.15

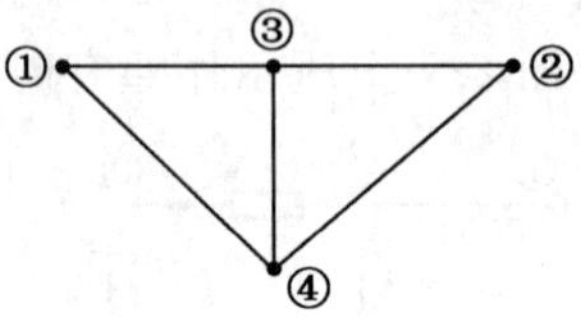

图 2.7.16

(5) 画出图 2.7.17 所示电路 Δ_{11} 的全部 2－树。

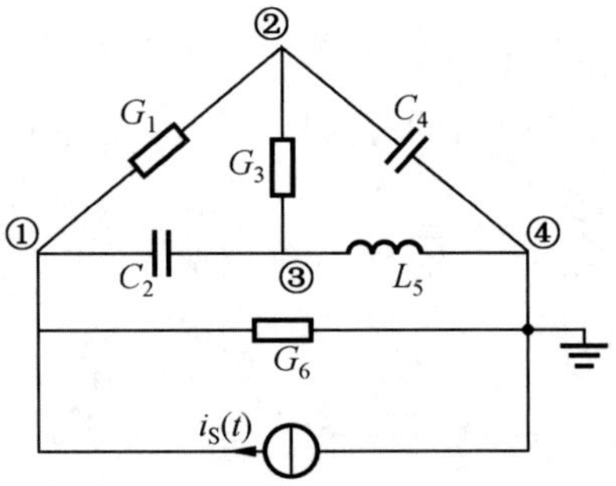

图 2.7.17

第3章　网络的灵敏度分析

通常决策过程中所预测的自然状态概率及计算出的损益值，不一定十分精确，因此，往往需要对这些变动是否影响最优方案的选择进行深入研究，这就是灵敏度分析。对于一个系统而言，灵敏度不仅可以用来表征网络特性对元件参数变化的敏感程度，还是电路的容差分析、最坏情况分析和最优设计的重要基础，是电路网络分析与综合的桥梁，可作为目标函数的寻优梯度。同时，灵敏度在确定产品合格率、寿命及对工作环境的适应性方面起关键作用。

3.1　网络的灵敏度

灵敏度概念

网络函数或网络响应都是网络结构和元件参数的函数。在具体实现一个设计方案时，所选择的元件均有其标称值和相对误差。例如100 Ω±1.5%即表示标称值为100 Ω、相对误差为1.5%的一个电阻。当将一个这样的电阻接入电路时，它的真正值可能是99、100、101等值，不一定刚好等于标称值。另外，实际电路在工作时，随着使用时间的增长、周围环境（如温度、湿度、压力）等因素的变化，元件参数也难免要发生不同程度的变化而偏离标称值，况且有的元件本身就是作为敏感元件使用的。这些元件参数的变化必将导致网络函数或网络响应的变化，严重时网络无法正常工作。研究元件参数变化对网络函数或网络响应的影响即属于网络的灵敏度分析。

网络的灵敏度是相关参数 p（可以是电阻、电感、电容及受控源控制系数等元件参数或影响元件参数的温度、湿度、压力等）的变化对网络输出量影响的一种量度，包括绝对灵敏度、相对灵敏度和半相对灵敏度。

定义1　绝对灵敏度

网络函数 H 或网络响应 R（统一用 T 来表示）对某元件相关参数 p 的变化率称为网络函数对该参数的绝对灵敏度，记作

$$S=\frac{\partial T}{\partial p} \tag{3.1.1}$$

所以绝对灵敏度也称为微分灵敏度。若将 T 表示为网络输出响应 $R(s)$ 与不变输入激励 $E(s)$ 的比值

$$T=\frac{R(s)}{E(s)} \tag{3.1.2}$$

代入式(3.1.1)整理得

$$S=\frac{\partial T}{\partial p}=\frac{1}{E(s)}\cdot\frac{\partial R(s)}{\partial p} \tag{3.1.3}$$

即

$$\frac{\partial R(s)}{\partial p}=E(s)\cdot\frac{\partial T}{\partial p} \tag{3.1.4}$$

所以网络输出响应 $R(s)$ 对相关参数 p 的绝对灵敏度(偏导数)等于相应网络函数对该参数的绝对灵敏度乘以输入激励。

定义 2 相对灵敏度

相对灵敏度反映系统中相关参数 p 的相对变化对网络函数相对值的影响程度,记作

$$S_p^T=\frac{\partial T/T}{\partial p/p}=\frac{p}{T}\cdot\frac{\partial T}{\partial p}=\frac{\partial \ln T}{\partial \ln p} \tag{3.1.5}$$

所以相对灵敏度 S_p^T 也称为归一化灵敏度,为无量纲。S_p^T 越高,元件相对变化引起的网络函数或网络响应的相对变化越大,表明网络函数或网络响应对元件变化越敏感。但也不是 S_p^T 越低越好,当 S_p^T 足够低时,即使外界环境使电路参数发生变化,网络性能也不改变,可靠性好。对仪表而言,当灵敏度太低时,仪表不能反映被测量的微小变化,所以应根据实际应用选择合适的灵敏度。当激励不变时,将式(3.1.2)代入式(3.1.5)中得

$$S_p^T=\frac{p}{R(s)/E(s)}\cdot\frac{\partial[R(s)/E(s)]}{\partial p}=\frac{p}{R(s)}\cdot\frac{\partial R(s)}{\partial p}=S_p^R \tag{3.1.6}$$

即网络函数对相关参数的相对灵敏度等于相应网络输出响应 $R(s)$ 对该参数的相对灵敏度。

对于级联实现的电路来说,二阶滤波器中角频率 ω 和品质因数 Q 对元件 x 的灵敏度是比较重要的参量,因为 ω 和 Q 的变化直接影响到零、极点的位置。

【例 3.1.1】 求图 3.1.1 所示无源二阶网络的谐振角频率 ω_0 和品质因数 Q 对各元件的相对灵敏度。

解 *RLC* 串联电路谐振角频率为

$$\omega_0=\frac{1}{\sqrt{LC}}=L^{-\frac{1}{2}}C^{-\frac{1}{2}}$$

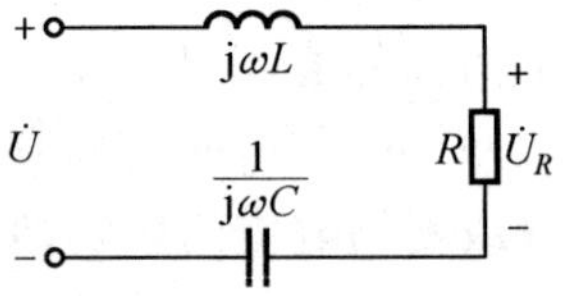

图 3.1.1 例 3.1.1 图

特性阻抗 ρ 为

$$\rho=\omega_0 L=\frac{1}{\omega_0 C}$$

品质因数 Q 为

$$Q=\frac{\rho}{R}=\frac{1}{R}\sqrt{\frac{L}{C}}=R^{-1}L^{\frac{1}{2}}C^{-\frac{1}{2}}$$

由式(3.1.5)得

$$S_R^{\omega_0}=0,\quad S_L^{\omega_0}=-\frac{1}{2},\quad S_C^{\omega_0}=-\frac{1}{2}$$

$$S_R^Q=-1,\quad S_L^Q=\frac{1}{2},\quad S_C^Q=-\frac{1}{2}$$

例 3.1.1 计算结果表明:① 无源网络因元件变化引起的 ω_0 和 Q 变化的相对灵敏度在 ± 1 之间,通常把灵敏度接近 ± 1 的网络认为低灵敏度网络,一般无源 T 形电路是低灵敏度电路;② ω_0 对 R 的灵敏度为零意味着调整 Q 可以通过调 R 大小实现,而不影响 ω_0 的变化。

推论 增益灵敏度和相移灵敏度

式(3.1.5)是经典归一化灵敏度函数,进一步在频域中,$T(j\omega)=|T(j\omega)|e^{j\varphi(\omega)}$,则有

$$S_p^{T(j\omega)}=\frac{\partial \ln T(j\omega)}{\partial \ln p}=\frac{\partial \ln[|T(j\omega)|e^{j\varphi(\omega)}]}{\partial \ln p}=\frac{\partial \ln|T(j\omega)|}{\partial p/p}+j\frac{\partial \varphi(\omega)}{\partial p/p} \tag{3.1.7}$$

由此得，增益灵敏度为

$$S_p^{|T(j\omega)|}=\mathrm{Re}[S_p^{T(j\omega)}]=\frac{\partial \ln|T(j\omega)|}{\partial p/p}=\frac{\partial G(\omega)}{\partial p/p} \tag{3.1.8}$$

相移灵敏度为

$$S_p^{\varphi(\omega)}=\mathrm{Im}[S_p^{T(j\omega)}]=\frac{\partial \varphi(\omega)}{\partial p/p} \tag{3.1.9}$$

由式(3.1.7)～(3.1.9)可见，$S_p^{T(j\omega)}$、$S_p^{|T(j\omega)|}$、$S_p^{\varphi(\omega)}$ 都是频率ω的函数，不像无源二阶网络中 ω_0 和 Q 的灵敏度是常数那样便于应用，从其大小就可直接看出对各种元件参数变化敏感程度的高低。值得注意的是，增益 $G(\omega)$ 和相移 $\varphi(\omega)$ 不是相对变量，所以增益灵敏度和相移灵敏度已不属于经典归一化灵敏度范畴。

定义 3　半相对灵敏度

式(3.1.5)中 p 和 T 分别是元件的标称值及对应标称值的网络函数或网络响应。当 p 或 T 为零时，相对灵敏度要么为零要么不存在，此时就要用到半相对灵敏度（也称半归一化灵敏度）。

$$S=p\frac{\partial T}{\partial p}\quad (T=0\text{ 时}),\qquad S=\frac{1}{T}\frac{\partial T}{\partial p}\quad (p=0\text{ 时}) \tag{3.1.10}$$

若 T 和 p 均为零，就只能采用式(3.1.1)计算绝对灵敏度了。

3.2　灵敏度关系式

灵敏度关系式

当网络函数或网络响应与元件的关系比较复杂时，可适当利用表 3.2.1 列出的灵敏度关系式，以使烦琐的计算过程大为简化。

表 3.2.1　灵敏度关系式

序号	关系式	说明
(1)	$S_x^{kx}=S_x^x=1$	k 为任意常数
(2)	$S_x^{1/T}=-S_x^T$	$T=f(x)$
(3)	$S_{1/x}^T=-S_x^T$	
(4)	$S_x^{T^n}=nS_x^T$	
(5)	$S_x^{kx^n}=S_x^{x^n}=n$	
(6)	$S_{x^n}^T=\frac{1}{n}S_x^T$	
(7)	$S_x^T=S_y^TS_x^y$	$T=f_1(y),y=f_2(x)$
(8)	$S_x^{T_1T_2}=S_x^{T_1}+S_x^{T_2}$	
(9)	$S_x^{T_1/T_2}=S_x^{T_1}-S_x^{T_2}$	

续表 3.2.1

序号	关系式	说明
(10)	$S_x^{T_1+T_2}=\dfrac{T_1}{T_1+T_2}S_x^{T_1}+\dfrac{T_2}{T_1+T_2}S_x^{T_2}$	
(11)	$S_x^{\dot{T}}=S_x^{\vert T\vert}+S_x^{e^{j\varphi}}=S_x^{\vert T\vert}+j\dfrac{\partial\varphi}{\partial x/x}=S_x^{\vert T\vert}+j\varphi S_x^{\varphi}$	$\dot{T}=\vert T\vert e^{j\varphi}$
(12)	$S_x^{\vert T\vert}=\mathrm{Re}(S_x^{\dot{T}})$；　$S_x^{\varphi}=\mathrm{Im}\dfrac{1}{\varphi}(S_x^{\dot{T}})$	

根据相对灵敏度定义(式(3.1.5))很容易证明表 3.2.1 中的关系式,如关系式(2):

$$S_x^{1/T}=\frac{\partial\left(\ln\dfrac{1}{T}\right)}{\partial(\ln x)}=\frac{\partial(\ln T^{-1})}{\partial(\ln x)}=\frac{\partial(-\ln T)}{\partial(\ln x)}=-S_x^T \tag{3.2.1}$$

关系式(10):

$$S_x^{T_1+T_2}=\frac{x}{T_1+T_2}\frac{\partial(T_1+T_2)}{\partial x}=\frac{1}{T_1+T_2}\left(T_1\frac{x}{T_1}\frac{\partial T_1}{\partial x}+T_2\frac{x}{T_2}\frac{\partial T_2}{\partial x}\right)=$$

$$\frac{T_1}{T_1+T_2}S_x^{T_1}+\frac{T_2}{T_1+T_2}S_x^{T_2} \tag{3.2.2}$$

其他关系式的证明在此不再赘述。

【例 3.2.1】 用灵敏度关系式求图 3.2.1 所示 Π 型电阻网络转移阻抗函数 $T=U_o/I_S$ 对 R_1 的相对灵敏度。

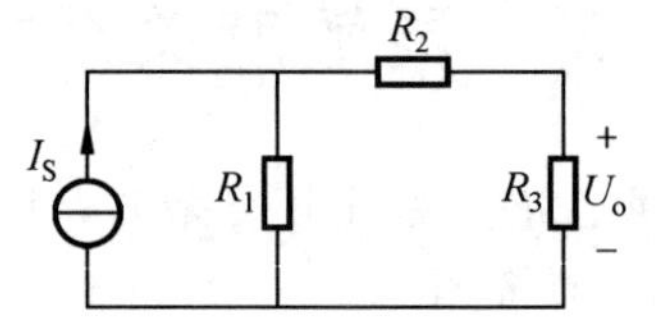

图 3.2.1　例 3.2.1 图

解

$$T=\frac{U_o}{I_S}=\frac{R_1R_3}{R_1+R_2+R_3}$$

$$S_{R_1}^T=S_{R_1}^{R_1R_3}-S_{R_1}^{R_1+R_2+R_3}=1-\left(\frac{R_1}{R_1+R_2+R_3}S_{R_1}^{R_1}+\frac{R_2+R_3}{R_1+R_2+R_3}S_{R_1}^{R_2+R_3}\right)=$$

$$1-\frac{R_1}{R_1+R_2+R_3}=\frac{R_2+R_3}{R_1+R_2+R_3}$$

同样可以证明,当 T 是阻抗函数或导纳函数时,T 对各元件相关参数的相对灵敏度总和 $\sum\limits_{i=1}^{n}S_{x_i}^T$ 为 +1 或 −1;当 T 是电压比转移函数或电流比转移函数时,T 对各元件相关参数的相对灵敏度总和为 0。

证明　因为网络函数是元件参数的函数,可以表示为

$$T(R_i,L_i,C_i,\mu_i,\alpha_i,r_i,g_i,s) \tag{3.2.3}$$

式中,μ_i、α_i、r_i 和 g_i 分别为 CCCS(流控流源)、VCVS(压控压源)、CCVS(流控压源) 和 VCCS(压控流源)4 种受控源的控制系数。

现将每一元件的阻抗乘以 λ：对于 CCVS，控制系数变为 λr_i；对于 VCCS，控制系数变为 $\frac{g_i}{\lambda}$；对于 CCCS 和 VCVS，其控制系数不发生变化；对于容抗，控制系数变为 $\frac{\lambda}{sC_i}$，即 $\frac{1}{s(C_i/\lambda)}$，相当于电容变为原来的 $\frac{1}{\lambda}$。故阻抗函数为

$$T\left(\lambda R_i, \lambda L_i, \frac{C_i}{\lambda}, \mu_i, \alpha_i, \lambda r_i, \frac{g_i}{\lambda}, s\right) = \lambda T(R_i, L_i, C_i, \mu_i, \alpha_i, r_i, g_i, s) \tag{3.2.4}$$

上式对 λ 取微分，得

$$\sum_R R_i \frac{\partial T}{\partial R_i} + \sum_L L_i \frac{\partial T}{\partial L_i} - \sum_C \left(\frac{C_i}{\lambda^2}\right) \frac{\partial T}{\partial C_i} + \sum_{\text{CCVS}} r_i \frac{\partial T}{\partial r_i} - \sum_{\text{VCCS}} \left(\frac{g_i}{\lambda^2}\right) \frac{\partial T}{\partial g_i} = T(R_i, L_i, C_i, \mu_i, \alpha_i, r_i, g_i, s) = T \tag{3.2.5}$$

等号两侧同时除以 T，且取 $\lambda = 1$，刚好得 T 的相对灵敏度总和为

$$\sum_{i=1}^{n} S_{x_i}^T = \sum_R S_{R_i}^T + \sum_L S_{L_i}^T - \sum_C S_{C_i}^T + \sum_{\text{CCVS}} S_{r_i}^T - \sum_{\text{VCCS}} S_{g_i}^T = 1 \tag{3.2.6}$$

对于导纳函数，则有

$$T\left(\lambda R_i, \lambda L_i, \frac{C_i}{\lambda}, \mu_i, \alpha_i, \lambda r_i, \frac{g_i}{\lambda}, s\right) = \frac{1}{\lambda} T(R_i, L_i, C_i, \mu_i, \alpha_i, r_i, g_i, s) \tag{3.2.7}$$

对 λ 微分，等号两侧同时除以 T，且取 $\lambda = 1$，得

$$\sum_{i=1}^{n} S_{x_i}^T = \sum_R S_{R_i}^T + \sum_L S_{L_i}^T - \sum_C S_{C_i}^T + \sum_{\text{CCVS}} S_{r_i}^T - \sum_{\text{VCCS}} S_{g_i}^T = -1 \tag{3.2.8}$$

对于电压比转移函数及电流比转移函数，则满足

$$T\left(\lambda R_i, \lambda L_i, \frac{C_i}{\lambda}, \mu_i, \alpha_i, \lambda r_i, \frac{g_i}{\lambda}, s\right) = T(R_i, L_i, C_i, \mu_i, \alpha_i, r_i, g_i, s) \tag{3.2.9}$$

对 λ 微分，等号两侧同时除以 T，且取 $\lambda = 1$，得

$$\sum_{i=1}^{n} S_{x_i}^T = \sum_R S_{R_i}^T + \sum_L S_{L_i}^T - \sum_C S_{C_i}^T + \sum_{\text{CCVS}} S_{r_i}^T - \sum_{\text{VCCS}} S_{g_i}^T = 0 \tag{3.2.10}$$

【例 3.2.2】　求图 3.2.2 所示网络电压比转移函数 $H(s) = \frac{U_o(s)}{U_i(s)}$ 和策动点阻抗函数 $Z(s)$ 对各元件相对灵敏度之和。

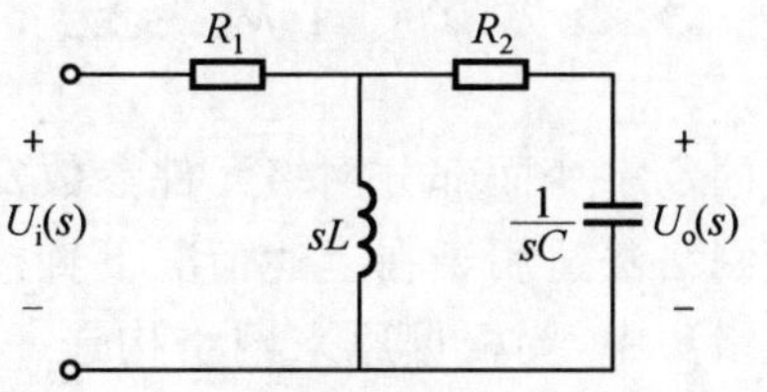

图 3.2.2　例 3.2.2 图

解　根据图 3.2.2 可得电压比转移函数为

$$H(s) = \frac{U_o(s)}{U_i(s)} = \frac{sL}{s^2 LCR_1 + R_1 + sCR_1 R_2 + sL + s^2 LCR_2}$$

设 $P(s) = s^2 LCR_1 + R_1 + sCR_1 R_2 + sL + s^2 LCR_2$，则有

$$S_{R_1}^{H}=\frac{R_1}{H(s)}\times\frac{-sL(s^2LC+1+sCR_2)}{P^2(s)},$$

$$S_{R_2}^{H}=\frac{R_2}{H(s)}\times\frac{-sL(sCR_1+s^2LC)}{P^2(s)},$$

$$S_{C}^{H}=\frac{C}{H(s)}\times\frac{-sL(s^2LR_1+sR_1R_2+s^2LR_2)}{P^2(s)},$$

$$S_{L}^{H}=\frac{L}{H(s)}\times\frac{sP(s)-sL(s^2CR_1+s+s^2CR_2)}{P^2(s)}$$

故有

$$\sum_{i=1}^{n}S_{x_i}^{H}=S_{R_1}^{H}+S_{R_2}^{H}+S_{L}^{H}-S_{C}^{H}=0$$

策动点阻抗函数为

$$Z(s)=\frac{s^2LCR_1+R_1+sCR_1R_2+sL+s^2LCR_2}{s^2LC+1+sCR_2}$$

$$S_{R_1}^{Z}=\frac{R_1}{Z(s)}\times\frac{(s^2LC+1+sCR_2)(s^2LC+1+sCR_2)}{(s^2LC+1+sCR_2)^2}$$

$$S_{R_2}^{Z}=\frac{R_2}{Z(s)}\times\frac{(sCR_1+s^2LC)(s^2LC+1+sCR_2)-(s^2LCR_1+R_1+sCR_1R_2+sL+s^2LCR_2)sC}{(s^2LC+1+sCR_2)^2}$$

$$S_{C}^{Z}=\frac{C}{Z(s)}\times$$

$$\frac{(s^2LR_1+sR_1R_2+s^2LR_2)(s^2LC+1+sCR_2)-(s^2LCR_1+R_1+sCR_1R_2+sL+s^2LCR_2)(s^2L+sR_2)}{(s^2LC+1+sCR_2)^2}$$

$$S_{L}^{Z}=\frac{L}{Z(s)}\times\frac{(s^2CR_1+s+s^2CR_2)(s^2LC+1+sCR_2)-(s^2LCR_1+R_1+sCR_1R_2+sL+s^2LCR_2)s^2C}{(s^2LC+1+sCR_2)^2}$$

故有

$$\sum_{i=1}^{n}S_{x_i}^{Z}=S_{R_1}^{Z}+S_{R_2}^{Z}+S_{L}^{Z}-S_{C}^{Z}=1$$

只有简单电路才能求出网络函数或网络响应关于电路参数的显函数表达式,从而借助数学上求偏导数的方法求出灵敏度。为了对较大规模电路网络进行灵敏度分析,并且便于编写电路灵敏度分析通用程序,需建立系统的灵敏度分析方法。下面介绍几种网络灵敏度的系统分析方法。

3.3 增量网络法

增量网络的构成——结构约束

当网络拓扑结构和激励固定不变而部分网络元件参数发生微小变化时,各元件电压、电流便随之产生增量。增量网络法适用于在上述情况下直接求解网络响应对网络元件参数的绝对灵敏度。在增量网络法中,要根据原来网络构造一增量网络,用以表示电压、电流增量与参数增量之间的关系。由此用增量网络法求解绝对灵敏度,关键是如何构造增量网络,又如何根据增量网络求得绝对灵敏度。

3.3.1 增量网络的构成

构造增量网络要依据电压、电流增量所满足的结构约束和元件约束。首先分析结构约束。元件参数改变前,电路的基尔霍夫定律方程为

KCL：
$$\boldsymbol{AI}=\boldsymbol{0} \tag{3.3.1a}$$
KVL：
$$\boldsymbol{A}^{\mathrm{T}}\boldsymbol{U}_{\mathrm{n}}=\boldsymbol{U} \tag{3.3.1b}$$
式中，$\boldsymbol{I}$、$\boldsymbol{U}$、$\boldsymbol{U}_{\mathrm{n}}$ 分别表示支路电流、支路电压列矢量与节点电压列矢量。在灵敏度分析中，一个二端元件对应一条支路，一个二端口元件对应两条支路，例如受控源的控制端口和被控端口分别对应两条支路。

当某(些) 元件参数发生改变时，支路电流、支路电压列矢量与节点电压列矢量也将随之发生变化，将其增量分别记作 $\Delta\boldsymbol{I}$、$\Delta\boldsymbol{U}$、$\Delta\boldsymbol{U}_{\mathrm{n}}$。在分析灵敏度时电路结构保持不变。因此参数变化后的电路的基尔霍夫定律方程为

KCL：
$$\boldsymbol{A}(\boldsymbol{I}+\Delta\boldsymbol{I})=\boldsymbol{AI}+\boldsymbol{A}\Delta\boldsymbol{I}=\boldsymbol{0} \tag{3.3.2a}$$
KVL：
$$\boldsymbol{U}+\Delta\boldsymbol{U}=\boldsymbol{A}^{\mathrm{T}}(\boldsymbol{U}_{\mathrm{n}}+\Delta\boldsymbol{U}_{\mathrm{n}}) \tag{3.3.2b}$$
对比式(3.3.1a) 与式(3.3.2a)、式(3.3.1b) 与式(3.3.2b) 得出

KCL：
$$\boldsymbol{A}\Delta\boldsymbol{I}=\boldsymbol{0} \tag{3.3.3a}$$
KVL：
$$\Delta\boldsymbol{U}=\boldsymbol{A}^{\mathrm{T}}\Delta\boldsymbol{U}_{\mathrm{n}} \tag{3.3.3b}$$

式(3.3.3a)、式(3.3.3b) 就是增量网络的结构约束。它们表明各支路电流增量和各支路电压增量满足与原网络形式相同的 KCL、KVL 方程，所以增量网络与原网络具有相同的拓扑结构。

下面再讨论增量网络的元件约束，即在增量网络中各元件电压增量与电流增量之间的关系。

增量网络的构成——元件约束

(1) 阻抗元件。

在电路的相量模型中，阻抗可以作为元件参数，原网络中的阻抗元件方程为
$$\dot{U}=Z\dot{I}$$
阻抗参数改变之后的元件方程为
$$\dot{U}+\Delta\dot{U}=(Z+\Delta Z)(\dot{I}+\Delta\dot{I})$$
展开并略去二阶小量得增量方程为
$$\Delta\dot{U}=\Delta Z\dot{I}+Z\Delta\dot{I} \tag{3.3.4}$$
这就是阻抗元件对应的电压增量与电流增量之间的约束方程。阻抗支路的增量网络模型如图 3.3.1 所示。

(2) 导纳元件。

导纳也可以作为元件参数，与阻抗元件类似，求得与导纳元件对应的电压、电流增量约束方程为
$$\Delta\dot{I}=\Delta Y\dot{U}+Y\Delta\dot{U} \tag{3.3.5}$$
其导纳支路的增量网络模型如图 3.3.2 所示。

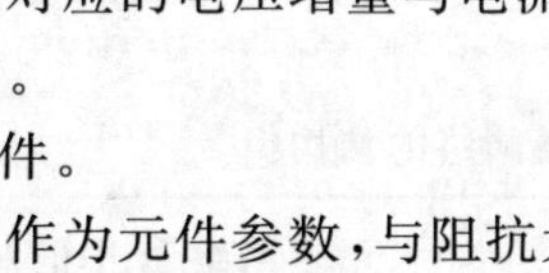

图 3.3.1　阻抗支路的增量网络模型

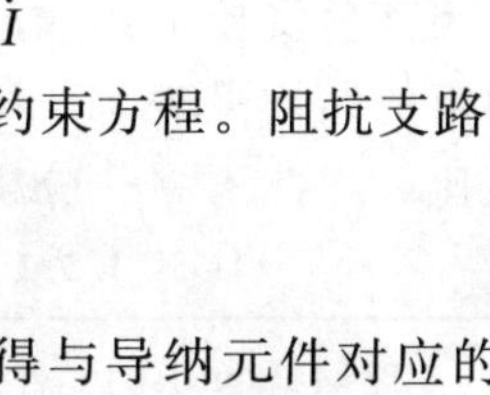

图 3.3.2　导纳支路的增量网络模型

(3) 独立电源。

对于独立电源,其参数不变,即独立电流源 $\dot{I}_S$ 为常量,独立电压源 $\dot{U}_S$ 为常量,则在增量网络中有

$$\Delta\dot{I}_S = 0, \quad \Delta\dot{U}_S = 0 \tag{3.3.6}$$

即对应原网络的独立电流源,在增量网络中用开路代替;而对应原网络的独立电压源,在增量网络中用短路代替。

(4) 受控电源。

以电压控制电流源(VCCS) 为例,它在原网络 N 中的元件方程为

$$\dot{I}_k = g_m\dot{U}_j, \quad \dot{I}_j = 0$$

式中,j、k 分别为控制支路和被控支路的编号。当元件控制参数 g_m 发生变化时有

$$\dot{I}_k + \Delta\dot{I}_k = (g_m + \Delta g_m)(\dot{U}_j + \Delta\dot{U}_j), \quad \dot{I}_j + \Delta\dot{I}_j = 0$$

忽略高阶小量,在增量网络中有

$$\begin{cases}\Delta\dot{I}_k = g_m\Delta\dot{U}_j + \dot{U}_j\Delta g_m \\ \Delta\dot{I}_j = 0\end{cases} \tag{3.3.7}$$

其增量网络模型如图 3.3.3 所示。

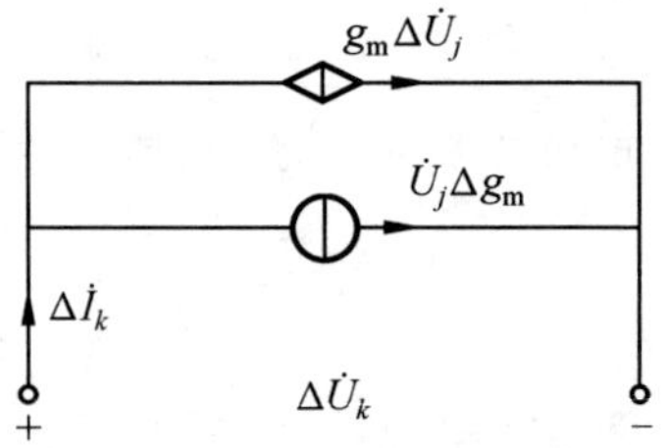

图 3.3.3　VCCS 增量网络模型

同理可以得出其他受控电源或其他电路元件在增量网络中的元件方程及电路模型。元件与其增量网络的结构见表 3.3.1,增量网络中作为激励的各独立电源都与相应元件参数的增量成正比。在此不一一分析。

表 3.3.1　元件与其增量网络的结构

元件符号	原网络 N 中的元件	增量网络 $\hat{N}$ 中的对应元件
Z	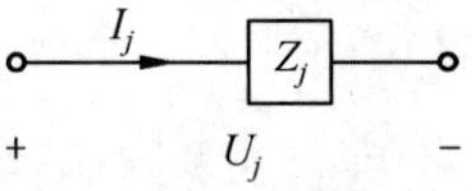	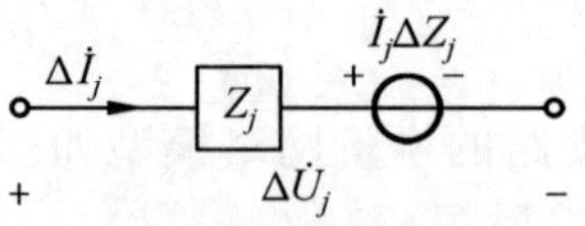
Y	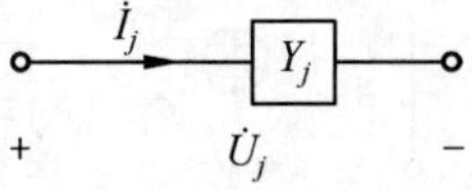	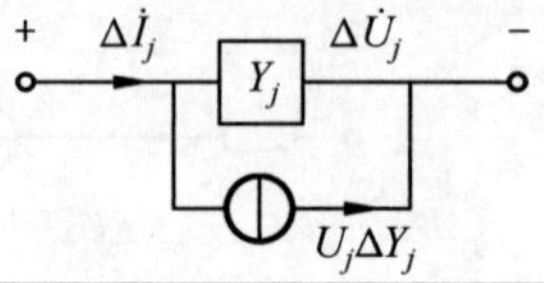

续表 3.3.1　元件增量网络的结构

元件符号	原网络 N 中的元件	增量网络 $\hat{N}$ 中的对应元件
U_S	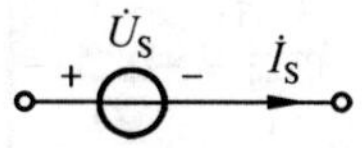	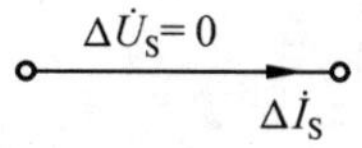
I_S	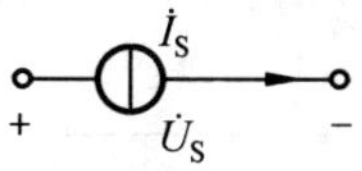	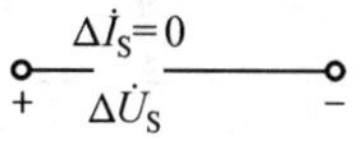
VCCS	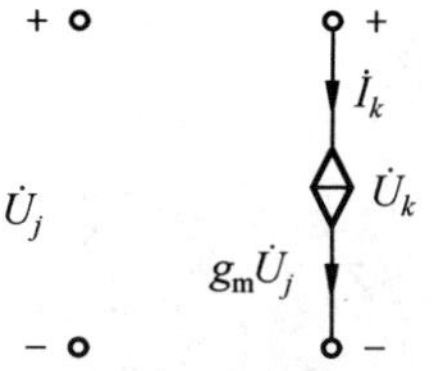	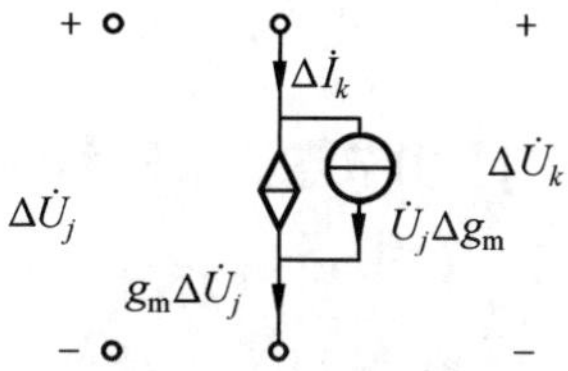
CCCS	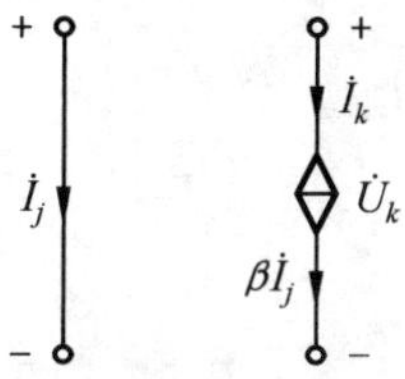	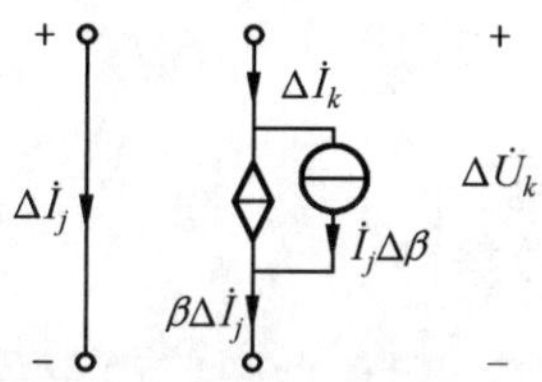
CCVS	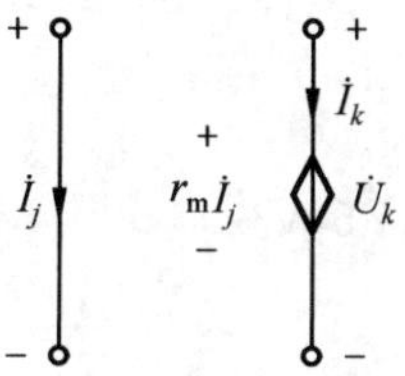	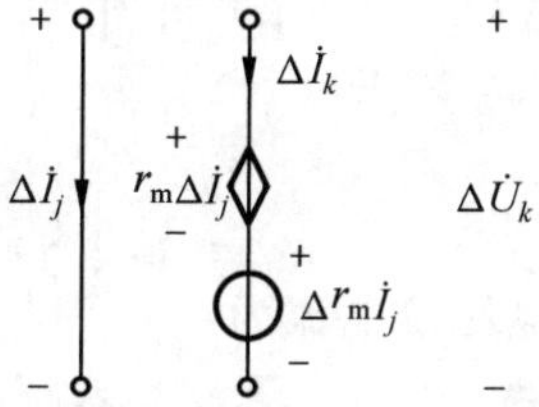
VCVS	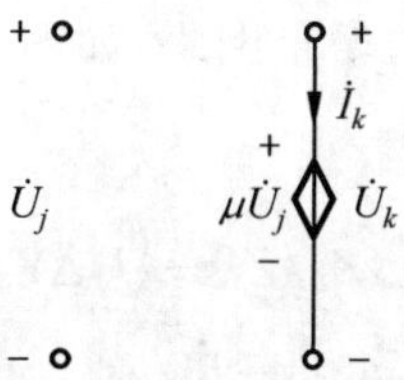	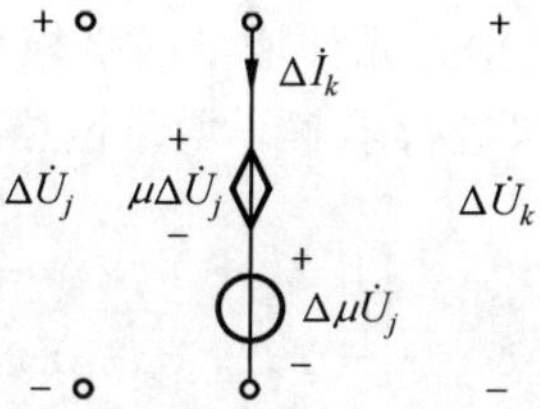

增量网络法计算灵敏度——例题

3.3.2　用增量网络法计算灵敏度

将各元件的增量模型按照原来网络的互联关系联在一起，便得到电路的增量网络模型。在增量网络模型中，作为激励的各独立电源都与相应元件参数的增量成正比。根据叠加定理和齐性定理，增量网络的响应即电流、电压的增量必将是元件参数增量的线性组合，再由绝对灵敏度定义可知，其系数便是待求的绝对灵敏度。下面举例说明。

【例 3.3.1】　电路如图 3.3.4(a) 所示。已知 $\dot{U}_S=2$ V，$Z_1=0.5\ \Omega$，$Y_2=4$ S，$Y_3=1$ S，

$g_m = 2$ S。求节点电压 $\dot{U}_{n1}$ 和 $\dot{U}_{n2}$ 对 Z_1、Y_3 及 g_m 的绝对灵敏度。

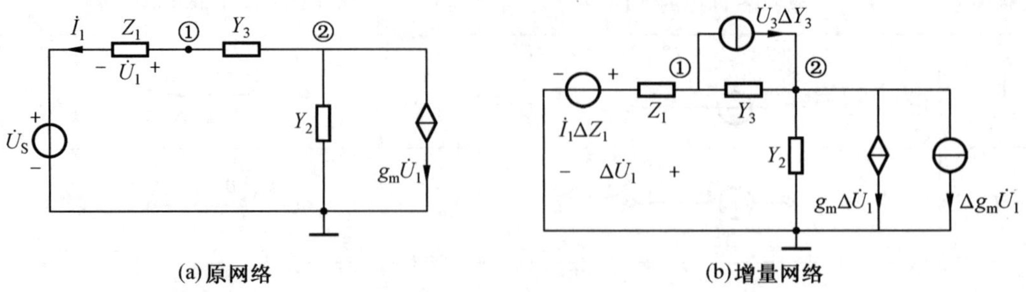

图 3.3.4　例 3.3.1 图

解　(1) 用节点法求原网络的解。节点方程为

$$\begin{cases}(1/Z_1+Y_3)\dot{U}_{n1}-Y_3\dot{U}_{n2}=\dot{U}_S/Z_1\\ -Y_3\dot{U}_{n1}+(Y_2+Y_3)\dot{U}_{n2}=-g_m(\dot{U}_{n1}-\dot{U}_S)\end{cases}$$

$$\begin{bmatrix}1/Z_1+Y_3 & -Y_3\\ -Y_3+g_m & Y_2+Y_3\end{bmatrix}\begin{bmatrix}\dot{U}_{n1}\\ \dot{U}_{n2}\end{bmatrix}=\begin{bmatrix}\dot{U}_S/Z_1\\ g_m\dot{U}_S\end{bmatrix}$$

代入已知数据得

$$\begin{bmatrix}3 & -1\\ 1 & 5\end{bmatrix}\begin{bmatrix}\dot{U}_{n1}\\ \dot{U}_{n2}\end{bmatrix}=\begin{bmatrix}4\\ 4\end{bmatrix}\quad \begin{bmatrix}3 & -1\\ 1 & 5\end{bmatrix}^{-1}=\frac{1}{16}\begin{bmatrix}5 & 1\\ -1 & 3\end{bmatrix}$$

求解得

$$\dot{U}_{n1}=1.5\ \text{V},\quad \dot{U}_{n2}=0.5\ \text{V}$$

相关支路电压及电流为

$$\dot{U}_1=\dot{U}_{n1}-\dot{U}_S=-0.5(\text{V}),\quad \dot{I}_1=\dot{U}_1/Z_1=-1(\text{A}),\quad \dot{U}_3=\dot{U}_{n1}-\dot{U}_{n2}=1(\text{V})$$

(2) 根据各元件增量网络模型构造图 3.3.4(a) 的增量网络,如图 3.3.4(b) 所示。同样用节点法进行求解。增量网络的节点方程为

$$\begin{bmatrix}1/Z_1+Y_3 & -Y_3\\ -Y_3+g_m & Y_2+Y_3\end{bmatrix}\begin{bmatrix}\Delta\dot{U}_{n1}\\ \Delta\dot{U}_{n2}\end{bmatrix}=\begin{bmatrix}\dot{I}_1\Delta Z_1/Z_1-\dot{U}_3\Delta Y_3\\ \dot{U}_3\Delta Y_3-\dot{U}_1\Delta g_m\end{bmatrix}=$$

$$\Delta Z_1\begin{bmatrix}\dot{I}_1/Z_1\\ 0\end{bmatrix}+\Delta Y_3\begin{bmatrix}-\dot{U}_3\\ \dot{U}_3\end{bmatrix}+\Delta g_m\begin{bmatrix}0\\ -\dot{U}_1\end{bmatrix}$$

代入已知数据得

$$\begin{bmatrix}3 & -1\\ 1 & 5\end{bmatrix}\begin{bmatrix}\Delta\dot{U}_{n1}\\ \Delta\dot{U}_{n2}\end{bmatrix}=\Delta Z_1\begin{bmatrix}-2\\ 0\end{bmatrix}+\Delta Y_3\begin{bmatrix}-1\\ 1\end{bmatrix}+\Delta g_m\begin{bmatrix}0\\ 0.5\end{bmatrix}$$

$$\Delta\dot{U}_{n1}=-\frac{5}{8}\Delta Z_1-\frac{1}{4}\Delta Y_3+\frac{1}{32}\Delta g_m$$

$$\Delta\dot{U}_{n2}=\frac{1}{8}\Delta Z_1+\frac{1}{4}\Delta Y_3+\frac{3}{32}\Delta g_m$$

由上式得所求各灵敏度为

$$\frac{\partial\dot{U}_{n1}}{\partial Z_1}=-\frac{5}{8},\quad \frac{\partial\dot{U}_{n1}}{\partial Y_3}=-\frac{1}{4},\quad \frac{\partial\dot{U}_{n1}}{\partial g_m}=\frac{1}{32}$$

$$\frac{\partial\dot{U}_{n2}}{\partial Z_1}=\frac{1}{8},\quad \frac{\partial\dot{U}_{n2}}{\partial Y_3}=\frac{1}{4},\quad \frac{\partial\dot{U}_{n2}}{\partial g_m}=\frac{3}{32}$$

小结　用增量网络法计算输出响应（网络函数）灵敏度步骤：

(1) 根据题意，确定哪些元件参数可微变，构造相应增量网络 $\hat{N}$。

(2) 根据增量网络 $\hat{N}$ 中所需原网络 N 的变量，在原网络中求解相应变量。

(3) 在增量网络 $\hat{N}$ 中求解输出响应增量与各微变元件参数增量的关系。

(4) 应用第(3) 步所得关系式即可求得输出响应对元件参数的灵敏度。

(5) 将以上结果除以激励电压(或电流)，便得相应网络函数对该元件参数的绝对灵敏度。

矩阵形式增量网络法计算灵敏度

3.3.3　用增量网络法计算灵敏度的矩阵形式

增量网络法也可表达成矩阵形式。矩阵形式的节点电压方程为

$$\boldsymbol{Y}_n\dot{\boldsymbol{U}}_n=\boldsymbol{AYA}^T\dot{\boldsymbol{U}}_n=\boldsymbol{A}(\boldsymbol{Y}\dot{\boldsymbol{U}}_S-\dot{\boldsymbol{I}}_S) \tag{3.3.8}$$

式中，$\boldsymbol{Y}$ 为支路导纳矩阵；$\boldsymbol{A}$ 为节点支路关联矩阵。利用矩阵对标量求导，将上式两端对参数 p_i 求偏导数得

$$\frac{\partial(\boldsymbol{Y}_n\dot{\boldsymbol{U}}_n)}{\partial p_i}=\frac{\partial \boldsymbol{Y}_n}{\partial p_i}\cdot\dot{\boldsymbol{U}}_n+\boldsymbol{Y}_n\frac{\partial\dot{\boldsymbol{U}}_n}{\partial p_i}=\boldsymbol{A}\frac{\partial \boldsymbol{Y}}{\partial p_i}\boldsymbol{A}^T\dot{\boldsymbol{U}}_n+\boldsymbol{Y}_n\frac{\partial\dot{\boldsymbol{U}}_n}{\partial p_i}=\boldsymbol{A}\frac{\partial \boldsymbol{Y}}{\partial p_i}\dot{\boldsymbol{U}}_S-\boldsymbol{A}\frac{\partial \boldsymbol{I}_S}{\partial p_i} \tag{3.3.9}$$

将支路电压与节点电压关系 $\dot{\boldsymbol{U}}=\boldsymbol{A}^T\dot{\boldsymbol{U}}_n$ 代入上式，得增量网络方程的矩阵形式为

$$\boldsymbol{Y}_n\frac{\partial\dot{\boldsymbol{U}}_n}{\partial p_i}=\boldsymbol{A}\frac{\partial \boldsymbol{Y}}{\partial p_i}\dot{\boldsymbol{U}}_S-\boldsymbol{A}\frac{\partial \boldsymbol{Y}}{\partial p_i}\boldsymbol{A}^T\dot{\boldsymbol{U}}_n-\boldsymbol{A}\frac{\partial \boldsymbol{I}_S}{\partial \rho_i}=\boldsymbol{A}\frac{\partial \boldsymbol{Y}}{\partial p_i}(\dot{\boldsymbol{U}}_S-\dot{\boldsymbol{U}})-\boldsymbol{A}\frac{\partial \boldsymbol{I}_S}{\partial \rho_i} \tag{3.3.10}$$

【例 3.3.2】　用矩阵形式增量网络法求图 3.3.4(a) 所示网络的节点电压 $\dot{U}_{n1}$ 及 $\dot{U}_{n2}$ 对 Z_1、Y_3 及 g_m 的绝对灵敏度。

解　图 3.3.4(a) 的网络线图如图 3.3.5 所示，各矩阵分别为

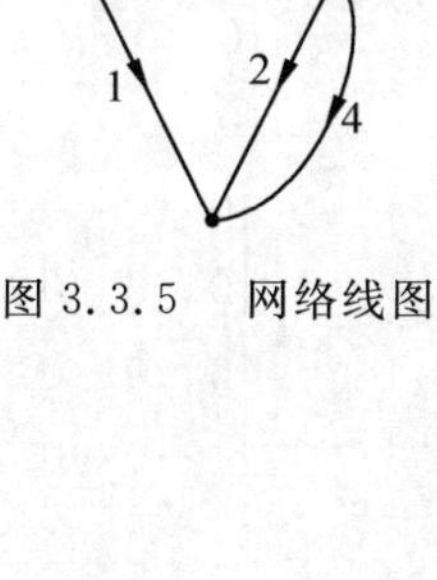

图 3.3.5　网络线图

关联矩阵：

$$\boldsymbol{A}=\begin{bmatrix}1 & 0 & 1 & 0\\ 0 & 1 & -1 & 1\end{bmatrix}$$

支路导纳矩阵：

$$\boldsymbol{Y}=\begin{bmatrix}1/Z_1 & 0 & 0 & 0\\ 0 & Y_2 & 0 & 0\\ 0 & 0 & Y_3 & 0\\ g_m & 0 & 0 & 0\end{bmatrix}$$

支路源电压列矢量$\dot{\boldsymbol{U}}_S=[2\quad 0\quad 0\quad 0]^T$ V；支路源电流列矢量$\dot{\boldsymbol{I}}_S=[0\quad 0\quad 0\quad 0]^T$ A。

节点导纳矩阵：

$$\boldsymbol{Y}_n=\boldsymbol{AYA}^T=\begin{bmatrix}Y_3+1/Z_1 & -Y_3\\ -Y_3+g_m & Y_2+Y_3\end{bmatrix}=\begin{bmatrix}3 & -1\\ 1 & 5\end{bmatrix}\text{ S}\tag{3.3.11}$$

节点源电流列矢量：

$$\boldsymbol{A}(\boldsymbol{Y}\dot{\boldsymbol{U}}_S-\dot{\boldsymbol{I}}_S)=\begin{bmatrix}\dot{U}_S/Z_1\\ g_m\dot{U}_S\end{bmatrix}=\begin{bmatrix}4\\ 4\end{bmatrix}\text{ A}\tag{3.3.12}$$

由式(3.3.11)、式(3.3.12)得节点电压方程为

$$\begin{bmatrix}3 & -1\\ 1 & 5\end{bmatrix}\begin{bmatrix}\dot{U}_{n1}\\ \dot{U}_{n2}\end{bmatrix}=\begin{bmatrix}4\\ 4\end{bmatrix}\tag{3.3.13}$$

式(3.3.13)的解为

$$\dot{\boldsymbol{U}}_n=[\dot{U}_{n1}\quad \dot{U}_{n2}]^T=[1.5\quad 0.5]^T$$

支路电压列矢量为

$$\dot{\boldsymbol{U}}=\boldsymbol{A}^T\dot{\boldsymbol{U}}_n=[1.5\quad 0.5\quad 1\quad 0.5]^T\text{ V}$$

将

$$\dot{\boldsymbol{U}}_S-\dot{\boldsymbol{U}}=[0.5\quad -0.5\quad -1\quad -0.5]^T\text{ V}$$

代入式(3.3.10)得

$$\boldsymbol{Y}_n\frac{\partial\dot{\boldsymbol{U}}_n}{\partial Z_1}=\boldsymbol{A}\frac{\partial\boldsymbol{Y}}{\partial Z_1}(\dot{\boldsymbol{U}}_S-\dot{\boldsymbol{U}})=\boldsymbol{A}\begin{bmatrix}-1/Z_1^2 & 0 & 0 & 0\\ 0 & 0 & 0 & 0\\ 0 & 0 & 0 & 0\\ 0 & 0 & 0 & 0\end{bmatrix}(\dot{\boldsymbol{U}}_S-\dot{\boldsymbol{U}})=\begin{bmatrix}-2\\ 0\end{bmatrix}$$

$$\boldsymbol{Y}_n\frac{\partial\dot{\boldsymbol{U}}_n}{\partial Y_3}=\boldsymbol{A}\frac{\partial\boldsymbol{Y}}{\partial Y_3}(\dot{\boldsymbol{U}}_S-\dot{\boldsymbol{U}})=\boldsymbol{A}\begin{bmatrix}0 & 0 & 0 & 0\\ 0 & 0 & 0 & 0\\ 0 & 0 & 1 & 0\\ 0 & 0 & 0 & 0\end{bmatrix}(\dot{\boldsymbol{U}}_S-\dot{\boldsymbol{U}})=\begin{bmatrix}-1\\ 1\end{bmatrix}$$

$$\boldsymbol{Y}_n\frac{\partial\dot{\boldsymbol{U}}_n}{\partial g_m}=\boldsymbol{A}\frac{\partial\boldsymbol{Y}}{\partial g_m}(\dot{\boldsymbol{U}}_S-\dot{\boldsymbol{U}})=\boldsymbol{A}\begin{bmatrix}0 & 0 & 0 & 0\\ 0 & 0 & 0 & 0\\ 0 & 0 & 0 & 0\\ 1 & 0 & 0 & 0\end{bmatrix}(\dot{\boldsymbol{U}}_S-\dot{\boldsymbol{U}})=\begin{bmatrix}0\\ 0.5\end{bmatrix}$$

由以上各式两侧分别左乘 $\boldsymbol{Y}_{\mathrm{n}}^{-1}$，解得各灵敏度为

$$\begin{bmatrix}\dfrac{\partial \dot{U}_{\mathrm{n1}}}{\partial Z_1}\\[2ex]\dfrac{\partial \dot{U}_{\mathrm{n2}}}{\partial Z_1}\end{bmatrix}=\begin{bmatrix}-\dfrac{5}{8}\\[2ex]\dfrac{1}{8}\end{bmatrix},\quad \begin{bmatrix}\dfrac{\partial \dot{U}_{\mathrm{n1}}}{\partial Y_3}\\[2ex]\dfrac{\partial \dot{U}_{\mathrm{n2}}}{\partial Y_3}\end{bmatrix}=\begin{bmatrix}-\dfrac{1}{4}\\[2ex]\dfrac{1}{4}\end{bmatrix},\quad \begin{bmatrix}\dfrac{\partial \dot{U}_{\mathrm{n1}}}{\partial g_{\mathrm{m}}}\\[2ex]\dfrac{\partial \dot{U}_{\mathrm{n2}}}{\partial g_{\mathrm{m}}}\end{bmatrix}=\begin{bmatrix}\dfrac{1}{32}\\[2ex]\dfrac{3}{32}\end{bmatrix}$$

对比例 3.3.1，可见结果相同。

3.4　伴随网络法

伴随网络法——特勒根定理的应用

伴随网络法是计算绝对灵敏度的又一种常用方法。当计算网络函数或网络响应对全部参数的绝对灵敏度时，宜采用此方法。在伴随网络法中，要依据原网络及其网络函数或网络响应的定义构造一个伴随网络，对原网络和伴随网络分别进行分析，求得相应电压、电流，然后由相关电压、电流之积便可求得网络函数或网络响应对某参数的绝对灵敏度。下面分几方面说明伴随网络法的原理和计算步骤。

3.4.1　网络函数增量的一般形式

二端口网络的网络函数共有 4 种，均为元件参数的函数，用一般符号记作

$$H=\frac{\dot{U}_2}{\dot{U}_1}\left(\text{或}\frac{\dot{U}_2}{\dot{I}_1}\ \text{或}\frac{\dot{I}_2}{\dot{U}_1}\ \text{或}\frac{\dot{I}_2}{\dot{I}_1}\right)=f(R,G,L,C,g_{\mathrm{m}},\beta,r_{\mathrm{m}},\mu) \tag{3.4.1}$$

设元件参数有微小增量，则网络函数增量与元件参数增量的关系近似为

$$\begin{aligned}\Delta H\approx{}&\sum_R\frac{\partial H}{\partial R_i}\Delta R_i+\sum_G\frac{\partial H}{\partial G_i}\Delta G_i+\sum_L\frac{\partial H}{\partial L_i}\Delta L_i+\sum_C\frac{\partial H}{\partial C_i}\Delta C_i+\\&\sum_{g_{\mathrm{m}}}\frac{\partial H}{\partial g_{\mathrm{m}i}}\Delta g_{\mathrm{m}i}+\sum_\beta\frac{\partial H}{\partial \beta_i}\Delta\beta_i+\sum_{r_{\mathrm{m}}}\frac{\partial H}{\partial r_{\mathrm{m}i}}\Delta r_{\mathrm{m}i}+\sum_\mu\frac{\partial H}{\partial \mu_i}\Delta\mu_i\end{aligned} \tag{3.4.2}$$

根据式(3.1.1)，各偏导数即为网络函数对相关参数的绝对灵敏度。在伴随网络法中，可用网络响应之积表示各灵敏度，因此并不需要求出网络函数的解析表达式。

3.4.2　特勒根定理在伴随网络法中的应用

在伴随网络法中，首先要构造一个与待分析网络（原网络）N 具有相同拓扑结构的伴随网络，记为 $\widetilde{\mathrm{N}}$。设原网络 N 的元件参数发生微小变化，引起支路电压列矢量和支路电流列矢量分别变为 $\boldsymbol{U}+\Delta\boldsymbol{U}$ 和 $\boldsymbol{I}+\Delta\boldsymbol{I}$。根据特勒根定理 2（即在增量网络与伴随网络 $\widetilde{\mathrm{N}}$ 之间使用特勒根定理）得

$$\widetilde{\boldsymbol{I}}^{\mathrm{T}}(\boldsymbol{U}+\Delta\boldsymbol{U})=\widetilde{\boldsymbol{I}}^{\mathrm{T}}\boldsymbol{U}+\widetilde{\boldsymbol{I}}^{\mathrm{T}}\Delta\boldsymbol{U}=\boldsymbol{0}\Rightarrow\widetilde{\boldsymbol{I}}^{\mathrm{T}}\Delta\boldsymbol{U}=\boldsymbol{0} \tag{3.4.3}$$

$$\widetilde{\boldsymbol{U}}^{\mathrm{T}}(\boldsymbol{I}+\Delta\boldsymbol{I})=\widetilde{\boldsymbol{U}}^{\mathrm{T}}\boldsymbol{I}+\widetilde{\boldsymbol{U}}^{\mathrm{T}}\Delta\boldsymbol{I}=\boldsymbol{0}\Rightarrow\widetilde{\boldsymbol{U}}^{\mathrm{T}}\Delta\boldsymbol{I}=\boldsymbol{0} \tag{3.4.4}$$

由上两式又得

$$\widetilde{\boldsymbol{I}}^{\mathrm{T}}\Delta\boldsymbol{U}-\widetilde{\boldsymbol{U}}^{\mathrm{T}}\Delta\boldsymbol{I}=\boldsymbol{0} \tag{3.4.5}$$

式中，$\widetilde{\boldsymbol{U}}$、$\widetilde{\boldsymbol{I}}$ 表示伴随网络的支路电压与支路电流列矢量；$\Delta\boldsymbol{U}$、$\Delta\boldsymbol{I}$ 表示原网络的支路电压与

支路电流的增量列矢量。各支路电压与各支路电流均采用关联参考方向,否则,相应变量前面要改变符号。将式(3.4.5)展开为相量形式:

$$\begin{bmatrix}\tilde{\dot{I}}_1 & \tilde{\dot{I}}_2 & \tilde{\dot{I}}_3 & \cdots & \tilde{\dot{I}}_b\end{bmatrix}\begin{bmatrix}\Delta\dot{U}_1\\ \Delta\dot{U}_2\\ \Delta\dot{U}_3\\ \vdots\\ \Delta\dot{U}_b\end{bmatrix}-\begin{bmatrix}\tilde{\dot{U}}_1 & \tilde{\dot{U}}_2 & \tilde{\dot{U}}_3 & \cdots & \tilde{\dot{U}}_b\end{bmatrix}\begin{bmatrix}\Delta\dot{I}_1\\ \Delta\dot{I}_2\\ \Delta\dot{I}_3\\ \vdots\\ \Delta\dot{I}_b\end{bmatrix}=\mathbf{0}$$

第 $3\sim b$ 条支路由线性电阻、电导、电感、电容及各种受控源组成。当分析二端口网络函数的绝对灵敏度时,得

$$\begin{aligned}\tilde{\dot{I}}_1\Delta\dot{U}_1-\tilde{\dot{U}}_1\Delta\dot{I}_1+\tilde{\dot{I}}_2\Delta\dot{U}_2-\tilde{\dot{U}}_2\Delta\dot{I}_2=-\Big[&\sum_R(\tilde{\dot{I}}_{Ri}\Delta\dot{U}_{Ri}-\tilde{\dot{U}}_{Ri}\Delta\dot{I}_{Ri})+\\ &\sum_G(\tilde{\dot{I}}_{Gi}\Delta\dot{U}_{Gi}-\tilde{\dot{U}}_{Gi}\Delta\dot{I}_{Gi})+\\ &\sum_L(\tilde{\dot{I}}_{Li}\Delta\dot{U}_{Li}-\tilde{\dot{U}}_{Li}\Delta\dot{I}_{Li})+\\ &\sum_C(\tilde{\dot{I}}_{Ci}\Delta\dot{U}_{Ci}-\tilde{\dot{U}}_{Ci}\Delta\dot{I}_{Ci})+\cdots\Big]\end{aligned}\tag{3.4.6}$$

式(3.4.6)等号左边对应两个端口支路的变量,右边对应网络内部各元件的变量。

伴随网络端口的构造

3.4.3　伴随网络的构造及灵敏度计算公式

比较式(3.4.2)与式(3.4.6)可以得出,构造伴随网络的原则是:① 使式(3.4.6)等号左边等于式(3.4.2)等号左边(网络函数的增量 ΔH);② 使式(3.4.6)等号右边具有与式(3.4.2)等号右边相似的表达式。这样就不难求得网络函数对各参数的绝对灵敏度。故伴随网络的构造可分两步进行,即端口的构造和内部的构造。

(1) 伴随网络端口的构造。

伴随网络端口的构造取决于网络函数的具体定义,共有转移电压比、转移导纳、转移阻抗、转移电流比 4 种情况。每种情况的伴随网络端口的构造不同,以下以网络函数为电压转移函数,即电压响应与电压激励之比时为例进行具体说明。在线性网络中,电压响应与电压激励的比值与激励的量值无关。为求电压转移函数,令激励的量值为 $\dot{U}_1=1\ \text{V}$,则对应的响应量值就等于网络函数的量值,响应的增量就是网络函数的增量,即

$$H=\left.\frac{\dot{U}_2}{\dot{U}_1}\right|_{\dot{U}_1=1\ \text{V}}=\dot{U}_2,\quad \Delta H=\Delta\dot{U}_2$$

根据电压转移函数的定义,激励增量 $\Delta\dot{U}_1=0$,开路电压响应端口 $\Delta\dot{I}_2=0$。若伴随网络的端口满足

$$\tilde{\dot{U}}_1=0,\quad \tilde{\dot{I}}_2=1\ \text{A}\tag{3.4.7}$$

则式(3.4.6)等号左边就是网络函数增量,表达式为

$$\tilde{\dot{I}}_1\Delta\dot{U}_1-\tilde{\dot{U}}_1\Delta\dot{I}_1+\tilde{\dot{I}}_2\Delta\dot{U}_2-\tilde{\dot{U}}_2\Delta\dot{I}_2=\Delta\dot{U}_2=\Delta H\tag{3.4.8}$$

因此，式(3.4.7)就是电压转移函数对应的伴随网络端口的构造结果。网络函数为其他情况时可参照上述方法判断伴随网络端口的构造，结果见表 3.4.1。

表 3.4.1　网络函数的定义及伴随网络端口的构造(表中以相量为例)

序号	网络函数定义	伴随网络端口的构造
1	$\dot{U}_1=1\ \mathrm{V}, H=\dot{U}_2/\dot{U}_1=\dot{U}_2, \Delta H=\Delta\dot{U}_2$ 	$\tilde{U}_1=0, \tilde{I}_2=1\ \mathrm{A}$ 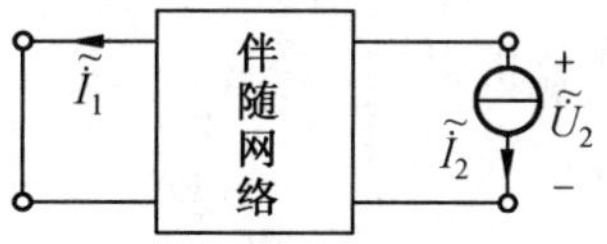
2	$\dot{U}_1=1\ \mathrm{V}, H=\dot{I}_2/\dot{U}_1, \Delta H=\Delta\dot{I}_2$ 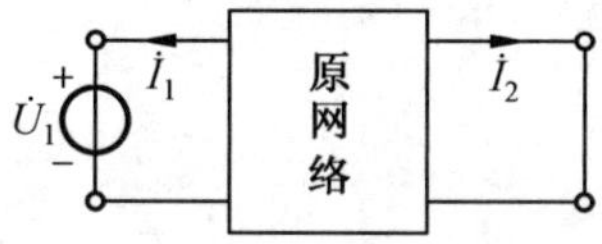	$\tilde{U}_1=0, \tilde{U}_2=-1\ \mathrm{V}$ 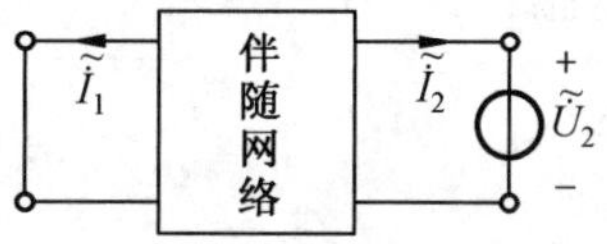
3	$\dot{I}_1=1\ \mathrm{A}, H=\dot{U}_2/\dot{I}_1, \Delta H=\Delta\dot{U}_2$ 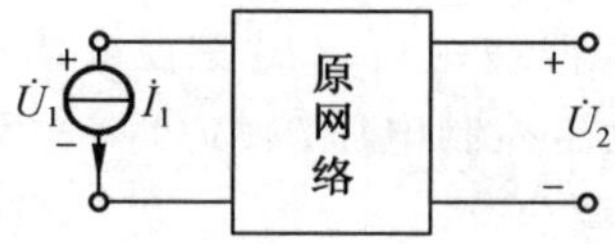	$\tilde{I}_1=0, \tilde{I}_2=1\ \mathrm{A}$ 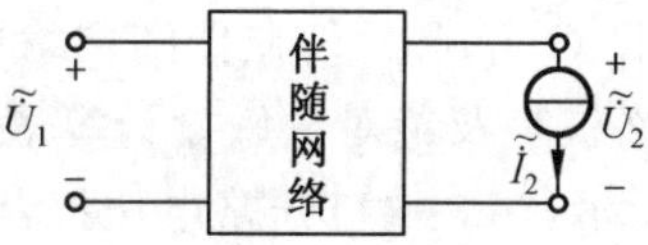
4	$\dot{I}_1=1\ \mathrm{A}, H=\dot{I}_2/\dot{I}_1, \Delta H=\Delta\dot{I}_2$ 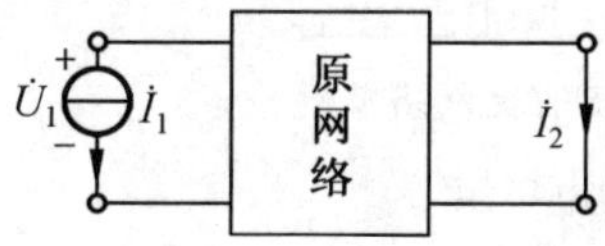	$\tilde{I}_1=0, \tilde{U}_2=-1\ \mathrm{V}$ 

(2) 伴随网络内部的构造及灵敏度计算公式。

伴随网络内部的构造与网络函数的具体定义无关，下面以电阻元件为例，详细分析如下。其他元件可循此思路分析。

伴随网络内部的构造

在式(3.4.6)中，对应第 i 个电阻的求和项可以展开如下：

$$-(\tilde{I}_{Ri}\Delta\dot{U}_{Ri}-\tilde{U}_{Ri}\Delta\dot{I}_{Ri})=-\tilde{I}_{Ri}[(R_i+\Delta R_i)(\dot{I}_{Ri}+\Delta\dot{I}_{Ri})-R_i\dot{I}_{Ri}]+\tilde{U}_{Ri}\Delta\dot{I}_{Ri}$$

略去二阶小量，继续表达为

$$-\tilde{I}_{Ri}(R_i\Delta\dot{I}_{Ri}+\Delta R_i\dot{I}_{Ri})+\tilde{U}_{Ri}\Delta\dot{I}_{Ri}=-\tilde{I}_{Ri}\dot{I}_{Ri}\Delta R_i-(R_i\tilde{I}_{Ri}-\tilde{U}_{Ri})\Delta\dot{I}_{Ri}$$

由此可见，当伴随网络内部元件的构造使得

$$\tilde{U}_{Ri}-R_i\tilde{I}_{Ri}=0 \tag{3.4.9}$$

则得

$$-(\tilde{I}_{Ri}\Delta\dot{U}_{Ri}-\tilde{U}_{Ri}\Delta\dot{I}_{Ri})\approx-\tilde{I}_{Ri}\dot{I}_{Ri}\Delta R_i \tag{3.4.10}$$

此时式(3.4.10)的右边出现与式(3.4.2)等号右边相似的形式,对照式(3.4.2)等号左边即为 ΔH。因此得到网络函数对电阻的灵敏度为

$$\frac{\partial H}{\partial R_i}=-\tilde{\dot{I}}_{Ri}\dot{I}_{Ri} \tag{3.4.11}$$

为满足式(3.4.9),原网络的电阻元件对应至伴随网络时仍为同一电阻元件,即

$$\tilde{R}_i=R_i \tag{3.4.12}$$

同理分析得

对电导: $\tilde{G}_i=G_i$, $-(\tilde{\dot{I}}_{Gi}\Delta\dot{U}_{Gi}-\tilde{\dot{U}}_{Gi}\Delta\dot{I}_{Gi})\approx\tilde{\dot{U}}_{Gi}\dot{U}_{Gi}\Delta G_i$

灵敏度为 $$\frac{\partial H}{\partial G_i}=\dot{U}_{Gi}\tilde{\dot{U}}_{Gi}$$

对电感: $\tilde{L}_i=L_i$, $-(\tilde{\dot{I}}_{Li}\Delta\dot{U}_{Li}-\tilde{\dot{U}}_{Li}\Delta\dot{I}_{Li})\approx-\mathrm{j}\omega\tilde{\dot{I}}_{Li}\dot{I}_{Li}\Delta L_i$

灵敏度为 $$\frac{\partial H}{\partial L_i}=-\mathrm{j}\omega\dot{I}_{Li}\tilde{\dot{I}}_{Li}$$

对电容: $\tilde{C}_i=C_i$, $-(\tilde{\dot{I}}_{Ci}\Delta\dot{U}_{Ci}-\tilde{\dot{U}}_{Ci}\Delta\dot{I}_{Ci})\approx\mathrm{j}\omega\tilde{\dot{U}}_{Ci}\dot{U}_{Ci}\Delta C_i$

灵敏度为 $$\frac{\partial H}{\partial C_i}=\mathrm{j}\omega\dot{U}_{Ci}\tilde{\dot{U}}_{Ci}$$

即二端 R、G、L、C 元件在伴随网络中保持不变。类似地也可求出受控电源等其他元件的伴随网络模型及绝对灵敏度计算表达式,下面以电压控制电压源(VCVS)为例推导,如图 3.4.1 所示,第 i 端口开路电压控制第 j 支路电压源。

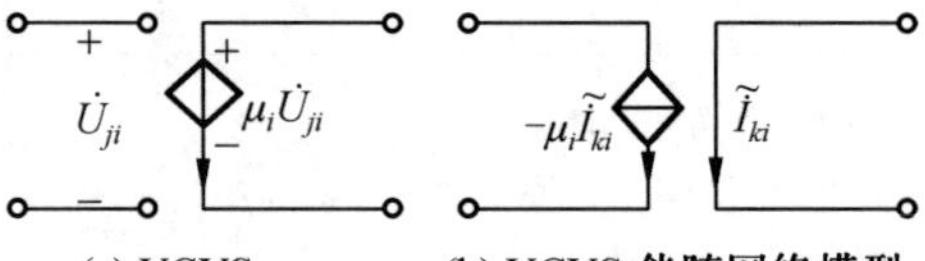

图 3.4.1 电压控制电压源

$$\begin{aligned}&\tilde{\dot{U}}_{ji}\Delta\dot{I}_{ji}-\tilde{\dot{I}}_{ji}\Delta\dot{U}_{ji}+\tilde{\dot{U}}_{ki}\Delta\dot{I}_{ki}-\tilde{\dot{I}}_{ki}\Delta\dot{U}_{ki}\\ &\xlongequal{\Delta\dot{I}_{ji}=0}\tilde{\dot{U}}_{ki}\Delta\dot{I}_{ki}-\tilde{\dot{I}}_{ji}\Delta\dot{U}_{ji}-\tilde{\dot{I}}_{ki}\Delta\dot{U}_{ki}\\ &=\tilde{\dot{U}}_{ki}\Delta\dot{I}_{ki}-\tilde{\dot{I}}_{ji}\Delta\dot{U}_{ji}-\tilde{\dot{I}}_{ki}[(u+\Delta u)(\dot{U}_{ji}+\Delta\dot{U}_{ji})-u\dot{U}_{ji}]\\ &=\tilde{\dot{U}}_{ki}\Delta\dot{I}_{ki}-\tilde{\dot{I}}_{ji}\Delta\dot{U}_{ji}-\tilde{\dot{I}}_{ki}u\Delta\dot{U}_{ji}-\tilde{\dot{I}}_{ki}\dot{U}_{ji}\Delta u\end{aligned}$$

构造 $\tilde{\dot{U}}_{ki}\Delta\dot{I}_{ki}-\tilde{\dot{I}}_{ji}\Delta\dot{U}_{ji}-\tilde{\dot{I}}_{ki}u\Delta\dot{U}_{ji}=0$,则原式为 $-\tilde{\dot{I}}_{ki}\dot{U}_{ji}\Delta u(=\Delta H)$。

对比式(3.4.2),可考虑 $\tilde{\dot{U}}_{ki}\Delta\dot{I}_{ki}=0$,$\tilde{\dot{I}}_{ji}\Delta\dot{U}_{ji}+\tilde{\dot{I}}_{ki}u\Delta\dot{U}_{ji}=0\Rightarrow\begin{cases}\tilde{\dot{I}}_{ji}=-\mu\tilde{\dot{I}}_{ki}\\ \tilde{\dot{U}}_{ki}=0\end{cases}$

即得 VCVS 伴随网络模型如图 3.4.1(b) 所示。其他元件对应的伴随网络模型的内部构造分析不再一一赘述,结果见表 3.4.2。

表 3.4.2　伴随网络内部构造及灵敏度计算公式(表中以相量为例)

原网络中的网络元件	对应伴随网络模型的内部构造	绝对灵敏度表达式$\frac{\partial H}{\partial h_k}$
1. 电阻元件 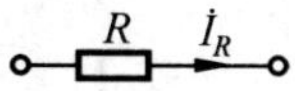	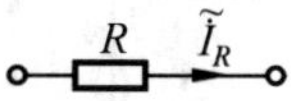	$\frac{\partial H}{\partial R} = -\dot{I}_R \tilde{\dot{I}}_R$
2. 电导元件 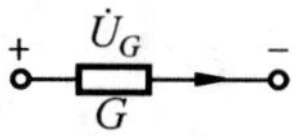	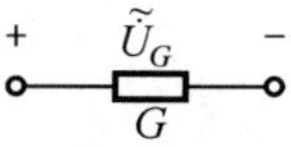	$\frac{\partial H}{\partial G} = \dot{U}_G \tilde{\dot{U}}_G$
3. 电感元件 		$\frac{\partial H}{\partial L} = -\mathrm{j}\omega \dot{I}_L \tilde{\dot{I}}_L$
4. 电容元件 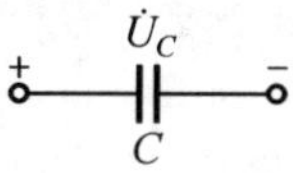	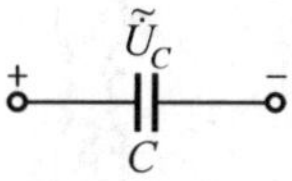	$\frac{\partial H}{\partial C} = \mathrm{j}\omega \dot{U}_C \tilde{\dot{U}}_C$
5. 电压控制电压源 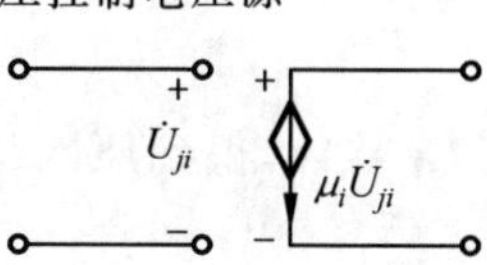	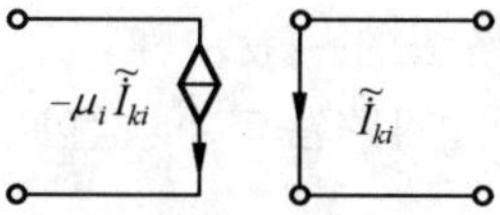	$\frac{\partial H}{\partial \mu_i} = -\dot{U}_{ji} \tilde{\dot{I}}_{ki}$
6. 电流控制电流源 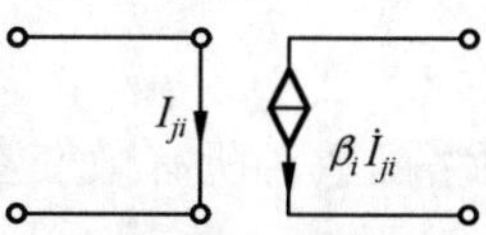	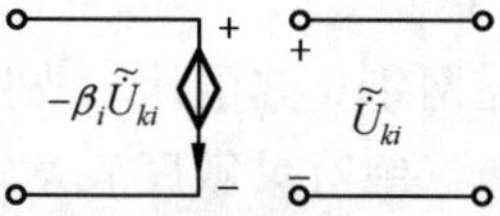	$\frac{\partial H}{\partial \beta_i} = \dot{I}_{ji} \tilde{\dot{U}}_{ki}$
7. 电压控制电流源 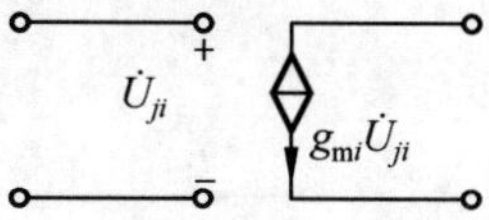	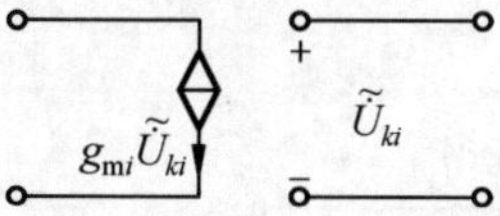	$\frac{\partial H}{\partial g_{mi}} = \dot{U}_{ji} \tilde{\dot{U}}_{ki}$

续表 3.4.2

原网络中的网络元件	对应伴随网络模型的内部构造	绝对灵敏度表达式$\frac{\partial H}{\partial h_k}$
8. 电流控制电压源 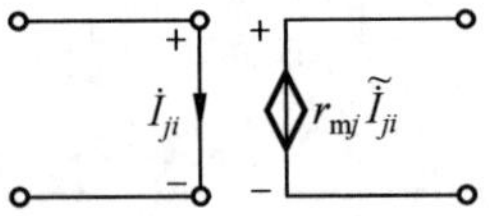	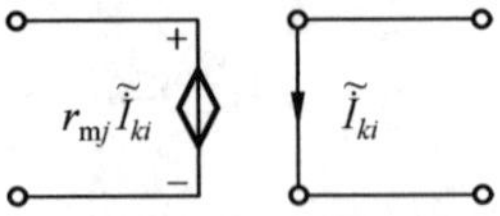	$\frac{\partial H}{\partial r_{mi}}=-\dot{I}_{ji}\tilde{I}_{ki}$
9. 互感器 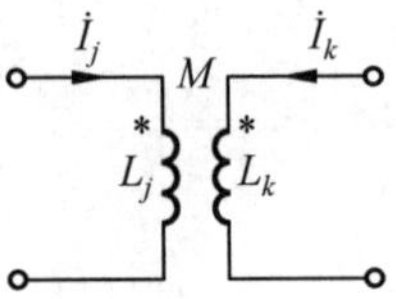	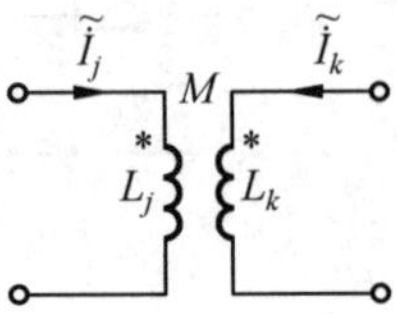	$\frac{\partial H}{\partial L_j}=-j\omega\dot{I}_j\tilde{I}_j$ $\frac{\partial H}{\partial L_k}=-j\omega\dot{I}_k\tilde{I}_k$ $\frac{\partial H}{\partial M}=-j\omega(\dot{I}_j\tilde{I}_k+\dot{I}_k\tilde{I}_j)$
10. 理想变压器 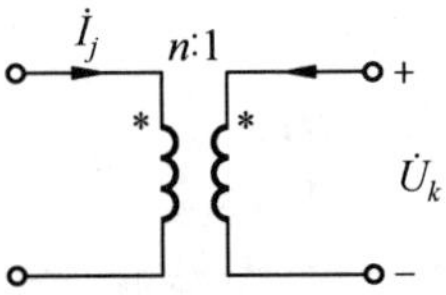	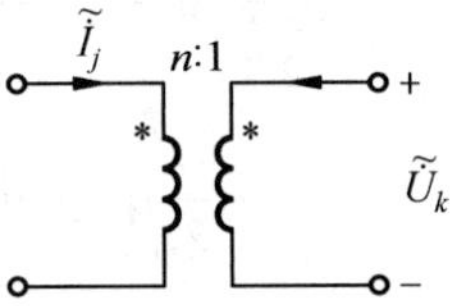	$\frac{\partial H}{\partial n}=-(\dot{I}_j\tilde{U}_k+\dot{U}_k\tilde{I}_j)$

伴随网络法灵敏度分析

小结 综上分析得伴随网络法的一般步骤：

(1) 用某种方法(例如节点法、回路法等)求解原网络方程 $\boldsymbol{TX}=\boldsymbol{W}$,得到原网络的支路电压和支路电流。

(2) 构造相应伴随网络,根据网络函数定义,由表 3.4.1 构造相应伴随网络的端口,再由表 3.4.2 构造伴随网络的内部模型。

(3) 求解伴随网络,得到伴随网络支路电压和支路电流。

(4) 由表 3.4.2 的相应表达式(绝对灵敏度表达式)计算网络函数对所有微变参数的绝对灵敏度。

【例 3.4.1】 网络如图 3.4.2(a)所示。定义网络函数 $H=\dot{U}_o/\dot{U}_i$。用伴随网络法求 H 对 R、L、C、g_m 的绝对灵敏度。

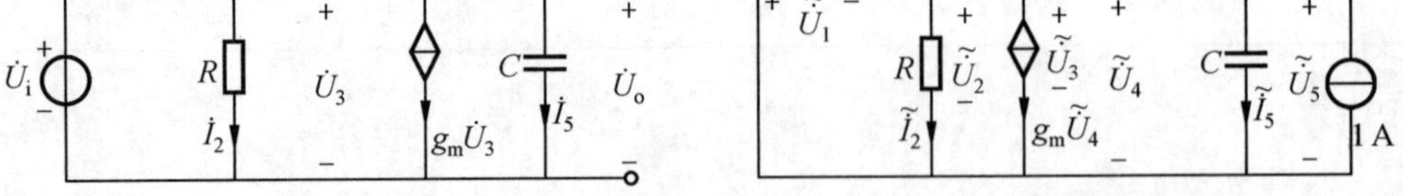

(a) 网络　　(b) 伴随网络

图 3.4.2　例 3.4.1 图

解　(1) 令 $\dot{U}_i = 1\ \mathrm{V}$,求解原网络。

$$\dot{I}_1 = \dot{I}_2 = \frac{1}{R + \mathrm{j}\omega L},\quad \dot{I}_3 = 0,\quad \dot{I}_4 = -\dot{I}_5 = \frac{g_m R}{R + \mathrm{j}\omega L};$$

$$\dot{U}_1 = \frac{\mathrm{j}\omega L}{R + \mathrm{j}\omega L},\quad \dot{U}_2 = \dot{U}_3 = \frac{R}{R + \mathrm{j}\omega L},\quad \dot{U}_4 = \dot{U}_5 = \dot{U}_o = -\frac{g_m R}{\mathrm{j}\omega C(R + \mathrm{j}\omega L)}$$

(2) 由表 3.4.1 和表 3.4.2 构造伴随网络,结果如图 3.4.2(b) 所示。

(3) 求解伴随网络。

$$\tilde{\dot{I}}_1 = -\frac{g_m R}{\mathrm{j}\omega C(R + \mathrm{j}\omega L)},\quad \tilde{\dot{I}}_2 = \frac{\mathrm{j}\omega L g_m}{\mathrm{j}\omega C(R + \mathrm{j}\omega L)},\quad \tilde{\dot{I}}_3 = -\frac{g_m}{\mathrm{j}\omega C};$$

$$\dot{U}_1 = -\tilde{\dot{U}}_2 = -\tilde{\dot{U}}_3 = -\frac{\mathrm{j}\omega L g_m R}{\mathrm{j}\omega C(R + \mathrm{j}\omega L)},\quad \tilde{\dot{U}}_4 = \tilde{\dot{U}}_5 = -\frac{1}{\mathrm{j}\omega C}$$

(4) 由表 3.4.2 计算各绝对灵敏度。

$$\frac{\partial H}{\partial R} = -\dot{I}_2 \tilde{\dot{I}}_2 = -\frac{g_m L}{(R + \mathrm{j}\omega L)^2 C},\quad \frac{\partial H}{\partial L} = -\mathrm{j}\omega \dot{I}_1 \tilde{\dot{I}}_1 = \frac{g_m R}{(R + \mathrm{j}\omega L)^2 C},$$

$$\frac{\partial H}{\partial C} = \mathrm{j}\omega \dot{U}_5 \tilde{\dot{U}}_5 = \frac{g_m R}{\mathrm{j}\omega C^2 (R + \mathrm{j}\omega L)},\quad \frac{\partial H}{\partial g_m} = \dot{U}_3 \tilde{\dot{U}}_4 = -\frac{R}{\mathrm{j}\omega C(R + \mathrm{j}\omega L)}$$

3.5　符号网络法灵敏度分析

符号网络法灵敏度分析

前两节分析了电网络理论中用增量网络法、伴随网络法求解绝对灵敏度的方法。当求解仅由二端电阻、电感、电容和四类受控源组成的线性时不变网络中网络函数对元件参数的相对灵敏度时,可用符号网络分析法,其元件参数可用不同的变量($x_1, x_2, \cdots, x_n$) 表示,网络函数 $T(\dot{U}_o/\dot{U}_i, \dot{U}_o/\dot{I}_i, \dot{I}_o/\dot{U}_i, \dot{I}_o/\dot{I}_i)$ 可表达为两个多项式之比:

$$T = \frac{N(x_1, \cdots, x_n)}{D(x_1, \cdots, x_n)} \tag{3.5.1}$$

将式(3.5.1) 改写为

$$H = D(x_1, \cdots, x_n) - \frac{1}{T} N(x_1, \cdots, x_n) = D(x_1, \cdots, x_n) - PN(x_1, \cdots, x_n) = 0 \tag{3.5.2}$$

其中,$P = \frac{1}{T}$,N 和 D 均是任意变量 x_i 的一次多项式,而 P 对于式中任一 x_i 都是隐函数关系。为寻求 T 对 x_i 的灵敏度,首先计算 P 对 x_i 的灵敏度。设 $D = A + Bx_i$,$N = -(C + Ex_i)$,则式(3.5.2) 可表示为

$$H = A + Bx_i + PC + PEx_i = 0 \tag{3.5.3}$$

式中,A、B、C、E 为常数,应用隐函数求导公式得

$$\frac{\partial P}{\partial x_i} = -\frac{\dfrac{\partial H}{\partial x_i}}{\dfrac{\partial H}{\partial P}} = -\frac{B + EP}{Cx_i + E} \tag{3.5.4}$$

P 对 x_i 的归一化灵敏度(相对灵敏度) 为

$$S_{x_i}^{P}=\frac{\frac{\partial P}{P}}{\frac{\partial x_i}{x_i}}=\frac{x_i}{P}\cdot\frac{\partial P}{\partial x_i} \tag{3.5.5}$$

由式(3.5.3)得到

$$P=-\frac{A+Bx_i}{C+Ex_i} \tag{3.5.6}$$

$$x_i=-\frac{A+CP}{B+EP} \tag{3.5.7}$$

将式(3.5.4)、式(3.5.6)、式(3.5.7)代入式(3.5.5)得到

$$S_{x_i}^{P}=-\frac{A+CP}{B+EP}\cdot\frac{C+Ex_i}{A+Bx_i}\cdot\frac{B+EP}{C+Ex_i}=-\frac{A+CP}{A+Bx_i} \tag{3.5.8}$$

从而得到 T 对 x_i 的灵敏度为

$$S_{x_i}^{T}=S_{x_i}^{\frac{1}{P}}=-S_{x_i}^{P}=\frac{A+CP}{A+Bx_i} \tag{3.5.9}$$

对比式(3.5.3)和式(3.5.9),可以发现式(3.5.9)右端分式的分子为 H 中不含 x_i 的各项之和,分母为 H 中不含 P 的各项之和,即

$$S_{x_i}^{T}=\frac{H\text{ 中不含 }x_i\text{ 的各项之和}}{H\text{ 中不含 }P\text{ 的各项之和}} \tag{3.5.10}$$

结论:式(3.5.10)是使用符号网络法计算归一化灵敏度的公式,可见 $S_{x_i}^{T}$ 与 $T\left(T=\frac{1}{P}=-\frac{C+Ex_i}{A+Bx_i}\right)$ 二者分母相同。

【例 3.5.1】 如图 3.5.1 所示,求初值为零时网络的复频域转移函数 $T=\frac{U_o(s)}{I_S(s)}$ 对各元件参数的相对灵敏度。

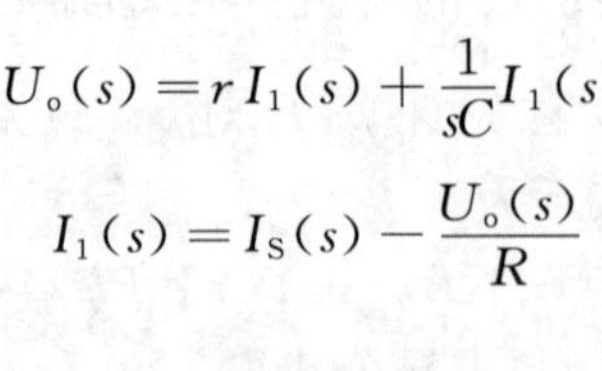

图 3.5.1　例 3.5.1 图

解　由网络可得出下列方程:

由 KVL 得　　$U_o(s)=rI_1(s)+\frac{1}{sC}I_1(s)$

由 KCL 得　　$I_1(s)=I_S(s)-\frac{U_o(s)}{R}$

联立方程可得

$$T=\frac{U_o(s)}{I_S(s)}=\frac{R+sCRr}{1+sC(R+r)}=\frac{N}{D}$$

因此　　$H=D-PN=1+sC(R+r)-PR(1+sCr)=0$

T 对 R 的灵敏度:$S_{R}^{T}=\frac{H\text{ 中不含 }R\text{ 的各项之和}}{H\text{ 中不含 }P\text{ 的各项之和}}=\frac{1+sCr}{1+sC(R+r)}$

T 对 r 的灵敏度：$S_r^T=\dfrac{H\text{ 中不含 }r\text{ 的各项之和}}{H\text{ 中不含 }P\text{ 的各项之和}}=\dfrac{1+sCR-PR}{1+sC(R+r)}$

代入 $P=\dfrac{1+sC(R+r)}{R(1+sCr)}$ 得

$$S_r^T=\frac{(sC)^2Rr}{(1+sCr)[1+sC(R+r)]}$$

T 对 C 的灵敏度：$S_C^T=\dfrac{H\text{ 中不含 }C\text{ 的各项之和}}{H\text{ 中不含 }P\text{ 的各项之和}}=\dfrac{-sCR}{(1+sCr)[1+sC(R+r)]}$

可见 $S_R^T+S_r^T-S_C^T=1$，即验证了 3.2 节证明，阻抗函数对各元件参数的相对灵敏度代数和为 1。

3.6 响应对激励的灵敏度

3.6.1 定义

响应对激励的灵敏度分析——互易定理

响应对激励的灵敏度是指响应对独立电压源或独立电流源的偏导数，如图 3.6.1 所示。

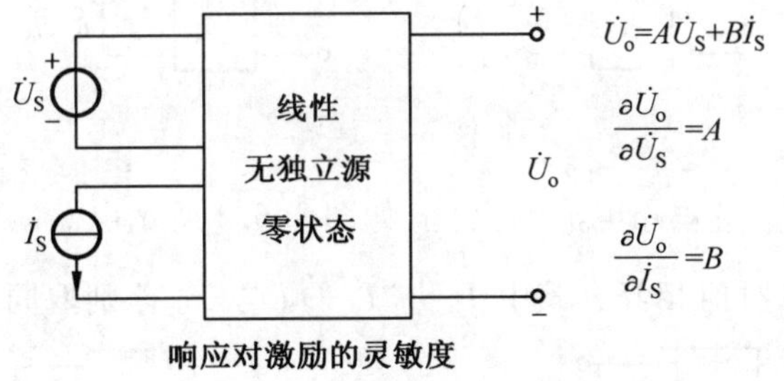

图 3.6.1 响应对激励的灵敏度

当输出电压表示为

$$\dot U_o=A\dot U_S+B\dot I_S \tag{3.6.1}$$

时，有

$$\frac{\partial \dot U_o}{\partial \dot U_S}=A,\quad \frac{\partial \dot U_o}{\partial \dot I_S}=B \tag{3.6.2}$$

当输出电流表示为

$$\dot I_o=C\dot U_S+D\dot I_S \tag{3.6.3}$$

时，有

$$\frac{\partial \dot I_o}{\partial \dot U_S}=C,\quad \frac{\partial \dot I_o}{\partial \dot I_S}=D \tag{3.6.4}$$

上述偏导数其实即为独立源前面的系数：

$$A=\left.\frac{\dot U_o}{\dot U_S}\right|_{\dot I_S=0},\quad B=\left.\frac{\dot U_o}{\dot I_S}\right|_{\dot U_S=0},\quad C=\left.\frac{\dot I_o}{\dot U_S}\right|_{\dot I_S=0},\quad D=\left.\frac{\dot I_o}{\dot I_S}\right|_{\dot U_S=0}$$

又称为响应对激励的灵敏度。

3.6.2 互易定理

定理 1(电压源互易短路电流响应) 对于含有一个独立电压源和若干线性二端电阻的电路,当此电压源在某一端口 A 作用时,在另一端口 B 产生的短路电流等于把此电压源移到端口 B 作用而在端口 A 所产生的短路电流。电压、电流的参考方向如图 3.6.2 所示。

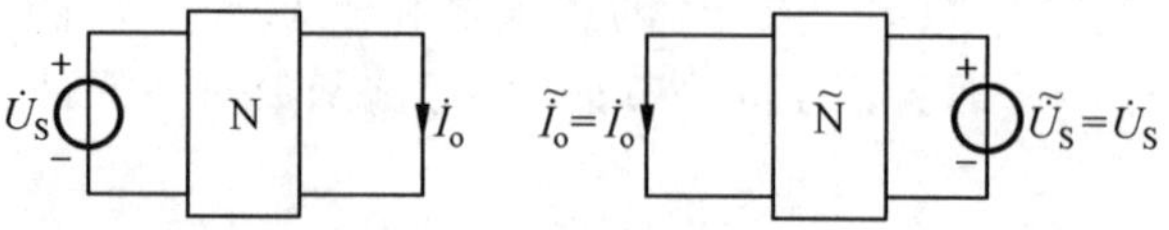

图 3.6.2 定理 1

定理 2(电流源互易开路电压响应) 对于含有一个独立电流源和若干线性二端电阻的电路,当此电流源在某一端口 A 作用时,在另一端口 B 产生的开路电压等于把此电流源移到端口 B 作用而在端口 A 所产生的开路电压。电压、电流的参考方向如图 3.6.3 所示。

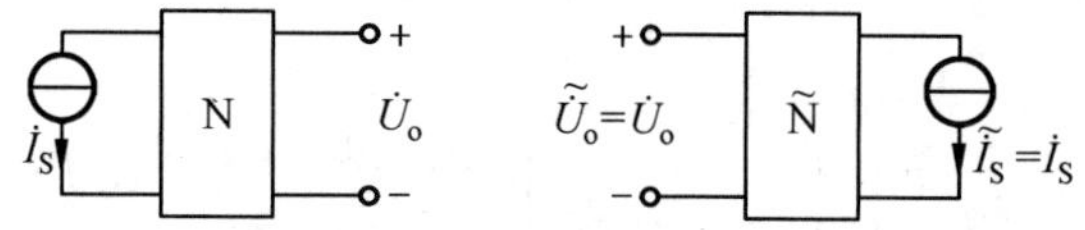

图 3.6.3 定理 2

定理 3(开路电压互易短路电流响应) 如图 3.6.4 所示电路,如果在数值上 $\tilde{I}_S$ 与 $\dot{U}_S$ 相等,则 $\dot{U}_o$ 与 $\tilde{I}_o$ 的绝对值相等。其中 $\tilde{I}_S$ 与 $\tilde{I}_o$、$\dot{U}_S$ 与 $\dot{U}_o$ 分别取同样单位。

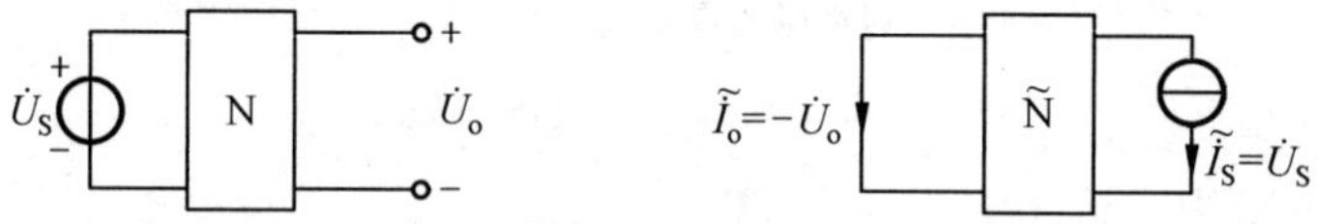

图 3.6.4 定理 3

3.6.3 灵敏度的计算

响应对激励的灵敏度分析

(1) 电压响应对激励的灵敏度。

根据叠加定理和互易定理,电压响应对激励的灵敏度计算原理如图3.6.5 所示。原网络(图 3.6.5(a))根据叠加定理可分为图 3.6.5(b1) 和图 3.6.5(b2) 所示两种网络;再对图 3.6.5(b1) 所示网络应用互易定理 3 可得图 3.6.5(c1) 所示伴随网络,对图 3.6.5(b2) 所示网络应用互易定理 2 可得图 3.6.5(c2) 所示伴随网络;再将图 3.6.5(c1) 和图 3.6.5(c2) 所示网络合成为图3.6.5(d) 所示网络,即可对应得到电压响应分别对电压源激励和电流源激励的绝对灵敏度。

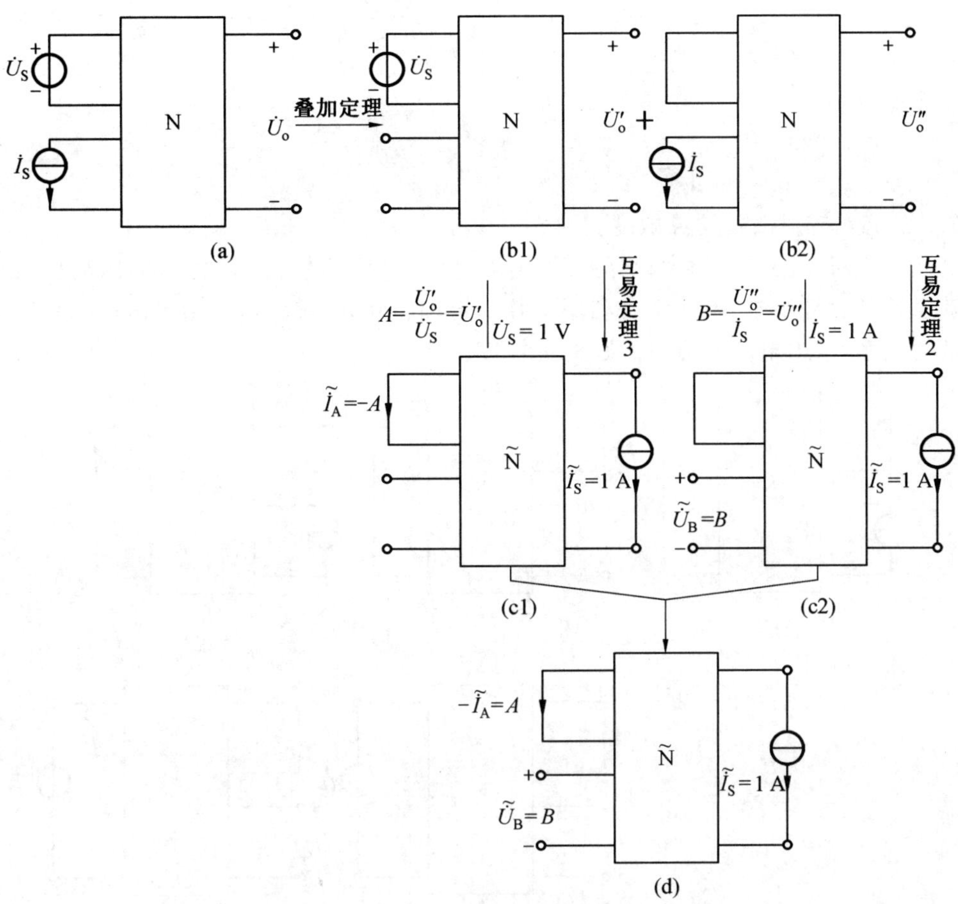

图 3.6.5　电压响应对激励的灵敏度计算原理

【例 3.6.1】　求图 3.6.6(a) 所示电路中电压响应对激励的灵敏度$\frac{\partial u_o}{\partial u_S}$、$\frac{\partial u_o}{\partial i_S}$。

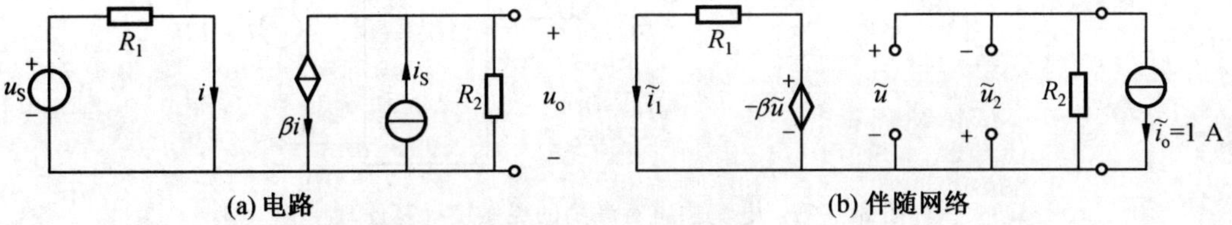

图 3.6.6　例 3.6.1 图

解　(方法 1) 直接导数法。

写出响应关于激励的表达式：

$$u_o = R_2(i_S - \beta i) = R_2\left(i_S - \beta\frac{u_S}{R_1}\right) = -\beta\frac{R_2}{R_1}u_S + R_2 i_S$$

(方法 2) 伴随网络法。

画出伴随网络，如图 3.6.6(b) 所示。

$$\tilde{u}_2 = R_2, \quad \tilde{i}_1 = -\frac{\beta\tilde{u}}{R_1} = \frac{\beta R_2}{R_1}$$

由图 3.6.5 可知：

$$\frac{\partial u_o}{\partial u_S} = -\tilde{i}_1 = -\frac{\beta R_2}{R_1}, \quad \frac{\partial u_o}{\partial i_S} = \tilde{u}_2 = R_2$$

(2) 电流响应对激励的灵敏度。

电流响应对激励的灵敏度计算原理如图 3.6.7 所示，其分析过程与电压响应对激励的灵敏度计算过程基本一致，都是利用了叠加定理和互易定理，最后由灵敏度与伴随网络某些量的关系，求出电流响应对激励的灵敏度。

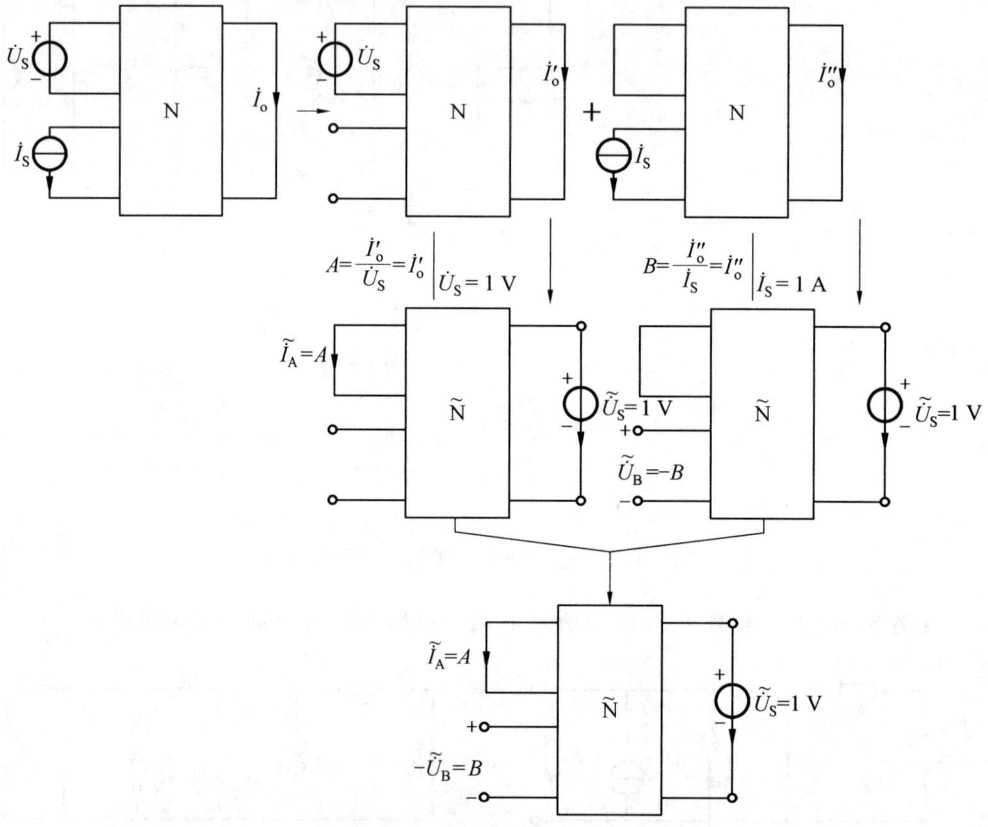

图 3.6.7　电流响应对激励的灵敏度计算原理

【例 3.6.2】　求图 3.6.8(a) 所示电路中电流响应对 U_S 和 I_S 的灵敏度。

解　伴随网络如图 3.6.8(b) 所示。列方程得

$$\tilde{U}_1 + 3\tilde{I}_2 + 1 = 0$$

$$\tilde{U}_1 + 2(\tilde{I}_1 + 5\tilde{I}_2) = 0$$

$$\tilde{I}_2 = -\tilde{I}_1$$

解方程组，得

$$\tilde{I}_1=-\frac{1}{5}\ \text{A},\quad \tilde{U}_1=-\frac{8}{5}\ \text{V}$$

根据图 3.6.7 得到相应灵敏度：

$$\frac{\mathrm{d}I}{\mathrm{d}U_S}=\tilde{I}_1=-\frac{1}{5}\ \text{S},\quad \frac{\mathrm{d}I}{\mathrm{d}I_S}=-\tilde{U}_1=\frac{8}{5}\ \text{V}$$

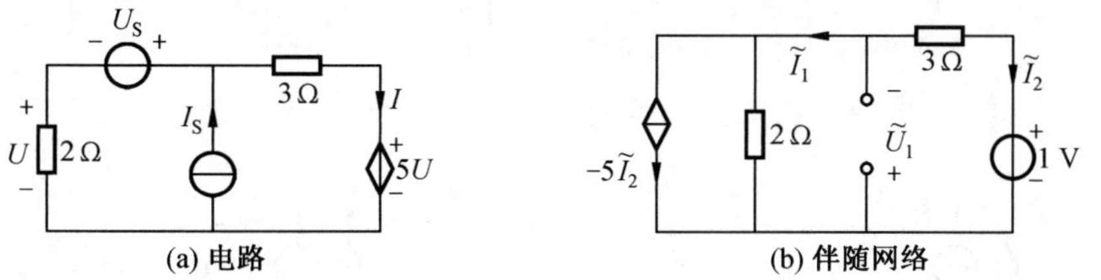

图 3.6.8　例 3.6.2 图

3.7　本章习题

1. 选择题

(1) 下列关于绝对灵敏度表述正确的是(　　)。

A. 网络输出变量对参数 p 的绝对灵敏度等于相应网络函数对它的绝对灵敏度乘以输入激励

B. 网络函数对参数 p 的绝对灵敏度等于相应网络输出变量对它的绝对灵敏度乘以输入激励

C. 网络输出变量对参数 p 的绝对灵敏度等于相应网络函数对它的绝对灵敏度除以输入激励

D. 以上表述都不对

(2) 下列关于相对灵敏度表述正确的是(　　)。

A. 网络函数对参数 p 的相对灵敏度等于相应网络输出变量对参数 p 的相对灵敏度乘以输入激励

B. 网络函数对参数 p 的相对灵敏度等于相应网络输出变量对参数 p 的相对灵敏度

C. 网络函数对参数 p 的相对灵敏度等于相应网络输出变量对参数 p 的相对灵敏度除以输入激励

D. 网络输出变量对参数 p 的相对灵敏度等于相应网络函数对参数 p 的相对灵敏度乘以输入激励

(3) 灵敏度关系表达式为(　　)。

A. $S_x^{1/T}=S_{1/x}^{1/T}$　　B. $S_x^{1/T}=-S_{1/x}^{T}$　　C. $S_x^{1/T}=S_x^{T}$　　D. $S_x^{1/T}=S_{1/x}^{T}$

(4) 下列表述正确的是(　　)。

A. 增量网络与原网络不具有相同的拓扑结构

B. 增量网络与原网络的拓扑结构不一定相同

C. 增量网络与原网络具有相同的拓扑结构

D. 以上表述都不对

(5) 图 3.7.1 所示 VCVS 对应的增量网络模型为(　　)。

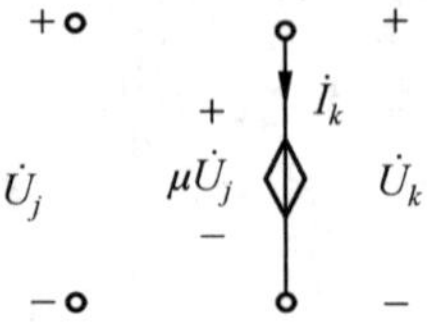

图 3.7.1

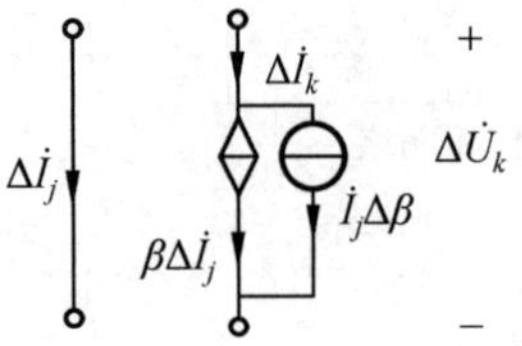

A.

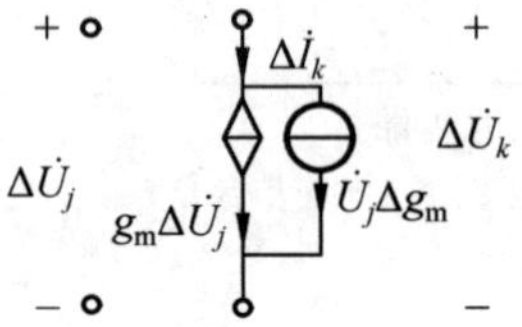

B.

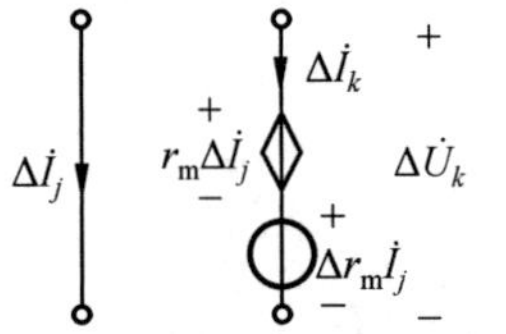

C.

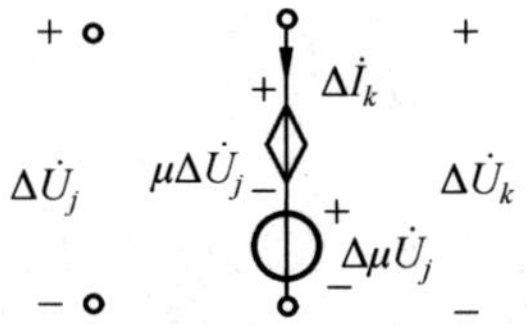

D.

(6) 对应图 3.7.2 所示阻抗元件的增量网络模型为(　　)。

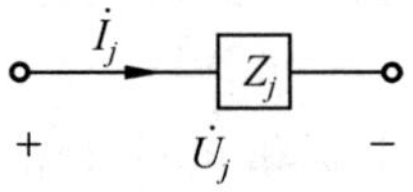

图 3.7.2

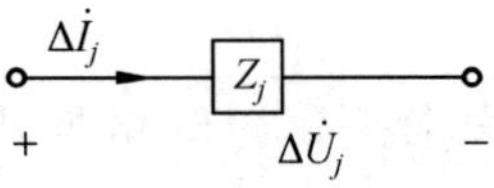

A.

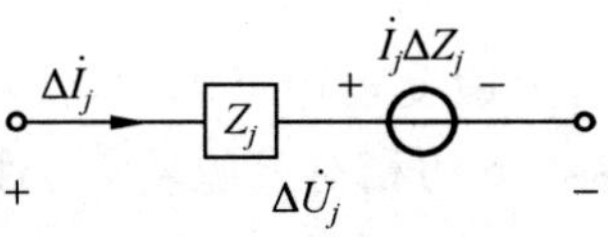

B.

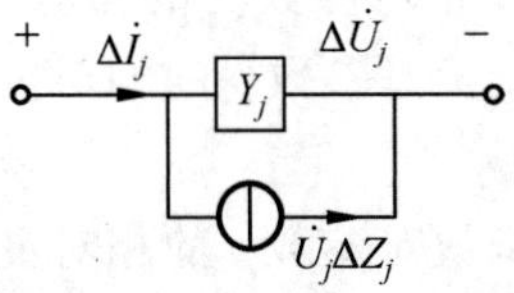

C.

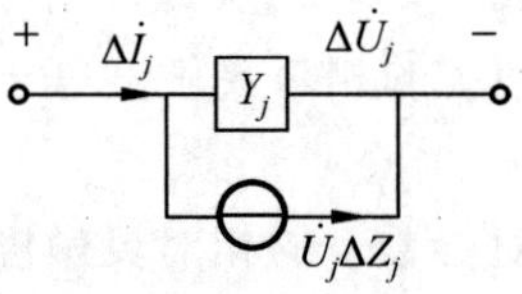

D.

(7) 图 3.7.3 所示 VCCS 对应的增量网络模型为(　　)。

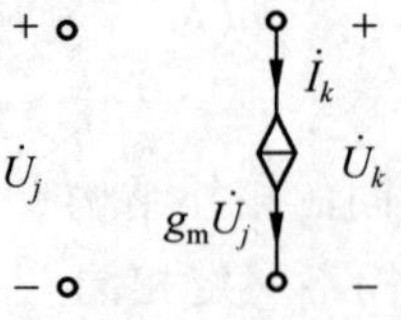

图 3.7.3

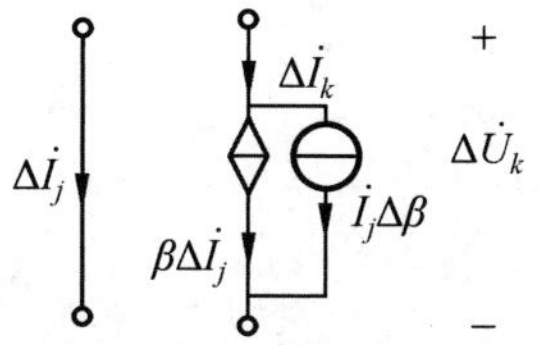

A.

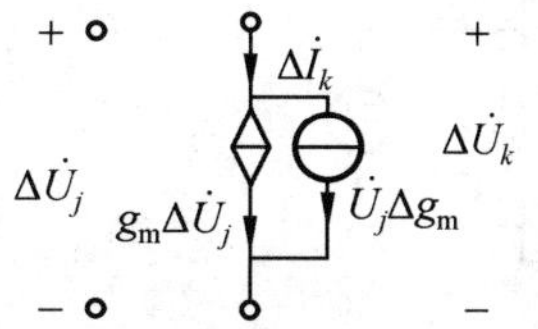

B.

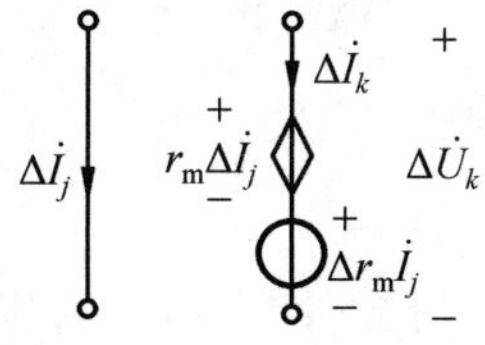

C.

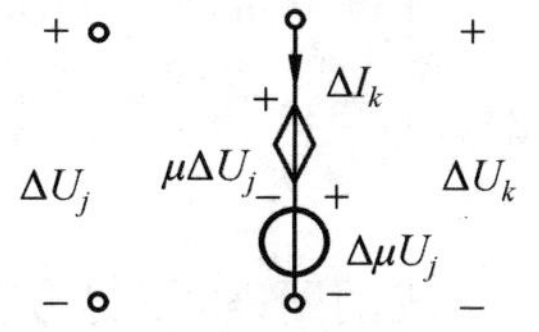

D.

(8) 下列增量网络法节点电压方程矩阵形式表达式正确的为(　　)。

A. $\dfrac{\partial(\boldsymbol{Y}_n\dot{\boldsymbol{U}}_n)}{\partial p_i}=\dfrac{\partial\boldsymbol{Y}_n}{\partial p_i}\dot{\boldsymbol{U}}_n-\boldsymbol{Y}_n\dfrac{\partial\dot{\boldsymbol{U}}_n}{\partial p_i}$　　B. $\dfrac{\partial(\boldsymbol{Y}_n\dot{\boldsymbol{U}}_n)}{\partial p_i}=\dfrac{\partial\boldsymbol{Y}_n}{\partial p_i}\dot{\boldsymbol{U}}_n$

C. $\dfrac{\partial(\boldsymbol{Y}_n\dot{\boldsymbol{U}}_n)}{\partial p_i}=\boldsymbol{Y}_n\dfrac{\partial\dot{\boldsymbol{U}}_n}{\partial p_i}$　　D. $\dfrac{\partial(\boldsymbol{Y}_n\dot{\boldsymbol{U}}_n)}{\partial p_i}=\dfrac{\partial\boldsymbol{Y}_n}{\partial p_i}\dot{\boldsymbol{U}}_n+\boldsymbol{Y}_n\dfrac{\partial\dot{\boldsymbol{U}}_n}{\partial p_i}$

(9) 图 3.7.4 所示 VCVS 的伴随网络模型为(　　)。

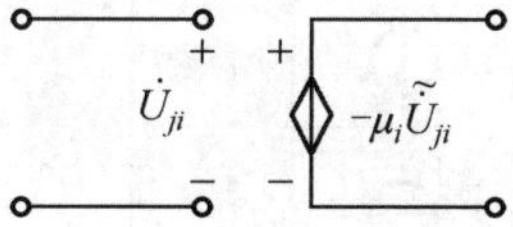

图 3.7.4

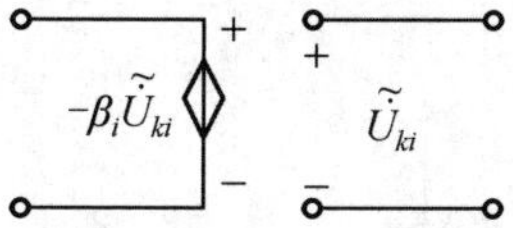

A.

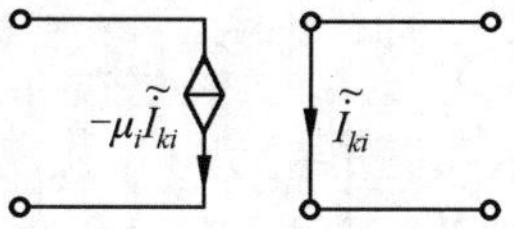

B.

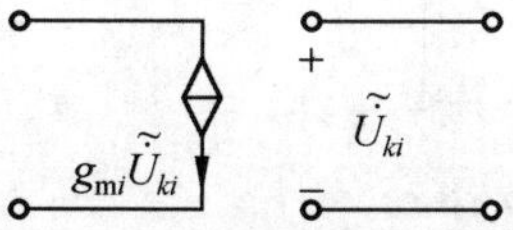

C.

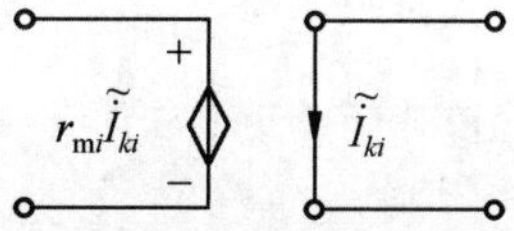

D.

(10) 依据互易定理,图 3.7.5 所示网络对应的伴随网络模型为(　　)。

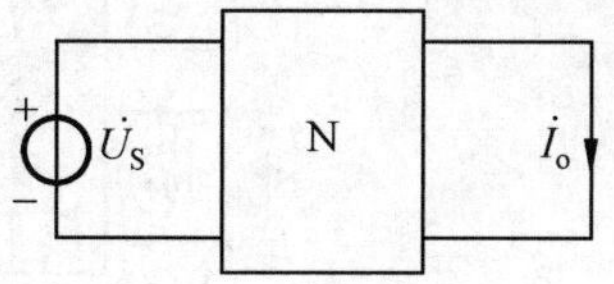

图 3.7.5

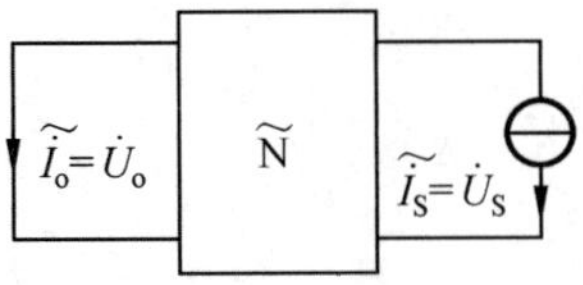

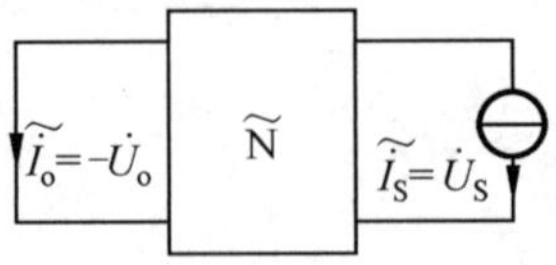

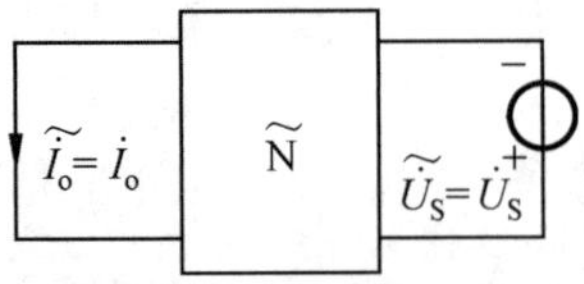

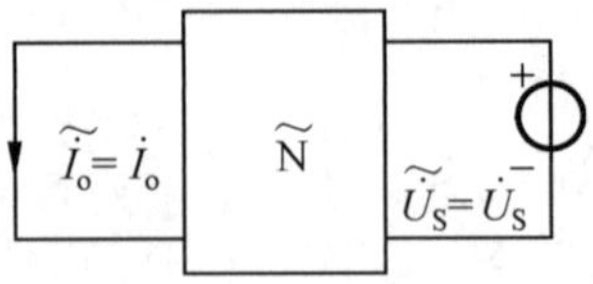

(11) 仅由线性元件组成的网络,用符号网络法求网络函数对元件参数 x_i 的相对灵敏度的公式为(　　)。

A. $S_{x_i}^{T}=\dfrac{H\text{ 中不含 }P\text{ 的各项之和}}{H\text{ 中不含 }x_i\text{ 的各项之和}}$　　B. $S_{x_i}^{T}=\dfrac{H\text{ 中不含 }x_i\text{ 的各项之差}}{H\text{ 中不含 }P\text{ 的各项之差}}$

C. $S_{x_i}^{T}=\dfrac{H\text{ 中不含 }x_i\text{ 的各项之和}}{H\text{ 中不含 }P\text{ 的各项之和}}$　　D. $S_{x_i}^{T}=\dfrac{H\text{ 中不含 }P\text{ 的各项之差}}{H\text{ 中不含 }x_i\text{ 的各项之差}}$

(12) 利用互易定理求解图 3.7.6 所示电压响应对激励的灵敏度对应的电路为(　　)。

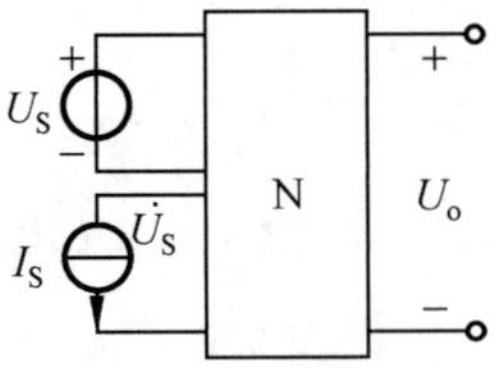

图 3.7.6

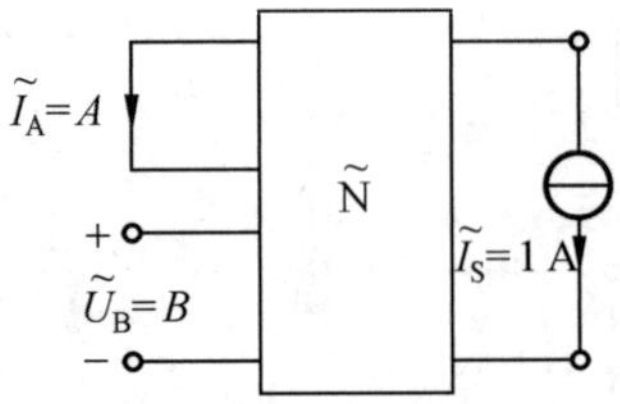

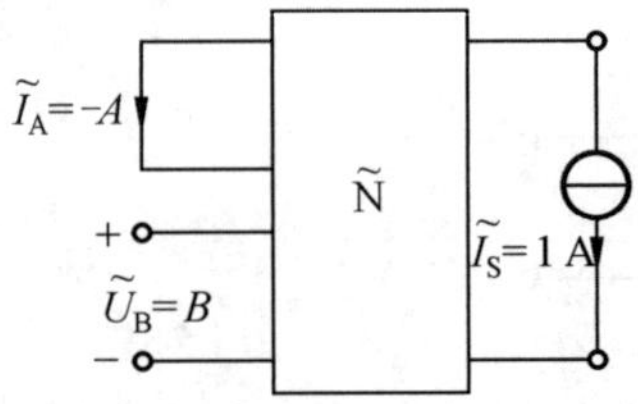

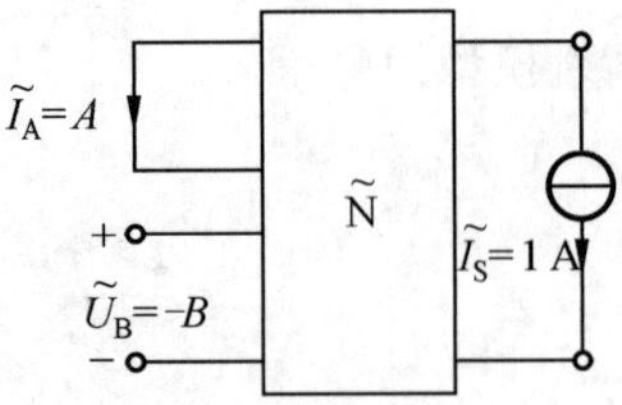

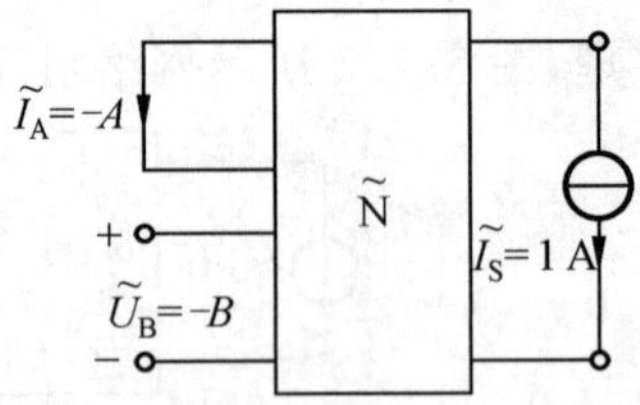

(13) 下列所构造的伴随网络对应网络函数的增量表达式正确的是(　　)。

A. $\tilde{\dot{I}}_1\Delta\dot{U}_1+\tilde{\dot{U}}_1\Delta\dot{I}_1+\tilde{\dot{I}}_2\Delta\dot{U}_2+\tilde{\dot{U}}_2\Delta\dot{I}_2$　　B. $\tilde{\dot{I}}_1\Delta\dot{U}_1-\tilde{\dot{I}}_2\Delta\dot{U}_2+\tilde{\dot{U}}_1\Delta\dot{I}_1+\tilde{\dot{U}}_2\Delta\dot{I}_2$

C. $\tilde{\dot{I}}_1\Delta\dot{U}_1-\tilde{\dot{U}}_1\Delta\dot{I}_1-\tilde{\dot{I}}_2\Delta\dot{U}_2-\tilde{\dot{U}}_2\Delta\dot{I}_2$　　D. $\tilde{\dot{I}}_1\Delta\dot{U}_1-\tilde{\dot{U}}_1\Delta\dot{I}_1+\tilde{\dot{I}}_2\Delta\dot{U}_2-\tilde{\dot{U}}_2\Delta\dot{I}_2$

2. 填空题

(1) 灵敏度关系表达式 $S_x^{kx}=$(　　)。

(2) 图 3.7.7 所示 RLC 串联网络,谐振角频率 ω_0 和品质因数 Q 对电阻 R 的相对灵敏度分别为(　　;　　)。

(3) 图 3.7.7 所示 RLC 串联网络,谐振角频率 ω_0 和品质因数 Q 对电容 C 的相对灵敏度分别为(　　;　　)。

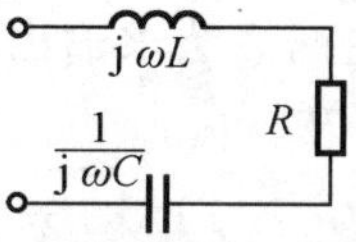

图 3.7.7

(4) 在增量网络的构造过程中结构约束方程为(　　)。

(5) 特勒根定理在增量网络 $\hat{\mathrm{N}}$ 与伴随网络 $\tilde{\mathrm{N}}$ 之间应用的正确表达式为(　　)。

(6) 如图 3.7.8 所示,当网络函数为转移阻抗函数时,对应的伴随网络端口满足条件(　　)。

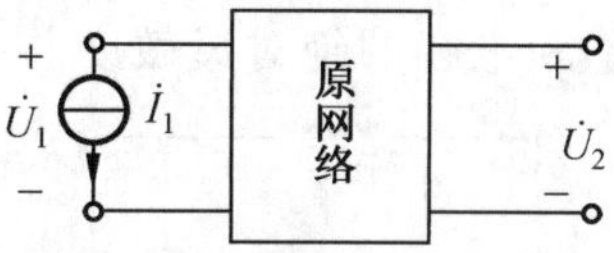

图 3.7.8

(7) 如图 3.7.9 所示,当网络函数为电压转移函数时,对应的伴随网络端口满足条件(　　)。

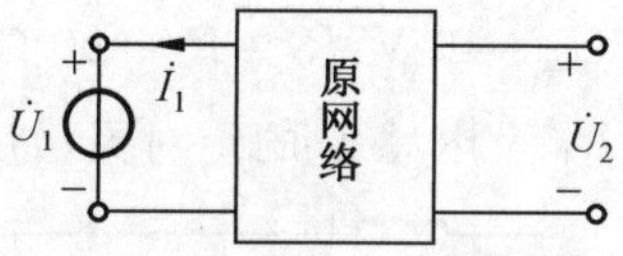

图 3.7.9

(8) 当原网络为 VCVS 时,用伴随网络法计算网络函数对其绝对灵敏度的表达式为(　　)。

(9) 已知 $H=1+sC(R+r)-PR(1+sCr)=0$,用符号网络法求解 $S_R^T=$(　　)。

(10) 当原网络为电感元件时,用伴随网络法计算网络函数对其绝对灵敏度的表达式为(　　)。

3. 分析计算题

(1) 在图 3.7.10 所示有源网络中,各元件参数标称值为 $\dot{U}_S=2\ V$,$Y_1=2\ S$, $Y_2=4\ S$, $Y_3=1\ S$,$g_m=2\ S$。用增量网络法求节点电压 $\dot{U}_{n1}$ 和 $\dot{U}_{n2}$ 对 Y_1、Y_3 及 g_m 的绝对灵敏度。

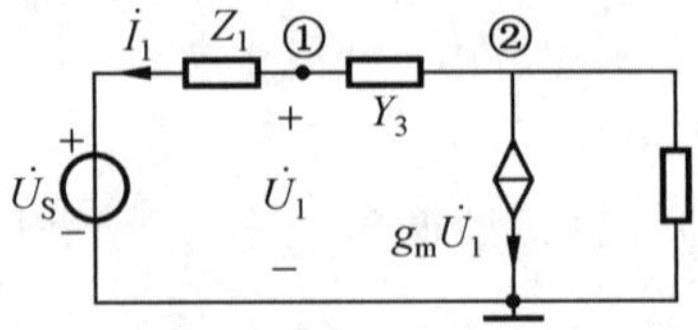

图 3.7.10

(2) 在图 3.7.11 所示有源网络中,各元件参数标称值为 $G_1=1\ S$,$G_2=3\ S$,$G_3=2\ S$, $G_4=8\ S$,$\beta=4/3$,$U_S=2\ V$。用增量网络法求输出电压 U_o 对 G_2、G_4 及 β 的偏导数;设转移函数 $T=U_o/U_s$,再求偏导数 $\partial T/\partial\beta$。

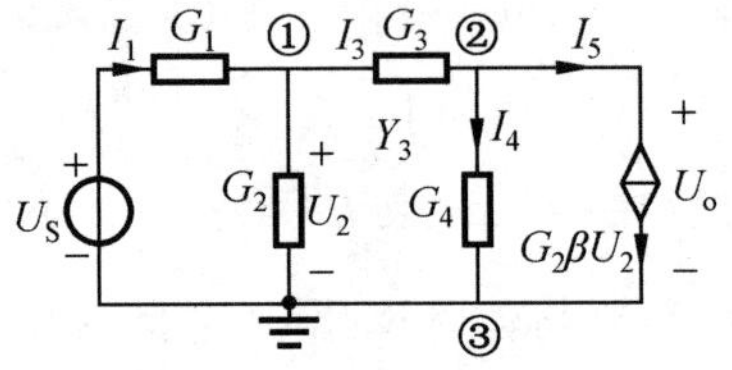

图 3.7.11

(3) 如图 3.7.12 所示,定义网络函数 $H(j\omega)=\dot{U}_o/\dot{U}_S$。试用伴随网络法计算 $\omega=100\ rad/s$ 时 $H(j\omega)$ 对电阻、电感和电容的绝对灵敏度。

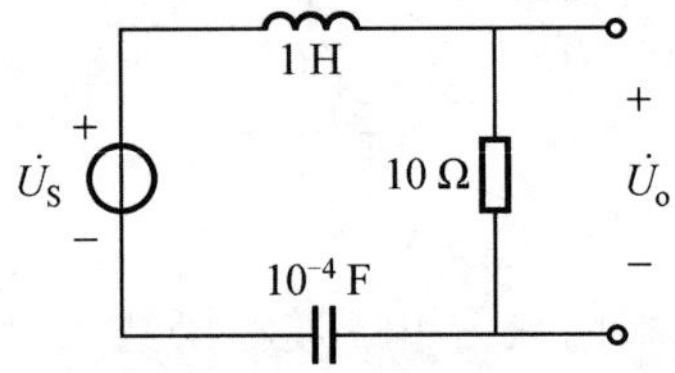

图 3.7.12

(4) 如图 3.7.13 所示,已知 $U_S=40\ V$,$R_1=R_2=20\ \Omega$,$L=10\ mH$,$\omega=1\ 000\ rad/s$。用伴随网络法求电流 $\dot{I}_2$ 对电阻 R_1 及电感 L 的绝对灵敏度。

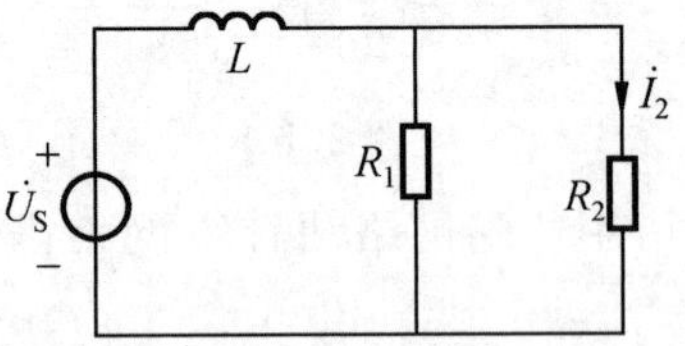

图 3.7.13

(5) 如图 3.7.14 所示，设 $R_3=100\ \mathrm{k\Omega}$，$C_4=20\ \mu\mathrm{F}$，$\beta=5$，频域转移函数 $T=\dfrac{\dot{U}_o}{\dot{U}_S}$。用符号网络法求 T 对 R_3、C_4 和 β 的相对灵敏度。

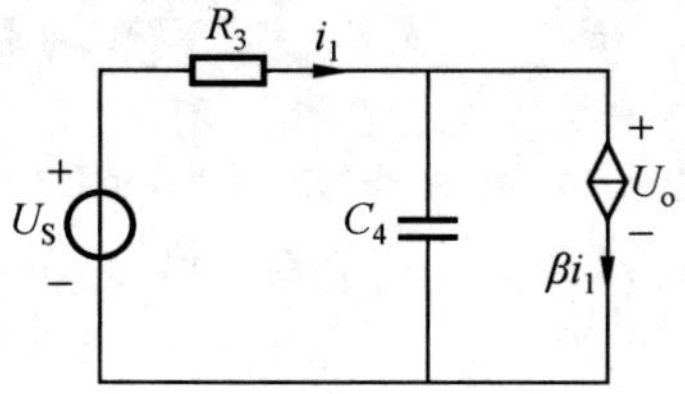

图 3.7.14

第 4 章　开关网络分析

理想开关视为导通时阻抗为零、电压为零，关断时阻抗为无穷大、电流为零，开关切换时间为零值的一个特殊电气元件。一方面，对于含有理想开关的网络（switched networks，SN），开关动作瞬间电路中的电感电流 i_L 和电容电压 u_C 可能由于磁链及电荷的重新分配而不连续，甚至为冲激函数，这给电网络分析带来一定的困难；另一方面，近年来，二极管、三极管、MOS 管和晶闸管等理想半导体开关已被广泛应用于 DC－DC 变换器、DC－AC 逆变器和 A/D 转换器等各种电子电路中。因此开关网络的分析和计算在理论上和实际中都具有非常重要的意义。

4.1　开关电容等效电阻的原理

在早期的无源 *RLC* 滤波电路中，由于电感在体积、质量、线性和可调节性等方面存在问题，在 20 世纪 60 年代后逐渐被有源元件所取代，从而产生了有源 *RC* 滤波器。随着集成电路的发展，以及有源 *RC* 滤波器在集成工艺、芯片面积和元件精度等方面问题的出现，人们设法在主流集成 MOS 电路中用开关和电容的组合取代电阻，这种只有 MOS 开关、MOS 电容和 MOS 运算放大器（后文简称为运放）的电路称为开关电容（SC）网络，该电路的性能取决于电容的比值，而在集成电路中这个比值可以做得非常精确，达到 0.01% ~ 0.1%。用开关电容网络可以很方便地取代大电阻，克服了有源 *RC* 滤波器不能直接集成的缺点，同时具有 MOS 电路的许多优点，因而开关电容网络被广泛应用。

4.1.1　开关电容等效电阻的基本原理

由开关和电容组成的与实际电阻相当的电路称为开关电容等效电阻电路，其基本原理模拟电路如图 4.1.1 所示。

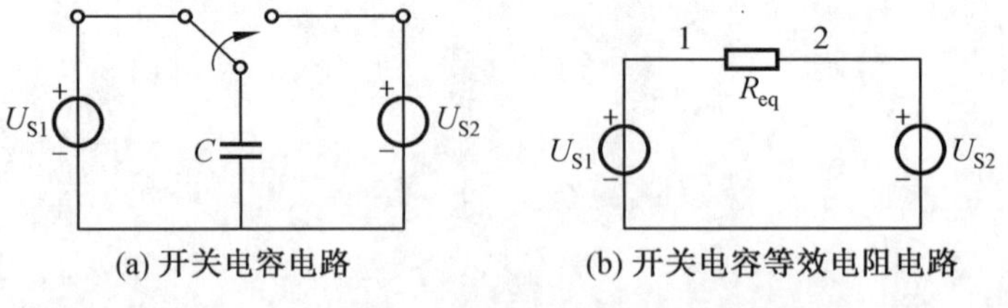

图 4.1.1　开关电容等效电阻的基本原理模拟电路

图 4.1.1(a) 开关先处于端子 1 达到稳定状态，零状态的电容充电电荷为 CU_{S1}，然后将开关扳到端子 2 位置，稳定状态时，电容电荷为 CU_{S2}。此期间流进（或流出）电容的电荷为 $C(U_{S1}-U_{S2})$。如果电容以 f 的频率左右切换，该频率比信号频率高得多，在一个切换周期 T 内从端子 1 传输到端子 2 的平均电流 I 为

$$I=\frac{\Delta Q}{T}=\frac{C(U_{S1}-U_{S2})}{T}=\frac{U_{S1}-U_{S2}}{1/(fC)} \tag{4.1.1}$$

式(4.1.1)表明图 4.1.1(a)所示电路等效于在端子 1 和端子 2 之间接一个电阻，如图 4.1.1(b)所示，其等效电阻为

$$R_{eq}=1/(fC) \tag{4.1.2}$$

这就是用开关电容电路可以在很小面积硅片上实现高阻值的原理，在开关电容电路中，只要改变切换开关的频率就可改变电路参数。按电容和开关连接方式不同，电路可分为开关电容串联等效电阻电路、开关电容并联等效电阻电路、开关电容双线性等效电阻电路，具体分析如下。

4.1.2　开关电容串联等效电阻电路

一般开关电容串联等效电阻电路如图 4.1.2 所示。两个开关是由如图 4.1.3(a)所示的时钟脉冲 ϕ_1 和 ϕ_2 控制的 MOS 管，时钟脉冲 ϕ_1 和 ϕ_2 产生电路如图 4.1.3(b)所示。这里对 ϕ_1 和 ϕ_2 要求如下：① 两个时钟脉冲的频率相同但不重叠，以确保任何情况下都不会使两个开关 T_1 和 T_2 同时导通；② 时钟脉冲频率的高低以使电路性能达到指标为准，不宜过高，因为频率的提高在增大电容比值的同时也加大了芯片面积；③ 时钟脉冲的幅值要达到 MOS 开关管所需驱动电压的要求，以确保开关能在瞬间导通。

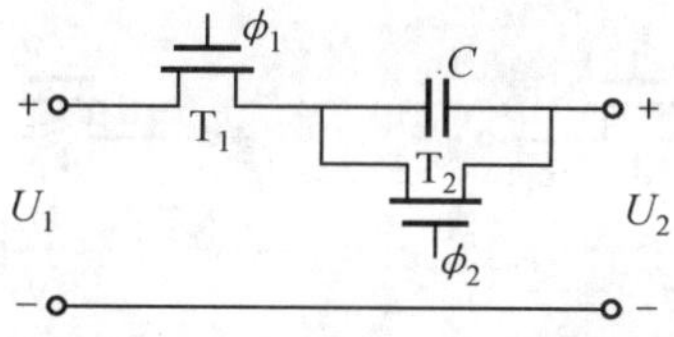

图 4.1.2　一般开关电容串联等效电阻电路

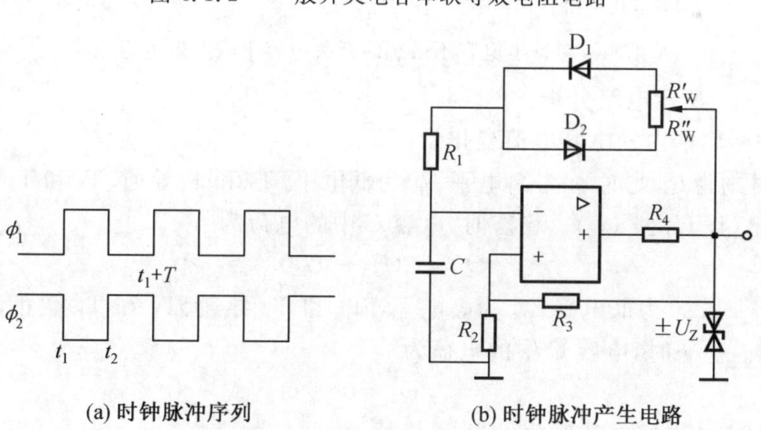

图 4.1.3　两个同频等幅的时钟脉冲

图 4.1.2 所示电路分析：

(1) 求一个周期内的电容电荷变化量。

设初始时刻为 t_1，此时 ϕ_1 为高电平、ϕ_2 为低电平，T_1 导通、T_2 截止，电容 C 被充电。稳态时，电容 C 中的电荷为

$$Q_1 = C(U_1 - U_2) \tag{4.1.3}$$

时刻为 t_2 时,ϕ_1 为低电平、ϕ_2 为高电平,T_1 截止、T_2 导通,电容 C 通过 MOS 管 T_2 放电。稳态时,电容 C 中的电荷为

$$Q_2 = 0 \tag{4.1.4}$$

一个周期内的电容电荷变化量为

$$\Delta Q = Q_1 - Q_2 = C(U_1 - U_2) \tag{4.1.5}$$

(2) 求一个周期通过电容的平均电流。

一个周期内通过电容的平均电流可表示为

$$I = \Delta Q / T = C(U_1 - U_2)/T \tag{4.1.6}$$

(3) 求等效电阻。

根据欧姆定律,从式(4.1.6)可以解出 U_1 与 U_2 之间的等效电阻为

$$R_{eq} = (U_1 - U_2)/I = T/C = 1/(fC) \tag{4.1.7}$$

式中,f 为用来控制开关的时钟脉冲频率。可见开关电容电路可以等效成一个电阻,该等效电阻 R_{eq} 值与电容和时钟脉冲频率均成反比。

还有一种对寄生电容不敏感的开关电容串联等效电阻电路,如图 4.1.4 所示。其中如图 4.1.4(a) 所示为等效正电阻,它由 4 个开关和 1 个电容组成,控制开关的时钟脉冲序列如图 4.1.3(a) 所示。

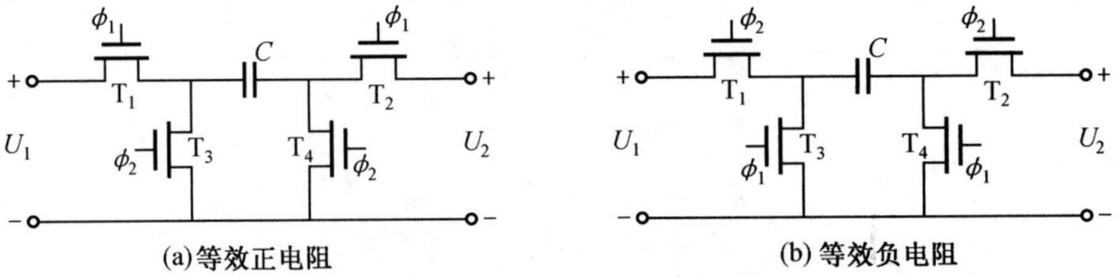

图 4.1.4 对寄生电容不敏感的开关电容串联等效电阻电路

图 4.1.4(a) 所示电路分析:

(1) 求一个周期内的电容电荷变化量。

设初始时刻为 t_1,此时 ϕ_1 为高电平、ϕ_2 为低电平,T_1 和 T_2 导通、T_3 和 T_4 截止,零状态电容 C 被充电(设 $U_1 > U_2$)。稳态时,电容 C 中的电荷为

$$Q_1 = C(U_1 - U_2) \tag{4.1.8}$$

时刻为 t_2 时,ϕ_1 为低电平、ϕ_2 为高电平, T_3 和 T_4 导通、T_1 和 T_2 截止,电容 C 通过 MOS 管放电。稳态时,电容 C 中的电荷为

$$Q_2 = 0 \tag{4.1.9}$$

一个周期内的电容电荷变化量为

$$\Delta Q = Q_1 - Q_2 = C(U_1 - U_2) \tag{4.1.10}$$

(2) 求一个周期内通过电容的平均电流。

一个周期内通过电容的平均电流可表示为

$$I = \Delta Q / T = C(U_1 - U_2)/T \tag{4.1.11}$$

(3) 求等效电阻。

根据欧姆定律，从式(4.1.11)可以解出 U_1 与 U_2 之间的等效电阻为

$$R_{eq}=(U_1-U_2)/I=T/C=1/(fC) \tag{4.1.12}$$

式(4.1.12)与式(4.1.7)相同，可见两种开关电容串联等效电阻电路所实现的功能是一样的。不过当图 4.1.4(a)所示的两个时钟配置互换，即如图 4.1.4(b)所示时，开关电容网络可实现等效负电阻的功能，$R_{eq}=-1/(fC)$。

4.1.3　开关电容并联等效电阻电路

开关电容并联等效电阻电路如图 4.1.5 所示，其电容 C 和电路的输出端是并联的。控制开关的时钟脉冲序列如图 4.1.3(a)所示。

图 4.1.5 所示电路分析：

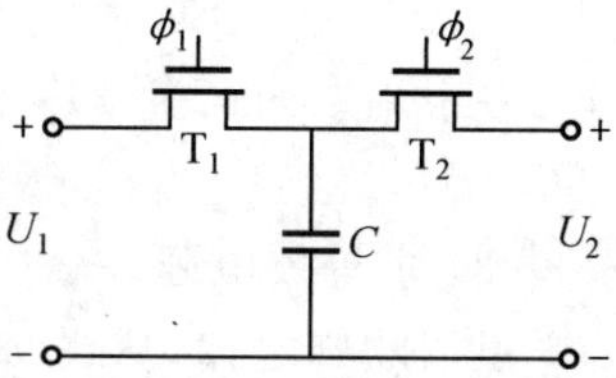

图 4.1.5　开关电容并联等效电阻电路

(1) 求一个周期内的电容电荷变化量。

设初始时刻为 t_1，此时 ϕ_1 为高电平、ϕ_2 为低电平，T_1 导通、T_2 截止，外加电压 U_1 通过 MOS 管 T_1 对电容 C 充电。稳态时，电容 C 中的电荷为

$$Q_1=CU_1 \tag{4.1.13}$$

时刻为 t_2 时，ϕ_1 为低电平、ϕ_2 为高电平，T_1 截止、T_2 导通，电容 C 通过 MOS 管 T_2 放电(设 $U_1>U_2$)。稳态时，电容 C 中的电荷为

$$Q_2=CU_2 \tag{4.1.14}$$

一个周期内的电容电荷变化量为

$$\Delta Q=Q_1-Q_2=C(U_1-U_2) \tag{4.1.15}$$

(2) 求一个周期内通过电容的平均电流。

一个周期内通过电容的平均电流可表示为

$$I=\Delta Q/T=C(U_1-U_2)/T \tag{4.1.16}$$

(3) 求等效电阻。

根据欧姆定律，从式(4.1.16)可以解出 U_1 与 U_2 之间的等效电阻为

$$R_{eq}=(U_1-U_2)/I=T/C=1/(fC) \tag{4.1.17}$$

4.1.4　开关电容双线性等效电阻电路

开关电容双线性等效电阻电路如图 4.1.6 所示，控制开关的时钟脉冲序列如图 4.1.3(a)所示。

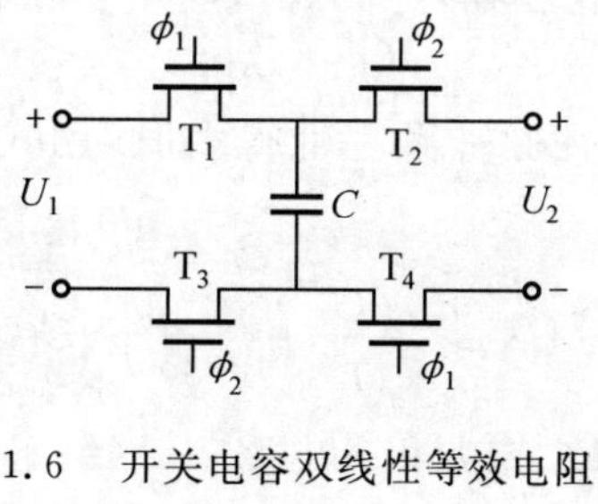

图 4.1.6　开关电容双线性等效电阻电路

图 4.1.6 所示电路分析：

(1) 求一个周期内的电容电荷变化量。

设初始时刻为 t_1，此时 ϕ_1 为高电平、ϕ_2 为低电平，T_1 和 T_4 导通、T_2 和 T_3 截止，电容 C 被充电。稳态时，电容 C 中的电荷为

$$Q_1 = C(U_1 - U_2) \tag{4.1.18}$$

时刻为 t_2 时，ϕ_1 为低电平、ϕ_2 为高电平，T_2 和 T_3 导通，T_1 和 T_4 截止，电容 C 先通过 MOS 管 T_2 和 T_3 放电，然后反向充电。稳态时，电容 C 中的反向充电电荷为

$$Q_2 = C(U_2 - U_1) \tag{4.1.19}$$

一个周期内的电容电荷变化量为

$$\Delta Q = Q_1 - Q_2 = 2C(U_1 - U_2) \tag{4.1.20}$$

(2) 求一个周期内通过电容的平均电流。

一个周期内通过电容的平均电流可表示为

$$I = \Delta Q/T = 2C(U_1 - U_2)/T \tag{4.1.21}$$

(3) 求等效电阻。

根据欧姆定律，从式(4.1.21) 可以解出 U_1 与 U_2 之间的等效电阻为

$$R_{eq} = (U_1 - U_2)/I = T/2C = 1/(2fC) \tag{4.1.22}$$

从式(4.1.22) 可见，图 4.1.6 所示的开关电容双线性等效电阻电路的等效电阻阻值仅是图 4.1.2、图4.1.4 和图 4.1.5 所示电路中等效电阻阻值的一半。

4.2 开关电容网络基本单元电路

在开关电容网络(SCN) 中，由于时钟与开关的组合方式很多，所以网络形式也多种多样，下面就几种基本单元电路进行分析。

4.2.1 开关电容积分电路

RC 有源积分电路如图 4.2.1(a) 所示，其复频域网络函数为

$$H(s) = \frac{U_o(s)}{U_i(s)} = -\frac{1}{sRC_f} \tag{4.2.1a}$$

频域网络函数为

$$H(j\omega) = \frac{\dot{U}_o}{\dot{U}_i} = -\frac{1}{j\omega RC_f} \tag{4.2.1b}$$

如果用开关电容等效替换反相输入端电阻 R，可得到如图 4.2.1(b) 所示的开关电容积分电路。

当信号频率比控制开关时钟脉冲频率低得多时，用式(4.1.17) 代替式(4.2.1b) 中 R，得到的新频域网络函数为

$$H(j\omega) = \frac{\dot{U}_o}{\dot{U}_i} = -\frac{1}{j\omega T}\frac{C}{C_f} \tag{4.2.1c}$$

由式(4.2.1b) 可见，一个 *RC* 有源积分电路，其网络函数的精度取决于电阻 R 和电容

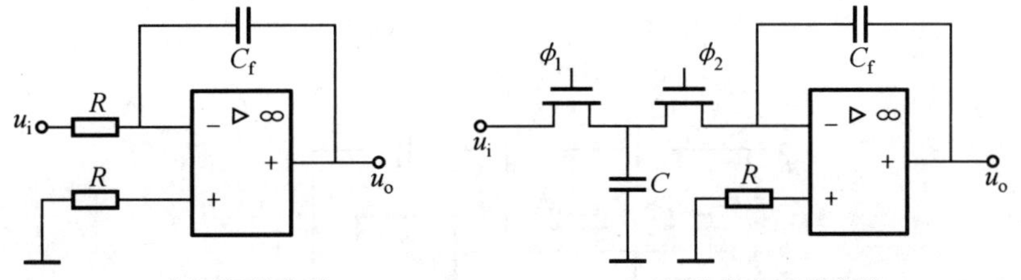

(a) RC有源积分电路　　(b) 开关电容积分电路

图 4.2.1　积分电路

C_f，而由式(4.2.1c)可见，一个开关电容积分电路网络函数的精度取决于时钟周期 T 和电容比 C/C_f，与电容绝对值无关。由于时钟信号是由晶体振荡器产生的，其时钟周期的精度相当高，由此开关电容积分电路网络函数的精度只取决于电容比。在大规模集成电路中，电阻和电容的精度一般都在 10% 左右，由于电阻和电容的制造工艺不同，其误差又不能相互补偿，以致 RC 的误差可高达 20%，这样大的误差往往影响实际要求。而在集成电路中，电容比的精度比较容易地控制在 1% 或更小，而且电容 C 和 C_f 的温度与电压系数是相关的，其网络函数随温度和信号电平的变化误差会更小，足以满足实际应用。上述结论不仅对开关电容积分电路有效，对所有开关电容网络都是适用的。

4.2.2　差动输入积分电路和加法器

常用的 RC 有源差动积分电路如图 4.2.2(a) 所示，对比图 4.2.1(a) 所示电路，输入信号为 $u_1 - u_2$，其频域输入－输出关系为

$$\dot{U}_o = -\frac{1}{j\omega RC_f}(\dot{U}_1 - \dot{U}_2) \tag{4.2.2a}$$

相应的开关电容差动输入积分电路如图 4.2.2(b) 所示，其输出电压可表示为

$$\dot{U}_o = -\frac{1}{j\omega T}\frac{C}{C_f}(\dot{U}_1 - \dot{U}_2) \tag{4.2.2b}$$

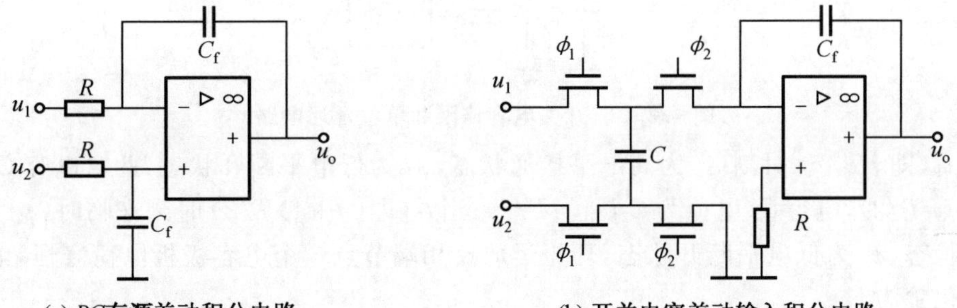

(a) RC有源差动积分电路　　(b) 开关电容差动输入积分电路

图 4.2.2　差动积分电路

图 4.2.3 所示为开关电容积分电路 / 加法器，它可以将信号与其他输入信号的积分值相加，同样在开关时钟脉冲频率比信号频率高得多时，忽略输入采样数据的影响，该电路输出电压为

$$\dot{U}_o = -\frac{1}{j\omega T}\frac{C}{C_f}\dot{U}_i - \frac{C_s}{C_f}\dot{U}_s \tag{4.2.3}$$

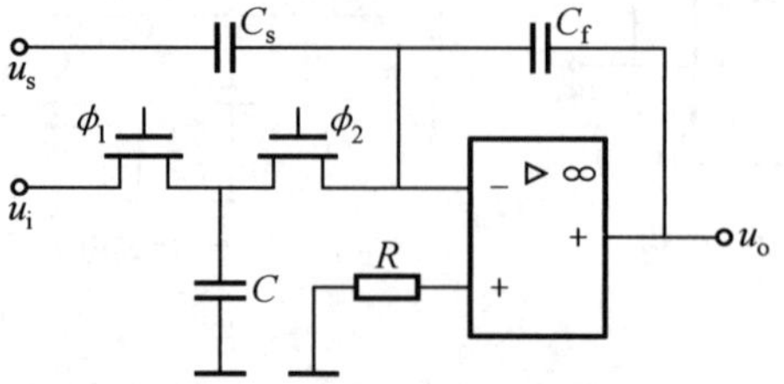

图 4.2.3 开关电容积分电路/加法器

4.2.3 倍乘和单位延迟电路

用电荷转移来分析 SC 网络特性,是一种很严格的研究 SC 网络的方法。设离散时间电压 $U_k(nT/2)$ 为网络端口变量,在开关切换(即 $nT/2$)时刻,根据电荷守恒定律,网络中每个节点上的电荷只是重新分配,可以列写类似于连续时间网络中的基尔霍夫电流定律方程,写出 SC 网络中节点电荷守恒方程。一般对于两相开关情况,为了表明特定节点对所有时刻都能满足电荷守恒条件,需要两个该节点的电荷方程,这两个方程分别对应于偶相和奇相取样时刻。下面分析开关电容倍乘和单位延迟电路,如图 4.2.4 所示,积分电路中的输入和反馈电阻均采用开关电容并联形式等效替代。

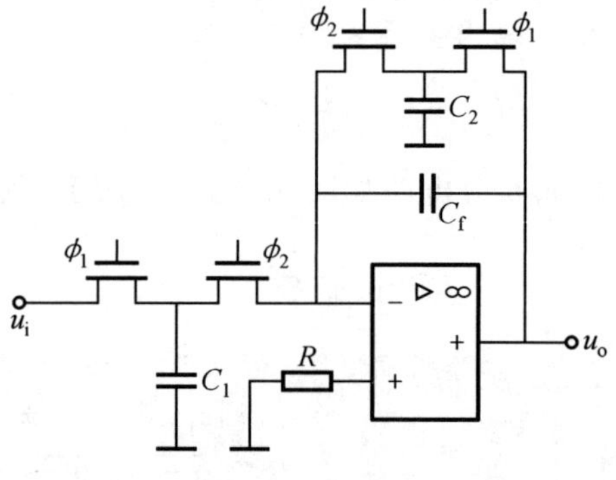

图 4.2.4 开关电容倍乘和单位延迟电路

设 t_1(即 $nT/2$)时刻 ϕ_1 为高电平接通状态,ϕ_2 为低电平断开状态,此时电容 C_1 电荷为 $C_1U_i(nT/2)$,电容 C_2 电荷为 $C_2U_o(nT/2)$;当 t_2(即 $(n+1)T/2$)时刻来临时,ϕ_2 为高电平接通状态,ϕ_1 为低电平断开状态,理想运放反相端节点 3 个电容极板电荷守恒,电容 C_f 电荷变化量为

$$-C_f[U_o(n+1)T/2 - U_o(nT/2)] = C_1U_i(nT/2) + C_2U_o(nT/2) \tag{4.2.4}$$

两边取拉普拉斯变换得

$$-sC_f[U_o(s)e^{-s(n+1)T/2} - U_o(s)e^{-s(nT/2)}] = sC_1U_i(s)e^{-s(nT/2)} + sC_2U_o(s)e^{-s(nT/2)} \tag{4.2.5}$$

整理得

$$H(s)=\frac{U_o(s)}{U_i(s)}=\frac{-C_1/C_2}{1-C_f(1-e^{sT/2})/C_2} \tag{4.2.6a}$$

当 $C_2=C_f$ 时，

$$H(s)=\frac{U_o(s)}{U_i(s)}=-\frac{C_1}{C_2}e^{-sT/2} \tag{4.2.6b}$$

由式(4.2.6b) 可见，图 4.2.4 所示电路具有倍乘和延迟特性。

4.3　开关电容网络的 z 域分析

本节利用 z 变换分析由时钟脉冲控制的 MOS 开关、线性电容和集成运放组成的开关电容网络，电路如图 4.3.1(a) 所示，图 4.3.1(b) 所示为开关控制脉冲，周期为 T。

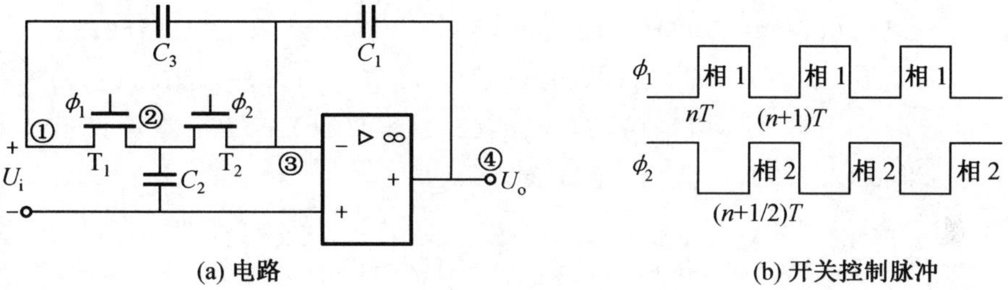

图 4.3.1　开关电容网络

当 $t\in[nT,(n+1/2)T)$（n 为整数）时，ϕ_1 为高电平、ϕ_2 为低电平，称此为相 1 区间；当 $t\in[(n+1/2)T,(n+1)T)$ 时，ϕ_1 为低电平、ϕ_2 为高电平，称此为相 2 区间。对于电路内部电压，在每一开关周期，不同相的电压有可能不相等，但在每一相中电压保持恒定。第 k 相($k=1,2$) 第 n 开关周期的电压用 $U(k,n)$ 表示，其 z 变换定义为

$$U(k,z)=\sum_{n=0}^{\infty}U(k,n)z^{-n} \tag{4.3.1}$$

在相 1 区间，ϕ_1 为高电平、ϕ_2 为低电平，T_1 导通、T_2 截止，等效电路如图 4.3.2 所示。

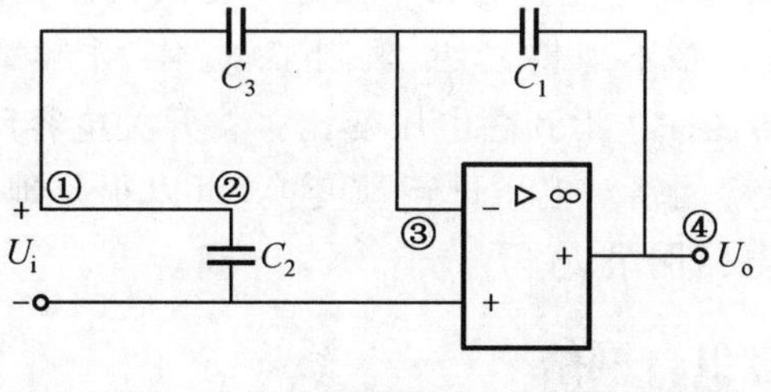

图 4.3.2　开关电容网络相 1 区间等效电路

节点 ③ 的电容 C_1 和 C_3 两极板电荷在第 n 开关周期相 1 区间与第 $n-1$ 开关周期相 2 区间应遵循电荷守恒定律，又因为理想运放虚短，有 $U_{n3}=0$，故列方程得

$$C_1U_{n4}(1,n)+C_3U_{n1}(1,n)=C_1U_{n4}(2,n-1)+C_3U_{n1}(2,n-1) \tag{4.3.2}$$

在相 2 区间，ϕ_1 为低电平、ϕ_2 为高电平，T_2 导通、T_1 截止，等效电路如图 4.3.3 所示。

节点 ③ 的电容 C_1、C_2 和 C_3 极板电荷在第 n 开关周期相 2 区间与第 n 开关周期相 1 区间应遵循电荷守恒定律，同样代入 $U_{n3}=0$，列方程得

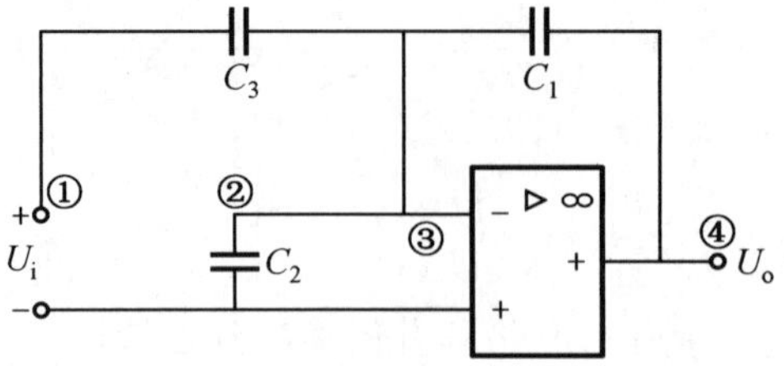

图 4.3.3　开关电容网络相 2 区间等效电路

$$C_1U_{n4}(2,n)+C_3U_{n1}(2,n)=C_1U_{n4}(1,n)-C_2U_{n1}(1,n)+C_3U_{n1}(1,n) \quad (4.3.3)$$

若设输入电压在整个开关周期保持恒定值，则从图 4.3.2 和图 4.3.3 可以看出

$$U_{n1}(1,n)=U_{n1}(2,n)=U_i(n) \quad (4.3.4)$$

对式(4.3.2)、式(4.3.3) 和式(4.3.4) 分别取 z 变换，有

$$C_1U_{n4}(1,z)-C_1z^{-1}U_{n4}(2,z)=-C_3U_{n1}(1,z)+C_3z^{-1}U_{n1}(2,z) \quad (4.3.5)$$

$$-C_1U_{n4}(1,z)+C_1U_{n4}(2,z)=(C_3-C_2)U_{n1}(1,z)-C_3U_{n1}(2,z) \quad (4.3.6)$$

$$U_{n1}(1,z)=U_{n1}(2,z)=U_i(z) \quad (4.3.7)$$

令 $U_{n4}=U_o$，将式(4.3.5) ～ 式(4.3.7) 整理得

$$\frac{U_o(1,z)}{U_i(z)}=-\frac{C_2z^{-1}+C_3(1-z^{-1})}{C_1(1-z^{-1})} \quad (4.3.8a)$$

$$\frac{U_o(2,z)}{U_i(z)}=-\frac{C_2+C_3(1-z^{-1})}{C_1(1-z^{-1})} \quad (4.3.8b)$$

可见，开关电容网络的网络函数仅与电容比值有关。尽管线性电容一般随温度变化，但在集成电路制作中可以得到很高精度的电容比值。当去掉图 4.3.1(a) 中的电容 C_3 后，即得到开关电容积分器。

4.4　用于改善 DC－DC 变换器性能的开关电容网络

DC－DC 变换器是将直流电能变为另一固定电压或可调直流电压的变换装置。传统的 DC－DC 变换器存在许多不理想之处，限制了电路工作频率和动态响应的进一步提高，一些 DC－DC 变换器往往达不到高电压变比。将开关电容网络与传统的 DC－DC 变换器相结合，利用开关电容网络对电压进行预变换，可以很好地解决上述问题，从而得到一系列新型的功率变换电路网络。

4.4.1　串并电容组合网络

图 4.4.1 所示为典型的串并电容组合网络 (SPN)，一般情况下构成 SPN 的各个电容取值均相等。定义 SPN 中所含独立电容的个数为该 SPN 的阶，用 n 表示，这样图 4.4.1 所示网络即为一个二阶 SPN。

SPN 工作原理：当开关 S_1 导通、S_2 断开时，电流方向为电源正 → 开关 S_1 → C_1 → D_2 → C_2 → 电源负，对电容充电，组成 SPN 的两个电容相互串联，$U_1=U_{C1}+U_{C2}=2U_{C1}$；而当开关 S_2 导通、S_1 断开时，C_1 经 S_2 通过 D_1，C_2 通过 D_3 经 S_2 放电，且此时组成 SPN 的

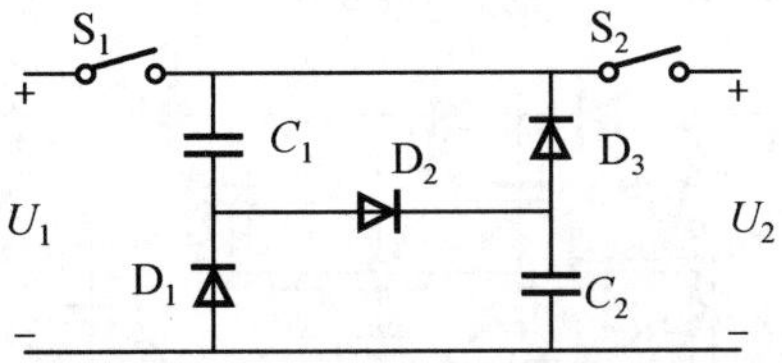

图 4.4.1　二阶串并电容组合网络

两个电容相互并联，$U_{C1}=U_{C2}=U_2$。因此，当 SPN 的充电持续时间和放电持续时间分别大于其对应的状态时间常数时，那么在稳态下 n 阶 SPN 可以看作一个 $n:1$ 的降压器，即

$$U_1 : U_2 = n : 1$$

由此，用 SPN 代替传统 DC－DC 变换器中的单个电容，能起到预降压变换的作用。

4.4.2　极性反转开关电容网络

极性反转开关电容网络（RSC）可以获得负的电压变换关系，其结构如图 4.4.2 所示。

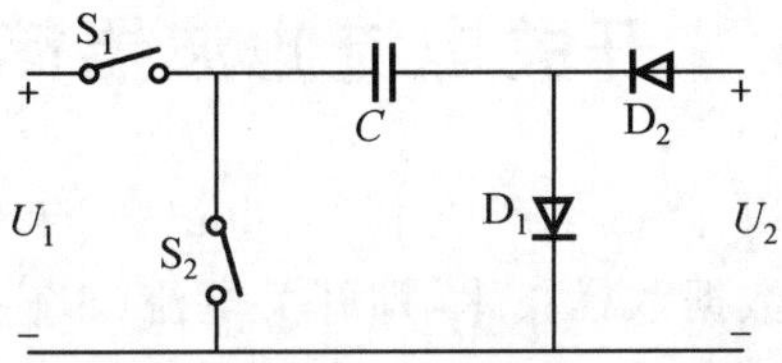

图 4.4.2　极性反转开关电容网络

RSC 工作原理：当 S_1 导通、S_2 断开时，U_1 通过 S_1 和 D_1 对电容 C 充电，极性左正右负；而当 S_2 导通、S_1 断开时，电容 C 通过 S_2 和 D_2 放电，从而达到极性反转的目的。当电容 C 的充电持续时间和放电持续时间分别大于其对应状态时间常数时，则在稳态下有

$$U_2 = -U_1$$

如果结合上面讨论的串并电容组合网络，则可构成极性反转的串并电容组合结构开关电容网络（RSP-SC），在稳态下有

$$U_2 = -U_1/n$$

可见，用 RSC 代替 DC－DC 变换器中的单个电容，能起到电压反转变换的作用；用 RSP-SC 代替 DC－DC 变换器中的单个电容，既能起到电压反转变换的作用，还能实现预降压变换。

4.4.3　推挽开关电容网络

一种推挽开关电容网络（Push-Pull SC）如图 4.4.3 所示。图中 $C_1, C_2, \cdots, C_i$ 既可以是单独的电容，也可以采用 SPN 构成，C_i^M 称为中间电容，由固定电容构成。

Push-Pull SC 工作原理：最初 S_1 和 S_2 均断开，外加电压 U_1 时，中间电容 C_i^M 充以电源电压。随后当 S_1 导通、S_2 断开时，U_1 经 S_1 和 D_1 对 C_1 充电，中间电容 C_1^M 也经二极管 D_3 对 C_2 充电；当 S_2 导通、S_1 断开时，U_1 经 S_2 与 C_1 串联后通过二极管 D_2 对中间电容 C_1^M 充电，从而实现升压作用。一般称 Push-Pull SC 中，当 S_1 导通、S_2 断开时，用于实现升压效

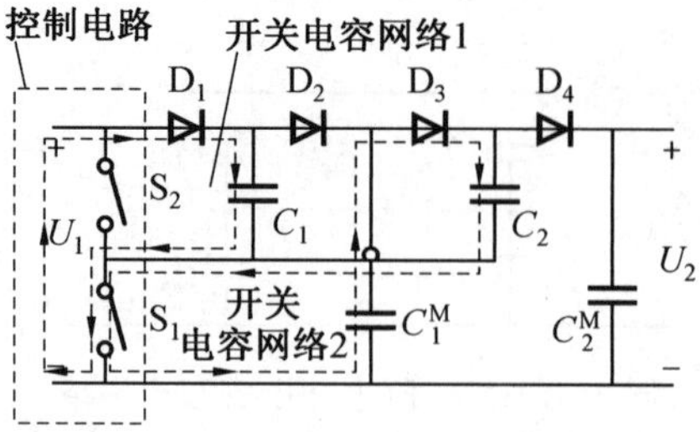

图 4.4.3　推挽二级开关电容网络

果的串并电容单元的个数为该 Push-Pull SC 的级数，可见图 4.4.3 为推挽二级开关电容网络(串并电容单元包括开关电容网络 1 和开关电容网络 2)。一般地，推挽 m 级开关电容网络具有 m 个中间电容。采用推挽的拓扑结构，无论期望实现什么样的电压变比，其主电路及控制电路均是相同的，也即仅需要在低压(即输入电压) 条件下控制功率开关就可以了。不同的输出电压可以通过改变电容与二极管网络实现，主电路及其控制电路具有通用性。此外，推挽结构还可以从中间电容上同时得到多种输出电压。

4.5　开关电流滤波器简介

为了进一步减小芯片面积，降低生产成本，20 世纪 80 年代末在开关电容技术的基础上又进一步发展了一种新的数据取样技术，即开关电流(SI) 技术。用这种技术设计的电路优点是采用标准的数字 CMOS 工艺进行集成，依靠 MOS 管自身的电容而不是外部电容来实现信号存储，通过开关和电流镜而不是电容对输入信号进行运算和处理，最终以电流形式而不是电压形式将信号输出。开关电流网络基本具备了开关电容网络的全部优点，凡是应用有源 *RC* 技术的网络均可以用开关电流技术实现。开关电流滤波器的基本单元电路是存储、延迟电路和积分电路。

4.5.1　开关电流滤波器的存储、延迟电路

开关电流滤波器的存储、延迟基本电路如图 4.5.1 所示，其实就是一个电流镜，只不过在电流镜的场效应管 M_1 和 M_2 两个栅极之间多了一个开关场效应管 S_1，且 S_1 的尺寸要比 M_1 和 M_2 的尺寸小很多，并假设偏置电流 I_B 保证场效应管 M_1 和 M_2 处于饱和状态。

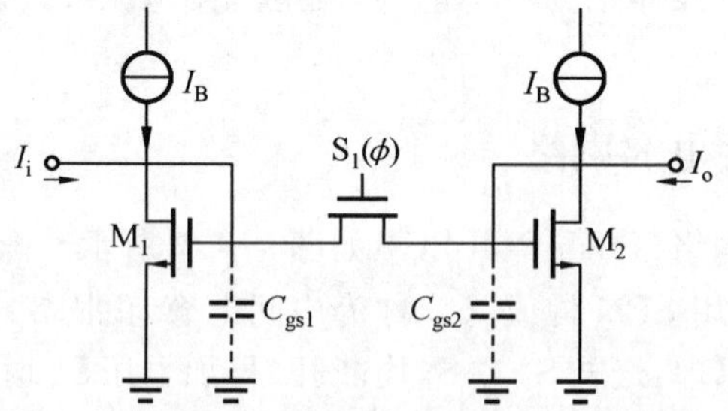

图 4.5.1　开关电流滤波器的存储、延迟基本电路

图 4.5.1 所示电路工作原理：在相 1(开关管 S_1 断开) 时，输入电流 I_i 和偏置电流 I_B 使 M_1 管的栅源极之间的电容 C_{gs1} 充电至管 M_1 的栅源极电压 U_{gs1}。在相 2(开关管 S_1 导通) 时，M_1 和 M_2 的栅极接通，电路变成了一个电流镜。存储在两个场效应管栅源极之间的电容 C_{gs1} 和 C_{gs2} 的电荷按照场效应管的栅源电容的大小重新分配。由于场效应管的栅源电容的大小与场效应管沟道的宽长比成正比，于是将电流(I_i+I_B)按照场效应管沟道的宽长比进行分配。设场效应管 M_1 和 M_2 沟道的宽长比分别为 $W_1/L_1=A_1$ 和 $W_2/L_2=A_2$，则流入 M_2 的漏极电流为$(I_i+I_B)A_2/A_1$，存储单元的输出电流为

$$I_o=\frac{A_2}{A_1}[I_B-(I_i+I_B)]=-\frac{A_2}{A_1}I_i \tag{4.5.1}$$

当场效应管 M_1 和 M_2 沟道的宽长比 A_1 和 A_2 相等时，输出电流和输入电流值相等，即 $I_o=-I_i$。

当开关管 S_1 再断开时，场效应管 M_1 和 M_2 断开，存储在 M_2 栅源电容 C_{gs2} 上的电荷保持不变。由此同样的漏极电流流入 M_2，使 I_o 在 S_1 断开期间保持为常数。上述过程是利用 MOS 场效应管 M_1 和 M_2 的栅源之间的非线性寄生电容完成的。在这个过程中，场效应管栅源之间的电容仅仅起到了一个存储电荷的作用，并不需要将电荷线性分配。因此，这样的电容可以是非线性的。另外，场效应管 M_1 接成二极管的形式，它的漏极节点是一个低阻抗的节点。因此，输入电流 I_i 和 I_B 可以直接在该点相加，不需要附加其他电路。

存储单元的输入电流和输出电流之间的运算关系为

$$I_o\left(n+\frac{1}{2}\right)=-\frac{A_2}{A_1}I_i(n) \tag{4.5.2}$$

对式(4.5.2) 进行 z 变换可以得到存储单元的转移函数为

$$H(z)=\frac{I_o(z)}{I_i(z)}=-\frac{A_2}{A_1}z^{-\frac{1}{2}} \tag{4.5.3}$$

可以看出，图 4.5.1 所示电路除了实现了一般电流镜的反相和放大作用外，还具有延时半个时钟周期的作用。如果将两个这样的单元电路级联以后，可以得到一个周期的延时，如图 4.5.2 所示，这种电路称为开关电流延时电路。

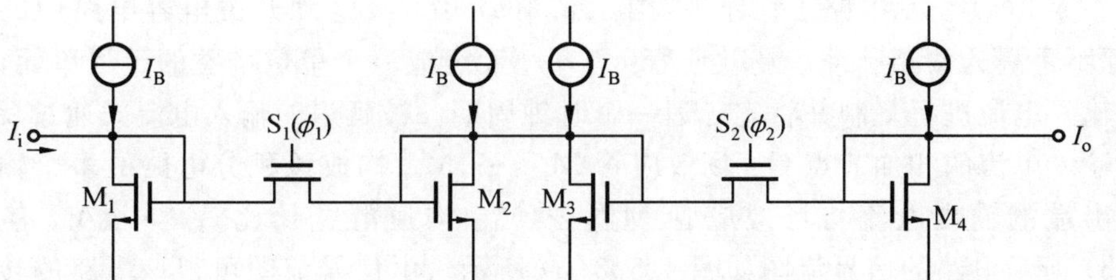

图 4.5.2　开关电流延时电路

图 4.5.2 所示电路工作原理：电流 I_i 从第一个场效应管 M_1 输入，从最后一个场效应管 M_4 输出。电流增益由场效应管沟道的宽长比决定。如果设 M_1、M_2 和 M_3 沟道的宽长比均为 A，M_4 沟道的宽长比为 A_4，则输入电路和输出电流间的关系为

$$I_o(n)=\frac{A_4}{A}I_i(n-1) \tag{4.5.4}$$

电路的 z 域转移函数为

$$H(z)=\frac{I_o(z)}{I_i(z)}=\frac{A_4}{A}z^{-1} \tag{4.5.5}$$

由式(4.5.5)可见通过开关电流及延时电路得到了一个周期的延时。

4.5.2　开关电流滤波器积分电路

开关电流滤波器多输出端同相积分电路如图 4.5.3(a) 所示。

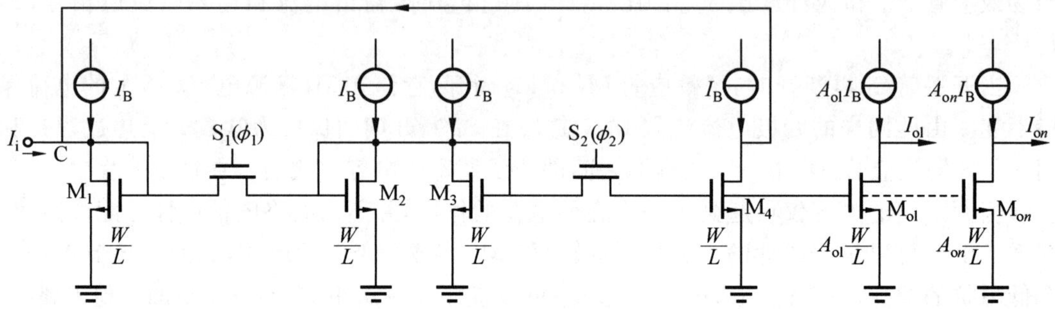

(a) 多输出端同相积分电路

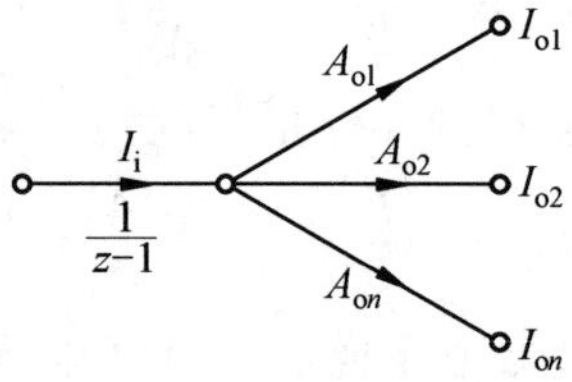

(b) 多输出端同相积分电路的信号流图

图 4.5.3　开关电流滤波器多输出端同相积分电路及其信号流图

图 4.5.3(a) 所示电路工作原理:图 4.5.3(a) 中 ϕ_1、ϕ_2 和开关电容电路中的脉冲一样,是互不重叠的两相脉冲。场效应管 $M_1 \sim M_4$ 组成一个单位增益的延迟单元,它的作用是对输入电流进行复制并将它延迟一个时钟周期。被延迟的输入电流又通过反馈回路反馈到输入电流的相加节点 C。场效应管 $M_{o1},\cdots,M_{on}$ 构成该积分电路的多个输出端。每个输出端的输出电流与场效应管 $M_{o1},\cdots,M_{on}$ 沟道的宽长比 $A_{o1},\cdots,A_{on}$ 有关。图 4.5.3(a) 所示电路的信号流图如图 4.5.3(b) 所示。由信号流图可得该电路的转移函数为

$$H(z)=\frac{I_o(z)}{I_i(z)}=A_{o1}\frac{1}{z-1} \tag{4.5.6}$$

可见,图 4.5.3(a) 所示的电路是一个开关电流同相积分电路。由于它有多个输出端,因此称为开关电流多输出端同相积分电路。

如果将输入电流从场效应管 M_2 和 M_3 的漏极输入,则可以实现反相积分。电路如图 4.5.4(a) 所示,该电路的信号流图如图 4.5.4(b) 所示。由信号流图可得该电路的转

移函数为

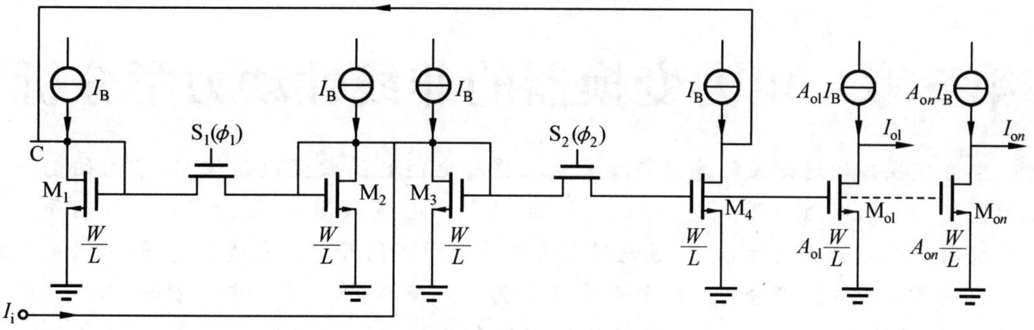

(a) 多输出端反相积分电路

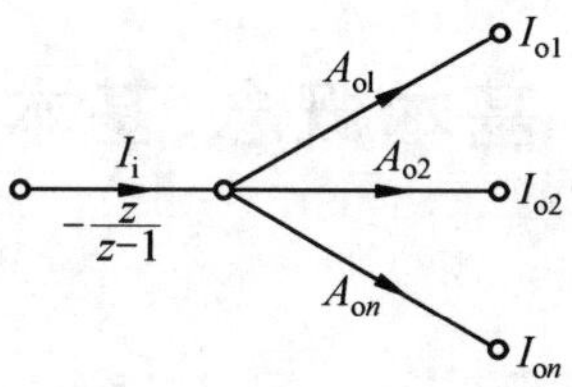

(b) 多输出端反相积分电路的信号流图

图 4.5.4　开关电流滤波器多输出端反相积分电路及其信号流图

$$H(z)=\frac{I_{o1}(z)}{I_i(z)}=-A_{o1}\frac{z}{z-1} \tag{4.5.7}$$

可见，图 4.5.4 所示的电路是一个开关电流滤波器多输出端反相积分电路。

第 5 章　电力变换器的非线性动力学分析

电力变换器通过开关的导通与断开来实现对电能的高效变换与控制，常用的电力变换器包括 DC－DC 变换器、DC－AC 变换器、AC－DC 变换器及 AC－AC 变换器等。电力变换器是典型的非线性系统，通过对电力变换器的不同开关状态进行建模，并进一步采用现代电路分析方法可分析系统的动力学行为。本章以 DC－DC 变换器和 DC－AC 变换器为例，通过建立系统的离散迭代映射模型来分析系统的非线性现象，包括分岔和混沌。

5.1　基本概念、基本理论

5.1.1　混沌

混沌一词的英文为 chaos，意思是混乱、紊乱。在我国传说中，混沌指宇宙形成之前模糊一团的无秩序景象，然而现代科学中的混沌，已不同于以往人们想象的那样为一片混乱、无秩序状态，而是指那些不具备周期性和对称性特征的有序状态。科学研究表明，混沌现象到处可见，自然界存在的绝大部分运动都是混沌的，规则运动是相对的，只在局部范围和较短时间内存在。

混沌科学是随着现代科学技术的迅猛发展，尤其在计算机技术的出现和普遍应用的基础上发展起来的新兴交叉学科。在现代的物质世界里，混沌现象无处不在，大至宇宙，小至基本粒子，无不受混沌理论的支配。

5.1.2　相图

动力学系统一般指由很多微分方程构成的集合，即微分方程组。动力学系统有的是时变系统，有的是时不变系统。描述系统的基本状态就是求解微分方程组在某个时刻的值，这样就将现实中的动力学系统用数学完美地表示了出来。

描述系统演化与运动最有力的工具是相空间和状态空间，它们给出了将数字信号转变为图形的方法。而系统的演变情况则可通过点的运动轨迹来描述。以状态变量作为坐标轴建立起的正交坐标系即为相空间，状态变量将在相空间中描绘出其自身的轨迹，即相轨迹，也称为相图。

相图包含动力学系统的很多信息，通过观察相图，可以得出系统在 $t\rightarrow\infty$ 时渐近状态的数量和类型。当然在一幅相图中画出所有轨道是不可能的，只能通过部分轨道来推测系统的整体行为。

5.1.3　庞加莱映射

庞加莱(Poincare)映射是一个经典的分析动力学系统技术，它用 $n-1$ 阶的离散系统替换了原来 n 阶的连续系统。在多维相空间中适当选取一个截面，在此截面上对某一对共轭变量来取固定值，通常称此截面为庞加莱截面。相空间中系统的连续运动轨迹与所选的庞加莱截面的交点称为截点。设得到的庞加莱点为：$x_0, x_1, x_2, \cdots, x_n, x_{n+1}, \cdots$，则原来相空间的连续轨迹在庞加莱截面上表现为一些离散点之间的映射，即为

$$x_{n+1} = Tx_n \tag{5.1.1}$$

式(5.1.1)所示映射 T 称为庞加莱映射，该映射把一个连续的运动状态转变为简单的离散映射。其主要内容有：

(1) 当 Poincare 截面上只有一个动点或少数离散点时，运动是周期运动。

(2) 当 Poincare 截面上是闭曲线时，运动是准周期运动。

(3) 当 Poincare 截面上是一些成片的密集点时，运动便是混沌的。

由上述可知，庞加莱映射反映了运动系统的性质，如果系统运动是周期 1 状态，则庞加莱映射是一个不动点；如果系统运动是周期 2 状态，则庞加莱映射是两个不动点；如果系统运动是混沌态，则庞加莱映射由很多密集的点连成一片。因此，可以根据庞加莱映射来判断运动系统是否发生混沌现象。

5.1.4　分岔图

动力学系统中的分岔现象是指随着系统中某些敏感参数的变化，该系统的动力学行为产生质的变化，尤其是系统的平衡状态产生变化或者方程出现多解，发生轨道分岔。稳定状态的消失是发生分岔的物理前提。分岔是把平衡点、周期解的稳定性和混沌联系起来的一个数学名词。运动系统的稳定性是一个经典的课题，而混沌则是一个比较现代的课题，揭示两者间联系的机理就是分岔理论。常见的分岔有跨临界分岔、霍普夫分岔、倍周期分岔(FB)和边界碰撞分岔(BCB)等。

分岔理论从数学上讲就是在某一系统参数情况下微分方程出现了非唯一解。解的不唯一性在现实中会表现为系统的不稳定性。由于解的数目决定了系统在现实中具有多少工作状态，因此在系统不稳定的情况下，非常小的扰动都会使系统在几种工作状态之间跳跃，无法达到预定目标，甚至出现系统崩溃现象。

分岔理论的直观表示是分岔图。分岔图是一种针对某个控制参数画出的系统的稳定状态变化点的集合的图形。一般说来，分岔图通过选择一个状态变量和一个控制参数来画出。离散系统的分岔图是画出状态变量的连续变化值；连续系统的分岔图是需要将系统离散化，通过应用庞加莱截面来得出。通过分岔图可以更加清楚地观测到在一个系统控制参数变化的情况下状态空间的变化情况：从稳定状态到周期状态进而到混沌状态。需要特别说明的是，在分岔参数的变化区间内，动力学系统可能在不同的分岔参数处相继出现分岔。所以分岔图可以作为判断系统是否发生混沌现象的方法之一。

5.1.5 李雅普诺夫指数

李雅普诺夫(Lyapunov)指数是一种定量分析混沌系统的特征量,可以用来确定混沌行为的稳定性。Lyapunov 指数在耗散及保守系统的动力学理论中具有十分重要的作用,一条给定轨道的 Lyapunov 指数描述了包围轨道的平均指数发散率。混沌系统的初值敏感性是指相空间中初始距离很近的两条轨迹会以指数速度发散。Lyapunov 指数即是根据相轨迹有无扩散运动特征来判断系统的混沌特性。

Lyapunov 指数描述了混沌吸引子对初值条件或小扰动具有敏感的依赖性。在一维动力学系统 $x_{n+1}=F(x_n)$ 中,假定初始值为 x_0,相邻点为 $x_0+\delta x_0$,经过 n 次迭代后,它们之间的距离为

$$\delta x_n = |F^{(n)}(x_0+\delta x_0)-F^{(n)}(x_0)| = \frac{\mathrm{d}F^{(n)}(x_0)}{\mathrm{d}x}\delta x_0 \tag{5.1.2}$$

当 $\left|\frac{\mathrm{d}F}{\mathrm{d}x}\right|>1$ 时,经过 n 次迭代后初始点 x_0 与相邻点 $x_0+\delta x_0$ 是互相分离的;当 $\left|\frac{\mathrm{d}F}{\mathrm{d}x}\right|<1$ 时,经过 n 次迭代后初始点 x_0 与相邻点 $x_0+\delta x_0$ 是相互靠拢的。但在多次迭代的过程中,混沌运动中系统的轨道既相互靠拢又相互排斥,$\left|\frac{\mathrm{d}F}{\mathrm{d}x}\right|$ 的值也会随着迭代次数的变化而变化,使得迭代后的点时而靠拢,时而分离。因此初始两点经过迭代后是互相分离的还是靠拢的,主要取决于其导数 $\left|\frac{\mathrm{d}F}{\mathrm{d}x}\right|$ 的值。为了从整体上容易观察相邻状态的情况,需要对迭代次数或时间取平均值。为此,设平均每次迭代所引起的指数分离中的指数为 λ,则原先相距 ε 的两点经过 n 次迭代后,两点间的距离为

$$|F^{(n)}(x_0+\varepsilon)-F^{(n)}(x_0)| = \varepsilon \mathrm{e}^{n\sigma(x_0)} \tag{5.1.3}$$

取极限 $\varepsilon\to 0, n\to\infty$,式(5.1.3)变为

$$\lambda(x_0)=\lim_{n\to\infty}\lim_{\varepsilon\to 0}\frac{1}{n}\ln\left|\frac{F^n(x_0+\varepsilon)-F^n(x_0)}{\varepsilon}\right|=$$

$$\lim_{n\to\infty}\frac{1}{n}\ln\left|\frac{\mathrm{d}F^n(x)}{\mathrm{d}x}\right|_{x=x_0} \tag{5.1.4}$$

由于式(5.1.4)与初始值 x_0 无关,故可写成

$$\lambda(x_0)=\lim_{n\to\infty}\frac{1}{n}\sum_{i=1}^{n}\ln\left|\frac{\mathrm{d}F^{(n)}(x)}{\mathrm{d}x}\right|_{x=x_i} \tag{5.1.5}$$

式(5.1.5)中的 λ 称为动力学系统的 Lyapunov 指数,它表示在多次迭代过程中,平均每次迭代所引起的相邻离散点之间以指数速度分离或靠拢的趋势。

由上面的讨论可知,若相空间是一维的,当 $\lambda<0$ 时,经过多次迭代后,相邻点最终要靠拢合并成一点,相体积收缩,系统运动稳定且对初始条件不敏感,此时对应系统轨道中稳定的不动点和周期运动;当 $\lambda>0$ 时,经过多次迭代后,相邻点最终要分离,轨道迅速分离,使得系统对初始条件非常敏感,此时对应系统中轨道局部不稳定,则在此作用下经过多次迭代并形成混沌吸引子,系统运动则呈现混沌状态;当 $\lambda=0$ 时,系统轨道对应于稳定边界,是一种临界的情况。因此 Lyapunov 指数 λ 可以作为系统是否发生混沌运动的一个

判据。

在 Lyapunov 指数谱中，最小 Lyapunov 指数决定轨道收缩的快慢，最大 Lyapunov 指数则决定轨道的发散程度。当系统的最大 Lyapunov 指数大于 0 时，该系统一定是混沌的。因此时间序列的最大 Lyapunov 指数可作为该序列是否为混沌的一个判断依据。

5.1.6　频闪映射理论

由于开关变换器是分段线性系统，直接通过状态方程分析其非线性动力学特性十分困难，而目前各国学者分析非线性系统的理想方法是将连续系统离散化。故一般应用数据采样方法建立变换器的离散模型。典型的数据采样方法根据采样时刻的不同一般分为频闪映射、S开关映射和A开关映射3种形式。其中，频闪映射为一种非线性建模方法，已被广泛应用于开关变换器的非线性现象研究。

(1) 频闪映射：一般指按照开关频率对电路状态变量进行采样，所得到的差分方程。

(2) S 开关映射：一般指在电路开关断开的时刻对电路状态变量进行采样，所得到的差分方程。

(3) A 开关映射：一般指在电路开关导通的时刻对电路状态变量进行采样，所得到的差分方程。

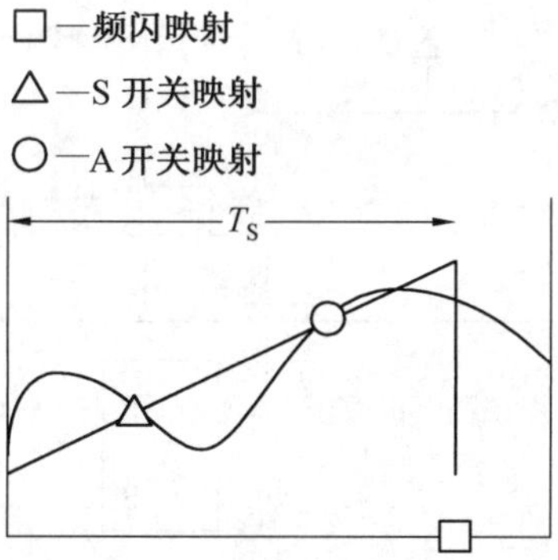

图 5.1.1　数据采样方法

本书中用到的数据采样方法是频闪映射。这里对频闪映射做进一步介绍。频闪映射是一种离散化建模的方法，其原理类似于频闪仪，也就是以固定的采样频率 f 采样目标系统，通常，该采样频率 f 与系统的工作频率相一致。对于单相逆变器而言，如果开关频率是固定的，则频闪映射模型应为一个不动点；如果开关频率不是固定的，而是变化的(称之为扩频)，则频闪映射模型应为一系列点。

5.2　开关电感 Boost 变换器的非线性行为分析

电流模式控制升压变换器(Boost 变换器)是电力电子中非线性现象研究的一个重要对象，它能产生多种分岔形式，而开关电感结构是近年来提出的一种新型拓扑，这种拓扑有多种组合形式，可以嵌入传统 DC－DC 变换器中，极大地增强变换器的升压／降压能力。基于开关电感结构的混合升压变换器在具有上述优点的同时，也存在不可忽视的非线性现象。因此，本节以开关电感 Boost 变换器为例，研究其复杂的动力学行为。

5.2.1　开关电感 Boost 变换器的工作原理

开关电感Boost变换器的电路原理图如图 5.2.1 所示，其主电路拓扑采用由 3 个二极管和 2 个电感组成的开关电感结构代替传统 Boost 变换器的输入侧电感。通常情况下，开关电感结构中 L_1 和 L_2 的取值相等。为了简化分析，假设所有的元件都是理想的。以流过电感 L_1 的电流 i_{L1} 为控制信号，则电路工作原理如下：将电感 L_1 的电流 i_{L1} 与参考电流 I_{ref} 比较的结果作为 RS 触发器 R 端的输入，时钟信号通过触发器的 S 端输入，触发器的输出 Q 控制开关 S 的通断。令电路工作于连续电流模式(CCM) 下，则当时钟脉冲到来时，触发器置 1，开关 S 导通，二极管 D_0、D_{12} 断开，二极管 D_1、D_2 导通，电感 L_1、L_2 并联充电，电容 C 向负载提供能量，此时电路等效为图 5.2.2(a) 所示的形式(模态 1)；当 i_{L1} 增加到峰值参考电流 I_{ref} 时，触发器复位，开关 S 断开，二极管 D_0、D_{12} 导通，二极管 D_1、D_2 断开，电感 L_1、L_2 串联，输入电压 E 以及电感 L_1、L_2 共同为电容 C 充电，并向负载提供能量，此时电路等效为图 5.2.2(b) 所示的形式(模态 2)。

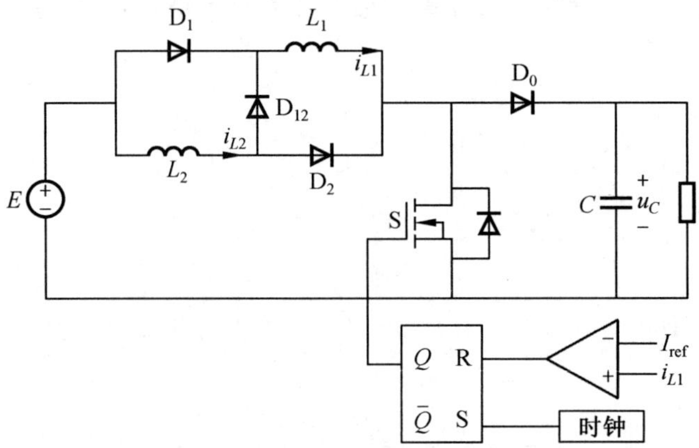

图 5.2.1　开关电感 Boost 变换器的电路原理图

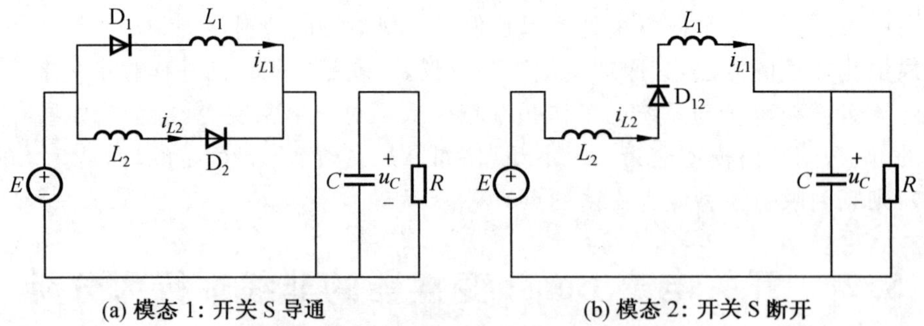

图 5.2.2　不同开关状态对应的电路拓扑

设开关电感结构的等效电感为 L_{eq}，流过等效电感的电流为 i_{eq}，对应图 5.2.2 所示两种模态的等效电路，假设在一个周期 T 内，模态 1 所经历的时间(开关 S 导通的时间) 为 t_n，直流输入电压为 E，取状态变量为 $\boldsymbol{x}=[i_{eq}\quad u_C]^{\mathrm{T}}$，则变换器工作于模态1时的状态方程

为

$$\dot{\boldsymbol{x}} = \boldsymbol{A}_1 \boldsymbol{x} + \boldsymbol{B}_1 E \quad (nT \leqslant t \leqslant nT + t_n) \tag{5.2.1}$$

其中，$\boldsymbol{A}_1 = \begin{bmatrix} 0 & 0 \\ 0 & -1/(RC) \end{bmatrix}$，$\boldsymbol{B}_1 = \begin{bmatrix} 1/L_{\text{eq}} \\ 0 \end{bmatrix}$

变换器工作于模态 2 时的状态方程为

$$\dot{\boldsymbol{x}} = \boldsymbol{A}_2 \boldsymbol{x} + \boldsymbol{B}_2 E \quad (nT + t_n \leqslant t \leqslant (n+1)T) \tag{5.2.2}$$

其中，$\boldsymbol{A}_2 = \begin{bmatrix} 0 & -1/L_{\text{eq}} \\ 1/C & -1/(RC) \end{bmatrix}$，$\boldsymbol{B}_2 = \begin{bmatrix} 1/L_{\text{eq}} \\ 0 \end{bmatrix}$

由系统的工作原理可知，开关在导通和断开的过程中，电感 L_1 和 L_2 由并联转变为串联，因此，式(5.2.1) 和式(5.2.2) 中的 L_{eq} 和 i_{eq} 值互不相等。如假设 $L_1 = L_2$，则式(5.2.1) 中的 L_{eq} 和 i_{eq} 可表示为

$$L_{\text{eq}} = L_1 // L_2 = 1/2L_1, \quad i_{\text{eq}} = i_{L1} + i_{L2} = 2i_{L1} \tag{5.2.3}$$

式(5.2.2) 中的 L_{eq} 和 i_{eq} 可表示为

$$L_{\text{eq}} = L_1 + L_2 = 2L_1, \quad i_{\text{eq}} = i_{L1} = i_{L2} \tag{5.2.4}$$

考虑到 i_{L1} 为控制信号，为方便离散迭代映射模型的推导，重新定义 $\boldsymbol{x}' = [i_{L1} \quad u_C]^{\text{T}}$ 为新的状态变量，相应的状态方程可表示为

$$\dot{\boldsymbol{x}}' = \boldsymbol{A}_1' \boldsymbol{x}' + \boldsymbol{B}_1' E \quad (nT \leqslant t < nT + t_n) \tag{5.2.5}$$

$$\dot{\boldsymbol{x}}' = \boldsymbol{A}_2' \boldsymbol{x}' + \boldsymbol{B}_2' E \quad (nT + t_n \leqslant t \leqslant (n+1)T) \tag{5.2.6}$$

其中，$\boldsymbol{A}_1' = \begin{bmatrix} 0 & 0 \\ 0 & -1/(RC) \end{bmatrix}$，$\boldsymbol{A}_2' = \begin{bmatrix} 0 & -1/(2L_1) \\ 1/C & -1/(RC) \end{bmatrix}$，$\boldsymbol{B}_1' = \begin{bmatrix} 1/L_1 \\ 0 \end{bmatrix}$，$\boldsymbol{B}_2' = \begin{bmatrix} 1/(2L_1) \\ 0 \end{bmatrix}$。

5.2.2　离散迭代映射模型

本章采用频闪映射的方法，取开关频率为采样频率，在 $t = nT(n = 1, 2, 3, \cdots)$ 时刻对电路的各状态变量进行采样，设 T 是电路的开关周期，得到电路的状态 $x_n = x(nT)$，$x_{n+1} = x[(n+1)T]$。

设电感电流 i_{L1} 上升到 I_{ref} 的时间为 t_n，图 5.2.3 给出了 $t_n < T$ 时的频闪采样示意图。设电流 i_{L1} 在采样时刻 nT 的电流值为 $i_{1,n}$，电压 u_C 在采样时刻 nT 的电压值为 u_n，则状态方程式(5.2.5) 的解可表示为

$$\begin{cases} i_{L1}(t) = Et/L_1 + i_{1,n} \\ u_C(t) = u_n \mathrm{e}^{2kt} \end{cases} \tag{5.2.7}$$

其中，$k = -\dfrac{1}{2RC}$。

当变换器工作于模态 2 时，由状态方程式(5.2.6) 可导出关于状态变量 u_C 的二阶微分方程如下：

$$\ddot{u}_C + \frac{1}{RC}\dot{u}_C + \frac{1}{C(2L_1)}u_C = \frac{1}{C(2L_1)}E \tag{5.2.8}$$

当 $R > \dfrac{1}{2}\sqrt{\dfrac{2L_1}{C}}$ 时，微分方程式(5.2.8) 的特征方程存在两个不等的虚根，微分方程

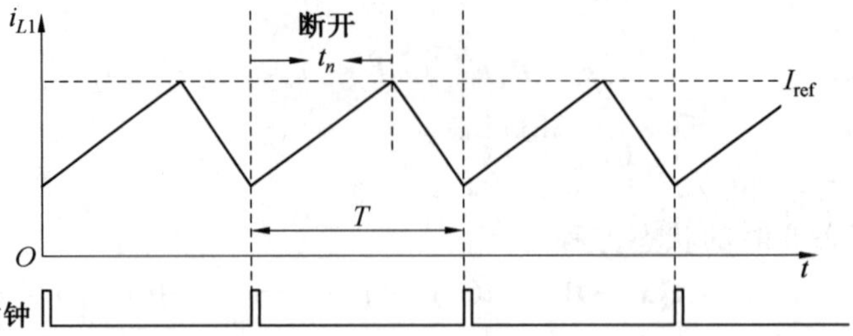

图 5.2.3　$t_n < T$ 时的频闪采样示意图

式(5.2.6)中电感电流 i_{L1} 和电容电压 u_C 的解为

$$\begin{cases} i_{L1}(t) = Ce^{kt}[(c_1k + c_2\omega)\cos\omega t + (c_2k - c_1\omega)\sin\omega t] + \\ \qquad \dfrac{e^{kt}(c_1\cos\omega t + c_2\sin\omega t)}{R} + \dfrac{E}{R} \\ u_C(t) = e^{kt}(c_1\cos\omega t + c_2\sin\omega t) + E \end{cases} \tag{5.2.9}$$

其中,$c_1 = u_n e^{2kt_n} - E$,$c_2 = \dfrac{RI_{ref} - E - c_1/2}{\omega CR}$,$\omega = \sqrt{\dfrac{1}{2L_1C} - (-k)^2}$。

在模态 1 下,电流 i_{L1} 经时间 t_n 上升到 I_{ref},则由式(5.2.7)可知

$$t_n = L_1 \times \frac{I_{ref} - i_{1,n}}{E} \tag{5.2.10}$$

若 $t_n \geqslant T$,则在 $nT \sim (n+1)T$ 时间段内,变换器只工作于模态 1,则

$$\begin{cases} i_{1,n+1} = i_{1,n} + ET/L_1 \\ u_{n+1} = u_n e^{2kT} \end{cases} \tag{5.2.11}$$

若 $t_n < T$,则在 $nT \sim (nT + t_n)$ 时间段内,变换器工作于模态 1,在 $(nT + t_n) \sim (n+1)T$ 时间段内,变换器工作于模态 2,则电感电流 i_{L1} 和输出电压 u_C 的离散迭代映射模型为

$$\begin{cases} i_{1,n+1} = Ce^{kt_m}[(c_1k + c_2\omega)\cos\omega t_m + (c_2k - c_1\omega)\sin\omega t_m] + \\ \qquad \dfrac{e^{kt}(c_1\cos\omega t_m + c_2\sin\omega t_m)}{R} + \dfrac{E}{R} \\ u_{n+1} = e^{kt_m}(c_1\cos\omega t_m + c_2\sin\omega t_m) + E \end{cases} \tag{5.2.12}$$

式中,t_m 为开关断开的时间,$t_m = T \times \left[1 - \dfrac{t_n}{T}\text{mod}1\right]$(mod 为求余函数)。

5.2.3　开关电感 Boost 变换器的动力学行为分析

对于非线性电路,可以通过时域波形图和相轨图直接观测电路的运行状态,也可以采用分岔图和庞加莱截面法对电路进行定性分析。本节通过分岔图来分析不同电路参数对系统性能的影响,并通过时域波形图和相轨图观测了系统的动力学演化过程,验证离散迭代映射模型的正确性。取变换器的开关频率为 10 kHz,初始电路参数设置如下:$E = 10$ V,$R = 10\ \Omega$,$L_1 = 1$ mH,$L_2 = 1$ mH,$C = 10\ \mu$F,$I_{ref} = 3$ A。

1. 分岔图

以上述初始电路参数为基础,选取其中某一参数为变量,固定其他参数,则可得到状

态变量随该参数变化的分岔图。图 5.2.4(a) ～ (d) 分别给出状态变量随参考电流 I_{ref}、负载电阻 R、输入电压 E 和电容 C 变化的分岔图，由仿真结果可知，这种开关电感 Boost 变换器具有比传统 Boost 变换器更加复杂的非线性动力学行为。

如图 5.2.4(a) 所示，在参考电流从 1 A 增加到 13 A 的过程中，变换器的输出电压 u_C 由稳定的周期 1 经倍周期分岔转变为周期 2 和周期 4；当参考电流增大到 6.2 A 左右时，4 条轨线中 2 条再次发生分岔，另 2 条未分岔，形成周期 6，然后激变进入混沌状态；然而，这个混沌状态并没有被保持，而是突然向周期态转变并发生分岔，这种现象为切分岔，切分岔之前的混沌称为阵发混沌。当参考电流在 11 A 左右时，变换器结束切分岔，产生激变，彻底进入混沌状态。

图 5.2.4(b) 给出电感电流 i_{L1} 随负载电阻 R 变化的分岔图，结合本节所取的初始电路参数和变换器的工作原理可推导出图 5.2.4(b) 对应的电感电流边界为 $I_b = I_{ref} - ET/L_1 = 2$ A，则由图 5.2.4(b) 可知，随着 R 的增加，i_{L1} 经历由周期 1 到周期 2 的倍周期分岔，当 R 增加到 22.7 Ω 左右时，发生边界碰撞分岔，形成周期 4，随后继续分岔形成周期 8，当 R 为 26.2 Ω 时，再次发生边界碰撞分岔，产生激变进入混沌状态。

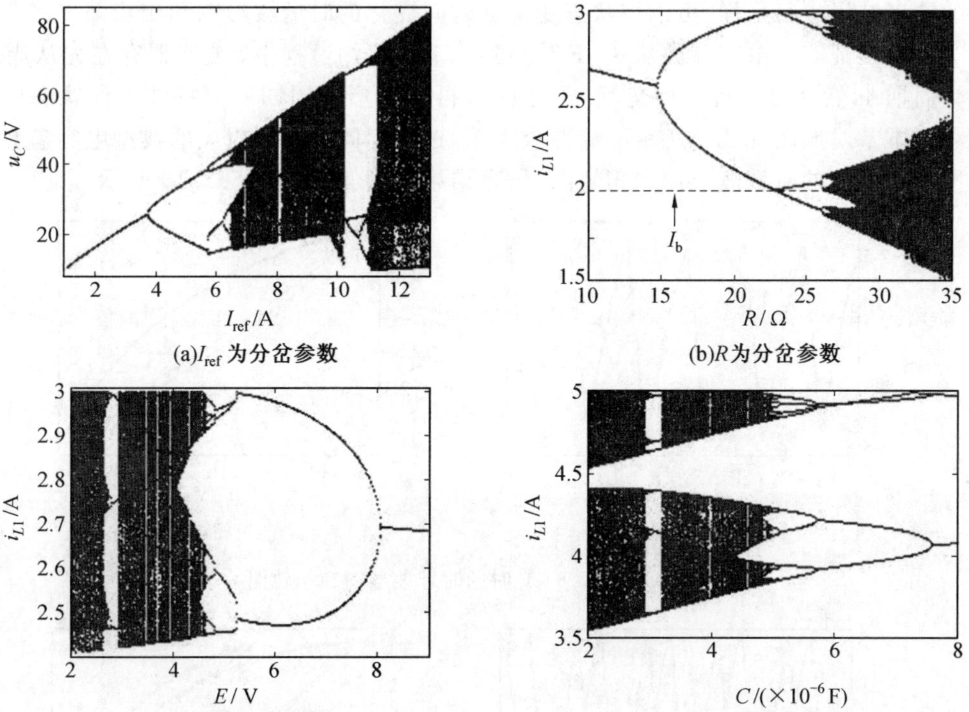

(a)I_{ref} 为分岔参数　(b)R 为分岔参数

(c)E 为分岔参数　(d)C 为分岔参数

图 5.2.4　不同分岔参数下的分岔图

图 5.2.4(c) 是以输入电压 E 作为变量的分岔图。从图中可以明显看出，此时变换器是随着 E 的减小而进入混沌状态，这与改变参考电流 I_{ref} 和负载电阻 R 时的变化趋势相反。随着 E 的减小，变换器从稳定的周期 1，先后经历倍周期分岔、阵发混沌、切分岔，最终进入混沌状态。其中较为明显的周期窗口为周期 3 窗口。

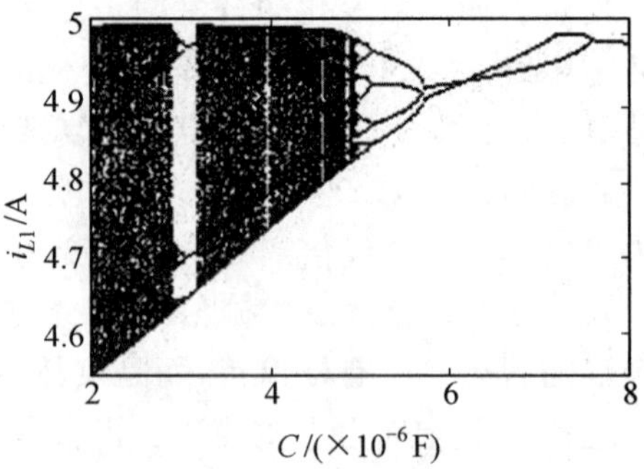

图 5.2.5　C 为分岔参数的局部放大分岔图

由图 5.2.4(d) 可以明显地看出,随着电容 C 的减小,变换器呈现较为复杂的动力学现象,其中比较明显的非线性现象有倍周期分岔、切分岔和阵发混沌。为了更加清晰地观察变化的细节,将电感电流 i_{L1} 限制在 4.51 ～ 5 A 范围内,图 5.2.5 给出当电容从 8 μF减小到 2 μF时电感电流 i_{L1} 的分岔图。将图 5.2.5 与图 5.2.4(d) 相结合可以清楚地知道,当 $C=6.2$ μF 时,变换器由周期 4 转为周期 3,发生了分岔轨线相交的现象,即当电容 $C\in[5.72,7.61]$ μF 时,变换器工作于周期 4,特别地,当 $C=6.2$ μF 时,分岔图的两条轨线相交,在交点处,变换器工作于周期 3。

2. 时域波形图和相轨图

对图 5.2.1 所示的开关电感 Boost 变换器采用电流控制,在 Matlab 软件的 Simulink 仿真平台中搭建其仿真模块,所选电路参数与 5.2.3 节给出的初始电路参数一致,对状态变量的输出结果进行采样,可以得状态变量随时间变化的时域波形图和相轨图。

为进一步证明当电容参数从 8 μF 减小到 5.72 μF 的过程中,变换器存在先从周期 2 分岔为周期 4,然后分岔轨线相交,形成周期 3,再分离形成周期 4 的特殊工作状态(非线性现象),本节对照图 5.2.5 所示的局部放大图,选取不同阶段所对应的典型电容参数,得到不同电容值下的时域波形图和相轨图,仿真结果如图 5.2.6 ～ 5.2.10 所示。

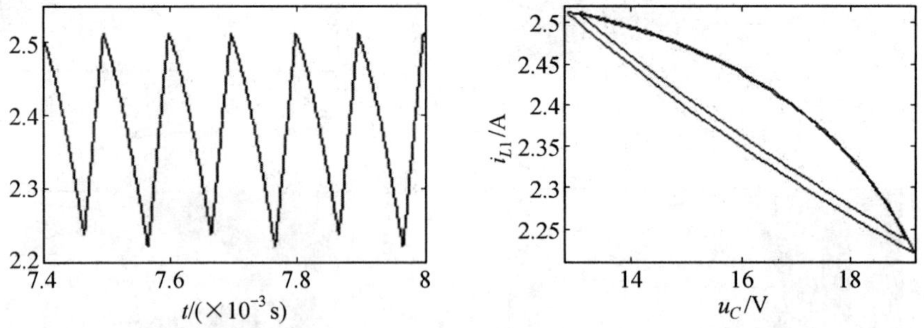

(a) 时域波形图　　(b) 相轨图

图 5.2.6　$C=8$ μF 时的时域波形图和相轨图

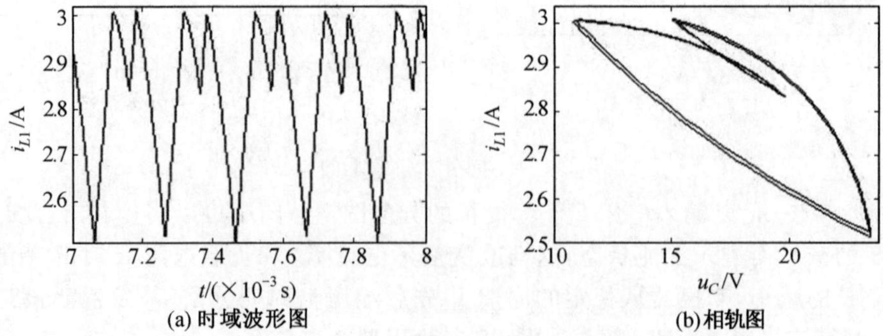

(a) 时域波形图　　(b) 相轨图

图 5.2.7　$C=7$ μF 时的时域波形图和相轨图

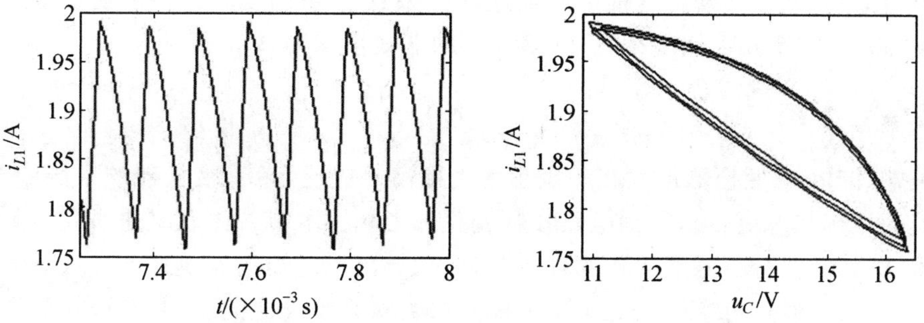

(a) 时域波形图　　(b) 相轨图

图 5.2.8　$C = 6.2\ \mu\text{F}$ 时的时域波形图和相轨图

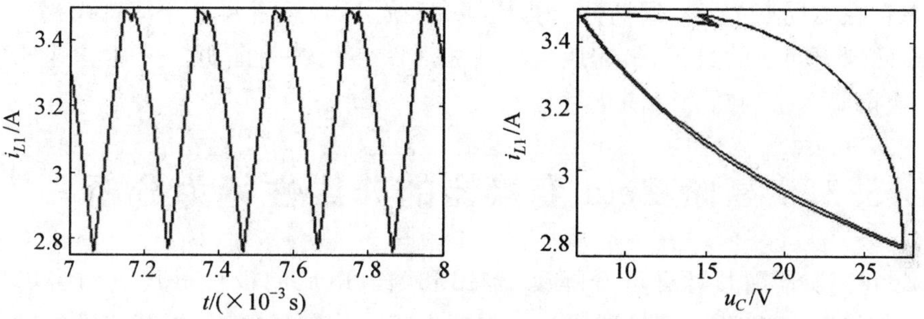

(a) 时域波形图　　(b) 相轨图

图 5.2.9　$C = 6\ \mu\text{F}$ 时的时域波形图和相轨图

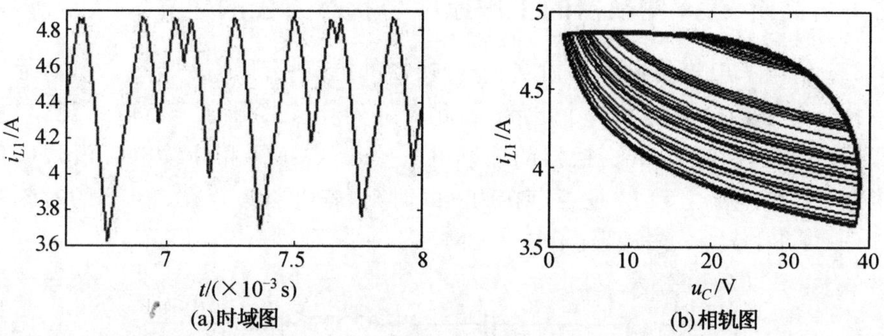

(a)时域图　　(b) 相轨图

图 5.2.10　$C = 4.2\ \mu\text{F}$ 时的时域波形图和相轨图

由图 5.2.6～5.2.9 可知，当电容分别为 8 μF、7 μF、6.2 μF 和 6 μF 时，变换器分别工作于周期 2、周期 4、周期 3 和周期 4，时域波形表现为相应的周期性，相轨图则由相同个数的封闭曲线组成，有效地证明了图 5.2.5 所示分岔图的正确性，即离散迭代映射模型的正确性，则当电容减小时，变换器确实存在上述的特殊工作状态。

图 5.2.10 给出了电容值为 4.2 μF 时的时域波形图和相轨图，此时变换器工作于混沌状态，时域波形因失去周期性而显得杂乱无章，相轨图由一定区域内随机分布的轨线组成。由仿真结果不难看出，通过时域波形图和相轨图所观察到的现象与基于离散迭代映射模型绘制的分岔图所得出的结论相一致，验证了离散迭代映射模型的正确性，证实了随

着电容值的减小,该变换器存在前文所描述的特殊的非线性现象,结果表明该电路存在比传统低维 Boost 变换器更加复杂、更加多样化的非线性行为。

5.2.4 小结

开关电感Boost变换器虽然在一定程度上提高了传统Boost变换器的升压能力,但却使变换器的运行状态更容易受到电路参数变化的影响。本节首先系统地研究了此类变换器的非线性行为,在分析电路工作原理的基础上,导出了连续电流模式下变换器的离散迭代映射模型;其次通过分岔图研究了不同电路参数对系统性能的影响,发现在此高阶变换器中,电路参数的变化会引发更为复杂的非线性现象,系统不仅发生了倍周期分岔、边界碰撞分岔、阵发混沌和切分岔,还存在一种特殊的非线性现象,即随着电容C的减小,电路的工作状态存在由周期1经倍周期分岔为周期2和周期4,然后两条分岔轨线相交形成周期3再分离回到周期4的过程;最后通过时域波形图和相轨图证明了上述特殊现象的存在,观察了变换器丰富的动力学演化过程。

5.3 高阶 Zeta 变换器的非线性行为分析

高阶 Zeta 变换器因其具有可升降压、输出和输入电压同极性等优点而得以广泛应用。本节内容将以高阶 Zeta 变换器中一个电感电流为控制对象,分析其丰富的动力学演化过程。

5.3.1 高阶 Zeta 变换器的工作原理与状态方程的建立

图 5.3.1 给出了电流控制型高阶 Zeta 变换器的电路原理图。如图 5.3.1 所示,该高阶 Zeta 变换器包含两个电感和两个电容,因此高阶 Zeta 变换器属于四阶系统。与低阶开关变换器不同的是,高阶 Zeta 变换器的连续电流模式(CCM)和断续电流模式(DCM)的判断条件为两电感电流之和 i_m 是否存在为 0 的时刻,若电路中存在 $i_m=0$ 的时刻,则变换器工作于 DCM 下;反之,变换器工作于 CCM 下。

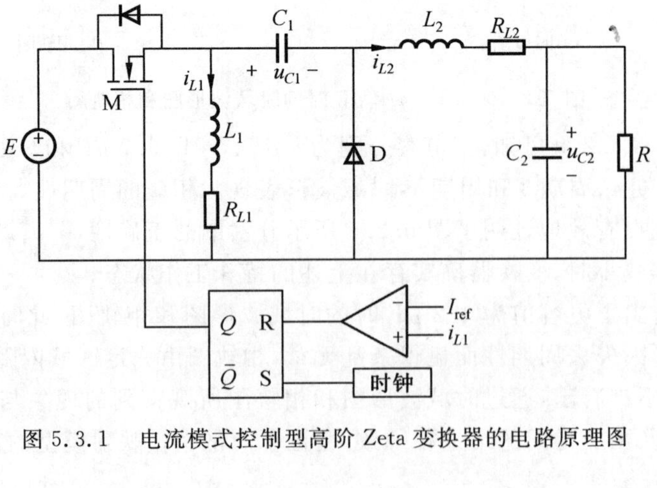

图 5.3.1 电流模式控制型高阶 Zeta 变换器的电路原理图

本节以电感 L_1 的电流 i_{L1} 为控制对象，适当选取电路参数，保证变换器始终工作于 CCM 下。此时，电路的工作原理如下：将电感 L_1 的电流 i_{L1} 与参考电流 $I_{\rm ref}$ 比较的结果作为触发器 R 端的输入，时钟通过 S 端输入，触发器的输出 Q 控制开关 M 的通断。当时钟脉冲到来时，触发器 S 端置 1，开关 M 导通，二极管 D 断开，电源 E 经开关 M 向电感 L_1 充电；同时，电源 E 和电容 C_1 经过 L_2 向负载供电，电感 L_1、L_2 的电流 i_{L1}、i_{L2} 线性增加，此时电路等效为图 5.3.2(a) 所示的形式（模态 1）。当 i_{L1} 增加到峰值参考电流 $I_{\rm ref}$ 时，触发器 R 端置 1，开关 M 断开，二极管 D 导通，电感 L_1 经二极管 D 向电容 C_1 充电；同时电感 L_2 的电流经二极管 D 续流，为负载供电，电感 L_1、L_2 的电流 i_{L1}、i_{L2} 线性减小，此时电路等效为图 5.3.2(b) 所示的形式（模态 2）。

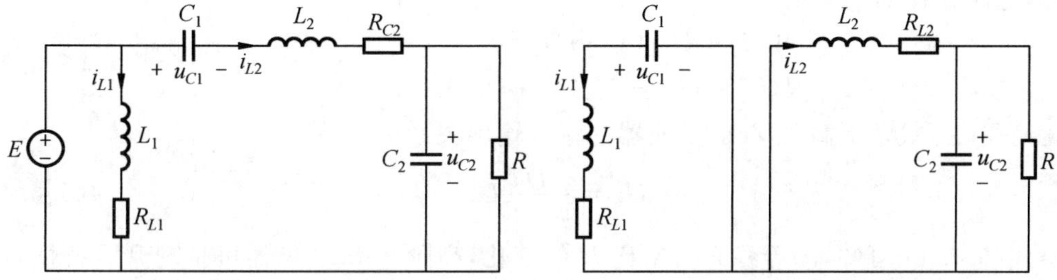

图 5.3.2　不同开关状态对应的电路拓扑

令系统的状态变量为 $\boldsymbol{x}=[u_{C1}\quad u_{C2}\quad i_{L1}\quad i_{L2}]^{\rm T}$，根据上述工作状态的分析结果，利用 KVL 和 KCL 定律，得 CCM 下高阶 Zeta 变换器的状态方程为

$$\dot{\boldsymbol{x}}=\boldsymbol{A}_1\boldsymbol{x}+\boldsymbol{B}_1E\quad(\text{M 导通,D 断开})\tag{5.3.1}$$

$$\dot{\boldsymbol{x}}=\boldsymbol{A}_2\boldsymbol{x}+\boldsymbol{B}_2E\quad(\text{M 断开,D 导通})\tag{5.3.2}$$

若计及电感 L_1、L_2 的内阻 R_{L1}、R_{L2}，则式(5.3.1) 和式(5.3.2) 所表示的电路在开关导通和断开时系统的参数矩阵 $\boldsymbol{A}_1$、$\boldsymbol{A}_2$ 和输入矩阵 $\boldsymbol{B}_1$、$\boldsymbol{B}_2$ 可表示为

$$\boldsymbol{A}_1=\begin{bmatrix}0 & 0 & 0 & \dfrac{1}{C_1}\\ 0 & -\dfrac{1}{RC_2} & 0 & \dfrac{1}{C_2}\\ 0 & 0 & \dfrac{-R_{L2}}{L_1} & 0\\ -\dfrac{1}{L_2} & -\dfrac{1}{L_2} & 0 & -\dfrac{R_{L2}}{L_2}\end{bmatrix},\quad \boldsymbol{A}_2=\begin{bmatrix}0 & 0 & -\dfrac{1}{C_1} & 0\\ 0 & -\dfrac{1}{RC_2} & 0 & \dfrac{1}{C_2}\\ \dfrac{1}{L_1} & 0 & -\dfrac{R_{L1}}{L_1} & 0\\ 0 & -\dfrac{1}{L_2} & 0 & -\dfrac{R_{L2}}{L_2}\end{bmatrix}$$

$$\boldsymbol{B}_1=\begin{bmatrix}0 & 0 & \dfrac{1}{L_1} & \dfrac{1}{L_2}\end{bmatrix}^{\rm T},\quad \boldsymbol{B}_2=[0\quad 0\quad 0\quad 0]^{\rm T}$$

根据图 5.3.2 可知，当电容 C_1 足够大时，u_{C1} 的脉动很小，可以认为 $u_{C1}\approx U_{C1}$。同理，设稳态时的输入输出电压分别为 $U_{\rm i}$ 和 $U_{\rm o}$，开关导通和断开的时间分别为 $t_{\rm on}$ 和 $t_{\rm off}$，忽略电感的内阻，则当高阶 Zeta 变换器的电路工作于 CCM 模式下时，电感 L_1 和 L_2 两端的电压波形如图5.3.3 所示。

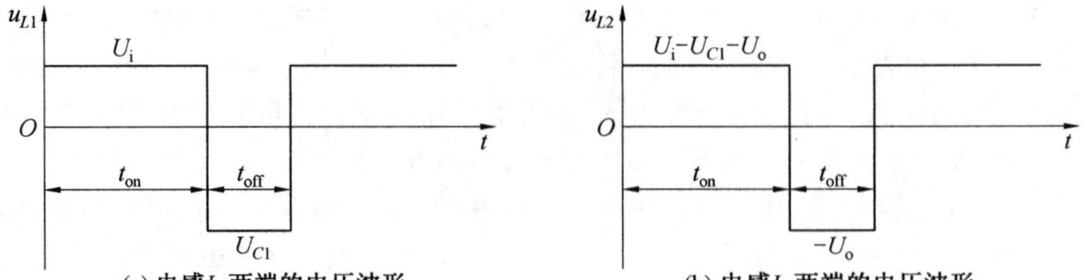

(a) 电感L_1两端的电压波形　　(b) 电感L_2两端的电压波形

图 5.3.3　电感 L_1 和 L_2 两端的电压波形

在稳态条件下,电感两端电压在一个开关周期内的平均值为 0,则由图 5.3.3 可知,稳态时,电路存在如下关系式:

$$\begin{cases}U_iD+U_{C1}(1-D)=0\\(U_i-U_{C1}-U_o)D-U_o(1-D)=0\end{cases}\tag{5.3.3}$$

化简得在 CCM 下高阶 Zeta 变换器的输入输出关系为

$$U_o=\frac{D}{1-D}U_i\tag{5.3.4}$$

由式(5.3.4)可知,随着稳态占空比 D 的变化,高阶 Zeta 变换器可呈现升压特性,也存在降压特性。

5.3.2　离散迭代映射模型

目前,大多数文献在研究 DC－DC 变换器的非线性现象时,都采用了离散映射的方法,即将变换器状态从一个采样时刻映射到下一个采样时刻。本节采用频闪映射的方法,将状态方程式(5.3.1)和式(5.3.2)离散化,即每隔 nT 时刻对数据进行采样,$n=1,2,3,\cdots$,为方便讨论,将状态方程式(5.3.1)和式(5.3.2)改写为如下形式:

$$\dot{\boldsymbol{x}}=\boldsymbol{A}_i\boldsymbol{x}+\boldsymbol{B}_iE\tag{5.3.5}$$

其中,$\boldsymbol{A}_i$ 为系统参数矩阵;$\boldsymbol{B}_i$ 为系统输入矩阵;$i=1,2$。假设在一个开关周期 T 内,开关导通的时间为 t_n,则 $t_n=d_nT$,d_n 为第 nT 到 $(n+1)T$ 时间内的占空比。记前一个采样时刻状态变量的采样值为 $\boldsymbol{x}_n$,下一个采样时刻的采样值为 $\boldsymbol{x}_{n+1}$,则

$$\boldsymbol{x}_n=\boldsymbol{x}(nT)=[u_{1,n}\quad u_{2,n}\quad i_{1,n}\quad i_{2,n}]^{\mathrm{T}}\tag{5.3.6}$$

$$\boldsymbol{x}_{n+1}=\boldsymbol{x}[(n+1)T]=[u_{1,n+1}\quad u_{2,n+1}\quad i_{1,n+1}\quad i_{2,n+1}]^{\mathrm{T}}\tag{5.3.7}$$

由线性系统状态方程的求解方法可知,式(5.3.5)的解为

$$\begin{aligned}\boldsymbol{x}_{n+1}=\boldsymbol{\varphi}_2(T-d_nT)\boldsymbol{\varphi}_1(d_nT)\Big[\boldsymbol{x}_n+\int_{nT}^{nT+d_nT}\boldsymbol{\varphi}_1(nT-\tau)\boldsymbol{B}_1E\mathrm{d}\tau+\\\boldsymbol{\varphi}_1(T-d_nT)\int_{nT+d_nT}^{(n+1)T}\boldsymbol{\varphi}_2(nT+d_nT-\tau)\boldsymbol{B}_2E\mathrm{d}\tau\Big]\end{aligned}\tag{5.3.8}$$

其中,$\boldsymbol{\varphi}_i(\xi)=\mathrm{e}^{\boldsymbol{A}_i\xi}=\boldsymbol{I}+\sum\limits_{k=1}^{\infty}\frac{1}{k!}\boldsymbol{A}_i^k\xi^k(i=1,2)$ 为 $\boldsymbol{A}_i$ 的状态转移矩阵;$\boldsymbol{I}$ 为单位矩阵。

记开关导通的时间为 t_n,开关断开的时间为 $t_d=T-t_n$,根据式(5.3.8)可得到以 x_n 和 t_n 为变量的频闪映射方程:

$$\boldsymbol{x}_{n+1}=f(\boldsymbol{x}_n,t_n)=\boldsymbol{\varphi}_2(t_\mathrm{d})\boldsymbol{\varphi}_1(t_n)\boldsymbol{x}_n+[\boldsymbol{\varphi}_2(t_d)\boldsymbol{\psi}_1(t_n)+\boldsymbol{\psi}_2(t_d)]E\tag{5.3.9}$$

其中，$\boldsymbol{\varphi}_i(\xi)$ 同上；$\boldsymbol{\psi}_i(\xi)=[\boldsymbol{\varphi}_i(\xi)-\boldsymbol{I}]\boldsymbol{A}_i^{-1}\boldsymbol{B}_i, i=1,2$。

为了求解式(5.3.8)，需要确定开关导通的时间 t_n。由图 5.3.1 可知，以电感 L_1 的电流 i_{L1} 为控制对象时，高阶 Zeta 变换器的开关切换条件为

$$\sigma(\boldsymbol{x}_n, t_n)=i_{L1}(t_n)-I_{\text{ref}}=0 \tag{5.3.10}$$

当 $\sigma<0$ 时开关 M 导通，当 $\sigma>0$ 时开关 M 断开。由式(5.3.1)可知，电感电流 i_{L1} 在模态 1 时满足如下微分方程：

$$\frac{\mathrm{d}i_{L1}}{\mathrm{d}t}+\frac{R_{L1}}{L_1}i_{L1}=\frac{E}{L_1} \tag{5.3.11}$$

求解式(5.3.11)，可得

$$i_{L1}(t_n)=\frac{E}{R_{L1}}+\left(i_{1,n}-\frac{E}{R_{L1}}\right)\mathrm{e}^{-\frac{R_{L1}}{L_1}t_n} \tag{5.3.12}$$

将式(5.3.12)代入式(5.3.10)，得

$$\sigma(\boldsymbol{x}_n, t_n)=\frac{E}{R_{L1}}+\left(i_{1,n}-\frac{E}{R_{L1}}\right)\mathrm{e}^{-\frac{R_{L1}}{L_1}t_n}-I_{\text{ref}}=0 \tag{5.3.13}$$

由式(5.3.13)可求出占空比 d_n，且 d_n 满足饱和特性，即

$$d_n=\begin{cases}0 & (d_n<0)\\ 1 & (d_n>1)\\ d_n & (\text{其他})\end{cases} \tag{5.3.14}$$

式(5.3.9)即为高阶 Zeta 变换器的近似离散迭代映射模型，其精度取决于计算 $\mathrm{e}^{A_i\xi}$ 时所取的最高阶数，因电路的开关频率较高，开关周期 T 很小，故只要 $\boldsymbol{\varphi}_i(\xi)$ 表达式中，k 取得足够大，$\boldsymbol{x}_{n+1}$ 近似解的精度便足以反映电路的运行状态。

5.3.3　高阶 Zeta 变换器的动力学行为分析

选取电路中某一参数为变量，固定其他参数，则可得到状态变量随该参数变化的分岔图。在选取参数时，应确保变换器工作于 CCM。

设电感电流 i_{L1} 的边界为 I_b，I_b 是 i_{L1} 在开关周期开始时的值，且在开关周期结束时 i_{L1} 刚好到达参考电流 I_{ref}，则 I_b 满足

$$\frac{E}{R_{L1}}+\left(I_\text{b}-\frac{E}{R_{L1}}\right)\mathrm{e}^{-\frac{R_{L1}}{L_1}t_n}-I_{\text{ref}}=0 \tag{5.3.15}$$

固定 $E=20$ V，$L_1=1$ mH，$L_2=1$ mH，$C_1=47$ μF，$C_2=47$ μF，$I_{\text{ref}}=4$ A，$R=10$ Ω，开关周期 $T=100$ μs，图 5.3.4(a)(b) 给出了电感电流 i_{L1} 及稳态占空比 D 随参考电流 I_{ref} 变化的分岔图。由图可以看出，当 $I_{\text{ref}}<2.321$ A 时，系统处于稳定的周期 1，对应的稳态占空比 $D<0.5$，由式(5.3.14)可知，此时高阶 Zeta 变换器的输出电压小于输入电压，电路呈降压特性；当 $I_{\text{ref}}\approx 2.321$ A 时，不动点发生分岔，$D\approx 0.5$；随着 I_{ref} 的进一步增大，前面的周期 1 不动点失去稳定性，新出现的不动点在两个定值之间周期跳跃，形成稳定的周期 2 不动点，对应的稳态占空比也在两个定值之间周期跳跃，其中 $D_1>0.5$，$D_2<0.5$，这种分岔称为倍周期分岔，也称叉形分岔(FB)；当 I_{ref} 增加到 2.9 A 左右时，电流 i_{L1} 与其边界 I_b 相遇，发生边界碰撞分岔(BCB)，此时 $D_1\to 1$，$D_2\to 0$，在一个开关周期 T 内，D_1 达到饱和上限值，开关整周期导通，而在下一个周期 D_2 达到饱和下限值，开关整周期，周期

2 不动点失去稳定性;此后,系统由准周期分岔进入混沌状态,稳态占空比在(0,1) 区间不断跳跃。

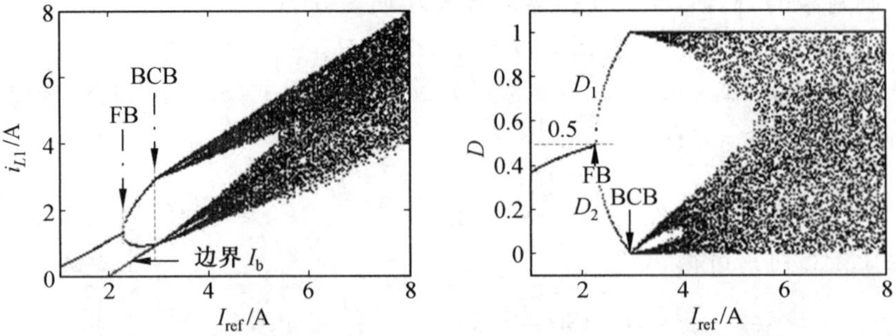

(a)i_{L1} 分岔图　　(b)D 分岔图

图 5.3.4　以 I_{ref} 为分岔参数的分岔图

图 5.3.5 和图 5.3.6 分别给出电感电流 i_{L1} 及稳态占空比 D 随负载电阻 R 和输入电压 E 变化的分岔图。由图可知,随着负载电阻 R 和输入电压 E 的变化,系统也会经历由周期 1 到周期 2 的倍周期分岔,然后发生边界碰撞分岔和准周期分岔进入混沌,只是在通往混沌的道路上,参数变化的方向不同:当负载电阻 R 变化时,系统是随着 R 的增大而逐渐进入混沌;当输入电压 E 变化时,系统是随着 E 的减小最终进入混沌状态。由图还可以看出,当变换器工作于稳定的周期1时,稳态占空比一直小于0.5,高阶 Zeta 变换器呈降压特性,说明在实际工程应用中,若仅仅要求高阶 Zeta 变换器工作于降压模式,即希望在输出电压始终小于输入电压时,系统将保持稳定的周期 1 不动点,可以不采用电流补偿措施来提高系统的稳定性。

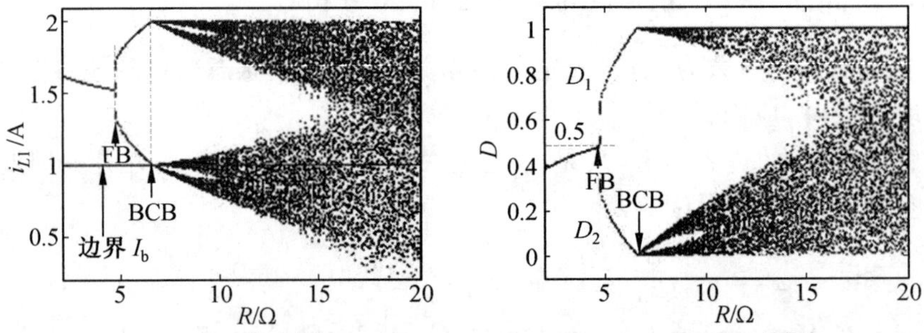

(a)i_{L1} 分岔图　　(b)D 分岔图

图 5.3.5　以 R 为分岔参数的分岔图

由于电路参数的变化或外界扰动的影响,系统会由原来的稳定运行模式进入不稳定运行模式,这种现象称为分岔。分岔的具体特征可以由分岔点附近的特征乘子来刻画。Jacobian 矩阵法作为一种解析分析方法被广泛用来研究非线性动力学系统中的局部分岔问题。在离散迭代映射模型的基础上,进一步采用 Jacobian 矩阵分析系统不动点的稳定性。设不动点为 $\boldsymbol{x}_n=\boldsymbol{x}_{n+1}=\boldsymbol{x}^*$,由式(5.3.9)得

$$\boldsymbol{x}^*=[\boldsymbol{I}-\boldsymbol{\varphi}_2(t_d^*)\boldsymbol{\varphi}_1(t_n^*)]^{-1}[\boldsymbol{\varphi}_2(t_d^*)\boldsymbol{\psi}_1(t_n^*)+\boldsymbol{\psi}_2(t_d^*)]E \tag{5.3.16}$$

式中,t_n^* 和 t_d^* 表示 t_n 和 t_d 在 $\boldsymbol{x}^*$ 处的值;$\boldsymbol{I}$ 为单位矩阵。

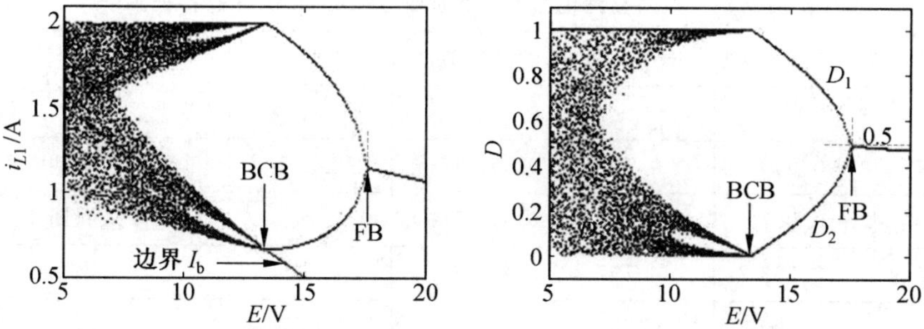

(a) i_{L1} 分岔图　　(b) D 分岔图

图 5.3.6 以 E 为分岔参数的分岔图

由式(5.3.9)和式(5.3.13)可知，不动点处的 Jacobian 矩阵为

$$\boldsymbol{J}(\boldsymbol{x}^*)=\left.\frac{\mathrm{d}f}{\mathrm{d}\boldsymbol{x}_n}\right|_{\boldsymbol{x}_n=\boldsymbol{x}^*}=\frac{\partial f}{\partial \boldsymbol{x}_n}-\frac{\partial f}{\partial t_n}\left(\frac{\partial \sigma}{\partial t_n}\right)^{-1}\left.\frac{\partial \sigma}{\partial \boldsymbol{x}_n}\right|_{\boldsymbol{x}_n=\boldsymbol{x}^*} \tag{5.3.17}$$

其中

$$\frac{\partial f}{\partial \boldsymbol{x}_n}=\boldsymbol{\varphi}_2(t_d)\boldsymbol{\varphi}_1(t_n)$$

$$\frac{\partial f}{\partial t_n}=(\boldsymbol{A}_1-\boldsymbol{A}_2)\boldsymbol{\varphi}_2(t_d)\boldsymbol{\varphi}_1(t_n)\boldsymbol{x}_n+[-\boldsymbol{A}_2\boldsymbol{\varphi}_2(t_d)\boldsymbol{\psi}_1(t_n)+\boldsymbol{\varphi}_2(t_d)\boldsymbol{\varphi}_1(t_n)\boldsymbol{B}_1-\boldsymbol{\varphi}_2(t_d)\boldsymbol{B}_2]E$$

$$\frac{\partial \sigma}{\partial t_n}=-\frac{R_{L1}}{L_1}\left(i_{1,n}-\frac{E}{R_{L1}}\right)\mathrm{e}^{-\frac{R_{L1}}{L_1}t_n}$$

$$\frac{\partial \sigma}{\partial \boldsymbol{x}_n}=\begin{bmatrix}0 & 0 & \mathrm{e}^{-\frac{R_{L1}}{L_1}t_n} & 0\end{bmatrix}$$

系统的特征乘子 λ 满足

$$\det[\lambda \boldsymbol{I}-\boldsymbol{J}(\boldsymbol{x}^*)]=\boldsymbol{0} \tag{5.3.18}$$

其中，$\boldsymbol{I}$ 为单位矩阵。

研究表明，当系统所有的特征乘子 λ 均位于单位圆内时，系统是稳定的；一旦有某个特征乘子 λ 穿越单位圆，系统必然发生分岔。对于 n 维离散映射系统，无论发生何种类型的分岔，在分岔点处必然有 $|\lambda_i|=1(i\in n)$。因而，在分岔点处该特征乘子可表示为 $\lambda_i=\mathrm{e}^{\pm j\theta}$。当 $\theta=0$ 时，系统发生鞍结分岔；当 $\theta=\pi$ 时，系统发生倍周期分岔；而当 $0<\theta<\pi$ 时，系统发生 Hopf 分岔。由式(5.3.16)～(5.3.18)即可预测系统首次失稳时分岔点的位置和类型，从而确定系统的不稳定区域边界。

表 5.3.1～5.3.3 分别给出当参考电流 I_{ref}、负载电阻 R 和输入电压 E 取不同值时，系统 Jacobian 矩阵的特征乘子。由表 5.3.1 可以清楚地看出，当参考电流 I_{ref} 小于2.321 A 时，所有的特征乘子均位于单位圆内，说明此时系统是稳定的。然而，当参考电流 I_{ref} 等于 2.321 A 时，一个特征乘子穿越单位圆的 -1，其余 3 个特征乘子仍在单位圆内，表明此时系统发生了倍周期分岔，相应的特征乘子的变化轨迹如图 5.3.7 所示。上述结果与图 5.3.4 所示分岔图所得结果相一致。

表 5.3.1　不同参考电流 I_{ref} 下系统 Jacobian 矩阵的特征乘子

I_{ref}/A	Jacobian 矩阵的特征乘子			系统状态
	λ_1	λ_2;$\lambda_3$①	λ_4	
2.317	−0.996 1	0.797 4±0.473 1j	2.317	周期 1
2.318	−0.997 2	0.797 6±0.472 7j	2.318	周期 1
2.319	−0.998 2	0.797 8±0.472 3j	2.319	周期 1
2.320	−0.999 2	0.797 9±0.471 9j	2.320	周期 1
2.321	−1.000 2	0.798 1±0.471 6j	2.321	倍周期分岔

注:①λ_2 对应取+;λ_3 对应取−。

表 5.3.2　不同负载电阻 R 下系统 Jacobian 矩阵的特征乘子

R/Ω	Jacobian 矩阵的特征乘子			系统状态
	λ_1	λ_2;$\lambda_3$①	λ_4	
4.6	−0.938 1	0.734 1±0.401 1j	0.720 0	周期 1
4.65	−0.961 0	0.736 4±0.397 2j	0.726 1	周期 1
4.7	−0.980 5	0.738 4±0.393 9j	0.731 9	周期 1
4.75	−0.997 7	0.740 3±0.391 1j	0.737 6	周期 1
4.8	−1.013 1	0.742 0±0.388 6j	0.743 2	倍周期分岔

注:①λ_2 对应取+;λ_3 对应取−。

表 5.3.3　不同输入电压 E 下系统 Jacobian 矩阵的特征乘子

E/V	Jacobian 矩阵的特征乘子			系统状态
	λ_1	λ_2; $\lambda_3$①	λ_4	
17.23	−1.000 7	0.798 2±0.471 4j	0.877 6	倍周期分岔
17.24	−0.999 4	0.798 0±0.471 9j	0.877 2	周期 1
17.25	−0.998 0	0.797 7±0.474 2j	0.876 8	周期 1
17.26	−0.996 7	0.797 5±0.472 9j	0.876 3	周期 1
17.27	−0.995 2	0.797 3±0.473 4j	0.875 9	周期 1

注:①λ_2 对应取+;λ_3 对应取−。

表 5.3.2 和表 5.3.3 表明:当负载电阻 R 小于 4.8 Ω、输入电压 E 大于 17.23 V 时,所有的系统 Jacobian 矩阵的特征乘子都位于单位圆内,系统处于稳定状态。倍周期分岔点分别为 R=4.8 Ω 和 E=17.23 V,此结果与图 5.3.5 和图 5.3.6 所示分岔图所得结果相一致。

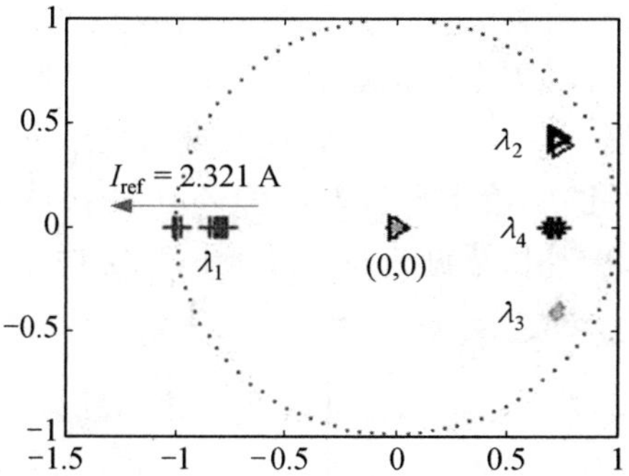

图 5.3.7　参考电流在[2.317,2.321] A 范围内变化时特征乘子的变化轨迹

5.3.4　基于 PSIM 的动力学分析

为证明离散迭代映射模型的正确性，并验证当电路参数变化时，系统确实存在上述复杂的非线性动力学行为，本节采用 PSIM 软件，按照图 5.3.1 所示电路原理图搭建仿真模型，所选电路参数与 5.3.3 节绘制电感电流 i_{L1} 随参考电流 I_{ref} 变化的分岔图时选取的电路参数一致，得到不同参考电流下电路的时域波形图和相轨图。

图 5.3.8 ～ 5.3.11 给出 I_{ref} 分别为 2 A、2.5 A、3.5 A 和 6 A 时 PSIM 的仿真结果。由图5.3.8 和图 5.3.9 不难看出，当 I_{ref} 为 2 A 和 2.5 A 时，变换器分别工作于周期 1 和周期 2，时域波形图表现出相应的周期性，与之对应的相轨图则由相同个数的封闭曲线组成。由 5.3.3 节可知，仿真时的输入电压为 20 V，而此时图 5.3.8 和图 5.3.9 中输出电压分别在[17.5,17.8] V 和[18.8,19.8] V 范围内波动，都小于输入电压，变换器呈降压特性，并且当变换器处于周期 2 时，其输出电压纹波比处于周期 1 时的输出电压波纹要大，电路稳定性降低。

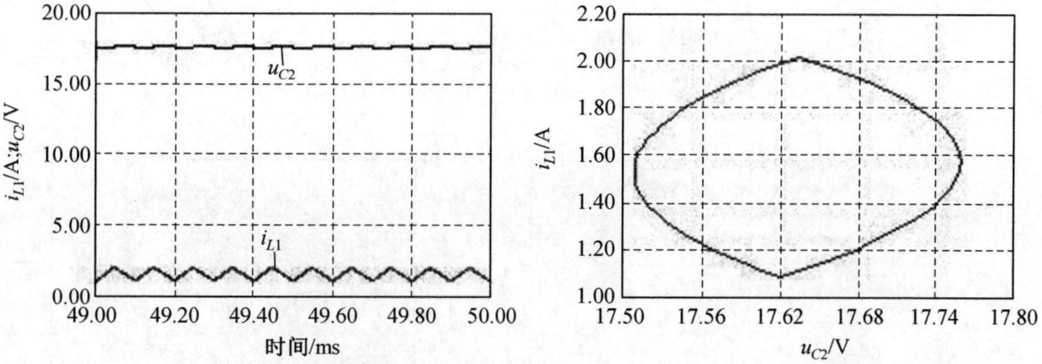

(a)u_{C2} 和 i_{L1} 的时域波形　(b) 相轨图

图 5.3.8　I_{ref} = 2 A 时 PSIM 的仿真结果

由图 5.3.10 可知，当参考电流为 3.5 A 时，高阶 Zeta 变换器中电感电流 i_{L1} 和输出电压 u_{C2} 的波动更加剧烈，但并非杂乱无章，而是接近周期状态，对应的相轨图为一个环面，此时变换器处于准周期状态。准周期状态下，系统输出的电压、电流纹波较大，应予以避免。

图 5.3.11 表明当参考电流为 6 A 时,系统处于混沌状态,此时时域波形图因失去周期性而显得杂乱无章,各个开关周期下的幅值跳跃较大,相应的相轨图是由一定区域内随机分布的轨线组成的。由图 5.3.11(a) 可知,当变换器处于混沌状态时,其输出电压高于输入电压,呈升压特性。因此,当要求电流型高阶 Zeta 变换器工作于升压模态时,变换器极易进入混沌状态,必须采用补偿措施来提高系统的稳定性。

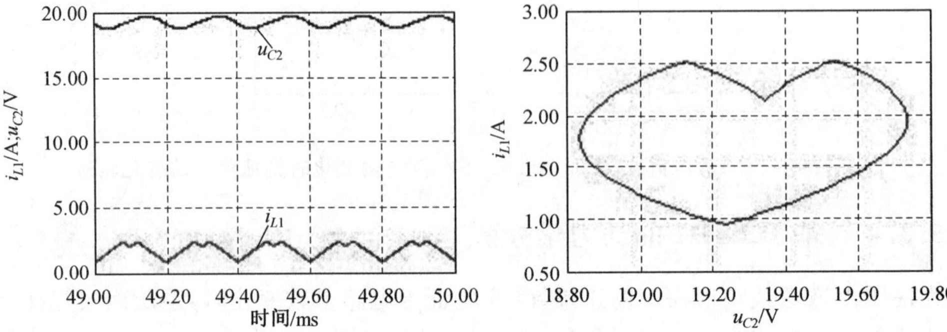

(a) u_{C2} 和 i_{L1} 的时域波形图　　(b) 相轨图

图 5.3.9　$I_{ref}=2.5$ A 时 PSIM 的仿真结果

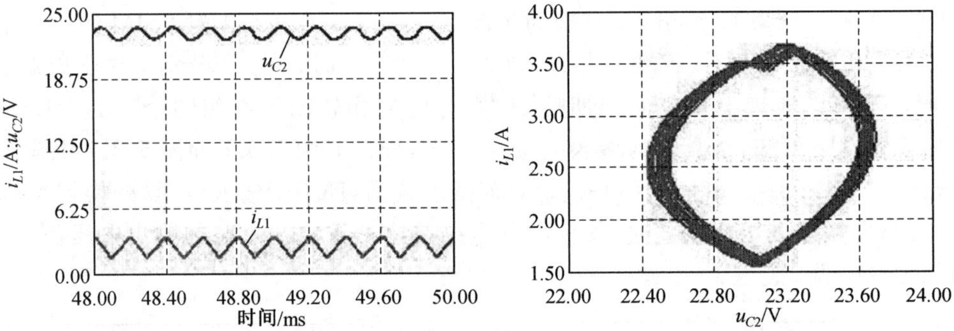

(a) u_{C2} 和 i_{L1} 的时域波形图　　(b) 相轨图

图 5.3.10　$I_{ref}=3.5$ A 时 PSIM 的仿真结果

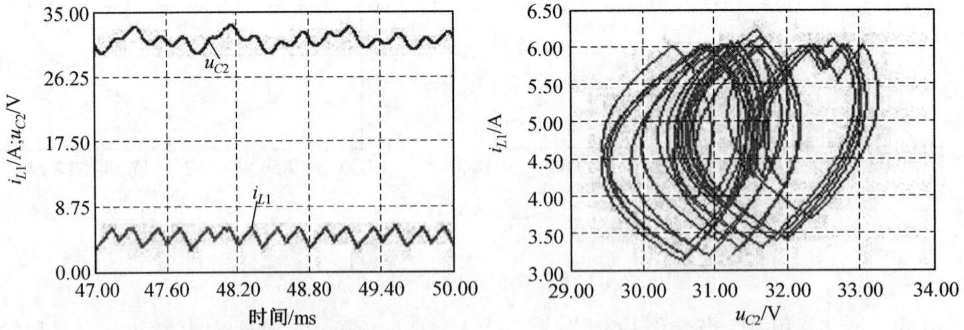

(a) u_{C2} 和 i_{L1} 的时域波形图　　(b) 相轨图

图 5.3.11　$I_{ref}=6$ A 时 PSIM 的仿真结果

5.3.5 小结

高阶 Zeta 变换器因具有可升降压、输出和输入电压同极性等优点而具有广阔的应用前景，但也具有不可忽略的非线性行为。本节从状态方程出发，建立了连续电流模式(CCM)下高阶 Zeta 变换器的离散时间模型，采用分岔图分析了不同电路参数对系统性能的影响，并通过求取系统 Jacobian 矩阵的特征值揭示了其分岔机理，最后运用 PSIM 软件得到不同参数条件下系统的时域波形图和相轨图，观察了变换器丰富的动力学演化过程。结果表明，与低维 DC－DC 变换器相比，高阶 Zeta 变换器作为一类高维 DC－DC 变换器，其电路参数的变化会引发系统出现更为复杂的、多样化的不稳定现象：系统不仅发生与低维 DC－DC 变换器相似的倍周期分岔和边界碰撞分岔，还伴有准周期分岔引发的混沌，体现了复杂的非线性动力学行为。由结果还可以看出，在实际工程应用中，若仅要求电流型高阶 Zeta 变换器工作于降压模式，系统将始终处于稳定的周期 1，无须采取补偿措施便可保证系统的稳定性，反之，若要求其工作于升压模式，则系统极易进入混沌状态，必须采取补偿措施提高系统的可靠性。

5.4 单相 H 桥逆变器在单极性 SPWM 下的分岔及混沌行为研究

在单相 H 桥逆变器中，正弦脉宽调制(SPWM)是一种广泛采用的调制技术。相比于双极性 SPWM，单极性 SPWM 因其开关损耗较低，所产生的电磁干扰少而得到广泛应用。然而，目前对于单相 H 桥逆变器的非线性研究大多针对双极性 SPWM 而言，对于单极性 SPWM 的 H 桥逆变器的非线性现象研究却很少。本节内容对单相 H 桥逆变器在单极性 SPWM 下的分岔和混沌行为进行了研究，建立了比例单闭环控制下的离散迭代映射模型，采用分岔图、折叠图和 Lyapunov 指数谱分析了比例系数 k 对系统性能的影响，通过 Matlab/Simulink 仿真得到了不同比例系数下的时域波形图，验证了理论分析的正确性。同时运用分岔图研究了输入电压 E、负载电阻 R 和电感 L 变化时系统的非线性行为。

5.4.1 单相 H 桥逆变器在单极性 SPWM 下的离散迭代映射模型

单极性 SPWM 的单相 H 桥逆变器原理图如图 5.4.1 所示，其主电路由电压源 E、开关 $S_1 \sim S_4$ 以及感性负载 L 和 R 组成。电路采用电流单闭环控制，将负载电流 i 与正弦参考电流 I_{ref} 比较的结果送入比例控制器，再将比例控制器的输出送入 PWM 驱动电路，使其与单极性的三角波比较，形成 PWM 驱动信号来控制开关的导通与断开。因本设计采用单极性 SPWM 技术，故产生的高频 PWM 信号只用于驱动开关 S_2 和 S_3，而不用于驱动开关 S_1 和 S_4，开关 S_1 和 S_4 由额外的时钟信号来驱动。电路的工作原理如下：设希望输出的电流信号，即正弦参考电流信号的周期为 T，则令时钟信号的周期也为 T，在时钟信号的前半个周期，让开关 S_1 始终导通，S_4 始终断开，PWM 驱动电路产生的高频驱动信号控制开关 S_2 和 S_3 交替导通；反之，在时钟信号的后半个周期，让开关 S_4 始终导通，S_1 始终断开，S_2 和 S_3 仍交替导通。4 个开关的驱动信号示意图如图 5.4.2 所示。

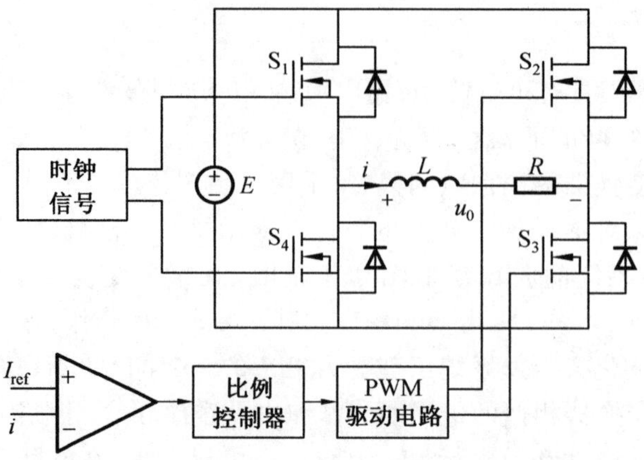

图 5.4.1　单极性 SPWM 的单相 H 桥逆变器原理图

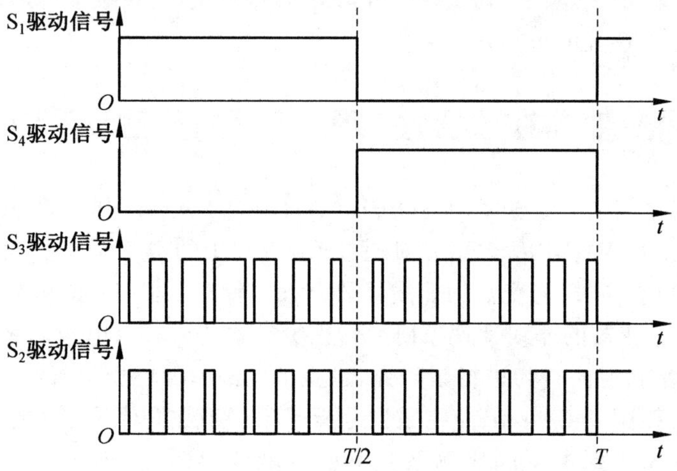

图 5.4.2　4 个开关的驱动信号示意图

因此,单相 H 桥逆变器在单极性 SPWM 下的工作状态与在双极性 SPWM 下的工作状态有很大不同:对于双极性 SPWM 的单相 H 桥逆变器,在一个开关周期内,逆变器只存在两种工作模态,即 S_1 和 S_3 同时导通或 S_2 和 S_4 同时导通;而采用单极性 SPWM 时,可根据时钟周期(同时也是参考电流的周期)将逆变器分为两个模态,即 S_1 始终导通或 S_4 始终导通,其中,每个模态又包含两种工作状态,即 S_2 和 S_3 交替导通的过程。设流过电感 L 的电流为 i,则:

当 S_1 始终导通时,逆变器的状态方程为

$$\begin{cases} \dfrac{\mathrm{d}i}{\mathrm{d}t}=-\dfrac{R}{L}i+\dfrac{E}{L} & (S_2 \text{ 和 } S_4 \text{ 断开}) \\ \dfrac{\mathrm{d}i}{\mathrm{d}t}=-\dfrac{R}{L}i & (S_3 \text{ 和 } S_4 \text{ 断开}) \end{cases} \tag{5.4.1}$$

当 S_4 始终导通时,逆变器的状态方程为

$$\begin{cases}\dfrac{\mathrm{d}i}{\mathrm{d}t}=-\dfrac{R}{L}i-\dfrac{E}{L} & (S_1 \text{ 和 } S_3 \text{ 断开}) \\ \dfrac{\mathrm{d}i}{\mathrm{d}t}=-\dfrac{R}{L}i & (S_1 \text{ 和 } S_2 \text{ 断开})\end{cases} \tag{5.4.2}$$

设单极性 SPWM 的载波频率为 f_S，则系统的开关周期为 $T_S=1/f_S$。研究表明，单相 H 桥逆变器也可采用频闪映射的方法建模，即以开关周期 T_S 作为频闪采样的时间间隔，用状态变量在 nT_S 时刻的采样值来表示该变量在 $(n+1)T_S$ 时刻的采样值。由以上分析可知，单极性 SPWM 的 H 桥逆变器在前半个时钟周期，即 $[0,T/2]$ 时间段内的离散映射方程可由状态方程式(5.4.1) 来确定；在后半个时钟周期，即 $[T/2,T]$ 时间段内的离散映射方程可由状态方程式(5.4.2) 来确定。

设在 $[0,T/2]$ 时间段内，S_1 和 S_3 导通时的占空比为 d_n，则由式(5.4.1) 可知，此时电路的离散迭代映射方程为

$$i_{n+1}=a\mathrm{e}^{(d_n-1)T_S/b}+(i_n-a)\mathrm{e}^{-T_S/b} \tag{5.4.3}$$

设在 $[T/2,T]$ 时间段内，S_4 和 S_2 导通时的占空比为 d_n，则由式(5.4.2) 可知，此时电路的离散迭代映射方程为

$$i_{n+1}=-a\mathrm{e}^{(d_n-1)T_S/b}+(i_n+a)\mathrm{e}^{-T_S/b} \tag{5.4.4}$$

其中，$a=\dfrac{E}{R}$；$b=\dfrac{L}{R}$；i_n 和 i_{n+1} 分别为电感电流 i 在采样时刻 nT_S 和 $(n+1)T_S$ 的值。

根据单极性 SPWM 的单相 H 桥逆变器的工作过程，结合比例控制器的饱和特性，可求出逆变器在每个工作模态下的占空比 d_n：在 $[0,T/2]$ 时间段内，占空比 d_n 可由式(5.4.5) 确定；在 $[T/2,T]$ 时间段内，占空比 d_n 可由式(5.4.6) 确定。

$$d_n=D+k(I_{\mathrm{ref}n}-i_n) \tag{5.4.5}$$

$$d_n=D+k(i_n-I_{\mathrm{ref}n}) \tag{5.4.6}$$

其中，$I_{\mathrm{ref}n}$ 为正弦参考电流 I_{ref} 在采样时刻的值。d_n 具有如下性质：

$$d_n=\begin{cases}0 & (d_n<0) \\ 1 & (d_n>1) \\ d_n & (\text{其他})\end{cases} \tag{5.4.7}$$

5.4.2　比例系数 k 对系统性能的影响

对于非线性电路，既可以采用分岔图和 Lyapunov 指数谱对电路进行定性分析，也可以通过时域波形图直接观测电路的运行状态，对于单相 H 桥逆变器，还可以用折叠图直观地描述系统的稳定性。因此，本节首先采用分岔图、折叠图和 Lyapunov 指数谱分析了比例系数 k 对系统性能的影响，然后在 Matlab/Simulink 平台下搭建了符合实际电路运行情况的仿真模块，得到了不同比例系数下的时域波形图，来验证理论分析的正确性。取变换器的开关频率为 $f_S=5$ kHz；初始电路参数设置如下：$E=400$ V，$R=20$ Ω，$L=20$ mH，$D=0.5$，$I_{\mathrm{ref}}=5\sin 100\pi t$；希望输出的正弦电流的频率与参考电流 I_{ref} 的频率一致，为 $f_1=50$ Hz。

1. 分岔图

以上述初始电路参数为基础，选取比例系数 k 为变量，固定其他参数，则可得到电感

电流 i 随比例系数 k 变化的分岔图。因参考电流 I_{ref} 为随时间变化的正弦信号,因此这里连续采样 100 个正弦周期的同一固定位置来绘制系统的分岔图,其结果如图 5.4.3 所示。

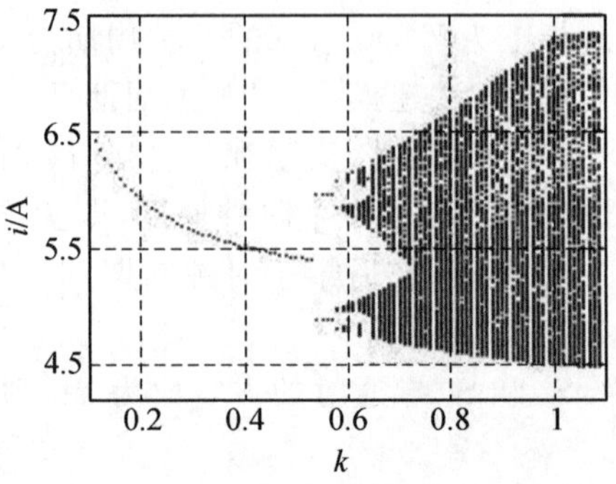

图 5.4.3　i 随 k 变化的分岔图

由图 5.4.3 可以看出,在比例系数 k 从 0.1 增大到 1.1 的过程中,系统由稳定的周期状态逐渐向混沌状态转变;当 $k<0.52$ 时,每次的采样结果都重合成一个点,表明系统处于稳定的周期 1;当 $0.52\leqslant k<0.58$ 时,每次的采样结果变成两个点,表明系统出现了倍周期分岔现象;当 $k\geqslant 0.58$ 时,采样结果在一定区域内密集分布,并具有自相似结构,表明系统激变进入混沌状态。

2. 折叠图

运用折叠图可以直观地判断系统出现的分岔和混沌现象,它避免了雅可比矩阵方法计算烦琐并依赖于平衡点的缺点,其绘制方法如下:任选一个初值代入离散迭代映射模型中,每个正弦周期采样 N 个点,其中 $N=f_S/f_1=100$,忽略前面的过渡过程,将稳定后的 20 个正弦周期按照采样时刻对齐后折叠,则可得到系统的折叠图。图 5.4.4 给出了不同比例系数 k 下的折叠图。由图 5.4.4(a) 可以看出,当 $k=0.3$ 时,20 个正弦波的每一个采样点都完全重合,形成一条光滑的正弦曲线,说明此时逆变器工作于稳定的周期 1;图 5.4.4(b) 为 $k=0.55$ 时的折叠图,此时采样点形成两条正弦曲线,系统处于周期 2;由图 5.4.4(c) 和图 5.4.4(d) 不难看出,当 $k=0.65$ 时,折叠图的采样点除在过零点附近呈现两条轨线外,其余部分形成了两条带状曲线,而当 $k=0.9$ 时,折叠图体现为采样点的密集填充,表明当 $k=0.65$ 和 $k=0.9$ 时,系统处于混沌状态,并且该逆变器在 $k=0.9$ 时的不稳定现象更加明显。上述结果与通过图5.4.3 所示分岔图所得出的结论相一致,更加直观地反映了不同比例系数下系统的动力学演化过程。

3. Lyapunov 指数谱

Lyapunov 指数是表征系统运动特征的有效参数,通过观察其正负可以准确地判断系统分岔点的位置。根据 Lyapunov 指数的定义,令比例系数 k 从 0.1 变化到 1,绘制 i 随 k 变化的 Lyapunov 指数谱,结果如图 5.4.5 所示。

由图 5.4.5 可知,当 $k<0.52$ 时,Lyapunov 指数全部小于零,电感电流 i 不发生分岔;当 $k=0.52$ 时,Lyapunov 指数第一次等于零,系统发生第一次分岔,与图 5.4.3 中的第一

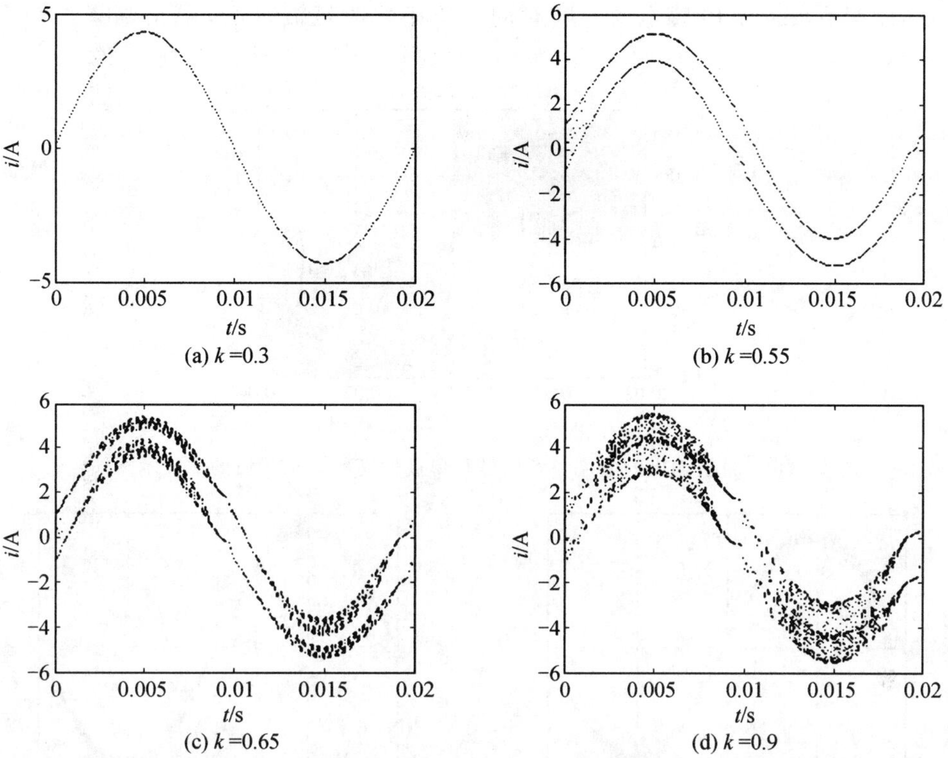

图 5.4.4　不同比例系数 k 下的折叠图

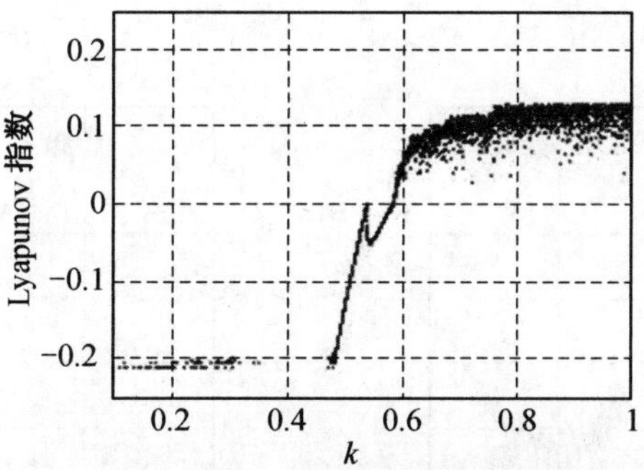

图 5.4.5　i 随 k 变化的 Lyapunov 指数谱

个分岔点相对应；接着 Lyapunov 指数减小，并保持小于零的状态，一直持续到 $k=0.58$，Lyapunov 指数再次等于零，对应图 5.4.3 中的第二个分岔点；此后，Lyapunov 指数始终大于零，系统处于混沌状态。

4. 时域波形图

参照图 5.4.1 所示的单极性 SPWM 的单相 H 桥逆变器原理图，对电路采用电流单闭环控制，在 Matlab 软件的 Simulink 平台中搭建符合实际电路运行条件的仿真模块，希望输出的正弦电流参考信号与单极性高频三角载波的比较示意图如图 5.4.6 所示。仿真模块所选取的电路参数与本章最开始给出的初始电路参数一致，调整比例系数的大小，即可

得到不同比例系数 k 下电感电流 i 随时间 t 变化的时域波形图，输出结果如图 5.4.7 所示。

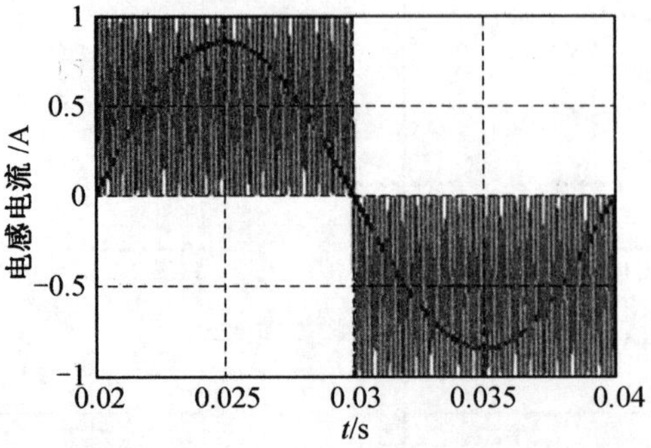

图 5.4.6 希望输出的电流参考信号与单极性高频三角载波的比较示意图

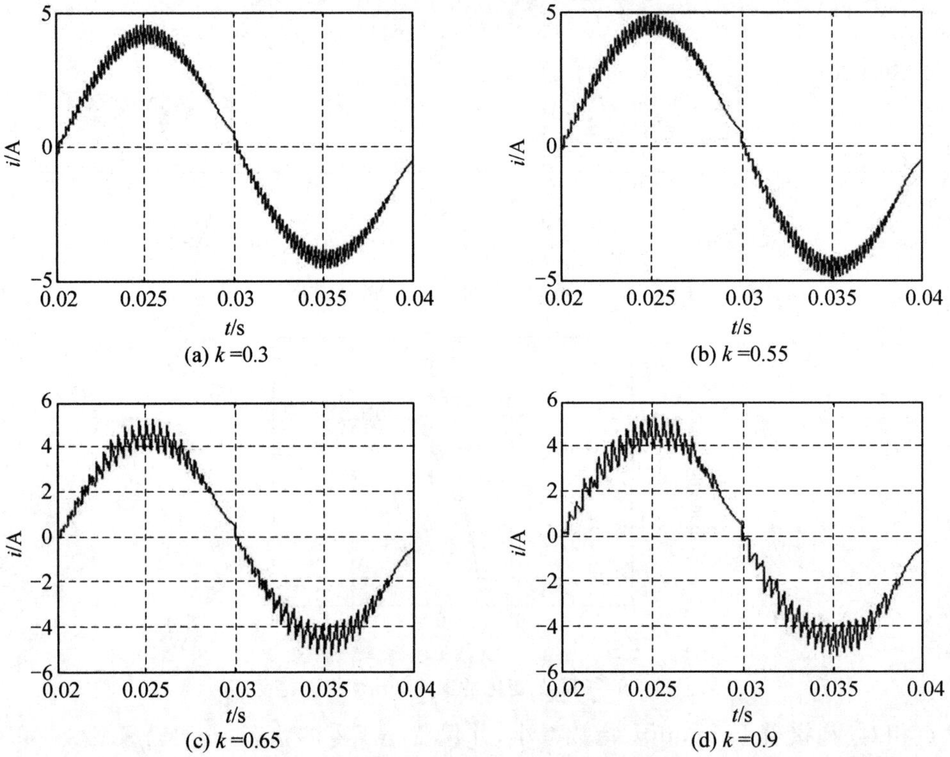

图 5.4.7 不同比例系数 k 下的时域波形图

由图 5.4.7 可知，输出电流信号的周期与时钟周期，即正弦参考电流的周期相同，都为 0.02 s，工作频率为 50 Hz。随着比例系数 k 的增大，电感电流 i 的振荡范围不断增大，输出纹波不断增加，逆变器出现了从稳定到不稳定的变化，这与前面得出的结论相一致，证明了离散迭代映射模型的正确性。

5.4.3　外部参数变化对系统性能的影响

下面将以输入电压 E、负载电阻 R 和电感 L 分别作为分岔参数，研究比例控制单极性 SPWM 的单相 H 桥逆变器在上述外部参数变化时所体现的丰富的动力学行为。

固定比例系数 $k=0.5$，选取电路参数为 $D=0.5$，$I_{\mathrm{ref}}=5\sin 100\pi t$，$R=20\ \Omega$，$L=20\ \mathrm{mH}$，$f_{\mathrm{S}}=5\ \mathrm{kHz}$，令输入电压 E 从 300 V 变化到 550 V，步长为 1 V，可得电感电流 i 随输入电压 E 变化的分岔图，仿真结果如图 5.4.8(a) 所示。从图中不难看出，随着输入电压 E 的增大，逆变器先经历由周期 1 到周期 2 的倍周期分岔，当 E 增加到 463 V 左右时，又产生激变进入混沌状态。

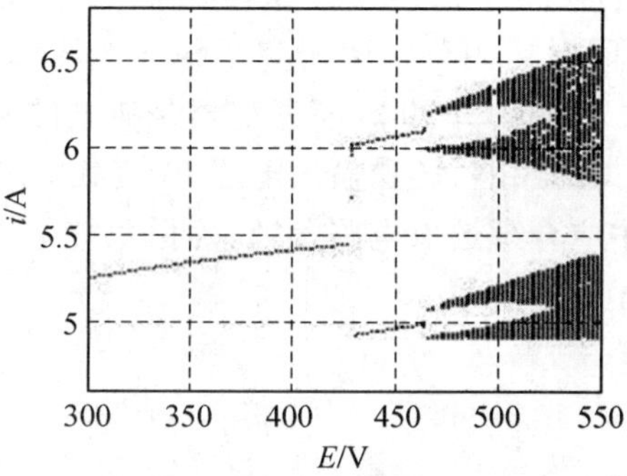

(a) E 为分岔参数

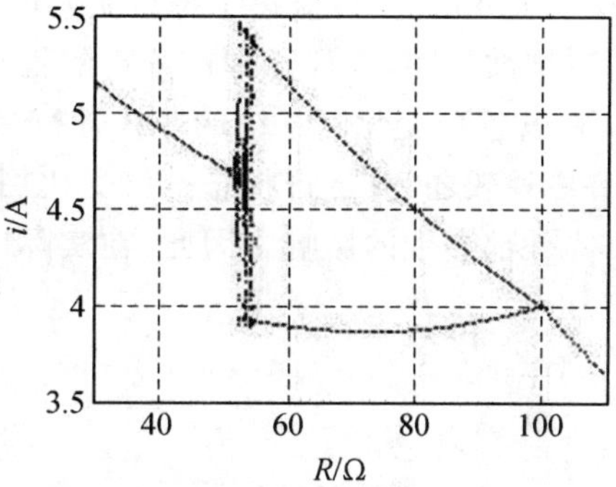

(b) R 为分岔参数

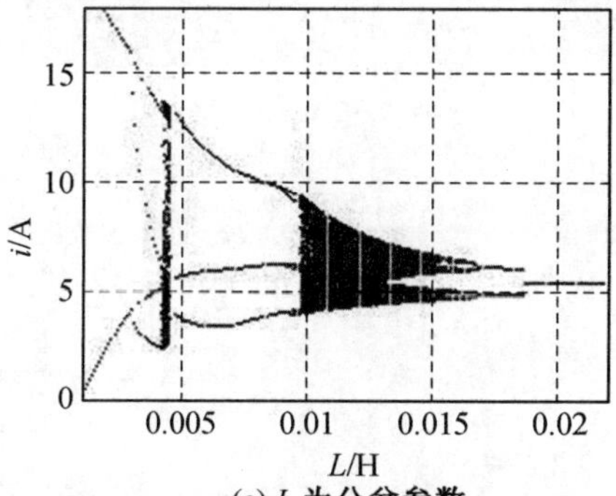

(c) L 为分岔参数

图 5.4.8　不同电路参数下的分岔图

固定输入电压 $E=400$ V，分别选取负载电阻 R 和电感 L 为分岔参数，其变化范围分别为 $R=30\sim110\ \Omega$ 和 $L=1\sim22\ \mathrm{mH}$，其他参数保持不变，所得的分岔图分别如图 5.4.8(b) 和图 5.4.8(c) 所示。由图 5.4.8(b) 可知，当负载电阻 R 增大时，逆变器会由稳定的周期 1 直接激变进入混沌状态，随着 R 的进一步增大，系统会由混沌状态退回到周期 2，再到稳定的周期 1。从图 5.4.8(c) 不难看出，当电感 L 变化时，逆变器体现复杂的非线性动力学行为：随着电感 L 的减小，系统由稳定的周期 1 经倍周期分岔变为周期 2，再到周期 4，然后激变进入混沌状态；然而，这个混沌状态并没有被保持，而是突然退化到周期状态，呈现明显的周期 3 窗口，这种现象为切分岔，切分岔之前的混沌称为阵发混沌；当电感 L 减小到 4.5 mH 左右时，系统再次进入混沌状态，接着不久又退化成周期 4 和周期 2。

由此可见,输入电压E、负载电阻R和电感L等外部参数的变化会对系统性能产生很大影响,在实际设计和调试过程中应合理选择电路参数,避免不规则现象的发生。

5.4.4 小结

单极性SPWM的单相H桥逆变器虽然比双极性SPWM的单相H桥逆变器具有较小开关损耗和电磁干扰,但也具有不可忽视的非线性行为。本节对单相H桥逆变器在单极性SPWM下的分岔和混沌行为进行了系统的研究,建立了比例单闭环控制下系统的一阶离散模型,分别得到了电感电流i在前半时钟周期与后半时钟周期的频闪映射模型;采用分岔图、折叠图和李雅普诺夫指数谱分析了比例系数k对系统性能的影响,并通过Matlab/Simulink平台搭建了符合实际电路运行条件下的仿真模型,得到了不同比例系数下的时域波形图,验证了理论分析的正确性;同时运用分岔图研究了输入电压E、负载电阻R和电感L变化时系统的非线性行为。结果表明,单相H桥逆变器是典型的非线性系统,鲁棒性较弱,其运行状态不仅受比例系数k的影响,还受输入电压E、负载电阻R和电感L等外部参数的影响。因此,在实际应用中应合理选取电路参数,确保系统工作在稳定状态。

第 6 章　无源网络综合

无源网络的分析和设计是各种电网络分析和设计的基础。这部分内容涉及很多的基本电路理论知识。本章将从网络函数的性质出发，研究可实现的网络函数应具有的性质，然后将这些性质归结为霍尔维茨多项式和正实函数，为网络综合奠定理论基础。进一步学习一般的无源 LC 和 RC 网络的分析和设计原理，重点学习福斯特综合法和考尔综合法。

6.1　网络分析与网络综合

网络分析与网络综合

电网络理论主要包括两大方面，即网络分析与网络综合。前几章讨论的都是网络分析的内容，即在给定网络的结构和参数的情况下，求给定激励下网络的响应，如图 6.1.1(a) 所示。相反，网络综合是给定网络的激励－响应关系特性，设计网络的结构和参数，如图 6.1.1(b) 所示。

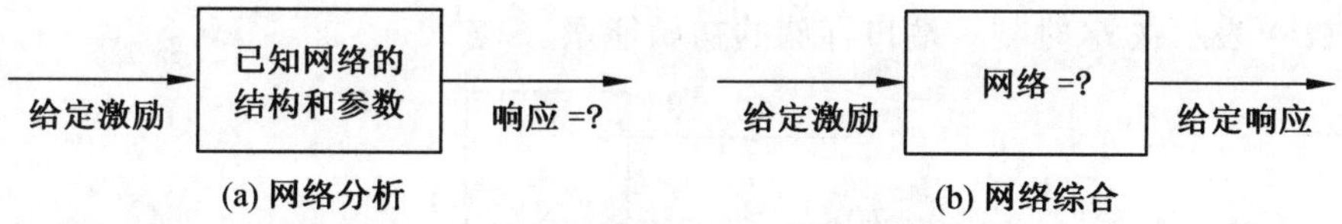

图 6.1.1　网络分析与网络综合框图

对线性电路而言，“分析”问题一般总是有解的(对实际问题的分析则一定是有解的)，而“设计、综合”问题的解答可能根本不存在。如图 6.1.2 所示电路，该电阻左端电压源发出的最大功率为 $P_{\max}=1^2/(4\times 0.25)=1$ (W)，而右侧 0.1 Ω 电阻吸收的功率为 $P_L=0.5^2/0.1=2.5$ (W)，即 $P_{\max}<P_L$，这对该电路而言是不可能实现的。

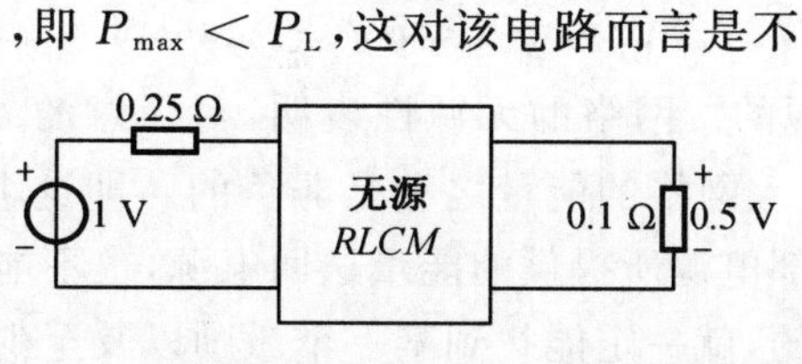

图 6.1.2　线性电路设计、综合解答不存在情况

“分析”问题一般具有唯一解，而“设计、综合”问题通常有各种不同的方法和步骤，有多个等效的解，如图 6.1.3 所示。

网络综合的主要步骤：第一步，按照给定的要求，确定一个可实现的逼近函数，即确定能满足该要求的且可实现的转移函数(或策动点函数)，此步骤称为逼近。第二步，寻找一个具有上述逼近函数的电路(包括电路结构和各元件参数)，此步骤称为实现。无论逼近还是实现，均有各种不同的方法，均可能有多个解答。

网络综合分为无源网络综合和有源网络综合两大类。如果仅用集中、线性、时不变的

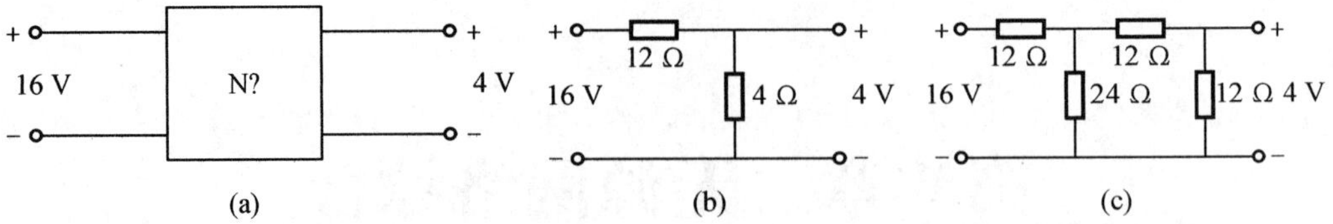

图 6.1.3　线性电路设计、综合存在多个等效的解

无源元件(如电阻、电容、电感、互感及理想变压器)来综合网络,称为无源网络综合。反之,如果在网络综合时采用了运算放大器、受控源、负阻抗变换器等有源元件,则称为有源网络综合。随着现代科技的发展,有源网络日益得到更广泛的应用,有源网络综合问题也显得更为重要。然而,无源网络综合的理论和方法是进行有源网络综合的重要基础之一,在不少场合,无源网络仍具有不可取代的重要位置。

6.2　网络的有源性与无源性

网络的有源性与无源性

如图 6.2.1 所示的一端口网络 N,$u(t)$ 和 $i(t)$ 代表该端口上的电压和电流,则对初始时刻 t_0 及任意 $t > t_0$ 时刻,输入该网络的总能量为

$$W(t) = W(t_0) + \int_{t_0}^{t} u(\tau) i(\tau) \mathrm{d}\tau \tag{6.2.1}$$

式中,$W(t_0)$ 表示在 t_0 时刻一端口存储的初始能量。

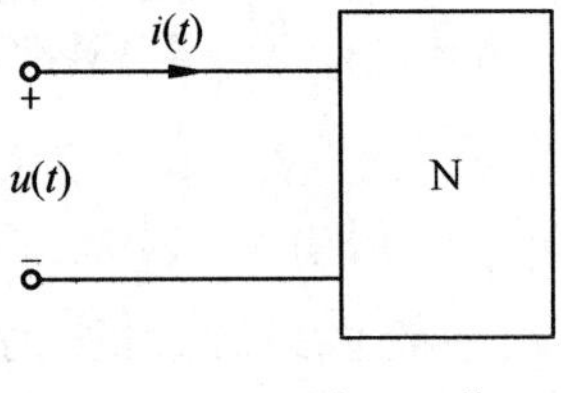

图 6.2.1　一端口网络 N

若对所有 t 和 t_0 以及所有 $u(t)$ 和 $i(t)$ 都有

$$W(t) \geqslant 0 \quad (\forall\, u(t), i(t)) \tag{6.2.2}$$

则此一端口网络 N 为无源的。网络的无源性表明,对任意的 $t \geqslant t_0$,网络的初始能量与 $t_0 \to t$ 时刻从网络外部进入网络的能量之和是非负的。即这个网络只能吸收、消耗和存储能量,而不能把多于外部电源所提供的能量送回电源,也不能进行能量的放大。如果一端口不是无源的,即有源的,就一定能找到某一个激励以及至少某一时间 t,使上式对这个一端口不能成立。

根据上面的定义可知,电阻、电容、电感元件(值为正时)都属于无源元件,而运算放大器、晶体管、场效应管等器件都属于有源元件。例如,对线性时不变的电容,设它的电容值为 C,则有

$$W(t) = W(t_0) + \int_{t_0}^{t} u(\tau) i(\tau) \mathrm{d}\tau = W(t_0) + C\int_{t_0}^{t} u(\tau) \frac{\mathrm{d}u(\tau)}{\mathrm{d}\tau} \mathrm{d}\tau = W(t_0) + C\int_{u(t_0)}^{u(t)} u \mathrm{d}u =$$

$$W(t_0) + \frac{1}{2}Cu^2(t) - \frac{1}{2}Cu^2(t_0) = \frac{1}{2}Cu^2(t) \tag{6.2.3}$$

其中，$W(t_0)=\dfrac{1}{2}Cu^2(t_0)$。所以当 $C>0$ 时，电容为无源元件，而当 $C<0$ 时（线性负电容），电容为有源元件。

在无源性的定义式(6.2.2)中，初始能量项 $W(t_0)$ 是必需的。假设在式(6.2.3)中不包含初始能量项 $W(t_0)$，则式(6.2.3)变成

$$W(t)=\frac{1}{2}Cu^2(t)-\frac{1}{2}Cu^2(t_0) \tag{6.2.4}$$

这样即使 $C>0$，也有可能使 $W(t)<0$。然而，对于一个具有正电容量的电容，无论如何也不能使之成为有源元件。事实上充电的电容有可能向外释放其存储的能量，但它的能量释放量不可能多于它原先储存的能量。因此，式(6.2.2)中的初始能量项 $W(t_0)$ 是必须考虑的。而对于线性二端电阻，到时刻 t 它吸收的能量为

$$W(t)=\int_{-\infty}^{t}u(\tau)i(\tau)\mathrm{d}\tau=\int_{-\infty}^{t}Ri^2(\tau)\mathrm{d}\tau=R\int_{-\infty}^{t}i^2(\tau)\mathrm{d}\tau \tag{6.2.5}$$

只要 $R>0$，对所有 t，$W(t)$ 总是非负的。通过对比正电阻和正电容可以看出，虽然它们都是无源元件，然而电容有时会向外释放能量，而电阻任何时刻都吸收能量。为了区别这种情况，引入“无损性”的概念。设一端口是无源的，并且没有原始储能，如果对于所有初始时刻 t_0 有

无损元件与有损元件

$$W(t)=\int_{t_0}^{\infty}u(t)i(t)\mathrm{d}t=0 \tag{6.2.6}$$

如果在 t_0 的初始储能为 $W(t_0)$，则有

$$W(t)=W(t_0)+\int_{t_0}^{\infty}u(t)i(t)\mathrm{d}t=0 \tag{6.2.7}$$

且对所有 $u(t)$，$i(t)$，从 $t_0\to\infty$ 为“平方可积”，即有

$$\int_{t_0}^{\infty}u^2(t)\mathrm{d}t<\infty,\quad \int_{t_0}^{\infty}i^2(t)\mathrm{d}t<\infty \tag{6.2.8}$$

则称此一端口为无损网络或无耗网络。

对于任意的一个 N 端口网络，其无源性的定义为：对所有时刻 t，若所有输入端口的总能量为非负的，则此 N 端口网络为无源的，即对全部 $t\geqslant-\infty$，有

$$W(t)=\int_{-\infty}^{t}\boldsymbol{u}^{\mathrm{T}}(\tau)\boldsymbol{i}(\tau)\mathrm{d}\tau\geqslant 0 \tag{6.2.9}$$

式中，$\boldsymbol{u}(\tau)$ 和 $\boldsymbol{i}(\tau)$ 表示端口电压和电流列向量，并且设当 $t=-\infty$ 时，$\boldsymbol{u}(-\infty)=0$，$\boldsymbol{i}(-\infty)=0$。如果对某些 $t>-\infty$，有

$$W(t)=\int_{-\infty}^{t}\boldsymbol{u}^{\mathrm{T}}(\tau)\boldsymbol{i}(\tau)\mathrm{d}\tau<0 \tag{6.2.10}$$

则此 N 端口网络为有源的。

如果对 N 端口网络有

$$W(t)=\int_{-\infty}^{t}\boldsymbol{u}^{\mathrm{T}}(\tau)\boldsymbol{i}(\tau)\mathrm{d}\tau=0 \tag{6.2.11}$$

则此 N 端口网络为无损的。一个无损的 N 端口网络将最终把输入端口的能量全部返回。

对于理想变压器，有

$$\begin{bmatrix} u_1 \\ i_2 \end{bmatrix} = \begin{bmatrix} 0 & n \\ -n & 0 \end{bmatrix} \begin{bmatrix} i_1 \\ u_2 \end{bmatrix} \tag{6.2.12}$$

由式(6.2.11) 可知

$$W(t) = \int_{-\infty}^{t} [u_1(\tau)i_1(\tau) + u_2(\tau)i_2(\tau)]\mathrm{d}\tau = 0 \tag{6.2.13}$$

所以理想变压器是无源的且是无损的。

归一化与去归一化

6.3 归一化与去归一化

在实际电路中,电路元件的参数值常常是很分散的,数量级范围从10^{-12}(电容)到$10^{6\sim7}$(电阻),为电路的分析和计算带来不便。为了避免网络计算的复杂性,同时使结果具有通用性而引入归一化。归一化定义为用一些合适的系数(常数)按比例换算所有电量,而不改变电路性质。例如,用 50 作为电阻的换算系数(归一化常数),则 $R=100\ \Omega$(实际值)变成 $R_N=100\ \Omega/50=2\ \Omega$(归一化值)。

6.3.1 实际值、归一化值、归一化常数之间的关系

按照归一化的定义,归一化值为实际值与归一化常数之比。假设 $Z_0(s)$、$Y_0(s)$、R_0、L_0、C_0、T_0、f_0、ω_0 和 s_0 分别为阻抗、导纳、电阻、电感、电容、周期、频率、角频率和复频率的归一化常数,上述各变量的归一化值见表 6.3.1。

表 6.3.1 各变量的归一化值

变量名称	实际值	归一化常数	归一化值	换算关系
阻抗	$Z(s)$	$Z_0(s)$	$Z_N(s)$	$Z_N(s)=Z(s)/Z_0(s)$
导纳	$Y(s)$	$Y_0(s)$	$Y_N(s)$	$Y_N(s)=Y(s)/Y_0(s)$
电阻	R	R_0	R_N	$R_N=R/R_0$
电感	L	L_0	L_N	$L_N=L/L_0$
电容	C	C_0	C_N	$C_N=C/C_0$
周期	T	T_0	T_N	$T_N=T/T_0$
频率	f	f_0	f_N	$f_N=f/f_0$
角频率	ω	ω_0	ω_N	$\omega_N=\omega/\omega_0$
复频率	s	s_0	s_N	$s_N=s/s_0$

由于各变量的实际值之间存在一定的相互关系,而归一化只是在量值大小方面的改变,并不改变原物理量之间的对应关系。因此,实际值适用的物理关系,对归一化值也应保持不变,各变量之间的实际值、归一化值和归一化常数的关系见表 6.3.2,共 7 组关系式。

表 6.3.2　各变量之间的实际值、归一化值和归一化常数的关系

参数	实际值	归一化值	归一化常数
Y	$Z(s)=1/Y(s)$	$Z_N(s)=1/Y_N(s)$	$Z_0(s)=1/Y_0(s)$
R	$Z(s)=R$	$Z_N(s)=R_N$	$Z_0(s)=R_0$
L	$Z(s)=sL$	$Z_N(s)=s_N L_N$	$Z_0(s)=s_0 L_0$
C	$Z(s)=1/(sC)$	$Z_N(s)=1/(s_N C_N)$	$Z_0(s)=1/(s_0 C_0)$
f	$f=1/T$	$f_N=1/T_N$	$f_0=1/T_0$
ω	$\omega=2\pi f$	$\omega_N=2\pi f_N$	$\omega_0=f_0$
s	$s=\sigma+j\omega$	$s_N=\sigma_N+j\omega_N$	$s_0=\sigma_0=\omega_0$

综上得知，只有两个独立的归一化常数，若选择多于两个独立的归一化常数，则有可能破坏变量之间的关系。通常选择 Z_0 和 f_0 或 Z_0 和 T_0。当选择 Z_0 和 f_0 作为独立的归一化常数时，其他各变量的归一化常数为

$$R_0=Z_0,\quad L_0=Z_0/f_0,\quad C_0=1/(Z_0 f_0),\quad T_0=1/f_0,\quad s_0=\omega_0=f_0,\quad Y_0=1/Z_0$$

6.3.2　去归一化

为了得到可实际应用的电路，必须进行去归一化，从而得到构成电路的实际元件值。去归一化过程为归一化的逆向过程，将归一化值乘以归一化常数即得到去归一化之后的实际值。

归一化例题

【例 6.3.1】　图 6.3.1(a) 所示电路归一化电压转移函数为

$$H(s_N)=\frac{U_2(s_N)}{U_1(s_N)}=\frac{s_N}{s_N^2+s_N+2}$$

其幅频特性如图 6.3.1(b) 所示，中心角频率为$\sqrt{2}$ rad/s。(1) 如要求实际中心频率为 10 kHz，求网络函数。(2) 如固定 $R=1\ \Omega$，求 L、C。(3) 如固定 $C=0.1\ \mu$F，求 R、L。

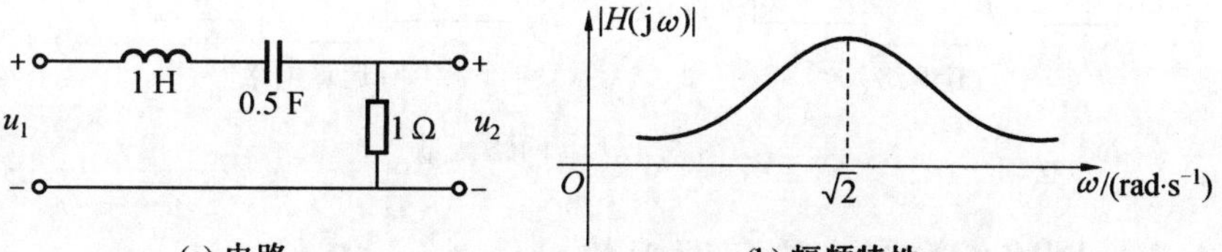

(a) 电路　　(b) 幅频特性

图 6.3.1　例 6.3.1 图

解　(1) 频率归一化常数为

$$f_0=s_0=\omega_0=\frac{2\pi\times10^4}{\sqrt{2}}\approx4.442\,9\times10^4$$

将 $s_N=\dfrac{s}{s_0}$ 代入已知的 $H(s_N)$ 得

$$H(s)=\frac{U_2(s)}{U_1(s)}=\frac{s_0 s}{s^2+s_0 s+2s_0^2}\approx\frac{4.442\,9\times10^4 s}{s^2+4.442\,9\times10^4 s+3.947\,9\times10^9}$$

(2)
$$R_0=\frac{R}{R_N}=1=Z_0, L_0=\frac{Z_0}{f_0}, C_0=\frac{1}{Z_0 f_0}$$
$$L=L_N L_0=22.508\ \mu\text{H},\ C=C_N C_0=11.254\ \mu\text{F}$$

(3)
$$C_0=\frac{C}{C_N}=\frac{0.1\times10^{-6}}{0.5}=2\times10^{-7}, Z_0=\frac{1}{f_0 C_0}\approx 112.539, R_0=Z_0\approx 112.539$$
$$L_0=\frac{Z_0}{f_0}\approx 2.533\times10^{-3}, R=R_0 R_N\approx 112.539\ \Omega, L\approx L_0 L_N=2.533\ \text{mH}$$

6.4　可实现的网络函数

为了实现给定技术条件下的网络结构(即网络综合),首先要得到与该网络结构相对应的网络函数,再讨论该网络函数的物理可实现性。本节首先讲解网络函数,通过网络函数的性质得到可实现的网络函数应具备的条件,然后将可实现的网络函数归结为霍尔维茨多项式和正实函数,为无源网络和有源网络的实现奠定理论基础。

6.4.1　网络函数

网络函数的性质

设图 6.4.1(a) 所示网络为线性无独立源零状态且只有一个独立电源,用 $x(t)$ 表示。以某一支路电流或某两点间的电压为响应,用 $y(t)$ 表示。与图 6.4.1(a) 对应的运算电路如图6.4.1(b) 所示,其中只有独立电源 $X(s)$,没有附加电源。在只有一个独立电源作用的线性无独立源零状态电路中,响应象函数 $Y(s)$ 与激励象函数 $X(s)$ 成正比。响应象函数 $Y(s)$ 与激励象函数 $X(s)$ 之比称为(复频域中的) 网络函数,用符号 $H(s)$ 表示,即

$$H(s)\overset{\text{def}}{=\!=}\frac{Y(s)}{X(s)} \tag{6.4.1}$$

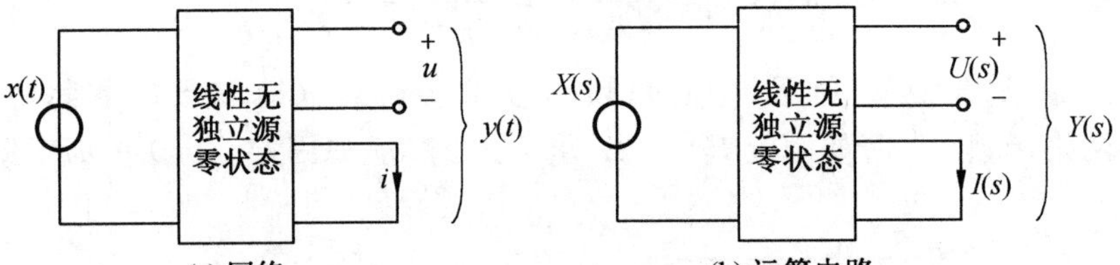

(a) 网络　　(b) 运算电路

图 6.4.1　网络函数

6.4.2　网络函数是 s 的有理函数

从网络函数的定义可以看出,网络函数是两个关于复频率 s 的多项式之比,其一般形式为

$$H(s)=\frac{N(s)}{D(s)}=\frac{b_m s^m+b_{m-1}s^{m-1}+\cdots+b_1 s+b_0}{a_n s^n+a_{n-1}s^{n-1}+\cdots+a_1 s+a_0} \tag{6.4.2}$$

其中,a_i、b_i 均为实数。

当网络为无源网络时,因电路元件均为无源元件,其参数值均为实数,所以网络函数的分子、分母多项式的系数均为实数,即 a_i、b_i 均为实数。将这个结论推广到一般情况,即

由集中、线性、非时变元件构成的网络，其网络函数均具有上述性质。现证明如下：

根据式(1.4.6)，图 6.4.1(b) 的节点电压方程的矩阵形式为

$$\boldsymbol{Y}_{\mathrm{n}}(s)\boldsymbol{U}_{\mathrm{n}}(s)=\boldsymbol{I}_{\mathrm{n}}(s) \tag{6.4.3}$$

$$\boldsymbol{I}_{\mathrm{n}}(s)=\boldsymbol{A}\boldsymbol{Y}(s)\boldsymbol{U}_{\mathrm{s}}(s)-\boldsymbol{A}\boldsymbol{I}_{\mathrm{s}}(s) \tag{6.4.4}$$

式中，$\boldsymbol{Y}(s)$、$\boldsymbol{Y}_{\mathrm{n}}(s)$ 分别为支路导纳矩阵和节点导纳矩阵；$\boldsymbol{U}_{\mathrm{s}}(s)$、$\boldsymbol{I}_{\mathrm{s}}(s)$ 分别为支路源电压向量和支路源电流向量；$\boldsymbol{I}_{\mathrm{n}}(s)$、$\boldsymbol{U}_{\mathrm{n}}(s)$ 分别表示节点源电流向量和节点源电压向量。式(6.4.3) 的解为

$$\boldsymbol{U}_{\mathrm{n}}(s)=\boldsymbol{Y}_{\mathrm{n}}^{-1}(s)\boldsymbol{I}_{\mathrm{n}}(s) \tag{6.4.5}$$

其展开形式如下：

$$\begin{bmatrix} U_{\mathrm{n}1}(s) \\ U_{\mathrm{n}2}(s) \\ \vdots \\ U_{\mathrm{n}n}(s) \end{bmatrix}=\begin{bmatrix} \dfrac{\Delta_{11}}{\Delta} & \dfrac{\Delta_{21}}{\Delta} & \cdots & \dfrac{\Delta_{n1}}{\Delta} \\ \dfrac{\Delta_{12}}{\Delta} & \dfrac{\Delta_{22}}{\Delta} & \cdots & \dfrac{\Delta_{n2}}{\Delta} \\ \vdots & \vdots & & \vdots \\ \dfrac{\Delta_{1n}}{\Delta} & \dfrac{\Delta_{2n}}{\Delta} & \cdots & \dfrac{\Delta_{nn}}{\Delta} \end{bmatrix}\begin{bmatrix} I_{\mathrm{n}1}(s) \\ I_{\mathrm{n}2}(s) \\ \vdots \\ I_{\mathrm{n}n}(s) \end{bmatrix} \tag{6.4.6}$$

式中，Δ 为节点导纳矩阵的行列式；$\Delta_{ij}(i=1,2,\cdots,n;j=1,2,\cdots,n)$ 为行列式 Δ 中元素 Y_{ij} 的代数余子式。

根据网络函数的定义，假设电路中只有一个独立电源为电流源，并且该电流源的一端为参考节点，另一端为节点 ①。电路中各电容电压、电感电流的初始值为零。则式(6.4.5) 可进一步简化为

$$U_{\mathrm{n}j}(s)=\frac{\Delta_{1j}}{\Delta}I_{\mathrm{n}1}(s) \tag{6.4.7}$$

如果响应假设为节点电压 $U_{\mathrm{n}j}$，则网络函数为

$$H(s)=\frac{U_{\mathrm{n}j}(s)}{I_{\mathrm{n}1}(s)}=\frac{\Delta_{1j}}{\Delta} \tag{6.4.8}$$

由于节点导纳中自导纳和互导纳的一般形式为

$$Y_{ij}=\pm\frac{s}{L_{ij}s^2+R_{ij}s+1/C_{ij}} \tag{6.4.9}$$

由式(6.4.9) 可以看出，Y_{ij} 是实系数有理函数，而 Δ 和 Δ_{ij} 中的元素都是形如 Y_{ij} 的实系数有理函数，因此式(6.4.8) 必定是 s 的实系数有理函数。又由于支路电流和支路电压均可以用节点电压进行表示，当响应是任一条支路上的电压或电流时，其对应的网络函数均具有上述结论。同理，当激励为独立电压源时，仍然具有上述结论。

6.4.3　网络函数的零点和极点对 σ 轴对称

将式(6.4.2) 表示成另外一种表达形式，即

$$H(s)=\frac{N(s)}{D(s)}=\frac{b_m(s-k_1)(s-k_2)\cdots(s-k_m)}{a_n(s-p_1)(s-p_2)\cdots(s-p_n)} \tag{6.4.10}$$

其中，$k_i(i=1,2,\cdots,m)$ 称为 $H(s)$ 的零点，因为当 $s=k_i$ 时，$H(s)=0$；$p_j(j=1,2,\cdots,n)$ 称

为 $H(s)$ 的极点,因为当 $s=p_j$ 时,$H(s)\to\infty$。网络函数的零点和极点可以画在 s 平面上,如图 6.4.2 所示,称为网络函数的零、极点图。通常用“o”表示零点,用“×”表示极点。

由于网络函数分子分母多项式多是实系数多项式,而网络函数的零点和极点可以是实数、虚数或复数。但当零点和极点是虚数或复数时,一定以共轭的形式出现,否则不能确保分子分母多项式的系数为实数,反映在零、极点图上就是零点和极点都对 σ 轴对称,如图 6.4.2 所示。

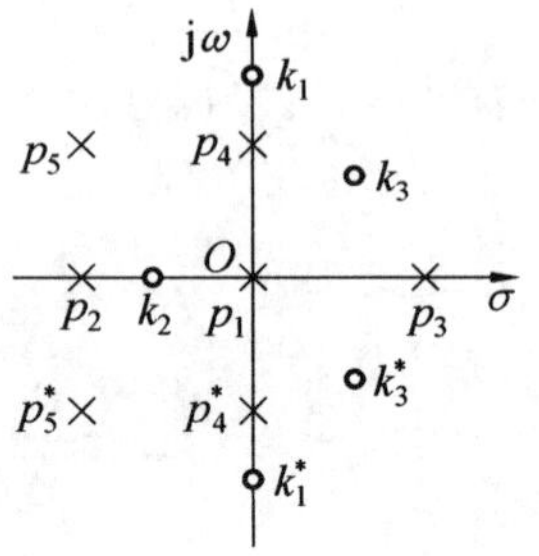

图 6.4.2　网络函数的零、极点图

6.4.4　网络函数与单位冲激特性的关系

网络函数与单位冲激特性的关系

根据单位冲激特性的定义及齐性原理,当激励 $x(t)=K\delta(t)$ 时,零状态响应 $y(t)=Kh(t)$。即当 $X(s)=L\{K\delta(t)\}=K$ 时,$Y(s)=L\{Kh(t)\}=KL\{h(t)\}$。将 $X(s)$ 和 $Y(s)$ 代入式(6.4.1)得

$$H(s)=\frac{KL\{h(t)\}}{K}=L\{h(t)\}$$

即网络函数就是网络单位冲激特性的象函数;反之,网络函数的原函数就是网络的单位冲激特性,即

$$\begin{cases}H(s)=L\{h(t)\}\\ h(t)=L^{-1}\{H(s)\}\end{cases}\tag{6.4.11}$$

网络函数 $H(s)$ 和单位冲激特性 $h(t)$ 都反映了网络的固有性质。

若已知网络函数 $H(s)$ 和外加激励的象函数 $X(s)$,则零状态响应象函数为

$$Y(s)=H(s)X(s)=\frac{N(s)}{D(s)}\cdot\frac{P(s)}{Q(s)}=\frac{F_1(s)}{F_2(s)}\tag{6.4.12}$$

其中,$H(s)=N(s)/D(s)$;$X(s)=P(s)/Q(s)$;N、D、P、Q 都是 s 的多项式。用部分分式展开求 $Y(s)$ 的原函数时,$F_2(s)=D(s)Q(s)=0$ 的根将包括 $D(s)=0$ 及 $Q(s)=0$ 的根。响应中与 $Q(s)=0$ 的根对应的那些项与外加激励的象函数形式相同,属于强制分量;而与 $D(s)=0$ 的根(即网络函数的极点)对应的那些项的性质由网络的结构与参数决定,属于自由分量。因此,网络函数极点的性质决定了网络暂态过程的特性。

【例 6.4.1】　如图 6.4.3 所示电路,已知 $R=0.5\ \Omega$,$L=1$ H,$C=1$ F,$\alpha=0.25$。

(1) 定义网络函数 $H(s)=I_2(s)/U_S(s)$,求 $H(s)$ 及其单位冲激特性 $h(t)$。(2) 求当 $u_S(t)=3e^{-t}\varepsilon(t)$ V 时的响应 $i_2(t)$。

解　(1) 列回路电流方程:

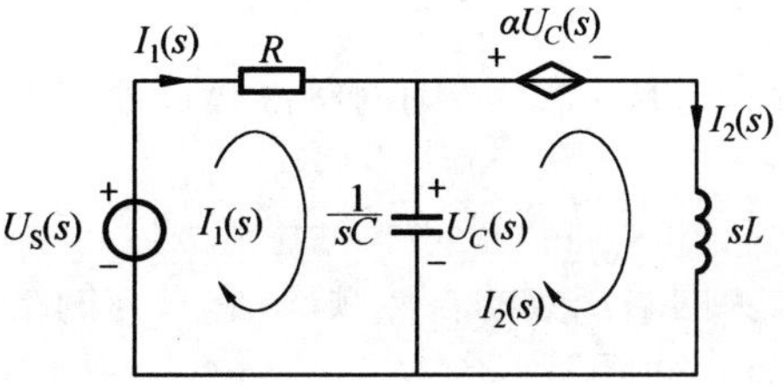

图 6.4.3　例 6.4.1 图

冲激响应求解例题

$$\begin{cases}\left(R+\dfrac{1}{sC}\right)I_1(s)-\dfrac{1}{sC}I_2(s)=U_S(s)\\-\dfrac{1}{sC}I_1(s)+\left(\dfrac{1}{sC}+sL\right)I_2(s)=-\alpha U_C(s)\\U_C(s)=\dfrac{1}{sC}[I_1(s)-I_2(s)]\end{cases}\qquad(6.4.13)$$

代入已知数并化简得

$$\begin{cases}(0.5s+1)I_1(s)-I_2(s)=sU_S(s)\\-0.75I_1(s)+(s^2+0.75)I_2(s)=0\end{cases}\qquad(6.4.14)$$

解得

$$I_2(s)=\frac{1.5U_S(s)}{s^2+2s+0.75}$$

所以

$$H(s)=\frac{I_2(s)}{U_S(s)}=\frac{1.5}{s^2+2s+0.75}\qquad(6.4.15)$$

展开得

$$H(s)=\frac{1.5}{s+0.5}+\frac{-1.5}{s+1.5}$$

其反变换即单位冲激特性为

$$h(t)=1.5(\mathrm{e}^{-0.5t}-\mathrm{e}^{-1.5t})\ (\Omega\mathrm{s})^{-1}\times\varepsilon(t)\qquad(6.4.16)$$

(2) 当 $u_S(t)=3\mathrm{e}^{-t}\varepsilon(t)$ V 时，

$$U_S(s)=L\{u_S(t)\}=\frac{3}{s+1}(\mathrm{V})$$

$$I_2(s)=H(s)U_S(s)=\frac{1.5}{s^2+2s+0.75}\cdot\frac{3}{s+1}=$$

$$\frac{1.5}{(s+0.5)(s+1.5)}\cdot\frac{3}{s+1}=\frac{9}{s+0.5}+\frac{9}{s+1.5}+\frac{-18}{s+1}\ (\mathrm{A})$$

$$i_2(t)=9\mathrm{e}^{-0.5t}+9\mathrm{e}^{-1.5t}-18\mathrm{e}^{-t}(\mathrm{A})\quad(t\geqslant 0)$$

6.4.5　网络函数的极点位置与网络稳定性的关系

如前所述，当网络函数与单位冲激特性构成拉普拉斯变换对，单位冲激特性的性质取决于网络函数的极点性质，即取决于极点在复平面上的位置。下面分析一阶（又称单阶）

极点情况。

若网络函数仅含一阶极点,且 $n > m$,则网络函数可展开成

$$H(s) = \frac{N(s)}{D(s)} = \sum_{k=1}^{n} \frac{A_k}{s - p_k} \tag{6.4.17}$$

其中,极点 $p_1, p_2, \cdots, p_n$ 称为网络函数的自然频率,它只与网络结构和参数有关。

网络的单位冲激特性为

$$h(t) = L^{-1}\{H(s)\} = \sum_{k=1}^{n} A_k \mathrm{e}^{p_k t} \tag{6.4.18}$$

可见它与极点位置有关,下面就极点在复平面上的位置分别加以讨论:

(1) 若 p_k 位于原点,即 $p_k = 0$,则 $h(t) = A_k \varepsilon(t)$,对应的单位冲激特性为阶跃函数。如图 6.4.4 中的 h_1。

网络函数的极点位置与网络稳定性的关系

(2) 若 p_k 位于左半实轴,即 $\mathrm{Re}[p_k] = a_k < 0$,$\mathrm{Im}[p_k] = 0$,则对应的单位冲激特性为 $h_k(t) = A_k \mathrm{e}^{a_k t}$,按指数规律衰减。$p_k$ 距原点越远,衰减越快。如图 6.4.4 中的 h_2。

(3) 若 p_k 位于右半实轴,即 $\mathrm{Re}[p_k] = a_k > 0$,$\mathrm{Im}[p_k] = 0$,则对应的单位冲激特性为 $h_k(t) = A_k \mathrm{e}^{a_k t}$,按指数规律增长。$p_k$ 距原点越远,增长越快。如图 6.4.4 中的 h_3。

(4) 若 p_k 位于虚轴,即 $\mathrm{Re}[p_k] = a_k = 0$,$\mathrm{Im}[p_k] = \pm\beta_k \neq 0$,则虚极点成对出现,由拉普拉斯逆变换得 p_k 与 p_k^* 对应的单位冲激特性为 $h_k(t) = 2 | A_k | \cos(\beta_k t + \theta_k)$,即不衰减的自由振荡。$p_k$ 距原点越远,振荡频率越高。如图 6.4.4 中的 h_4。

(5) 若 p_k 位于左半平面但不包括实轴,即 $\mathrm{Re}[p_k] = a_k < 0$,$\mathrm{Im}[p_k] = \pm\beta_k \neq 0$,则复数极点成对出现,由拉普拉斯逆变换得对应的单位冲激特性为 $h_k(t) = 2 | A_k | \mathrm{e}^{a_k t} \cos(\beta_k t + \theta_k)$,即振幅指数衰减的自由振荡。$p_k$ 距虚轴越远,衰减越快;距实轴越远,振荡频率越高。如图 6.4.4 中的 h_5。

(6) 若 p_k 位于右半平面但不包括实轴,即 $\mathrm{Re}[p_k] = a_k > 0$,$\mathrm{Im}[p_k] = \pm\beta_k \neq 0$,则由拉普拉斯逆变换得 p_k 与 p_k^* 对应的单位冲激特性为 $h_k(t) = 2 | A_k | \mathrm{e}^{a_k t} \cos(\beta_k t + \theta_k)$,即振幅指数增长的自由振荡。$p_k$ 距虚轴越远,增长越快。如图 6.4.4 中的 h_6。

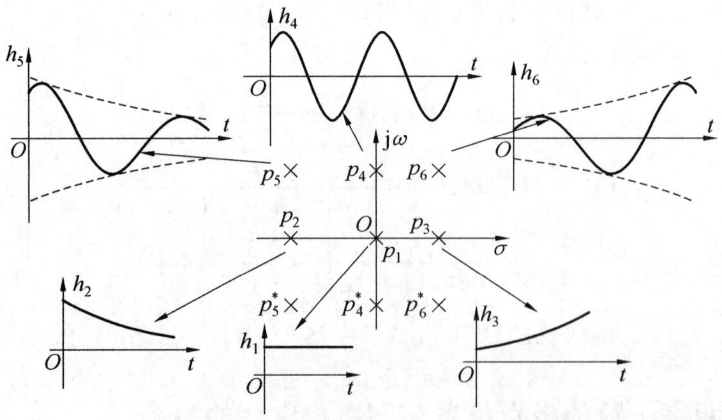

图 6.4.4　$H(s)$ 的极点与响应的关系

对上述各种情况再做进一步概括：当极点位于左半平面时，对应特性随着时间 t 的增加而减小，最后衰减为零，这样的暂态过程是稳定的；反之，当极点位于右半平面时，对应特性随着时间 t 的增加而发散，这样的暂态过程是不稳定的。当极点位于虚轴上时属于临界稳定，当极点位于实轴上时，响应一般是非振荡的，否则均为振荡的暂态过程；若极点是位于 $\mathrm{j}\omega$ 轴上的共轭极点，如网络是稳定的，则该极点一定是单阶的，这是因为当含有一对 $\mathrm{j}\omega$ 轴上的二阶极点时，其对应的单位冲激特性中一定含有一项为 $h_k(t)=2\mid A_k\mid t\cos\beta_k t$，它将随时间的增大而无限增大。

由前面的分析可知，网络稳定与否决定于网络函数的极点在复平面上的分布。为便于讨论，将根不在 s 右半开平面（即不包含纵轴的右半平面），且无 $\mathrm{j}\omega$ 轴上重根的实系数多项式称为霍尔维茨多项式，简称为霍氏多项式。它又可分为：

(1) 只有 s 左半开平面根的实系数多项式，称为严格霍氏多项式。

(2) 根不在 s 右半开平面，但具有 $\mathrm{j}\omega$ 轴单根的实系数多项式，称为广义霍氏多项式。

总之，线性时不变稳定网络的网络函数具有如下主要性质：

(1) 必须是 s 的实系数有理函数。

(2) 网络函数的零点和极点对 σ 轴对称。

(3) 分母多项式必须是霍氏多项式。

霍尔维茨多项式的概念和性质

6.4.6　霍尔维茨多项式性质及其检验

前面给出了霍氏多项式的概念，接下来研究霍氏多项式的一些重要性质，并以此作为检验是否为霍氏多项式的方法。

(1) 严格霍氏多项式从 s 的最高次幂到最低次幂的系数全为正，且不能缺项。

从严格霍氏多项式的定义可以看出，它的根只有以下两种形式：

①$s_i=-\alpha_i$，α_i 为正实数；

②$s_i=-\alpha_i\pm \mathrm{j}\beta_i$，$\alpha_i$ 和 β_i 都为正实数。

含有这些根的多项式可写成

$$P(s)=a_n s^n+a_{n-1}s^{n-1}+\cdots+a_1 s+a_0 \tag{6.4.19}$$

假设一个关于 s 的严格霍氏多项式共有 n 个根，其中包含 m 个负实根，$n-m$ 个左半开平面的共轭复根，则含有这些根的多项式可以写成

$$P(s)=P_1(s)P_2(s)$$

其中，$P_1(s)=\prod\limits_{i=1}^{m}(s+\alpha_i)$ 表示对应产生负实根的因式乘积；$P_2(s)=\prod\limits_{i=1}^{(n-m)/2}(s+\alpha_i+\mathrm{j}\beta_i)(s+\alpha_i-\mathrm{j}\beta_i)=\prod\limits_{i=1}^{(n-m)/2}(s^2+2\alpha_i s+\alpha_i^2+\beta_i^2)$ 表示对应产生共轭复根的因式乘积。由于这两类因式都为正实系数且不缺项，因此它们相乘得到的严格霍氏多项式也必定所有系数全为正且不缺项。

(2) 广义霍氏多项式从 s 的最高次幂到最低次幂的系数全为正，但可以缺项。

对于广义霍氏多项式，由于具有 $\mathrm{j}\omega$ 轴上的单阶共轭复根，多项式中会包含 $s^2+\omega^2$ 的因式。当负实根的个数为奇数时，广义霍氏多项式中缺奇次项；当负实根的个数为偶数

时,广义霍氏多项式中缺偶次项;当具有位于原点的根时,广义霍氏多项式中缺常数项。

由此得到检验霍氏多项式的必要条件是多项式的系数必须全为正值。严格霍氏多项式除了系数为正外还不能缺项,而广义霍氏多项式可以缺项。例如 s^4+3s^2+2 不是严格霍氏多项式,而是广义霍氏多项式。又如 s^3+1 和 s^2-2s+3 都不是霍氏多项式。而 s^3+2s^2+3s+4 到底是不是霍氏多项式还需进一步检验,因为系数为正和不缺项只是严格霍氏多项式的必要条件并非充分条件。例如 $s^5+2s^4+4s^3+8s^2+16s+32=(s^2+2s+4)(s^2-2s+4)(s+2)$,此多项式具有正系数且不缺项,但由于含有复平面右半平面的共轭复根,因此不是霍氏多项式。为了进一步检验霍氏多项式的充分条件,需要进一步判别。

(3) 严格霍氏多项式 $P(s)$ 可分解为偶部和奇部两部分,即

$$P(s)=m(s)+n(s)$$

式中,$m(s)$ 为偶部,全部由 s 的偶次项组成,包括常数项;$n(s)$ 为奇部,全部由 s 的奇次项组成。则偶部与奇部之比 $R(s)=m(s)/n(s)$,或奇部与偶部之比 $R(s)=n(s)/m(s)$ 展开成连分式时,所得各商数都为正,即

$$R(s)=k_1s+\cfrac{1}{k_2s+\cfrac{1}{k_3s+\cfrac{1}{\ddots+\cfrac{1}{k_ns}}}}$$

式中,商数 k_i 均为正数,$i=1,2,\cdots,n$。

最后要指出,判别一个多项式是否为霍氏多项式,最直接的方法是求出该多项式的根,如果各个根的实部都为负值,则该多项式必为严格霍氏多项式;如果某些根的实部为负值,某些根的实部为零,则为广义霍氏多项式;否则就不是霍氏多项式。

当多项式的阶数很高时,求根是很困难的,这时就须借助于计算机辅助计算。现在广泛使用的一些软件中已包含求解多项式根的命令,如 Matlab,只需用一个命令就可以求出多项式的全部根,这为采用直接求根的方式来判断多项式是否为霍氏多项式提供了方便。

6.5 正实函数

正实函数的概念和性质

前面讨论了网络函数的性质及其稳定性对网络函数所施加的约束,本节将进一步探讨网络的无源性对网络函数施加的约束。网络函数应当具备什么样的条件才能由它实现网络?对于无源一端口网络而言,这个问题的回答是,无源一端口网络的策动点函数为正实函数。本节将证明由 R、L、C 及 M 等无源元件组成的网络,其策动点函数为有理正实函数,这是无源一端口网络可实现的充分必要条件,是无源网络综合的基础。

6.5.1　正实函数的基本概念

定义 1　设 $F(s)$ 是复变量 $s=\sigma+j\omega$ 的函数，如果：

(1) 当 $\text{Im}[s]=0$ 时，$\text{Im}[F(s)]=0$。

(2) 当 $\text{Re}[s]\geqslant 0$ 时，$\text{Re}[F(s)]\geqslant 0$。

则称 $F(s)$ 为正实函数，简称 P. r. 函数。正实函数的映射关系如图 6.5.1 所示。

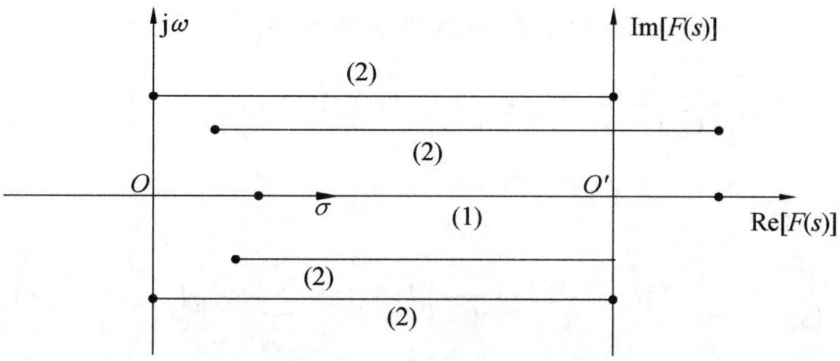

图 6.5.1　正实函数的映射关系

定理 1　若线性、集中、时不变网络由无源二端元件构成，则有理函数 $F(s)$ 要成为这种网络的策动点函数的充分必要条件是 $F(s)$ 为正实函数。该定理也称为布隆定理。

布隆定理及证明

证明　由无源二端元件构成的一端口网络如图 6.5.2(a) 所示，该网络除了端口处电压、电流取非关联参考方向外，网络内部各支路电压、电流均假设取关联参考方向。其中，第 k 条支路的一般形式如图 6.5.2(b) 所示，其支路方程表示为

$$U_k(s)=\left(R_k+sL_k+\frac{1}{sC_k}\right)I_k(s)+\sum_{\substack{j=2\\ j\neq k}}^{b}sM_{kj}I_j(s) \tag{6.5.1}$$

图 6.5.2(a) 中策动点阻抗函数定义为

$$Z(s)=\frac{U_1(s)}{I_1(s)} \tag{6.5.2}$$

由特勒根定理得

$$\sum_{k=1}^{b}U_k(s)\,I_k^*(s)=0 \tag{6.5.3}$$

或

$$-U_1(s)\,I_1^*(s)+\sum_{k=2}^{b}U_k(s)\,I_k^*(s)=0 \tag{6.5.4}$$

即

$$U_1(s)\,I_1^*(s)=\sum_{k=2}^{b}U_k(s)\,I_k^*(s) \tag{6.5.5}$$

由式(6.5.2) 和式(6.5.5) 可得

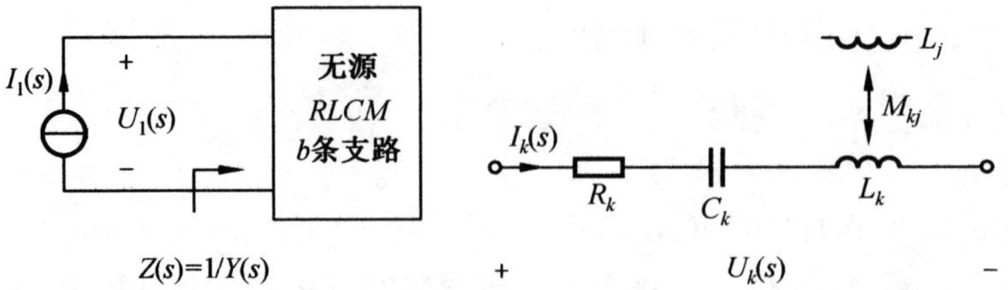

(a) 由无源二端元件构成的一端口网络　　(b) 第 k 条支路的一般形式

图 6.5.2　布隆定理的证明

$$Z(s)=\frac{U_1(s)}{I_1(s)}=\frac{U_1(s)\,I_1^*(s)}{I_1(s)\,I_1^*(s)}=\frac{1}{|\,I_1(s)\,|^2}U_1(s)\,I_1^*(s)=$$

$$\frac{1}{|\,I_1(s)\,|^2}\sum_{k=2}^{b}U_k(s)\,I_k^*(s)=$$

$$\frac{1}{|\,I_1(s)\,|^2}\sum_{k=2}^{b}\left[\left(R_k+sL_k+\frac{1}{sC_k}\right)I_k(s)+\sum_{\substack{j=2\\j\neq k}}^{b}sM_{kj}I_j(s)\right]I_k^*(s)=$$

$$\frac{1}{|\,I_1(s)\,|^2}\left[F_0(s)+\frac{1}{s}V_0(s)+sM_0(s)\right]\tag{6.5.6}$$

其中

$$\begin{cases}F_0(s)=\displaystyle\sum_{k=2}^{b}R_k\,|\,I_k(s)\,|^2\geqslant 0\\ V_0(s)=\displaystyle\sum_{k=2}^{b}\frac{1}{C_k}\,|\,I_k(s)\,|^2\geqslant 0\\ M_0(s)=\displaystyle\sum_{k=2}^{b}L_k\,|\,I_k(s)\,|^2+\sum_{k=2}^{b}\sum_{\substack{j=2\\j\neq k}}^{b}M_{kj}I_j(s)\,I_k^*(s)=T_0+\sum_{k=2}^{b}\sum_{\substack{j=2\\j\neq k}}^{b}M_{kj}I_j(s)\,I_k^*(s)\geqslant 0\\ T_0=\displaystyle\sum_{k=2}^{b}L_k\,|\,I_k(s)\,|^2\geqslant 0\end{cases}\tag{6.5.7}$$

同理,用类似的方法可以得到策动点导纳的表达式为

$$Y(s)=\frac{I_1(s)}{U_1(s)}=\frac{1}{|U_1(s)|^2}\sum_{k=2}^{b}U_k^*(s)I_k(s)=$$

$$\frac{1}{|U_1(s)|^2}\left[F_0(s)+\frac{1}{s^*}V_0(s)+s^*M_0(s)\right]\tag{6.5.8}$$

由式(6.5.6)可知:

(1) 当 $\mathrm{Im}[s]=0$ 时,$\mathrm{Im}[Z(s)]=0$,$\mathrm{Im}[Y(s)]=0$。

(2) 设 $s=\sigma+\mathrm{j}\omega$,$\sigma\geqslant 0$,则

$$\mathrm{Re}[Z(s)]=\frac{1}{|\,I_1(s)\,|^2}\left[F_0(s)+\frac{\sigma}{\sigma^2+\omega^2}V_0(s)+\sigma M_0(s)\right]\geqslant 0$$

$$\mathrm{Re}[Y(s)]=\frac{1}{|\,U_1(s)\,|^2}\left[F_0(s)+\frac{\sigma}{\sigma^2+\omega^2}V_0(s)+\sigma M_0(s)\right]\geqslant 0$$

所以 $Z(s)$ 是正实函数。此外，也可以证明，任何正实函数都可以用无源集中元件来实现。

6.5.2　正实函数的性质

性质 1　正实函数的倒数仍为正实函数。

证明　假定 $F(s)$ 是正实函数，则其必定满足正实函数定义的条件(1) 和条件(2)，因此：

(1) 当 $\mathrm{Im}[s]=0$ 时，$\mathrm{Im}[F(s)]=0$，所以 $\mathrm{Im}[1/F(s)]=0$，即满足正实函数定义的条件(1)。

(2) 设 $F(s)=P(s)+\mathrm{j}Q(s)$，其中 $P(s)$ 和 $Q(s)$ 分别为 $F(s)$ 的实部和虚部，则有

$$\mathrm{Re}\left[\frac{1}{F(s)}\right]=\mathrm{Re}\left[\frac{1}{P(s)+\mathrm{j}Q(s)}\right]=\frac{P(s)}{P^2(s)+Q^2(s)} \tag{6.5.9}$$

因为当 $\mathrm{Re}[s]\geqslant 0$ 时，$\mathrm{Re}[F(s)]\geqslant 0$，则 $\mathrm{Re}[1/F(s)]\geqslant 0$，满足正实函数定义的条件(2)。

以上证明了正实函数的倒数同样满足正实函数的两个条件，所以是正实函数。

性质 2　正实函数之和仍为正实函数。

证明　假定 $F_1(s)$ 和 $F_2(s)$ 都为正实函数，$F(s)=F_1(s)+F_2(s)$ 且 $F_1(s)=P_1(s)+\mathrm{j}Q_1(s)$，$F_2(s)=P_2(s)+\mathrm{j}Q_2(s)$，采用同上一性质相同的证明方式。

(1) 当 $\mathrm{Im}[s]=0$ 时，$\mathrm{Im}[F_1(s)]=0$，$\mathrm{Im}[F_2(s)]=0$，所以 $\mathrm{Im}[F(s)]=\mathrm{Im}[F_1(s)+F_2(s)]=\mathrm{Im}[F_1(s)]+\mathrm{Im}[F_2(s)]=0$，即满足正实函数定义的条件(1)。

(2) 当 $\mathrm{Re}[s]\geqslant 0$ 时，$\mathrm{Re}[F_1(s)]\geqslant 0$，$\mathrm{Re}[F_2(s)]\geqslant 0$，所以 $\mathrm{Re}[F(s)]=\mathrm{Re}[F_1(s)+F_2(s)]=\mathrm{Re}[F_1(s)]+\mathrm{Re}[F_2(s)]\geqslant 0$，即满足正实函数定义的条件(2)。

故性质 2 得证。

此结论可以进一步推广为多个正实函数之和同样为正实函数。可更进一步推广为多个正实函数的正线性组合(组合系数为正数) 仍为正实函数。需要注意的是，两个正实函数之差不一定是正实函数。

性质 3　正实函数的复合函数仍为正实函数。

证明　设 $F(s)$ 和 $f(s)$ 都是正实函数，则其复合函数 $F[f(s)]$ 也是正实函数。

(1) 当 $\mathrm{Im}[s]=0$ 时，$\mathrm{Im}[f(s)]=0$，所以 $\mathrm{Im}\{F[f(s)]\}=0$，即满足正实函数定义的条件(1)。

(2) 当 $\mathrm{Re}[s]\geqslant 0$ 时，$\mathrm{Re}[F(s)]\geqslant 0$，所以 $\mathrm{Re}\{F[f(s)]\}\geqslant 0$，即满足正实函数定义的条件(2)。

故性质 3 得证。

6.5.3　正实函数的等价条件

正实函数的等价条件 1

在检验 s 实部为正，策动点函数的实部也为正的正实性条件时需要在整个 s 平面的右半平面来进行，这种检验方法比较麻烦。为此引出如下的一组等价条件。

定理 2　一个具有实系数的有理函数 $F(s)$ 为正实函数的充分必要条件(等价条件)是：

(1) 当 s 为实数时,$F(s)$ 也是实数。

(2) 对全部实频率 ω,$\mathrm{Re}[F(\mathrm{j}\omega)] \geqslant 0$,即在虚轴上 $\mathrm{Re}[F(s)] \geqslant 0$。

(3) $F(s)$ 的全部极点位于 s 平面的左半闭平面,位于 $\mathrm{j}\omega$ 轴上的极点是单阶的,且具有正实留数。

以上条件使我们在检查 s 实部为正的,$F(s)$ 的实部也为正的正实性条件时,不必在整个 s 平面的右半平面来进行。在网络理论中,由于网络函数是有理函数,因此正实函数常指满足以上条件的有理函数。下面来证明这本章定义 1 和定理 2 的等价性。先证明正实函数必满足定理 2 所述的等价条件。

等价条件(1) 和(2) 可由正实函数的定义直接得出,下面主要推导等价条件(3)。设 $F(s)$ 有一右半开平面的 n 阶极点 s_p,在此极点周围,对 $F(s)$ 进行洛朗级数展开,即

$$F(s)=\frac{k_{-n}}{(s-s_\mathrm{p})^n}+\frac{k_{-n+1}}{(s-s_\mathrm{p})^{n-1}}+\cdots+\frac{k_{-1}}{s-s_\mathrm{p}}+k_0+k_1(s-s_\mathrm{p})+\cdots+k_n(s-s_\mathrm{p})^n$$

当 $s\rightarrow s_\mathrm{p}$ 时得

$$F(s)\approx\frac{k_{-n}}{(s-s_\mathrm{p})^n}$$

令 $s-s_\mathrm{p}=r\mathrm{e}^{\mathrm{j}\theta}$,$k_{-n}=k\mathrm{e}^{\mathrm{j}\varphi}$,$k$,$r$ 和 φ 为正实数。于是 $F(s)$ 及其实部分别等于

$$\begin{cases}F(s)\approx\dfrac{k}{r^n}\mathrm{e}^{\mathrm{j}(\varphi-n\theta)}\\[2ex]\mathrm{Re}[F(s)]\approx\dfrac{k}{r^n}\cos(\varphi-n\theta)\end{cases}\tag{6.5.10}$$

在 s_p 附近 θ 可由 0 变到 2π,$\cos(\varphi-n\theta)$ 的符号将随之变化 $2n$ 次,即 $\mathrm{Re}[F(s)]$ 变化 $2n$ 次。根据正实函数的定义,在 s 右半开平面内 $\mathrm{Re}[F(s)]\geqslant 0$,也就是说,$F(s)$ 的实部不能变号。满足这个条件的唯一可能是 $n=0$。从而得到的结论是:正实函数在 s 右半开平面没有极点,即 $F(s)$ 的全部极点位于 s 平面的左半闭平面内。若极点 s_p 位于 $\mathrm{j}\omega$ 轴上,在 s 右半开平面内 θ 可由 $-\pi/2$ 变到 $\pi/2$,从式(6.5.10) 可知,保持 $\mathrm{Re}[F(s)]$ 为正数的条件是 $n=1$ 和 $\varphi=0$。$n=1$ 说明 $\mathrm{j}\omega$ 轴上的极点是单阶的,而 $\varphi=0$ 说明极点处的留数 k_{-n} 为一正实数。这就说明了等价条件(3) 的正确性。

下面来证明满足等价条件的 $F(s)$ 必满足定义 1 所述的两个关系,即为正实函数。由复变函数中的最大模数定理可知,若复变函数 $G(s)$ 在 s 平面给定的区域内及其边界 l 上解析,则其模 $|G(s)|$ 的最大值出现在边界 l 上。

若令 $G(s)=\mathrm{e}^{-F(s)}$,并设 $F(s)=\mathrm{Re}[F(s)]+\mathrm{j}\mathrm{Im}[F(s)]$,由等价条件(3) 知 $F(s)$ 在 s 的右半开平面解析。若假定 $F(s)$ 在 $\mathrm{j}\omega$ 轴上没有极点,则 $F(s)$ 在 $\mathrm{j}\omega$ 轴上也是解析的。因此,$G(s)=\mathrm{e}^{-F(s)}$ 在右半闭平面上解析。由最大模数定理有

$$|G(s)|=|\mathrm{e}^{-(\mathrm{Re}[F(s)]+\mathrm{j}\mathrm{Im}[F(s)])}|=\mathrm{e}^{-\mathrm{Re}[F(s)]}$$

其极大值在 $\mathrm{j}\omega$ 轴上。由于 $\mathrm{e}^{-\mathrm{Re}[F(s)]}$ 的极大值就是 $\mathrm{Re}[F(s)]$ 的极小值,所以 $\mathrm{Re}[F(s)]$ 的极小值出现在 $\mathrm{j}\omega$ 轴上。由等价条件(2) 可知,当 ω 为实数时,$\mathrm{Re}[F(\mathrm{j}\omega)]\geqslant 0$,即在 s 右半闭平面内 $\mathrm{Re}[F(\mathrm{j}\omega)]$ 的极小值大于等于零。由于在整个 s 右半开平面内 $\mathrm{Re}[F(\mathrm{j}\omega)]$ 必大于此极小值,因此有 $\mathrm{Re}[s]\geqslant 0$,$\mathrm{Re}[F(\mathrm{j}\omega)]\geqslant 0$。

若 $F(s)$ 在虚轴上有极点,可以将 s 右半平面的边界(虚轴) 略加改变,使在极点附近

用一个小半圆绕过极点，在这些小半圆上，$F(s)$ 的实部仍大于零。因为极点是单阶的且留数为正实数，这样仍可由最大模数定理证明 $\mathrm{Re}[s]\geqslant 0$，$\mathrm{Re}[F(\mathrm{j}\omega)]\geqslant 0$。至此正实函数的等价条件（定理 2）和正实函数的定义（定义 1）等效，证毕。

等价条件（2）和等价条件（3）有它的物理概念。在正弦稳态条件下，输入到一端口网络的平均功率为 $P=I_1^2R=I_1^2\mathrm{Re}[Z(\mathrm{j}\omega)]$，由于无源网络只会吸收能量，不会供出能量，即 $P\geqslant 0$，所以必有 $\mathrm{Re}[Z(\mathrm{j}\omega)]\geqslant 0$，这就是等价条件（2）的物理内容。由于无源网络一定是稳定网络，所以 $Z(s)$ 的极点不能在右半平面内，$\mathrm{j}\omega$ 轴上极点必须为单阶，这就是等价条件（3）的物理内容。

定理 2 是网络综合中的一个基本定理，它可用来判别某个函数是否为正实函数。在检验是否为正实函数时，利用此定理比直接利用定义要容易很多。这是因为计算 $\mathrm{Re}[F(\mathrm{j}\omega)]$ 比计算 $\mathrm{Re}[F(s)]$ 要简单得多。

为了简化 $\mathrm{Re}[F(\mathrm{j}\omega)]$ 的计算，还可推导另一个等效条件（定理 3）。

正实函数的等价条件 2 及正实函数例题

定理 3　当且仅当函数 $F(s)=N(s)/D(s)$ 满足下列条件时，$F(s)$ 是正实函数：

（1）$N(s)$、$D(s)$ 全部系数大于零。

（2）$N(s)$、$D(s)$ 的最高次幂最多相差 1，最低次幂最多也相差 1。

（3）$F(s)$ 在 $\mathrm{j}\omega$ 轴上的极点是单阶的，且具有正实留数。

（4）$\mathrm{Re}[F(\mathrm{j}\omega)]\geqslant 0$（对所有 ω）。

（5）$N(s)$、$D(s)$ 均为霍尔维茨多项式（全部零点位于 s 左半闭平面）。

对于定理 3，这里不再给出证明。综合应用等价正实函数的各个条件，便可完全确定一个有理函数 $F(s)$ 是否是正实函数。下面研究一组例子。

【例 6.5.1】　判断下列正实函数是否为正实函数。

(a) $Z_1(s)=\dfrac{2s+3}{s+1}$；(b) $Z_2(s)=\dfrac{s^2+2s+25}{s+4}$；(c) $Z_3(s)=\dfrac{s^4+2s^3+3s^2+s+1}{2s^2+12s+3}$。

解　(a) 显然满足定理 3 中的（1）（2）（3）（5）。又 $Z_1(\mathrm{j}\omega)=\dfrac{2\mathrm{j}\omega+3}{\mathrm{j}\omega+1}$，$\mathrm{Re}[Z_1(\mathrm{j}\omega)]=\dfrac{2\omega^2+3}{\omega^2+1}$，满足（4）。因此，$Z_1(s)$ 是正实函数。

(b) 显然满足定理 3 中的（1）（2）（3）。但 $\mathrm{Re}[Z_2(\mathrm{j}\omega)]=\dfrac{-2\omega^2+100}{\omega^2+16}<0$（当 $\omega^2>50$ 时），不满足定理 3 中的（4）。因此，$Z_2(s)$ 不是正实函数。

(c) 分子最高方次为 4，分母最高方次为 2，两者之差为 2，不是正实函数（$s\rightarrow\infty$ 处为二重极点）。

6.6　无源 LC 一端口的实现

无源 LC 一端口指的是仅由电感元件和电容元件构成的网络，又称为电抗网络或无损网络。无源 LC 一端口的策动点函数称为电抗函数。本节研究电抗函数的性质及电抗函数的无源实现。

6.6.1　电抗函数的性质

无源 LC 一端口,即式(6.5.6)和式(6.5.8)中:$R=0,M=0,F_0(s)=0$。

$$Z_{LC}(s)=\frac{1}{|I_1(s)|^2}\left[\frac{V_0(s)}{s}+sT_0(s)\right] \tag{6.6.1}$$

$$Y_{LC}(s)=\frac{1}{|U_1(s)|^2}\left[\frac{V_0(s)}{s^*}+s^*T_0(s)\right] \tag{6.6.2}$$

LC 电抗函数 $F_{LC}(s)$(可表示 $Z_{LC}(s)$ 或 $Y_{LC}(s)$)具有如下性质:

(1) $F_{LC}(s)$ 为 s 的奇函数,即 $F_{LC}(-s)=-F_{LC}(s)$。

(2) 在 $s=0$ 处和 $s\to\infty$ 处是一单阶零点或是一单阶极点。

(3) $F_{LC}(s)$ 的全部零点和极点共轭成对地位于 $\mathrm{j}\omega$ 轴上。

(4) $F_{LC}(s)$ 是 ω 的严格单调的递增函数,零、极点交替出现在 $\mathrm{j}\omega$ 轴上。

LC 一端口电抗函数的性质及证明

证明　(1) 在式(6.6.1)中,$|I_1(s)|^2$、$V_0(s)$、$T_0(s)$ 均为 s 的偶函数,因而 $Z_{LC}(-s)=-Z_{LC}(s)$;对于式(6.6.2),将其变形为 $Y_{LC}(s)=\frac{1}{|U_1(s)|^2}\left[\frac{sV_0(s)}{|s|^2}+\frac{|s|^2T_0(s)}{s}\right]$,可得 $Y_{LC}(-s)=-Y_{LC}(s)$。因此,$F_{LC}(-s)=-F_{LC}(s)$。

(2) 从物理概念上分析,LC 网络的特性是由电感的感抗 ωL 和电容的容抗 $\frac{1}{\omega C}$ 决定的,当 $s\to0$ 时,$sL\to0$,$\frac{1}{sC}\to\infty$,而当 $s\to\infty$ 时,$sL\to\infty$,$\frac{1}{sC}\to0$,端口处要么等效为短路,要么等效为断路,分别对应 $F_{LC}(s)$ 的零点和极点。又因 $F_{LC}(s)$ 为正实函数,因此其零点和极点是单阶的。

(3) 令 $F_{LC}(s)=Z_{LC}(s)=0$ 时,可求得其零点为 $s_z=\pm\mathrm{j}\sqrt{\frac{V_0(s)}{T_0(s)}}$,由于 $V_0(s)$、$T_0(s)$ 均为正实数,故其零点为纯虚数,即在 $\mathrm{j}\omega$ 轴上;同理,令 $F_{LC}(s)=Y_{LC}(s)=0$,可得其零点 $s_z=\pm\mathrm{j}\sqrt{\frac{T_0(s)}{V_0(s)}}$,也在 $\mathrm{j}\omega$ 轴上。又由于 $Z_{LC}(s)$ 的零点即为 $Y_{LC}(s)$ 的极点,$Y_{LC}(s)$ 的零点即为 $Z_{LC}(s)$ 的极点,因此 $F_{LC}(s)$ 的全部零点和极点位于 $\mathrm{j}\omega$ 轴上。

(4) 设 $F_{LC}(s)=\frac{N(s)}{D(s)}$,由于 $F_{LC}(s)$ 为奇函数,因此 $N(s)$ 与 $D(s)$ 两者中,必定一个是奇函数,另一个是偶函数。又因电抗函数是正实函数,$N(s)$ 与 $D(s)$ 的次数之差必为 1。则 $F_{LC}(s)$ 有以下两种可能的形式:

$$F_{LC}(s)=\frac{K_z s(s^2+\omega_{z1}^2)(s^2+\omega_{z2}^2)\cdots}{K_p(s^2+\omega_{p1}^2)(s^2+\omega_{p2}^2)\cdots} \tag{6.6.3}$$

或

$$F_{LC}(s)=\frac{K_z(s^2+\omega_{z1}^2)(s^2+\omega_{z2}^2)\cdots}{K_p s(s^2+\omega_{p1}^2)(s^2+\omega_{p2}^2)\cdots} \tag{6.6.4}$$

对 $F_{LC}(s)$ 进行部分分式展开,可得

$$F_{LC}(s)=K_\infty s+\frac{K_0}{s}+\frac{K_1 s}{s^2+\omega_{p1}^2}+\cdots+\frac{K_i s}{s^2+\omega_{pi}^2}+\cdots \tag{6.6.5}$$

式中，K_∞ 为 $F_{LC}(s)$ 在 ∞ 处极点的留数；K_0 为 $F_{LC}(s)$ 在原点处极点的留数；$K_i(i=1,2,\cdots)$ 为 $F_{LC}(s)$ 在极点 $\pm \mathrm{j}\omega_{\mathrm{p}i}$ 处的留数乘以 2。

令式(6.6.5) 中的 $s=\mathrm{j}\omega$，得

$$F_{LC}(\mathrm{j}\omega)=\mathrm{j}\left[K_\infty\omega-\frac{K_0}{\omega}+\frac{K_1\omega}{\omega_{\mathrm{p}1}^2-\omega^2}+\cdots+\frac{K_i\omega}{\omega_{\mathrm{p}i}^2-\omega^2}+\cdots\right]=\mathrm{j}X(\omega) \quad (6.6.6)$$

其中

$$X(\omega)=K_\infty\omega-\frac{K_0}{\omega}+\frac{K_1\omega}{\omega_{\mathrm{p}1}^2-\omega^2}+\cdots+\frac{K_i\omega}{\omega_{\mathrm{p}i}^2-\omega^2}+\cdots \quad (6.6.7)$$

将上式对 ω 求导得

$$\frac{\mathrm{d}X(\omega)}{\mathrm{d}\omega}=K_\infty+\frac{K_0}{\omega^2}+\frac{K_1(\omega_{\mathrm{p}1}^2+\omega^2)}{(\omega_{\mathrm{p}1}^2-\omega^2)^2}+\cdots+\frac{K_i(\omega_{\mathrm{p}i}^2+\omega^2)}{(\omega_{\mathrm{p}i}^2-\omega^2)^2}+\cdots \quad (6.6.8)$$

因此，当 ω 为有限值时，上式总是大于零，即 $\frac{\mathrm{d}X(\omega)}{\mathrm{d}\omega}>0$。只有当 $\omega\to\infty$ 和 $K_\infty=0$ 时，上式才取等号，即 $\lim\limits_{\omega\to 0}\frac{\mathrm{d}X(\omega)}{\mathrm{d}\omega}=K_\infty\geqslant 0$。

式(6.6.8) 表明，$X(\omega)$ 为单调增函数。又由于 $X(\omega)$ 存在多个零、极点，如果有两个零点或两个极点连续出现，则 $X(\omega)$ 的斜率必将出现负值。因此，两个零点或两个极点不能连续出现，而必须零、极点交替出现，如图 6.6.1 所示。

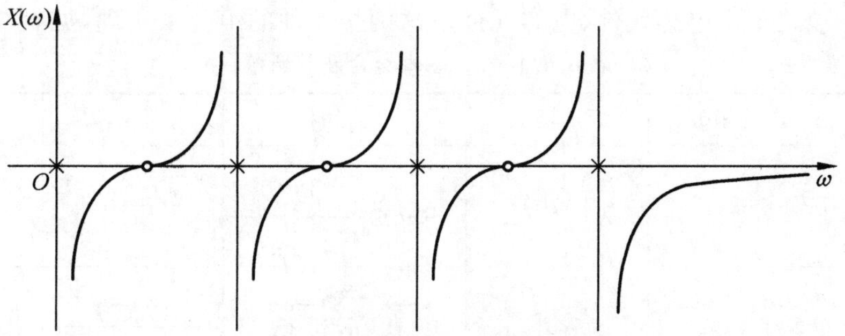

(a) 零、极点交替出现的第一种情况

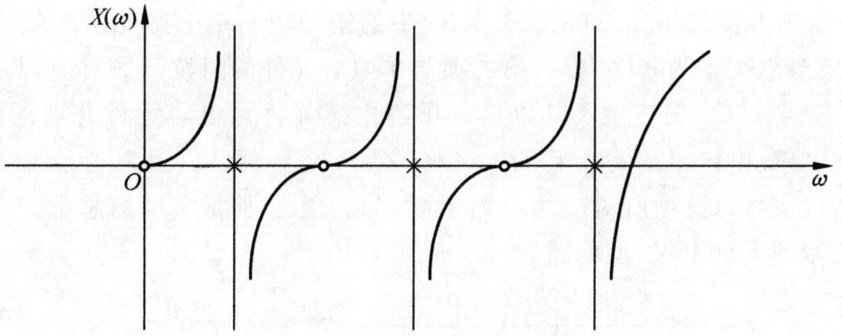

(b) 零、极点交替出现的第二种情况

图 6.6.1　电抗函数的零、极点分布图

综上得一个有理实函数 $F(s)$ 是电抗函数的充要条件：

(1) 在 $s=0$ 处和 $s\to\infty$ 处 $F(s)$ 必有一单阶零点或一单阶极点。

(2) $F(s)$ 的全部零、极点均为 jω 轴上交替排列的单阶零、极点。

6.6.2 电抗函数的无源实现

根据给定的电抗函数的频率特性,寻求具有该特性的由电抗组成的一端口的过程称为电抗网络的综合。由式(6.6.3)、式(6.6.4)和式(6.6.5)的一般表示,电抗函数的无源实现有两种综合方法:Foster(福斯特)综合法和 Cauer(考尔)综合法。

1. Foster 综合法(基于部分分式展开)

Foster 综合法的核心是把给定的电抗函数展开成部分分式,将分式中每一项实现成相应的电路后,再将它们适当地连接起来,就得到所需的电路。如果用阻抗函数来实现就称为 Foster 第一种形式(Foster Ⅰ 型)电路,如果用导纳函数来实现就称为 Foster 第二种形式(Foster Ⅱ 型)电路。

LC 一端口的 Foster Ⅰ 型综合

(1) Foster Ⅰ 型综合(串联形式,用 $Z_{LC}(s)$)。

根据公式(6.6.5),电抗函数的部分分式展开形式为

$$Z_{LC}(s)=K_{\infty}s+\frac{K_0}{s}+\frac{K_1 s}{s^2+\omega_{p1}^2}+\cdots+\frac{K_i s}{s^2+\omega_{pi}^2}+\cdots \tag{6.6.9}$$

由电抗函数的性质可知,式(6.6.9)中每一项的系数 $K_{\infty}, K_0, K_1, \cdots, K_i$ 都为非负实数,并且每一项均可由电感元件、电容元件及这两个元件的组合来实现,见表 6.6.1。

表 6.6.1 *LC* 基本组合及其函数

电路结构	阻抗函数	导纳函数	电路结构	阻抗函数	导纳函数
	sL	$1/(sL)$	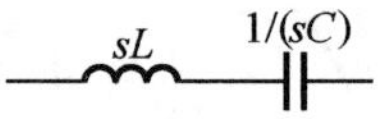	$\frac{s^2LC+1}{sC}$	$\frac{(1/L)s}{s^2+1/(LC)}$
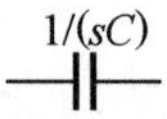	$1/(sC)$	sC	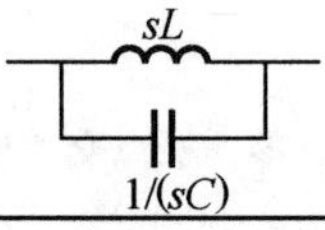	$\frac{(1/C)s}{s^2+1/(LC)}$	$\frac{s^2LC+1}{sL}$

对照表 6.6.1 及式(6.6.9),式(6.6.9)中的第一项与单电感元件的阻抗函数对应,其系数与电感参数关系为 $K_{\infty}=L_{\infty}$,第二项与单电容元件的阻抗函数对应,其系数与电容参数关系为 $K_0=1/C_0$,第三项及其以后各项与电感元件和电容元件并联的阻抗函数对应,其系数与电感、电容参数关系为 $\omega_{pi}^2=1/(L_iC_i)$,$K_i=1/C_i$。因为式(6.6.9)是阻抗之和的形式,所以应将每一项所对应的电路串联起来,就是所要实现的总电路,如图 6.6.2 所示,这种电路即 Foster Ⅰ 型电路。

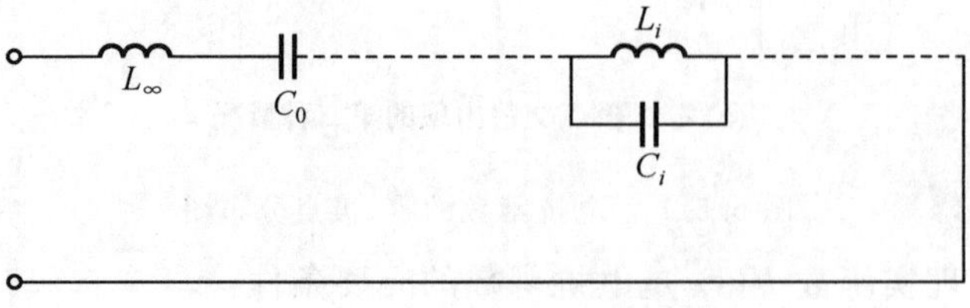

图 6.6.2 Foster Ⅰ 型电路

从上面的分析中可以计算出图 6.6.2 中各元件的参数分别为

$$L_\infty = K_\infty,\quad C_0 = \frac{1}{K_0},\quad C_i = \frac{1}{K_i},\quad L_i = \frac{K_i}{\omega_{pi}^2}$$

(2) Foster Ⅱ 型综合(并联形式,用 $Y_{LC}(s)$)。

根据式(6.6.5),LC 导纳函数的部分分式展开形式为

$$Y_{LC}(s) = K'_\infty s + \frac{K'_0}{s} + \frac{K'_1 s}{s^2+\omega'^2_{p1}} + \cdots + \frac{K'_i s}{s^2+\omega'^2_{pi}} + \cdots \qquad (6.6.10)$$

式中所有系数都是非负实数。与对 Foster Ⅰ 型的综合分析相似,式中每一项均可采用电感元件、电容元件及这两个元件的组合来实现,由于式(6.6.10) 是导纳之和的形式,所以总电路由各部分并联组成,电路的形式及与式(6.6.10) 中各项的对应关系如图 6.6.3 所示,这种电路称为 Foster Ⅱ 型电路。

LC 一端口的 Foster Ⅱ 型综合

图 6.6.3 中各元件的参数与式(6.6.10) 中各系数的对应关系为

$$C'_\infty = K'_\infty,\quad L'_0 = \frac{1}{K'_0},\quad C'_i = \frac{K'_i}{\omega_{pi}^2},\quad L'_i = \frac{1}{K'_i}$$

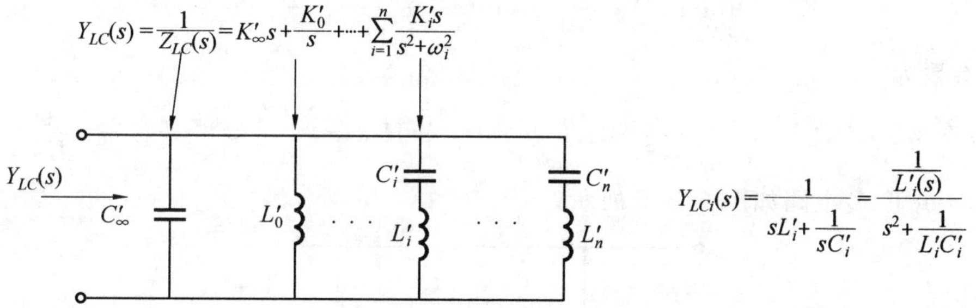

图 6.6.3　Foster Ⅱ 型电路

【例 6.6.1】　分别用 Foster Ⅰ 型和 Foster Ⅱ 型综合阻抗函数:

$$Z(s) = \frac{8(s^2+1)(s^2+3)}{s(s^2+2)(s^2+4)}$$

LC 一端口的 Foster 型综合例题

解　(1) 对 $Z(s)$ 进行部分分式展开。

$$Z(s) = \frac{K_0}{s} + \frac{K_1 s}{s^2+2} + \frac{K_2 s}{s^2+4} = \frac{3}{s} + \frac{2s}{s^2+(\sqrt{2})^2} + \frac{3s}{s^2+2^2}$$

待定系数为

$$K_0 = \lim_{s\to 0} Z(s)s = \lim_{s\to 0}\frac{8(s^2+1)(s^2+3)}{(s^2+2)(s^2+4)} = \frac{24}{8} = 3$$

$$K_1 = \lim_{s\to \mathrm{j}\sqrt{2}} Z(s)\frac{s^2+2}{s} = \lim_{s\to \mathrm{j}\sqrt{2}}\frac{8(s^2+1)(s^2+3)}{s^2(s^2+4)} = \frac{-8}{-4} = 2$$

$$K_2 = \lim_{s\to \mathrm{j}2} Z(s)\frac{s^2+4}{s} = \lim_{s\to \mathrm{j}2}\frac{8(s^2+1)(s^2+3)}{s^2(s^2+2)} = \frac{24}{8} = 3$$

各元件参数为

$$C_0 = \frac{1}{K_0} = \frac{1}{3}\ \mathrm{F},\ C_1 = \frac{1}{K_1} = \frac{1}{2}\ \mathrm{F},\ L_1 = \frac{K_1}{\omega_{p1}^2} = 1\ \mathrm{H},\ C_2 = \frac{1}{K_2} = \frac{1}{3}\ \mathrm{F},\ L_2 = \frac{K_2}{\omega_{p2}^2} = \frac{3}{4}\ \mathrm{H}$$

则其 Foster Ⅰ 型电路如图 6.6.4 所示。

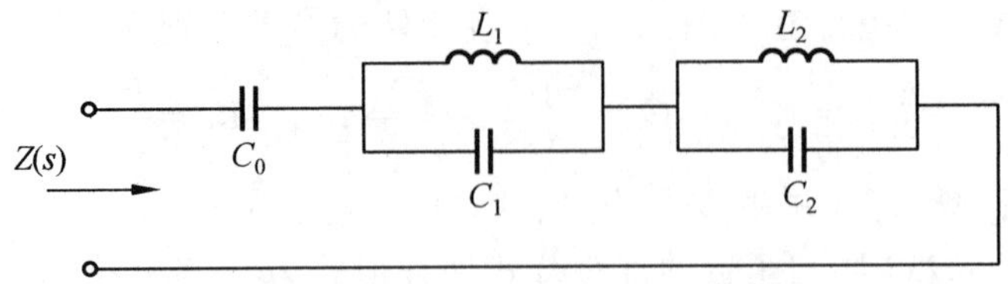

图 6.6.4　例 6.6.1 的 Foster Ⅰ 型电路

(2) 对 $Y(s)$ 进行部分分式展开。

$$Y(s)=\frac{1}{Z(s)}=\frac{s(s^2+2)(s^2+4)}{8(s^2+1)(s^2+3)}=K'_\infty s+\frac{K'_1 s}{s^2+1}+\frac{K'_2 s}{s^2+3}$$

待定系数为

$$K'_\infty=\lim_{s\to\infty}\frac{Y(s)}{s}=\lim_{s\to\infty}\frac{(s^2+2)(s^2+4)}{8(s^2+1)(s^2+3)}=\frac{1}{8}$$

$$K'_1=\lim_{s\to \mathrm{j}}Y(s)\frac{s^2+1}{s}=\lim_{s\to \mathrm{j}}\frac{(s^2+2)(s^2+4)}{8(s^2+3)}=\frac{3}{16}$$

$$K'_2=\lim_{s\to\sqrt{3}\mathrm{j}}Y(s)\frac{s^2+3}{s}=\lim_{s\to\sqrt{3}\mathrm{j}}\frac{(s^2+2)(s^2+4)}{8(s^2+1)}=\frac{1}{16}$$

各元件参数为

$$C'_\infty=K'_\infty=\frac{1}{8}\ \mathrm{F},C'_1=\frac{K'_1}{\omega_{\mathrm{p1}}^2}=\frac{3}{16}\ \mathrm{F},L'_1=\frac{1}{K'_1}=\frac{16}{3}\ \mathrm{H},C'_2=\frac{K'_2}{\omega_{\mathrm{p2}}^2}=\frac{1}{48}\ \mathrm{F},L'_2=\frac{1}{K'_2}=16\ \mathrm{H}$$

则其 Foster Ⅱ 型电路如图 6.6.5 所示。

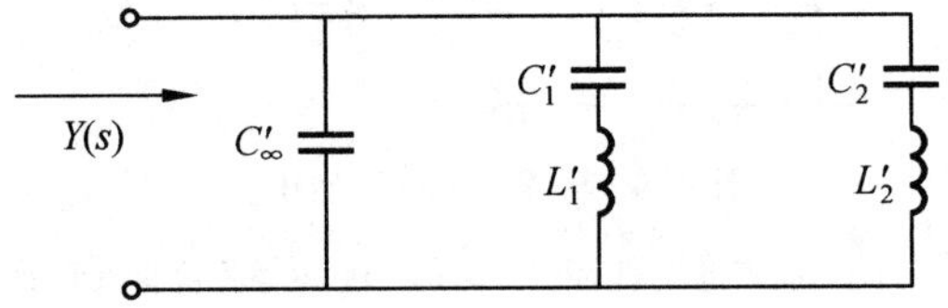

图 6.6.5　例 6.6.1 的 Foster Ⅱ 型电路

2. Cauer(考尔) 综合法(基于连分式)

Cauer 综合法又称作连分式法，该方法首先将网络函数写成连分式形式(连分式形式可用 LC 梯形网络来实现)。LC 梯形网络是一个由串臂与并臂阻抗组合而成的网络，其结构如图6.6.6 所示，它的阻抗函数可写成

$$Z(s)=Z_1+\cfrac{1}{Y_1+\cfrac{1}{Z_2+\cfrac{1}{Y_2+\cfrac{1}{Z_3+\cdots}}}}\tag{6.6.11}$$

首先假设 LC 梯形网络端口阻抗函数分子的 s 最高幂次比分母的 s 最高幂次高一次，即阻抗函数的一般形式如式(6.6.3) 所示。在 $s\to\infty$ 处，$Z(s)$ 有一个极点，移除此极点，即以分子多项式被分母多项式除，可得

$$Z_{LC}(s)=\frac{N(s)}{D(s)}=a_1 s+\frac{N_1(s)}{D(s)}=a_1 s+Z_1(s)\tag{6.6.12}$$

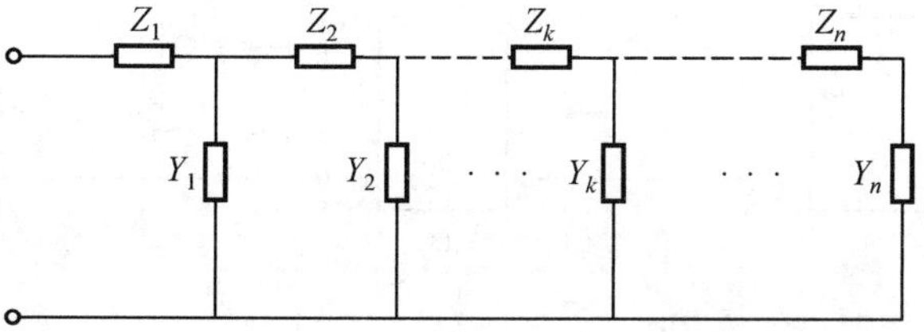

图 6.6.6　*LC* 梯形网络结构

式中，a_1 是分子、分母多项式 s 的最高幂次的系数之比，因为电抗函数的分子、分母多项式的系数为正实数，所以 a_1 为正实数，它相当于一个电感值。根据正实函数的性质，当从正实函数 $Z_{LC}(s)$ 中移除一个在虚轴上的极点后，剩余函数 $Z_1(s)$ 仍为正实函数。这是因为移除 a_1s 后，剩余函数的实部 $\text{Re}[Z_1(s)]\geqslant 0$，这就说明了剩余函数 $Z_1(s)$ 仍为正实函数。剩余函数 $Z_1(s)$ 的分子的 s 最高幂次比分母的 s 最高幂次低一次，因此在 $s\to\infty$ 处，$Z_1(s)$ 有一个零点，其倒数 $1/Z(s)$ 在 $s\to\infty$ 处有一个极点，再移除此极点可得

$$Z_{LC}(s)=\frac{N(s)}{D(s)}=a_1s+\cfrac{1}{a_2s+\cfrac{D_1(s)}{N_1(s)}} \tag{6.6.13}$$

式中，a_2 为 $D(s)/N_1(s)$ 在 $s\to\infty$ 处的留数，它相当于一个电容值。剩余函数 $D_1(s)/N_1(s)$ 仍为正实函数，且 $D_1(s)$ 的 s 最高幂次比 $N_1(s)$ 的 s 最高幂次低一次，因此在 $s\to\infty$ 处又将有一个零点，其倒数 $N_1(s)/D_1(s)$ 在 $s\to\infty$ 处有一个极点，再移除此极点。这样继续辗转相除，即不断地移除剩余函数的倒数在 $s\to\infty$ 处的极点，最后可得到如下连分式：

$$Z_{LC}(s)=a_1s+\cfrac{1}{a_2s+\cfrac{1}{a_3s+\cfrac{1}{a_4s+\cdots}}} \tag{6.6.14}$$

式中，a_i 为正实数，下标 i 为奇数时代表电感，下标 i 为偶数时则代表电容。

上述将 $s\to\infty$ 处的极点从阻抗函数中逐步移除的方法在网络综合中被称为“极点移除”，即是利用物理上可实现的元件将极点移除。“极点移除”可以对任何一个网络函数来进行，网络函数的物理实现过程就是不断地进行“极点移除”。如果一次移除阻抗函数的全部极点，将得到 Foster 型电路，而 Cauer 综合法是一次移除 $s\to\infty$ 或 $s=0$ 的一个极点，逐步进行极点移除。在网络结构上，Foster综合法是串联或并联形式的电路，而Cauer 综合法是梯形网络。

(1) Cauer Ⅰ 型综合（特点：逐次移除 $s\to\infty$ 处的极点。串臂为电感，并臂为电容）。

利用 Cauer 综合法中移除 $s\to\infty$ 处极点的过程如图 6.6.7 所示。

将式(6.6.11) 与式(6.6.14) 比较，并结合图 6.6.5 后，可得

$$\begin{cases}Z_i=a_{2i-1}s\\ Y_i=a_{2i}s\end{cases}\quad\text{或}\quad\begin{cases}L_i=a_{2i-1}\\ C_i=a_{2i}\end{cases} \tag{6.6.15}$$

LC 一端口的 Cauer Ⅰ 型综合

最后得到的 *LC* 梯形网络（Cauer Ⅰ 型电路）如图 6.6.8 所示。只要将阻抗函数（或导纳函数）展开成式(6.6.14) 所示的连分式形式，就可以根据式(6.6.15) 来计算 *LC* 梯形网络中

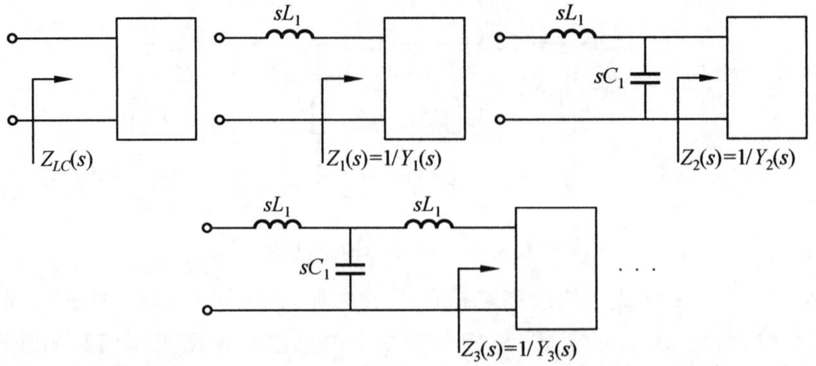

图 6.6.7　利用 Cauer 综合法移除 $s\to\infty$ 处极点的过程

的各个电感和电容的参数值,展开成连分式的过程可以利用辗转相除法。进行辗转相除时,网络函数的分子和分母多项式必须按降幂排列,因为只有这样,式(6.6.14)才和图 6.6.8 的结构形式相一致,并保证各商数项为正。这一点可用例 6.6.2 和例 6.6.3 加以说明。

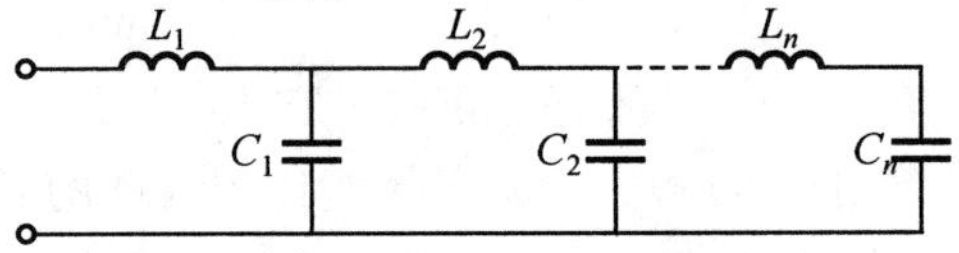

图 6.6.8　Cauer Ⅰ 型电路

【例 6.6.2】　设 $Z(s)=\dfrac{s^4+16s^2+24}{s^3+4s}$,试用 Cauer Ⅰ 型综合。

解　将分子和分母多项式按降幂排列,进行辗转相除:

$s^3+4s)\ s^4+16s^2+24\ )\ s\cdots sL_1$

$\underline{s^4+4s^2+0}$

$12s^2+24\ )\ s^3+4s)\ \dfrac{1}{12}s\cdots sC_1$

$\underline{s^3+2s}$

$2s\ )\ 12s^2+24\ )\ 6s\cdots sL_2$

$\underline{12s^2+0}$

$24\ )\ 2s\ )\ \dfrac{1}{12}s\cdots sC_2$

$\underline{2s}$

0

由此得出 $Z(s)$ 的连分式为

$$Z(s)=sL_1+\cfrac{1}{sC_1+\cfrac{1}{sL_2+\cfrac{1}{sC_2}}}=s+\cfrac{1}{\cfrac{1}{12}s+\cfrac{1}{6s+\cfrac{1}{\cfrac{1}{12}s}}}$$

实现的电路如图 6.6.9 所示。

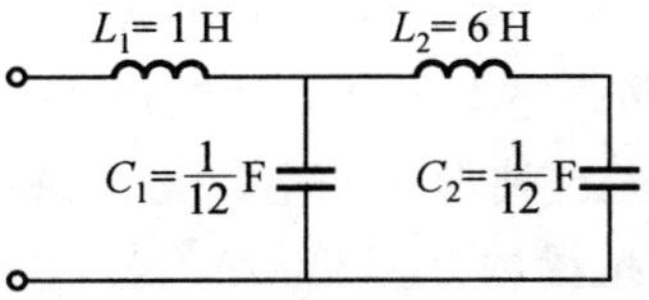

图 6.6.9　例 6.6.2 实现的电路

如果 $Z(s)$ 的分子多项式的幂次比分母多项式的幂次低，则 $Z(s)$ 无 $s\to\infty$ 处的极点，而 $Z(s)$ 在 $s\to\infty$ 处一定有一个零点。在此情况下，实现过程可从其倒数 $Y(s)=1/Z(s)$ 开始。在进行辗转相除时，分子和分母多项式仍按降幂排列。所得连分式的形式和式(6.6.14)相同，只是连分式中无 sL_1 项，即 $a_1=0$。实现出来的电路也和图 6.6.8 的形式类似，只是没有第一个串臂电感，而是由并臂电容开始。这种情况可通过下例说明。

LC 一端口的 Cauer Ⅰ型综合例题

【例 6.6.3】　设 $Z(s)=\dfrac{s^2+1}{3s^3+12s}$，试用 Cauer Ⅰ型综合。

解　因 $s\to\infty$ 为 $Z(s)$ 的零点，故首先用 $Y(s)$。使用长除运算得到 $Z(s)$ 的连分式形式。(多项式按降幂排列)

$s^2+1)3s^3+12s(3s\cdots sC_1$

$\underline{3s^3+3s}$

$9s)s^2+1(s/9\cdots sL_2$

$\underline{s^2+0}$

$1)9s(9s\cdots sC_2$

$\underline{9s}$

0

由此得出 $Y(s)$ 的连分式为

$$Y(s)=\frac{3s^3+12s}{s^2+1}=3s+\cfrac{1}{\cfrac{1}{9}s+\cfrac{1}{9s}}$$

与此对应的 $Z(s)$ 的连分式为

$$Z(s)=\cfrac{1}{sC_1+\cfrac{1}{sL_2+\cfrac{1}{sC_2}}}=\cfrac{1}{3s+\cfrac{1}{\cfrac{1}{9}s+\cfrac{1}{9s}}}$$

实现的电路如图 6.6.10 所示。

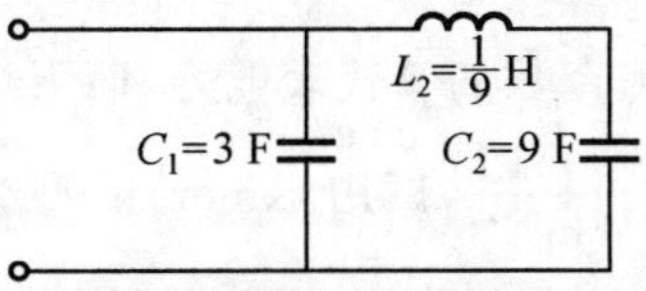

图 6.6.10　例 6.6.3 实现的电路

(2) Cauer Ⅱ 型综合(特点:逐次移除 $s=0$ 处的极点。串臂为电容,并臂为电感)。

Cauer Ⅰ 型综合的电路是逐步移除 $s\to\infty$ 处的极点,其对应的 LC 梯形网络是串臂为电感,并臂为电容,而 LC 梯形网络还有另外一种结构(Cauer Ⅱ 型电路),即串臂为电容,并臂为电感,如图6.6.11 所示。这种形式的电路是交替移除阻抗函数(或导纳函数)在 $s=0$ 处的极点所实现的。将电抗函数 $F_{LC}(s)=N(s)/D(s)$ 的分子和分母多项式 $N(s)$ 与 $D(s)$ 分别按升幂排列后进行一系列辗转相除,不断移除函数在 $s=0$ 处的极点,可得到如下形式的连分式展开式:

$$F_{LC}(s)=\beta_1 s^{-1}+\cfrac{1}{\beta_2 s^{-1}+\cfrac{1}{\beta_3 s^{-1}+\cfrac{1}{\beta_4 s^{-1}+\cfrac{1}{\beta_5 s^{-1}+\cdots}}}} \tag{6.6.16}$$

LC 一端口的 Cauer Ⅱ 型综合

这里设 $N(s)$ 为偶次式、$D(s)$ 为奇次式,即 $F_{LC}(s)$ 具有在原点处的单阶极点。移除因子 $\beta_1 s^{-1}$,意味着移除了 $F_{LC}(s)$ 在 $s=0$ 处的极点,则剩余函数在 $s=0$ 处应具有零点,其倒数在 $s=0$ 处具有极点。再对剩余函数的倒数移除在 $s=0$ 处的极点(即移除因子 $\beta_2 s^{-1}$),此过程反复进行,最后得到式(6.6.16)的连分式展开式形式。上面利用 Cauer 综合法移除 $s=0$ 处极点的过程如图 6.6.12 所示。

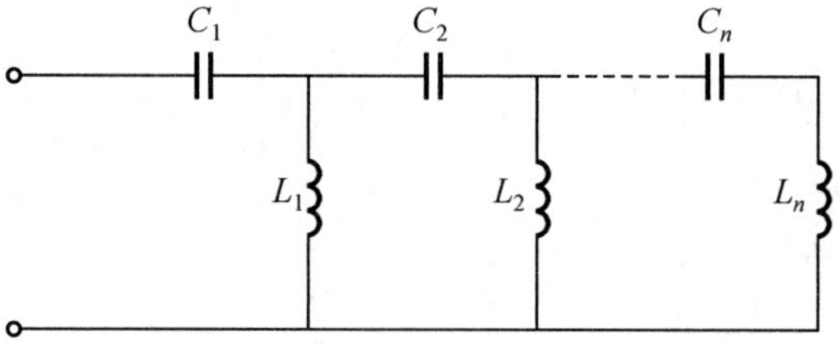

图 6.6.11　Cauer Ⅱ 型电路

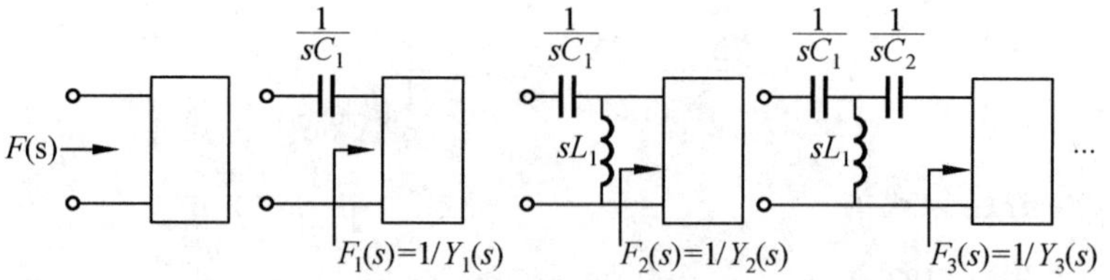

图 6.6.12　利用 Cauer 综合法移除 $s=0$ 处极点的过程

通过对比式(6.6.16)和图 6.6.11 可得各元件值为

$$C_i=\frac{1}{\beta_i},\quad L_j=\frac{1}{\beta_j} \tag{6.6.17}$$

其中,i 为奇数;j 为偶数;下标为奇数的 β 代表电容,而下标为偶数的 β 代表电感。

【例 6.6.4】　设 $Z(s)=\dfrac{s^2+1}{3s^3+12s}$,试用 Cauer Ⅱ 型综合。

解　将分子和分母多项式按升幂排列,进行辗转相除:

$$
\begin{array}{l}
12s+3s^3)1+s^2(1/(12s)\cdots 1/(sC_1) \\
\quad \underline{1+s^2/4} \\
\quad 3s^2/4)12s+3s^3(16/s\cdots 1/(sL_1) \\
\quad\quad \underline{12s+0} \\
\quad\quad\quad 3s^3)3s^2/4(1/(4s)\cdots 1/(sC_2) \\
\quad\quad\quad\quad \underline{3s^2/4} \\
\quad\quad\quad\quad 0
\end{array}
$$

使用长除运算得到

$$Z(s)=\frac{1}{12s}+\cfrac{1}{\cfrac{16}{s}+\cfrac{1}{\cfrac{1}{4s}}}$$

实现的电路如图 6.6.13 所示。

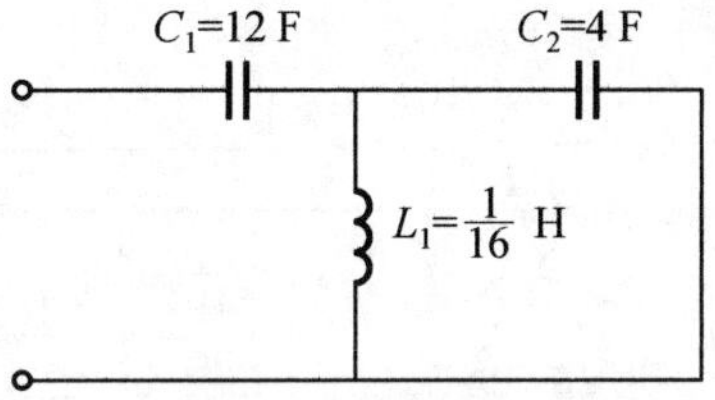

图 6.6.13　例 6.6.4 实现的电路

当 $F_{LC}(s)$ 没有 $s=0$ 处的极点时，分母多项式是偶次式，分子多项式是奇次式，在此情况下，实现过程可从其倒数开始。在进行辗转相除时，分子和分母多项式仍按升幂排列。所得连分式的形式和式(6.6.16)相同，只是连分式中无 $\beta_1 s^{-1}$ 项，即 $\beta_1=0$。所实现的电路也和图 6.6.11 的形式类似，只是没有第一个串臂电容，而是由并臂电感开始。这种情况可通过例 6.6.5 说明。

【例 6.6.5】　试用 Cauer 综合法的两种形式综合阻抗函数 $Z(s)=\dfrac{4s^3+6s}{s^4+5s^2+4}$。

解　(1)Cauer Ⅰ 型综合：因 $s\to\infty$ 为 $Z(s)$ 的零点，故首先用 $Y(s)$。使用长除运算得到 $Z(s)$ 的连分式形式(多项式按降幂排列)。

$$
\begin{array}{l}
4s^3+6s)\ s^4+5s^2+4)\ \frac{1}{4}s\cdots sC_1 \\
\quad \underline{s^4+\frac{3}{2}s^2+0} \\
\quad\quad \frac{7}{2}s^2+4)\ 4s^3+6s)\ \frac{8}{7}s\cdots sL_2 \\
\quad\quad\quad \underline{4s^3+\frac{32}{7}s}
\end{array}
$$

$$\frac{10}{7}s\,)\ \frac{7}{2}s^2+4\,)\ \frac{49}{20}s\cdots sC_2$$

$$\underline{\frac{7}{2}s^2+0}$$

$$4\,)\ \frac{10}{7}s\,)\ \frac{5}{14}s\cdots sL_3$$

$$\underline{\frac{10}{7}s}$$

$$0$$

由此得出 $Y(s)$ 的连分式为

$$Y(s)=\frac{1}{4}s+\cfrac{1}{\frac{8}{7}s+\cfrac{1}{\frac{49}{20}s+\cfrac{1}{\frac{5}{14}s}}}$$

与此对应的 $Z(s)$ 的连分式为

$$Z(s)=\cfrac{1}{\frac{1}{4}s+\cfrac{1}{\frac{8}{7}s+\cfrac{1}{\frac{49}{20}s+\cfrac{1}{\frac{5}{14}s}}}}$$

故通过 Cauer Ⅰ 型综合实现的电路如图 6.6.14 所示。

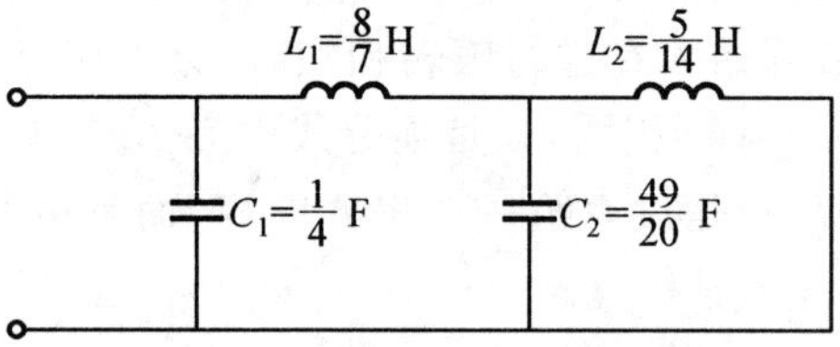

图 6.6.14　例 6.6.5 通过 Cauer Ⅰ 型综合实现的电路

(2)Cauer Ⅱ 型综合:因分母多项式为偶次式,故首先用 $Y(s)$。使用长除运算得到 $Z(s)$ 的连分式形式(多项式按升幂排列)。

$$6s+4s^3\,)\ 4+5s^2+s^4\,)\ \frac{2}{3s}\cdots\frac{1}{sL_1}$$

$$\underline{4+\frac{8}{3}s^2+0}$$

$$\frac{7}{3}s^2+s^4\,)\ 6s+4s^3\,)\ \frac{18}{7s}\cdots\frac{1}{sC_1}$$

$$\underline{6s+\frac{18}{7}s^3}$$

$$\frac{10}{7}s^3\,)\ \frac{7}{3}s^2+s^4\,)\ \frac{49}{30s}\cdots\frac{1}{sL_2}$$

$$\frac{7}{3}s^2+0$$

$$s^4\,)\;\frac{10}{7}s^3\,)\;\frac{10}{7s}\cdots\frac{1}{sC_2}$$

$$\frac{10}{7}s^3$$

$$0$$

由此得出 $Y(s)$ 的连分式为

$$Y(s)=\frac{2}{3s}+\cfrac{1}{\cfrac{18}{7s}+\cfrac{1}{\cfrac{49}{30s}+\cfrac{1}{\cfrac{10}{7s}}}}$$

与此对应的 $Z(s)$ 的连分式为

$$Z(s)=\cfrac{1}{\cfrac{2}{3s}+\cfrac{1}{\cfrac{18}{7s}+\cfrac{1}{\cfrac{49}{30s}+\cfrac{1}{\cfrac{10}{7s}}}}}$$

故通过 Cauer Ⅱ 型综合实现的电路如图 6.6.15 所示。

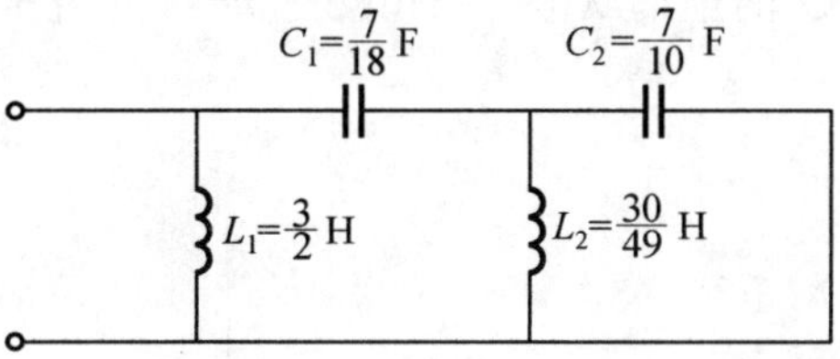

图 6.6.15　例 6.6.5 通过 Cauer Ⅱ 型综合实现的电路

RC 函数的性质及证明 1

6.7　无源 *RC* 一端口的实现

仅由电阻元件和电容元件构成的网络称为无源 *RC* 一端口。其策动点函数称为 *RC* 函数，本节研究 *RC* 函数的性质和 *RC* 函数的实现方法。

6.7.1　*RC* 函数的性质

RC 函数的表达式，即令公式(6.5.6) 和式(6.5.8) 中 $M_0(s)=0$，得

$$Z_{RC}(s)=\frac{1}{|I_1(s)|^2}\left[F_0(s)+\frac{V_0(s)}{s}\right] \tag{6.7.1}$$

$$Y_{RC}(s)=\frac{1}{|U_1(s)|^2}\left[F_0(s)+\frac{V_0(s)}{s^*}\right] \tag{6.7.2}$$

(1)*RC* 函数 $F_{RC}(s)$(可表示 $Z_{RC}(s)$ 或 $Y_{RC}(s)$) 具有如下性质：

① 所有零、极点位于负实轴上，而且是单阶的并具有正实留数。

证明

a. 令 $Z_{RC}(s_z)=0$ 得 $s_z=-\dfrac{V_0(s_z)}{F_0(s_z)}\leqslant 0$；令 $Y_{RC}(s_z)=0$ 得 $s_z=-\dfrac{|s_z|F_0(s_z)}{V_0(s_z)}\leqslant 0$。因此，零、极点必位于负实轴上。

b. 在任意频率 $s=\sigma+\mathrm{j}\omega$ 下，

$$Z_{RC}(s)=R+\mathrm{j}X=\frac{1}{|I_1(s)|^2}\left[F_0(s)+\frac{V_0(s)}{\sigma+\mathrm{j}\omega}\right] \tag{6.7.3}$$

由此可得

$$R=\frac{F_0(s)+\sigma V_0(s)/(\sigma^2+\omega^2)}{|I_1(s)|^2} \tag{6.7.4}$$

$$X=\frac{-\omega V_0(s)}{|I_1(s)|^2(\sigma^2+\omega^2)} \tag{6.7.5}$$

式(6.7.5)说明，X 与 ω 反号。设 $Z_{RC}(s)$ 在实轴上有 n 阶极点 p_1，在该极点处将 $Z_{RC}(s)$ 展开成洛朗级数，则 $s\to p_1$ 时有

$$Z_{RC}(s)\big|_{s\to p_1}\approx\frac{K_{-n}}{(s-p_1)^n} \tag{6.7.6}$$

令 $K_{-n}=K\mathrm{e}^{\mathrm{j}\varphi}$，$s-p_1=r\mathrm{e}^{\mathrm{j}\theta}(0\leqslant\theta\leqslant 2\pi)$ 得

$$Z_{RC}(s)\approx\frac{K}{r^n}\mathrm{e}^{\mathrm{j}(\varphi-n\theta)}=\frac{K}{r^n}\cos(\varphi-n\theta)+\mathrm{j}\,\frac{K}{r^n}\sin(\varphi-n\theta) \tag{6.7.7}$$

其中，RC 阻抗函数 $Z_{RC}(s)$ 的虚部 $X\approx\dfrac{K}{r^n}\sin(\varphi-n\theta)$，由图 6.7.1 知，$\omega=r\sin\theta$，即 $X=-\dfrac{K}{r^2}\omega$。

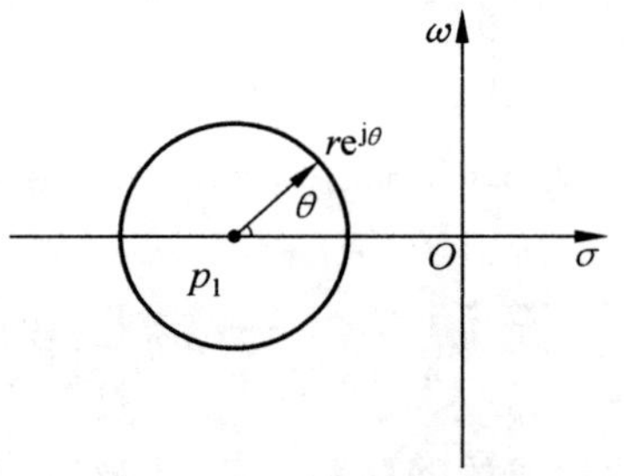

图 6.7.1　极点示意图

RC 函数的性质及证明 2

只有当 $n=1$，$\varphi=0$ 时，$X=-\dfrac{K}{r^2}r\sin\theta$，才满足 X 与 ω 反号的关系。$n=1$ 说明负实轴上的极点是单阶的，而 $\varphi=0$ 说明极点留数 K_{-1} 为一正实数。

② 极点留数为正实数(它们与 R、C 值成比例)。

③ 最低的临界频率(即最靠近原点的)为极点，原点处要么是极点，要么是常数，不可能是零点。

从物理概念来说明，当 $s\to 0$ 时，电路相当于直流电路，电容相当于开路，电路退化成一个电阻或开路，如图 6.7.2 所示，阻抗不会成为无限小。

④ 最高的临界频率为零点，在 $s\to\infty$ 处要么为零点，要么为常数，不可能是极点。

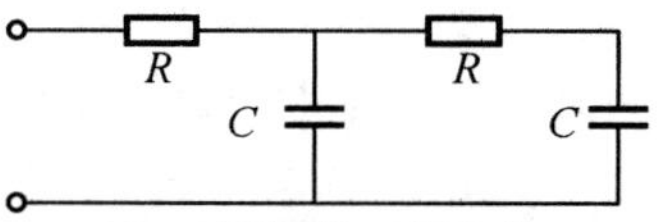

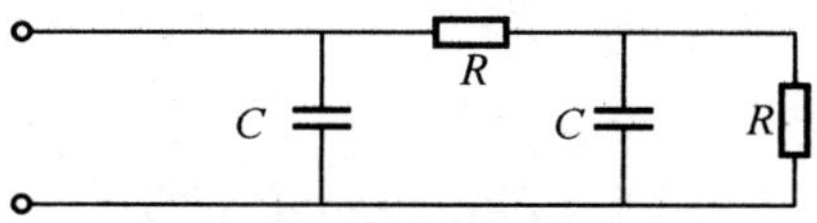

图 6.7.2　无源 RC 一端口示意图

证明　若 $Z_{RC}(s)$ 在 $s\to\infty$ 处存在极点，由于 $Z_{RC}(s)$ 为正实函数，该极点为单阶极点，且有正实留数。故当 s 足够大时，有 $Z_{RC}(s)\big|_{s\to\infty}\approx K_\infty s$，$X\big|_{s\to\infty}\approx K_\infty\omega$。由于 $K_\infty>0$，X 与 ω 同号，与式(6.7.5)相矛盾，因此在 $s\to\infty$ 处，$Z_{RC}(s)$ 不可能有极点。这个结论也可从物理概念来解释，当频率趋于无限大时，电容相当于短路，电路退化成一个电阻或短路，表明 RC 网络在 $s\to\infty$ 时阻抗不会成为无限大。

根据 RC 阻抗函数 $Z_{RC}(s)$ 的性质，RC 阻抗函数应有以下形式：

$$Z_{RC}(s)=H\frac{(s+\sigma_{z1})(s+\sigma_{z2})\cdots(s+\sigma_{zm})}{(s+\sigma_{p1})(s+\sigma_{p1})\cdots(s+\sigma_{pn})}$$

$$0\leqslant\sigma_{p1}<\sigma_{z1}<\sigma_{p2}<\sigma_{z2}<\cdots<\sigma_{pn}<\sigma_{zm}$$

其中，$m=n$ 或 $m=n-1$。上式表明，在负实轴上距原点最近处(含原点上)必为极点，距原点最远处(含无限远)必为零点。

⑤ 零、极点交替出现在负实轴上。

根据上述讨论结果，可将 $Z_{RC}(s)$ 展开成部分分式的形式：

$$Z_{RC}(s)=K_\infty+\frac{K_0}{s}+\frac{K_1}{s+\sigma_1}+\cdots+\frac{K_n}{s+\sigma_n}\tag{6.7.8}$$

式中各项系数都为非负值，$\sigma_i>0(i=1,2,\cdots,n)$。

由式(6.7.8)来研究 $Z_{RC}(s)$ 沿实轴的变化规律，在 $\omega=0$ 的情况下得

$$\frac{\mathrm{d}Z_{RC}(\sigma)}{\mathrm{d}\sigma}\bigg|_{\omega=0}=-\left[\frac{K_0}{\sigma^2}+\sum_{i=1}^{n}\frac{K_i}{(\sigma+\sigma_i)^2}\right]<0$$

这表明 $Z_{RC}(s)$ 沿负实轴曲线的斜率为负，是单调下降的。因此，$Z_{RC}(s)$ 的零、极点在负实轴上是交替出现的，如图 6.7.3 所示。

(2) 综上所述，RC 阻抗函数 $Z_{RC}(s)$ 有下列性质：

①$Z_{RC}(s)$ 的零、极点都位于负实轴上，而且是单阶的。

②$Z_{RC}(s)$ 的零、极点是交替排列的。

③$Z_{RC}(s)$ 在原点可能有一个极点，但不可能有零点。

④$Z_{RC}(s)$ 在 $s\to\infty$ 处可能有一个零点，但不可能出现极点。

⑤$Z_{RC}(s)$ 分母多项式阶数必须大于或至少等于分子多项式的阶数。

⑥$Z_{RC}(s)$ 在极点上的留数都是正的实数。

⑦ 对所有的 ω 值，$\mathrm{Re}[Z_{RC}(\mathrm{j}\omega)]\geqslant0$。

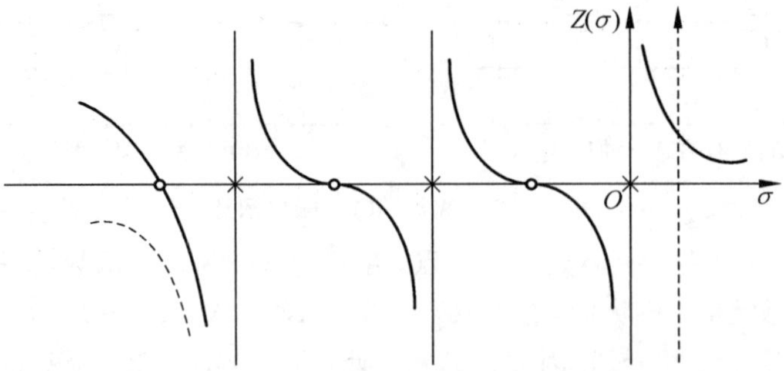

图 6.7.3　RC 阻抗函数的零、极点分布

(3) $Y_{RC}(s)$ 有下列性质:

① 全部零、极点位于负实轴上,而且是单阶的。

② $Y_{RC}(s)$ 的极点留数为负实数,而 $Y_{RC}(s)/s$ 的极点留数为正实数。

③ 最低的临界频率为零点。

④ 最高的临界频率为极点。

⑤ 零、极点交替出现。

6.7.2　RC 函数的无源实现

RC 函数的基本实现方法与电抗函数的基本实现方法相同,分为 Foster 综合法和 Cauer 综合法。

RC 函数的 Foster Ⅰ型综合

1. Foster 综合法(基于部分分式展开后逐项实现)

(1) Foster Ⅰ型综合(串联形式,用 $Z_{RC}(s)$)。

对 RC 阻抗函数 $Z_{RC}(s)$ 进行部分分式展开:

$$Z_{RC}(s)=K_{\infty}+\frac{K_0}{s}+\frac{K_1}{s+\sigma_1}+\cdots+\frac{K_n}{s+\sigma_n}\quad(K_{\infty},K_i>0)\tag{6.7.9}$$

由 $Z_{RC}(s)$ 的性质可知,式(6.7.9)中每一项的系数 K_{∞}、K_0 和 K_i 是各极点处的留数,并为非负实数,$\sigma_i>0$ $(i=1,2,\cdots,n)$。其留数的计算式为

$$K_i=\lim_{s\to-\sigma}(s+\sigma_i)Z(s)\quad 和\quad K_{\infty}=H=Z(\infty)$$

并且式中每一项均可由电阻元件、电容元件及这两个元件的组合来实现,见表 6.7.1。

表 6.7.1　RC 电路基本组合及其函数

电路结构	阻抗函数	导纳函数	电路结构	阻抗函数	导纳函数
R	R	$1/R$	R　$1/(sC)$	$\frac{R[s+1/(RC)]}{s}$	$\frac{(1/R)s}{s+1/(RC)}$
$1/(sC)$	$1/(sC)$	sC	R　$1/(sC)$	$\frac{1/C}{s+1/(RC)}$	$\frac{1+RCs}{R}$

对照表 6.7.1 及式(6.7.9),式(6.7.9)中的第一项与一单电阻元件的阻抗函数对应,

其系数与电感参数关系为 $K_\infty = R_\infty$，第二项与一单电容元件的阻抗函数对应，其系数与电容参数关系为 $K_0 = 1/C_0$，第三项及其以后各项与电阻元件和电容元件并联的阻抗函数对应，其系数与电阻、电容参数关系为 $\sigma_i = K_i/R_i$，$K_i = 1/C_i$。因为式(6.7.9)是阻抗之和的形式，所以将每一项所对应的电路串联起来，就是所要实现的总电路，如图 6.7.4 所示，这种电路即 Foster Ⅰ 型电路。

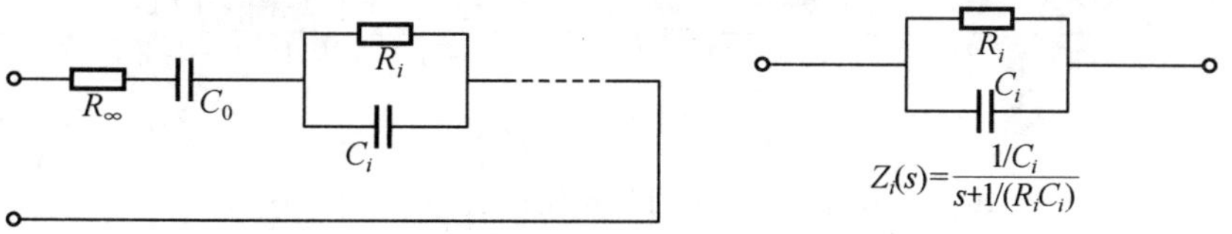

图 6.7.4　Foster Ⅰ 型电路

从上面的分析中可以计算出图 6.7.4 中各元件的参数分别为

$$R_\infty = K_\infty,\quad C_0 = 1/K_0,\quad R_i = K_i/\sigma_i,\quad C_i = 1/K_i$$

(2) Foster Ⅱ 型综合(并联形式，用 $Y_{RC}(s)$)。

RC 函数的 Foster Ⅱ 型综合

对 RC 导纳函数 $Y_{RC}(s)$ 进行部分分式展开：

$$Y_{RC}(s) = K'_\infty s + K'_0 + \sum_{i=1}^{n} \frac{K'_i s}{s + \sigma'_i} \tag{6.7.10}$$

式中，K'_∞ 相当于一个电容的导纳，$C_\infty = K'_\infty$；K'_0 相当于一个电阻的导纳，$R_0 = \frac{1}{K'_0}$；$\frac{K'_i s}{s+\sigma'_i}$ 相当于电阻和电容串联的总导纳，$R_i = \frac{1}{K'_i}$，$C_i = \frac{K'_i}{\sigma'_i}$。Foster Ⅱ 型电路如图 6.7.5 所示。

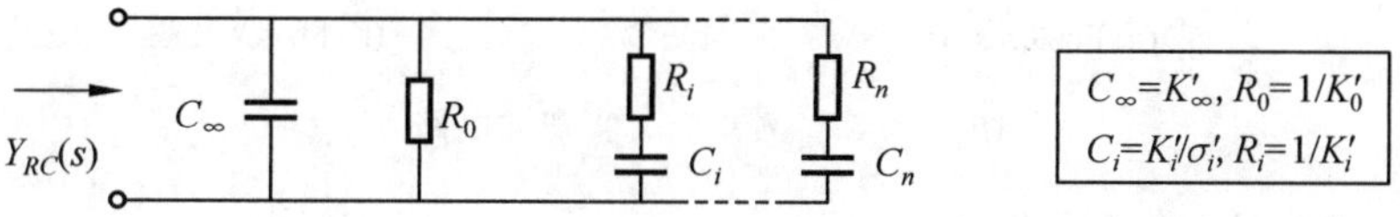

图 6.7.5　Foster Ⅱ 型电路

RC 函数的 Foster Ⅱ 型综合例题

【例 6.7.1】　试用 Foster 综合法的两种形式综合 $Z(s) = \frac{2(s+1)(s+3)}{s(s+2)}$。

解　(1) Foster Ⅰ 型综合。

对 $Z(s)$ 进行部分分式展开：

$$Z(s) = K_\infty + \frac{K_0}{s} + \frac{K_1}{s+2} = 2 + \frac{3}{s} + \frac{1}{s+2}$$

待定系数为

$$K_\infty = \lim_{s\to\infty} Z(s) = \lim_{s\to\infty} \frac{2(s+1)(s+3)}{s(s+2)} = 2$$

$$K_0 = \lim_{s\to 0} Z(s)s = \lim_{s\to 0} \frac{2(s+1)(s+3)}{(s+2)} = 3$$

$$K_1 = \lim_{s\to -2} Z(s)(s+2) = \lim_{s\to -2} \frac{2(s+1)(s+3)}{s} = 1$$

各元件参数为

$$R_0=K_\infty=2\ \Omega,\quad C_0=\frac{1}{K_0}=\frac{1}{3}\ \mathrm{F},\quad R_1=\frac{K_1}{\sigma_1}=\frac{1}{2}\ \Omega,\quad C_1=\frac{1}{K_1}=1\ \mathrm{F}$$

实现的电路如图 6.7.6(a) 所示。

(2) Foster Ⅱ 型综合。

对 $Y(s)/s$ 进行部分分式展开

$$\frac{Y(s)}{s}=\frac{s+2}{2(s+1)(s+3)}=\frac{K_1'}{s+1}+\frac{K_2'}{s+3}=\frac{1/4}{s+1}+\frac{1/4}{s+3}$$

待定系数为

$$K_1'=\lim_{s\to-1}Z(s)(s+1)=\lim_{s\to-1}\frac{s+2}{2(s+3)}=\frac{1}{4}$$

$$K_2'=\lim_{s\to-3}Z(s)(s+3)=\lim_{s\to-3}\frac{s+2}{2(s+1)}=\frac{1}{4}$$

各元件参数为

$$R_1=\frac{1}{K_1'}=4\ \Omega,\quad C_1=\frac{K_1'}{\sigma_1'}=\frac{1}{4}\ \mathrm{F},\quad R_2=\frac{1}{K_2'}=4\ \Omega,\quad C_2=\frac{K_2'}{\sigma_2'}=\frac{1}{12}\ \mathrm{F}$$

实现的电路如图 6.7.6(b) 所示。

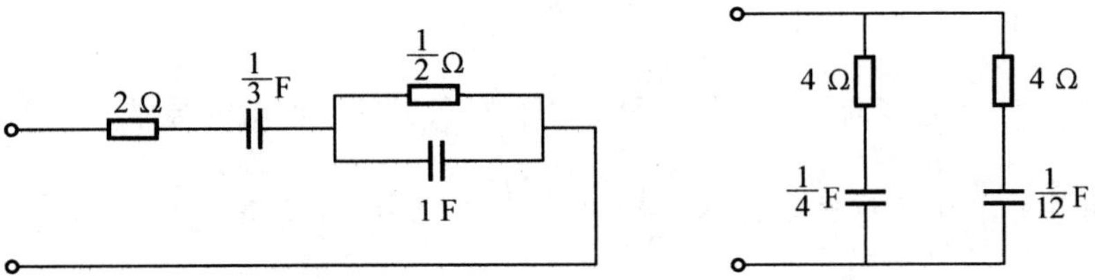

(a) Foster Ⅰ型　　(b) Foster Ⅱ型

图 6.7.6　例 6.7.1 实现的电路

RC 函数的 Cauer Ⅰ 型综合

2. Cauer 综合法(基于连分式)

(1) Cauer Ⅰ 型综合(串臂为电阻,并臂为电容)。

由 $Z(s)$ 性质得:*RC* 函数的 Cauer Ⅰ 型综合是根据 $s\to\infty$ 时的特性进行的,假设当 $Z_{RC}(s)=\dfrac{N(s)}{D(s)}$ 的分子与分母的幂次相同时,在 $s\to\infty$ 处为一定值,将分子和分母按降幂排列,移除此定值得

$$Z_{RC}(s)=\frac{N(s)}{D(s)}=a_1+\frac{N_1(s)}{D(s)}=a_1s+Z_1(s) \tag{6.7.11}$$

式中,a_1 为分子和分母多项式的比;$Z_1(s)$ 为剩余函数。$Z_1(s)$ 的分子多项式比分母多项式低一次幂,在 $s\to\infty$ 处有零点,则其倒数 $Y_1(s)=\dfrac{1}{Z_1(s)}$ 必在 $s\to\infty$ 处有极点,再移除此极点可得

$$Z_{RC}(s)=\frac{N(s)}{D(s)}=a_1+\cfrac{1}{a_2s+\cfrac{N_1(s)}{D_1(s)}}=a_1+\frac{1}{a_2s+Y_1(s)} \tag{6.7.12}$$

式中,a_2 为 $Z_1(s)$ 在 $s\to\infty$ 处的留数;$Y_1(s)$ 为剩余函数,且 $N_1(s)$ 与 $D_1(s)$ 幂次相同,取

其倒数并移除在 $s\to\infty$ 处的定值。这样继续辗转相除，即不断移除剩余函数的倒数在 $s\to\infty$ 处的极点或定值，最后可得到如下连分式：

$$Z_{RC}(s)=\frac{N(s)}{D(s)}=a_1+\cfrac{1}{a_2s+\cfrac{1}{a_3+\cfrac{1}{a_4s+\cfrac{1}{a_5+\cdots}}}} \tag{6.7.13}$$

式中，a_i 为正实数。由电阻和电容组成的梯形网络(Cauer Ⅰ 型电路)如图 6.7.7 所示，该电路的等效阻抗为

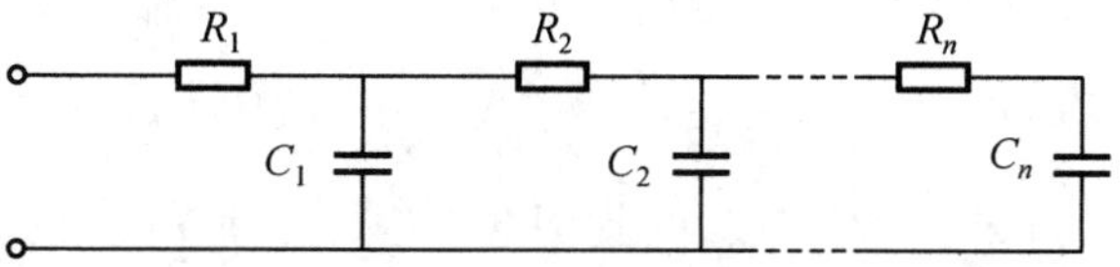

图 6.7.7　Cauer Ⅰ 型电路

$$Z(s)=R_1+\cfrac{1}{sC_1+\cfrac{1}{R_2+\cfrac{1}{sC_2+\cdots+\cfrac{1}{R_n+\cfrac{1}{sC_n}}}}} \tag{6.7.14}$$

对比式(6.7.13)和式(6.7.14)得图 6.7.7 梯形网络各元件值分别为

$$\begin{cases}R_i=a_i\\C_j=a_j\end{cases} \tag{6.7.15}$$

式中，i 为奇数；j 为偶数。下标为奇数时代表电阻，下标为偶数时则代表电容。

RC 函数的 Cauer Ⅰ 型综合例题

由上述分析可知，RC 函数的 Cauer Ⅰ 型综合是从给定的网络函数中反复地移除阻抗在 $s\to\infty$ 处的定值 $Z_{RC}(\infty)$ 和导纳在 $s\to\infty$ 处的极点。每次移除一个定值，则对应电路实现中的一个串臂电阻；而每次移除一个极点，则对应电路实现中的一个并臂电容。

【例 6.7.2】　设 $Z(s)=\dfrac{s^3+12s^2+44s+48}{s^3+9s^2+23s+15}$，试用 Cauer Ⅰ 型综合。

解　将分子和分母多项式按降幂排列，并使用长除运算得到该多项式的连分式形式：

$$Z(s)=1+\cfrac{1}{\cfrac{1}{3}s+\cfrac{1}{\cfrac{3}{2}+\cfrac{1}{\cfrac{2}{3}s+\cfrac{1}{\cfrac{3}{5}+\cfrac{1}{\cfrac{10}{3}s+\cfrac{1}{\cfrac{1}{10}}}}}}}=R_1+\cfrac{1}{sC_1+\cfrac{1}{R_2+\cfrac{1}{sC_2+\cfrac{1}{R_3+\cfrac{1}{sC_3+\cfrac{1}{R_4}}}}}}$$

实现的电路如图 6.7.8 所示。

如果 $Z_{RC}(s)$ 的分子多项式的幂次比分母多项式的幂次低，则 $Z_{RC}(s)$ 无 $s\to\infty$ 处的定

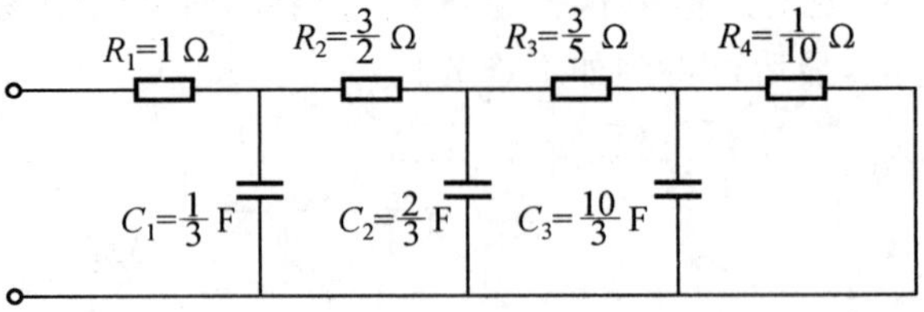

图 6.7.8　例 6.7.2 实现的电路

值,而 $Z_{RC}(s)$ 的倒数存在 $s\to\infty$ 处的极点。在此情况下,实现过程可从其倒数开始。在进行辗转相除时,分子和分母多项式仍按降幂排列。实现出来的电路也和图6.7.7 的形式类似,只是没有第一个串臂电阻,而是由并联电容开始。这种情况可通过下例说明。

【例 6.7.3】　设 $Z(s)=\dfrac{s^2+3s+2}{s^3+(23/6)s^2+(10/3)s}$,试用 Cauer Ⅰ 型综合。

解　由于 $s\to\infty$ 为 $Z(s)$ 的零点,取其倒数 $Y(s)$,并使 $Y(s)$ 的分子和分母多项式按降幂排列,并用长除运算得到 $Z(s)$ 的连分式形式:

$$Z(s)=\cfrac{1}{s+\cfrac{1}{\cfrac{6}{5}+\cfrac{1}{\cfrac{25}{42}s+\cfrac{1}{\cfrac{49}{5}+\cfrac{1}{\cfrac{1}{14}s}}}}}=\cfrac{1}{sC_1+\cfrac{1}{R_2+\cfrac{1}{sC_2+\cfrac{1}{R_3+\cfrac{1}{sC_3}}}}}$$

实现的电路如图 6.7.9 所示。

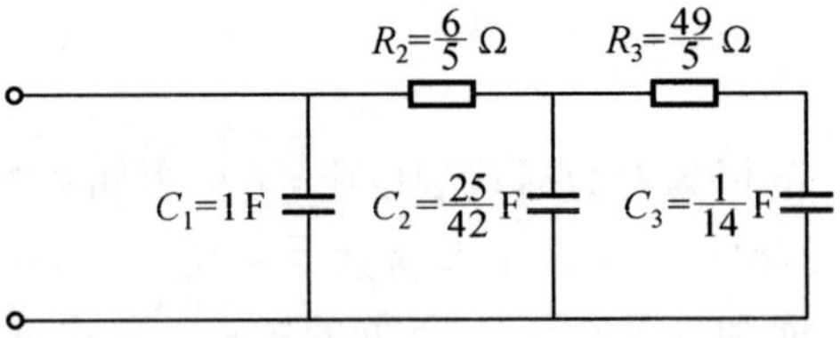

图 6.7.9　例 6.7.3 实现的电路

RC 函数的 Cauer Ⅱ 型综合及例题

(2) Cauer Ⅱ 型综合(串臂为电容,并臂为电阻)。

由 $Y(s)$ 得:由电阻和电容组成的梯形网络还有另外一种结构,如图6.7.10 所示。这种结构的电路被称为 *RC* 函数的 Cauer Ⅱ 型电路。

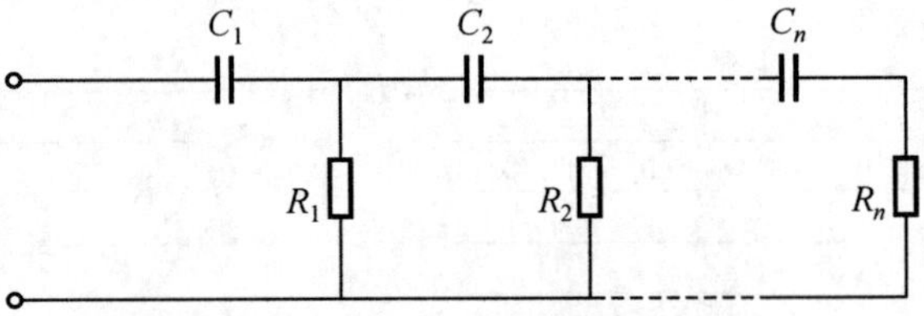

图 6.7.10　Cauer Ⅱ 型电路

图 6.7.10 的端口等效阻抗为

$$Z_{RC}(s)=\frac{1}{sC_1}+\cfrac{1}{\cfrac{1}{R_1}+\cfrac{1}{\cfrac{1}{sC_2}+\cfrac{1}{\cfrac{1}{R_2}+\cdots+\cfrac{1}{\cfrac{1}{sC_n}+\cfrac{1}{\cfrac{1}{R_n}}}}}} \tag{6.7.16}$$

RC 函数的 Cauer Ⅱ 型综合是根据 $s=0$ 时的特性进行的，若 RC 阻抗函数在 $s=0$ 处有极点，即分子多项式的幂次比分母多项式的幂次低一次，则将分子和分母多项式按升幂排列，移除此极点得

$$Z_{RC}(s)=\frac{N(s)}{D(s)}=\frac{1}{\beta_1 s}+Z_1(s) \tag{6.7.17}$$

式中，β_1 为分母和分子多项式的比；$Z_1(s)$ 为剩余函数。$Z_1(s)$ 的分子多项式与分母多项式幂次相同，从其倒数 $Y_1(s)=1/Z_1(s)$ 中移除一定值得

$$Z_{RC}(s)=\frac{N(s)}{D(s)}=\frac{1}{\beta_1 s}+\cfrac{1}{\cfrac{1}{\beta_2}+\cfrac{D_1(s)}{N_1(s)}}=\frac{1}{\beta_1 s}+\cfrac{1}{\cfrac{1}{\beta_2}+Y_1(s)} \tag{6.7.18}$$

式中，β_2 为 $Z_1(s)$ 在 $s\to 0$ 处的留数；$Y_1(s)$ 为剩余函数，且 $D_1(s)$ 比 $N_1(s)$ 的幂次低一次，取其倒数并移除在 $s=0$ 处的极点。这样继续辗转相除，即不断移除剩余函数的倒数在 $s=0$ 处的极点或定值，最后可得到如下连分式：

$$Z_{RC}(s)=\frac{N(s)}{D(s)}=\frac{1}{\beta_1 s}+\cfrac{1}{\cfrac{1}{\beta_2}+\cfrac{1}{\cfrac{1}{\beta_3 S}+\cfrac{1}{\cfrac{1}{\beta_4}+\cfrac{1}{\cfrac{1}{\beta_5 S}+\cdots}}}} \tag{6.7.19}$$

对比式(6.7.16)和式(6.7.19)得图 6.7.10 所示梯形网络的各元件值分别为

$$\begin{cases}C_i=\beta_i\\R_j=\beta_j\end{cases} \tag{6.7.20}$$

式中，i 为奇数；j 为偶数。下标为奇数时代表电容，下标为偶数时则代表电阻。

如果 $Z_{RC}(s)$ 的分子多项式的幂次与分母多项式的幂次相同，则 $Z_{RC}(0)$ 为一定值，即无 $s=0$ 处的极点，此时不能直接从阻抗函数中移除此定值，因为 RC 阻抗函数具有 $Z(0)>Z(\infty)$ 的性质，若从 $Z_{RC}(s)$ 中移除 $Z(0)$，则从 $Z_{RC}(s)$ 中减去了大于 $Z(\infty)$ 的值，使得 $Z_{RC}(s)$ 在 $s\to-\infty$ 处为负值，这样，剩余函数不再是正实函数，这会使网络无法实现。因此，应先将分子与分母多项式互换位置，再移除 $Y_{RC}(s)$ 在 $s=0$ 处的定值。此种情况下得到的连分式形式与式(6.7.19)相似，只是没有 $1/(\beta_1 s)$ 项，即所实现的电路中没有第一个串臂电容，从第一个并臂电阻开始。

【例 6.7.4】 试用 Cauer Ⅰ 型和 Cauer Ⅱ 型综合 $Z(s)=\dfrac{(s+2)(s+4)}{(s+1)(s+3)}$。

解　(1) Cauer Ⅰ 型综合。

将分子和分母多项式按降幂排列，并使用长除运算得该多项式的连分式形式为

$$Z(s)=\frac{s^2+6s+8}{s^2+4s+3}=1+\cfrac{1}{\frac{1}{2}s+\cfrac{1}{\frac{4}{3}+\cfrac{1}{\frac{3}{2}s+\cfrac{1}{\frac{1}{3}}}}}=R_1+\cfrac{1}{sC_1+\cfrac{1}{R_2+\cfrac{1}{sC_2+\cfrac{1}{R_3}}}}$$

实现的电路如图 6.7.11 所示。

(2) Cauer Ⅱ 型综合。

由于 $Z(s)$ 分子和分母多项式的幂次相同,取其倒数 $Y(s)$,并使 $Y(s)$ 的分子和分母多项式按升幂排列,并使用长除运算得到 $Z(s)$ 的连分式形式为

$$Z(s)=\cfrac{1}{\frac{3}{8}+\cfrac{1}{\frac{32}{7s}+\cfrac{1}{\frac{49}{88}+\cfrac{1}{\frac{968}{21s}+\cfrac{1}{\frac{3}{44}}}}}}=\cfrac{1}{\frac{1}{R_1}+\cfrac{1}{\frac{1}{sC_1}+\cfrac{1}{\frac{1}{R_2}+\cfrac{1}{\frac{1}{sC_2}+\cfrac{1}{\frac{1}{R_3}}}}}}$$

实现的电路如图 6.7.12 所示。

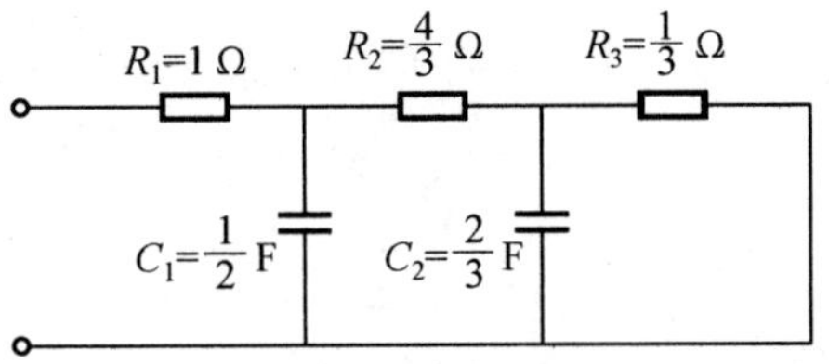

图 6.7.11　例 6.7.4 用 Cauer Ⅰ 型综合实现的电路

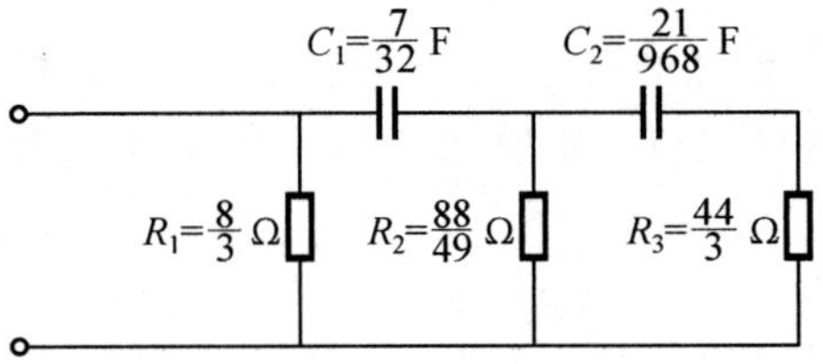

图 6.7.12　例 6.7.4 用 Cauer Ⅱ 型综合实现的电路

【例 6.7.5】　一个阻抗函数的零、极点分布如图 6.7.13 所示,$Z(0)=8\ \Omega$。试用梯形电路实现此函数。

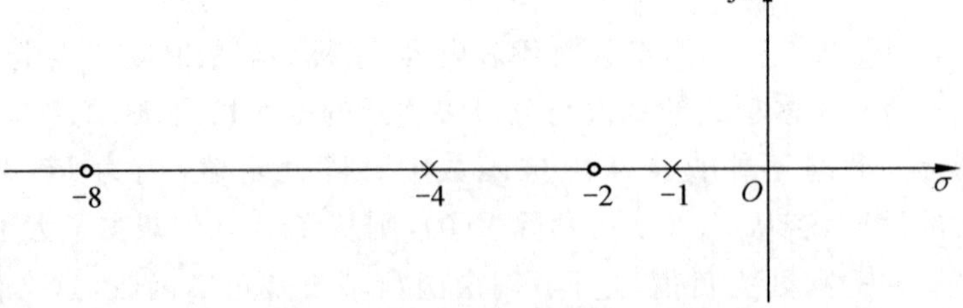

图 6.7.13　RC 网络的零、极点分布

解　首先由零、极点图写出 $Z(s)$ 的函数式为

$$Z(s)=\frac{H(s+2)(s+8)}{(s+1)(s+4)}$$

由已知条件 $Z(0)=8\ \Omega$,代入 $Z(s)$ 表达式中得 $H=2$,于是其函数式为

$$Z(s)=\frac{2(s+2)(s+8)}{(s+1)(s+4)}$$

将 $Z(s)$ 的分子和分母多项式按降幂排列，采用 Cauer Ⅰ 型综合来实现电路。使用长除运算得到 $Z(s)$ 的连分式形式为

$$Z(s)=2+\cfrac{1}{\cfrac{1}{10}s+\cfrac{1}{\cfrac{50}{13}+\cfrac{1}{\cfrac{169}{560}s+\cfrac{1}{\cfrac{23}{13}}}}}=R_1+\cfrac{1}{sC_1+\cfrac{1}{R_2+\cfrac{1}{sC_2+\cfrac{1}{R_3}}}}$$

实现的电路如图 6.7.14 所示。

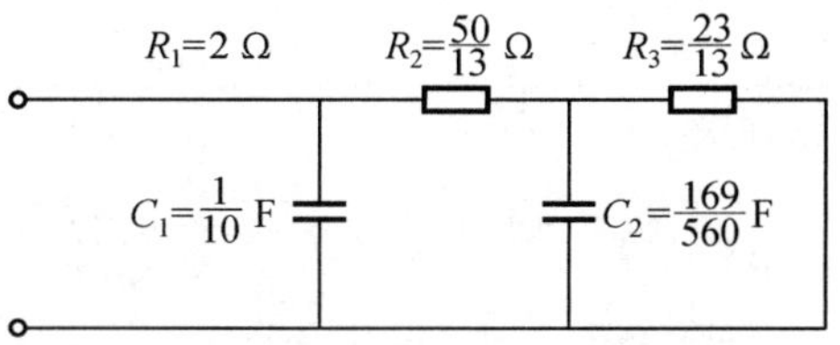

图 6.7.14　例 6.7.5 实现的电路

6.8　无源 *RL* 一端口的实现

仅由电阻元件和电感元件构成的网络称为无源 *RL* 一端口。其策动点函数称为 *RL* 函数，本节研究 *RL* 函数的性质和 *RL* 函数的实现方法。由于这种网络在实际中应用较少，所以只做简单介绍。

6.8.1　*RL* 函数的性质

由于电阻和电导、电感和电容是对偶元件，故根据对偶原理，*RL* 网络的策动点阻抗函数与 *RC* 网络的策动点导纳函数具有相同的表达式和特性，*RL* 网络的策动点导纳函数与 *RC* 网络的策动点阻抗函数具有相同的表达式和特性。

根据式(6.7.8) 和式(6.7.10) 可得：

$$Z_{RL}(s)=K_\infty s+K_0+\frac{K_1}{s+\sigma_1}+\cdots+\frac{K_n}{s+\sigma_n} \tag{6.8.1}$$

$$Y_{RL}(s)=K'_\infty+\frac{K'_0}{s}+\frac{K_1}{s+\sigma'_1}+\cdots+\frac{K'_n}{s+\sigma'_n} \tag{6.8.2}$$

6.8.2　*RL* 函数的无源实现

RL 函数与 *RC* 函数的综合方法相同，具有 4 种实现电路，即 Foster Ⅰ 型、Foster Ⅱ 型、Cauer Ⅰ 型和 Cauer Ⅱ 型，分别如图 6.8.1(a)、图 6.8.1(b)、图 6.8.1(c) 和图 6.8.1(d) 所示。

【例 6.8.1】　试对阻抗函数 $Z(s)=\dfrac{s^2+4s+3}{s^2+8s+12}$ 进行 *RL* 综合。

解　将 $Z(s)$ 的分子分母多项式按升幂排列并进行辗转相除，得如下连分式：

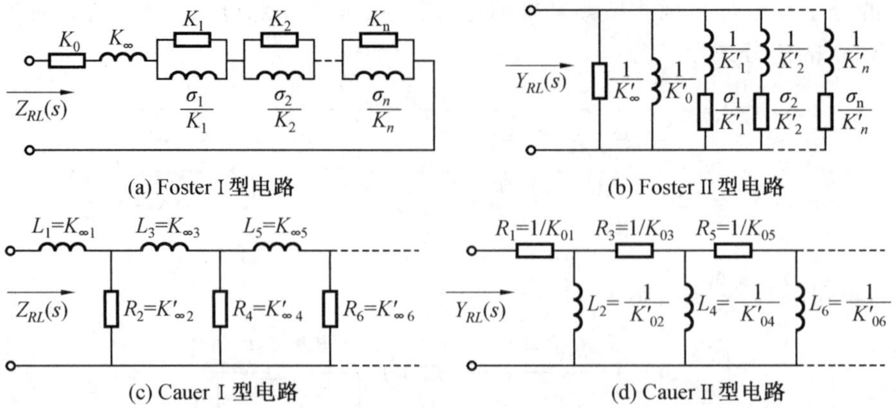

图 6.8.1　*RL* 函数的 4 种实现电路

$$Z(s)=\frac{1}{4}+\cfrac{1}{\cfrac{6}{s}+\cfrac{1}{\cfrac{4}{7}+\cfrac{1}{\cfrac{98}{5s}+\cfrac{5}{28}}}}=R_1+\cfrac{1}{\cfrac{1}{sL_2}+\cfrac{1}{R_3+\cfrac{1}{\cfrac{1}{sL_4}+\cfrac{1}{R_5}}}}$$

原公式实现的 Cauer Ⅱ 型电路如图 6.8.2(a) 所示。

将 $Z(s)$ 的倒数,即导纳函数 $Y(s)$ 写成部分分式的形式:

$$Y(s)=1+\frac{\frac{5}{2}}{s+1}+\frac{\frac{3}{2}}{s+3}=K'_\infty+\frac{K'_1}{s+\sigma'_1}+\frac{K'_2}{s+\sigma'_2}$$

则得 $K'_\infty=1, K'_1=\frac{5}{2}, K'_2=\frac{3}{2}, \sigma'_1=1, \sigma'_2=3$,实现的 Foster Ⅱ 型电路如图 6.8.2 (b) 所示。

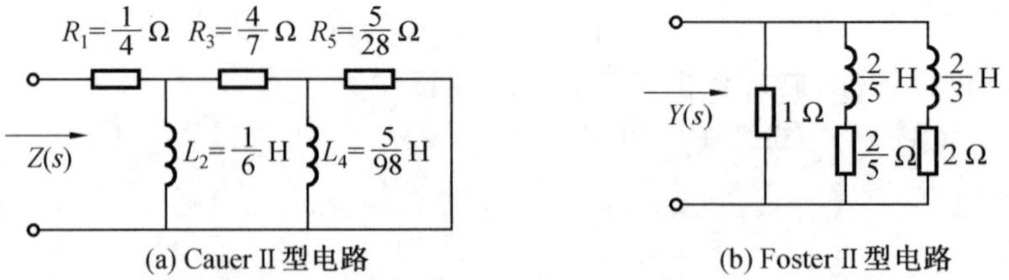

图 6.8.2　例 8.8.1 实现的电路

6.9　无源 *RLCM* 一端口的实现

前面讨论了由 R、L、C 三种元件中两种元件构成的一端口网络的综合,本节将讨论由 *RLCM* 构成的一端口网络的与综合。布隆综合法是 *RLC* 一端口网络综合的一般方法,但在介绍具体方法前,还要先介绍一些相关的知识。

6.9.1　极小电抗函数和极小电阻函数

将虚轴上没有极点的阻抗函数称为极小电抗函数;将虚轴上没有极点的导纳函数称

为极小电纳函数。将虚轴上有实部零点的策动点函数称为极小电阻函数，又称作极小实部函数；将虚轴上没有零、极点，而且又是极小电阻函数的策动点函数称为极小函数。

即：

(1) 不含 jω 轴上极点的阻抗(导纳) 函数，称为极小电抗(电纳) 函数。

(2) 在 jω 轴上某一点具有零实部的阻抗(导纳) 函数，称为极小实部函数。

(3) 如果一个导抗函数同时是极小电抗函数、极小电纳函数，极小实部函数，则称之为极小函数。(极小函数是正实函数)。

【例 6.9.1】　试判断阻抗函数 $Z(s)=\dfrac{s^2+s+1}{s^2+s+4}$ 的类型。

解　极点 $s_p=0.5(-1\pm j\sqrt{15})$ (极小电抗函数)，零点 $s_z=0.5(-1\pm j\sqrt{3})$ (极小电纳函数)。$\mathrm{Re}[Z(j\omega)]=\dfrac{\omega^4-4\omega^2+4}{(4-\omega^2)^2+\omega^2}=\sigma\rightarrow\omega=\sqrt{2}$ (极小实部函数)。

6.9.2　从正实函数中分解出极小函数

在前面介绍的两类元件的综合中使用了极点移除和常数移除技术。对阻抗函数实施极点移除后实现了一个串臂电抗，实施常数移除后实现了一个串臂电阻；对导纳函数实施极点移除后实现了一个并臂电抗，实施常数移除后实现了一个并臂电阻。

同理，在 RLC 网络的综合中，也要应用极点移除技术。首先移除阻抗函数 $Z(s)$ 的虚轴极点，实现一个串臂电抗；然后找出剩余函数 $Z_1(s)$ 的虚轴零点，亦即其倒数 $Y_1(s)$ 的极点进行移除，实现一个并臂电抗。如此反复，直到剩余函数没有虚轴极点为止。接着求出剩余函数在虚轴上的实部的最小值，对其进行移除，实现一个串臂电阻(对阻抗函数) 或并臂电阻(对导纳函数)。然后再检查新的剩余函数有无虚轴零、极点，若有，再如前所述将其移除。

可以证明，对正实函数进行上述处理后，剩余函数仍是正实函数。因为移除虚轴零、极点并不影响函数的实部，也不影响其他极点的位置和留数。移除阻抗函数或导纳函数在虚轴上的实部最小值后，剩余函数的实部仍保持非负，而且常数移除也不影响极点的位置和留数。

【例 6.9.2】　试解出阻抗函数 $Z(s)=\dfrac{2s^4+3s^3+8s^2+6s+5}{(s^2+1)(s^2+s+4)}$ 的极小函数。

解　第一步：移除 jω 轴上的极点。

$$Z(s)=\frac{Ks}{s^2+1}+Z_1(s),K=\lim_{s\to j}\frac{s^2+1}{s}Z(s)=1$$

$$Z_1(s)=Z(s)-\frac{Ks}{s^2+1}=\frac{2s^2+2s+5}{s^2+s+4}\text{(在 j}\omega\text{ 轴上无零、极点)}$$

第二步：电阻简约(移除实部最小值)。

$\mathrm{Re}[Z_1(j\omega)]=\dfrac{(\omega^2-2)^2}{(4-\omega^2)^2+\omega^2}+1$。当 $\omega=\sqrt{2}$ 时，$\mathrm{Re}[Z_1(j\omega)]=1=R_{\min}$

$$Z_2(s)=Z_1(s)-1=\frac{s^2+s+1}{s^2+s+4}\text{—— 极小函数}$$

例 6.9.2 中分解出的极小函数示例如图 6.9.1 所示。

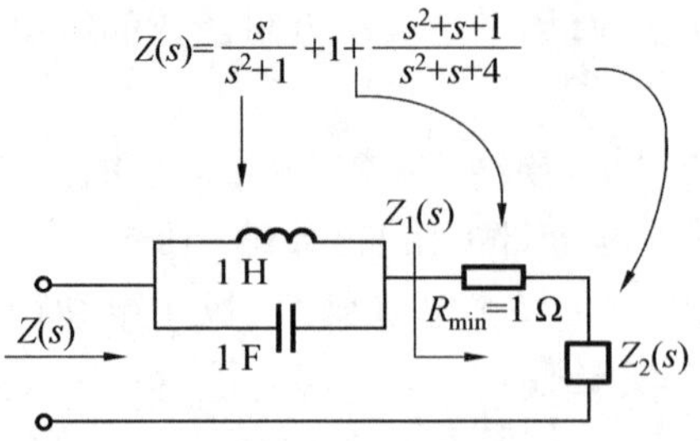

图 6.9.1　例 6.9.2 中分解出的极小函数示例

而如果剩余函数是极小函数,则由于其没有虚轴上的零、极点,不能用上述移除方法进行综合,为此引入另一种综合方法 —— 布隆综合法。

6.9.3　极小函数的布隆综合法

设阻抗函数 $Z_1(s)$ 为极小函数,则存在 ω_1,使得

$$Z_1(\mathrm{j}\omega_1)=\mathrm{j}X_1 \tag{6.9.1}$$

式中,X_1 为实数,可能小于零、大于零或者等于零。下面就分这三种情况进行讨论。

1. $X_1<0$

先由 $Z_1(s)$ 中移除一个串联阻抗 $Z_s(s)$,使剩余函数 $Z_2(s)$ 在 ω_1 处为零,即

$$Z_2(s)=[Z_1(s)-Z_s(s)]_{s=j\omega_1}=0 \tag{6.9.2}$$

(1) 设串联元件为电容 $C_1>0$,则 $Z_2(s)=Z_1(s)-\dfrac{1}{sC_1}$。进一步分析如下:

① 由于 $Z_2(s)$ 在 $s=0$ 处存在极点,且极点留数为 $-\dfrac{1}{C_1}<0$,因此 $Z_2(s)$ 不是正实函数。

②$Z_1(s)=Z_2(s)+\dfrac{1}{sC_1}$ 在 $s=0$ 处存在极点,$Z_1(s)$ 非极小函数,矛盾。故串联元件不能为电容。

(2) 设串联元件为电感,则

$$Z_s(\mathrm{j}\omega)=\mathrm{j}\omega_1L_1=\mathrm{j}X_1\rightarrow L_1=\frac{X_1}{\omega_1}<0 \tag{6.9.3}$$

①$Z_2(s)=Z_1(s)-sL_1=Z_1(s)+s\mid L_1\mid$,两个正实函数之和仍为正实函数。

$Z_2(s)$ 在 $s=\mathrm{j}\omega_1$ 处存在零点(一定成对出现),移除之后得

$$Y_2(s)=\frac{1}{Z_2(s)}=\frac{K_2s}{s^2+\omega_1^2}+Y_3(s)$$

$$K_2=\lim_{s\rightarrow \mathrm{j}\omega_1}\frac{s^2+\omega_1^2}{s}Y_2(s)>0(Y_2\text{ 是正实函数})$$

$$L_2=\frac{1}{K_2}>0,C_2=\frac{K_2}{\omega_1^2}>0$$

移除 $Z_s(s)$ 和 $Z_2(s)$ 后的电路如图 6.9.2 所示。

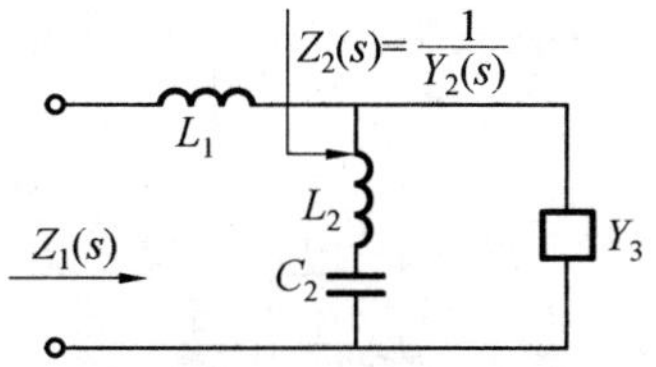

图 6.9.2　移除 $Z_s(s)$ 和 $Z_2(s)$ 后的电路

②$Y_3(s)=Y_2(s)-\dfrac{K_2 s}{s^2+\omega_1^2}$，$s\to\infty$ 时，$Z_2(s)\to\infty$，$Y_2(s)\to 0$，$Y_3(s)\to 0$(零点)，则有

$$Z_3(s)=\frac{1}{Y_3(s)}=Z_4(s)+sK_3,K_3=\lim_{s\to\infty}\frac{Z_3(s)}{s},L_3=K_3>0$$

移除 $Z_3(s)$ 后的电路如图 6.9.3 所示。

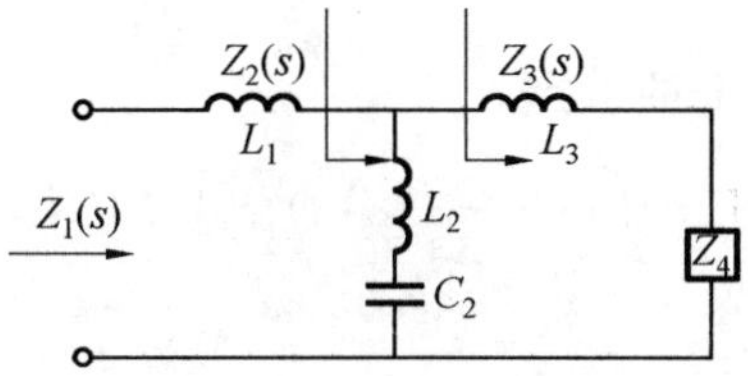

图 6.9.3　移除 $Z_3(s)$ 后的电路

$Z_4(s)$ 仍为正实函数，化为极小函数后重复上述过程。$Z_4(s)$ 在 $s\to\infty$ 处无极点。

③ 解决负电感问题。

学习电路等效变换。消互感等效电路如图 6.9.4 所示。

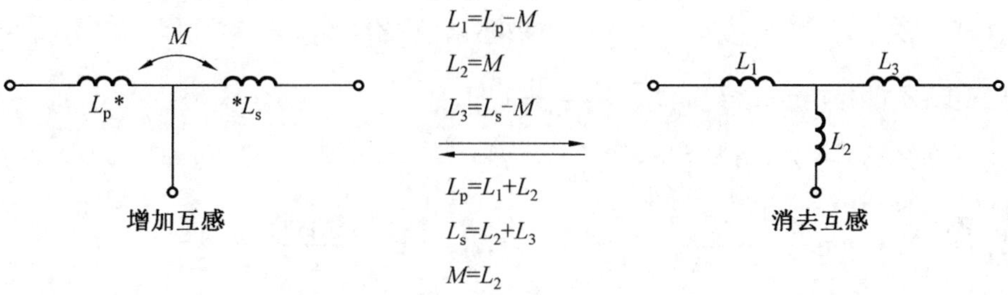

图 6.9.4　消互感等效电路

可实现的 L_p、L_s、M 必须满足条件：

$$L_p\geqslant 0,L_s\geqslant 0,\quad 0\leqslant M\leqslant\frac{L_p+L_s}{2},\quad 0\leqslant M\leqslant\sqrt{L_pL_s},\quad 0\leqslant k=\frac{M}{\sqrt{L_pL_s}}\leqslant 1 \tag{6.9.4}$$

由图 6.9.3 得当 $s\to\infty$ 时，

$$Z_1(s)\Big|_{s\to\infty}=sL_1+\frac{1}{\dfrac{1}{sL_2}+\dfrac{1}{sL_3}}=s\frac{L_1L_2+L_2L_3+L_3L_1}{L_2+L_3}=sK_\infty\ (Z_4(s)\text{ 为有限值})$$

因为 $Z_1(s)$ 是极小函数，在 $s\to\infty$ 处无极点，所以

$$K_\infty=\frac{L_1L_2+L_2L_3+L_3L_1}{L_2+L_3}=0 \tag{6.9.5}$$

$$L_1L_2+L_2L_3+L_3L_1=0 \tag{6.9.6}$$

验证是否满足式(6.9.4)：

$$L_p=L_1+L_2=-\frac{L_2L_3}{L_2+L_3}+L_2=\frac{L_2^2}{L_2+L_3}>0 \tag{6.9.7}$$

$$L_s=L_2+L_3>0 \tag{6.9.8}$$

$$\frac{L_p+L_s}{2}-M=\frac{L_3^2}{2(L_2+L_3)}\geqslant 0,\quad 0\leqslant M\leqslant\frac{L_p+L_s}{2} \tag{6.9.9}$$

$$k=\frac{M}{\sqrt{L_pL_s}}=\frac{L_2}{\sqrt{L_1L_2+L_2L_3+L_3L_1+L_2^2}}=1(\text{全耦合}) \tag{6.9.10}$$

故可实现的 L_p、L_s、M 全部满足式(6.9.4)。

【例 6.9.3】 设阻抗函数 $Z(s)=\dfrac{8s^4+6s^3+16s^2+5s+7}{(3s^2+s+2)(s^2+1)}$，试综合之。

解 第一步：移除 jω 轴上的极点。

$Z(s)=\dfrac{K_1s}{s^2+1}+Z_1(s)$，$K_1=\lim\limits_{s\to j}\dfrac{s^2+1}{s}Z(s)=1$，$L_1=1\ \text{H}$，$C_1=1\ \text{F}$

$Z_1(s)=Z(s)-\dfrac{s}{s^2+1}=\dfrac{8s^2+3s+7}{3s^2+s+2}$

第二步：电阻简约。

$\text{Re}[Z_1(\text{j}\omega)]=\dfrac{24\omega^4-34\omega^2+14}{(2-3\omega^2)^2+\omega^2}$，令 $\dfrac{\text{d}}{\text{d}\omega}\text{Re}[Z_1(\text{j}\omega)]=0$ 得

$\omega=\omega_1=1$，$\text{Re}[Z_1(\text{j}\omega_1)]=2\ \Omega=R_{\min}$

$Z_2(s)=Z_1(s)-2=\dfrac{2s^2+s+3}{3s^2+s+2}$——极小函数$[Z_2(\text{j}\omega_1)=-\text{j}]$

第三步：$Z_s(\text{j}\omega_1)=-\text{j}=\text{j}\omega_1L_3$，$L_3=-1\ \text{H}$。

$Z_3(s)=Z_2(s)-Z_s(s)=\dfrac{2s^2+s+3}{3s^2+s+2}+s=\dfrac{3s^3+3s^2+3s+3}{3s^2+s+2}$($s=\pm\text{j}$ 为零点)

第四步：$Y_3(s)=\dfrac{1}{Z_3(s)}=\dfrac{K_4s}{s^2+1}+Y_4(s)$，$K_4=\lim\limits_{s\to j}\dfrac{s^2+1}{s}Y_3(s)=1/3$

$$L_4=\frac{1}{K_4}=3\ \text{H},\ C_4=\frac{K_4}{\omega_1^2}=\frac{1}{3}\ \text{F}$$

第五步：$Y_4(s)=Y_3(s)-\dfrac{K_3s}{s^2+1}=\dfrac{2}{3s+3}$

$Z_4(s)=\dfrac{1}{Y_4(s)}=1.5s+1.5=sL_5+R_5$，$L_5=1.5\ \text{H}$，$R_5=1.5\ \Omega$

例 6.9.3 实现的电路如图 6.9.5 所示。

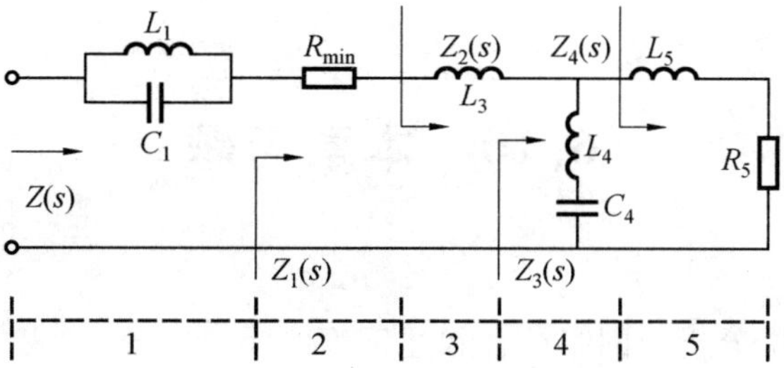

图 6.9.5　例 6.9.3 实现的电路

消去负电感后实现的电路如图 6.9.6 所示。

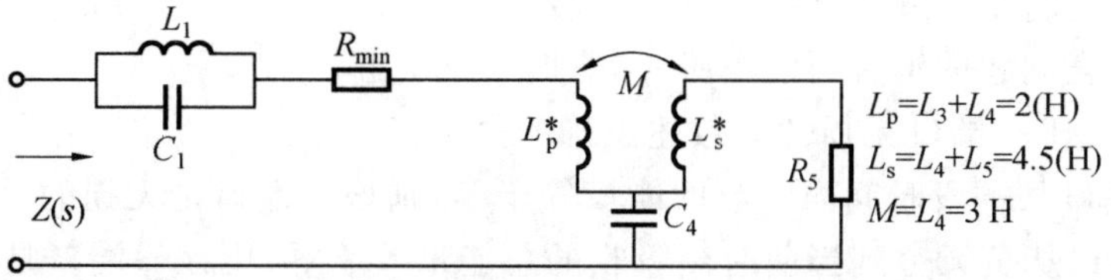

图 6.9.6　消除负电感后例 6.9.3 实现的电路

2. $X_1>0$ 时，与 $X_1<0$ 时对偶

$X_1>0$时的情况可以完全套用$X_1<0$时的综合方法，所不同的是开始移除的电感大于零，最后移除的电感小于零，但仍可以用互感电路进行替代。$X_1>0$ 时实现的电路如图 6.9.7 所示。

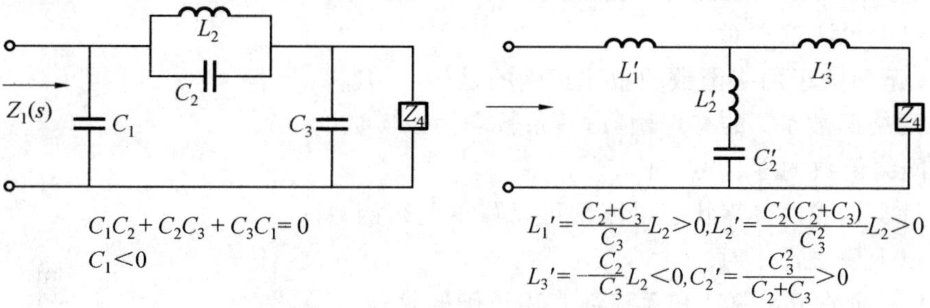

图 6.9.7　$X_1>0$ 时实现的电路

消去负电感 L_3' 后实现的电路如图 6.9.8 所示。

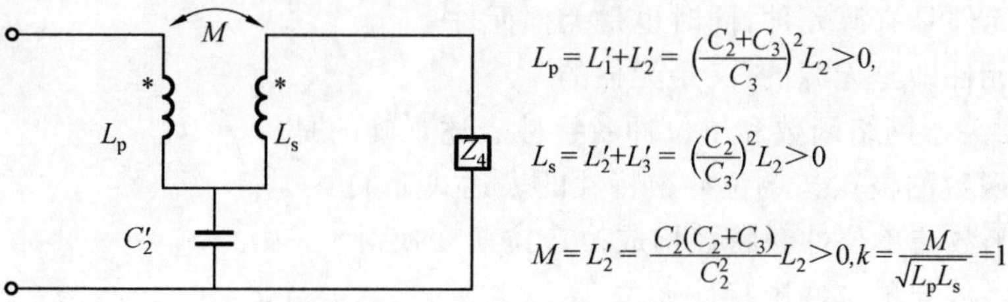

图 6.9.8　消除负电感 L_3' 后实现的电路

3. $X_1=0$ 时

当 $X_1=0$ 时，由式(6.9.1)可知 $L_1=0$，其实现过程与 $X_1<0$ 时基本相同，只是不需

要耦合电感。

6.10 本章习题

1. 选择题

(1) 下面关于网络分析与网络综合叙述正确的是(　　)。

A. 网络分析与网络综合的分析方法相同

B. 网络综合问题都是有解的

C. 网络综合问题的解答是唯一的

D. 网络综合问题的解答可能不唯一,有时可能无解

(2) 下面关于一端口无损性的叙述正确的是(　　)。

A. 若一端口某一段时间内吸收的能量等于零,则该一端口是无损的

B. 若一端口从负无穷到当前时刻吸收的总能量等于零,则该一端口是无损的

C. 电阻是无损元件

D. 以上说法都不对

(3) 下面关于归一化和去归一化叙述正确的是(　　)。

A. 电路中每一个变量都需要选择一个归一化常数

B. 归一化是用一些合适的系数(常数)按比例换算所有电量,而不改变电路性质

C. 电路中可以同时选择电阻和阻抗的归一化常数

D. 以上说法都不对

(4) 下面关于网络函数的叙述正确的是(　　)。

A. 网络函数是 s 的有理函数,其系数均为正实数

B. 网络函数的零、极点对 σ 轴对称

C. 只要是线性且零状态电路都可以写出网络函数

D. 以上说法都不对

(5) 下面关于无源性和无损性表述正确的是(　　)。

A. 网络是无源的,一定是无损的

B. 网络是无损的,一定是无源的

C. 电容元件是有源元件,同时也是无损元件

D. 电阻元件即是无源的,又是无损的

(6) 下面关于网络函数和单位冲激特性表述正确的是(　　)。

A. 网络函数的极点与单位冲激特性的表达式无关

B. 网络函数与单位冲激特性构成拉普拉斯变换对

C. 网络函数与单位冲激特性无关

D. 通过网络函数无法求出单位冲激特性

(7) 下面关于网络分析与暂态过程稳定性的关系叙述正确的是(　　)。

A. 当网络函数的极点位于右半平面时,暂态过程稳定

B. 当网络函数的极点位于左半平面时,暂态过程稳定

C. 当网络函数的极点位于虚轴上时，暂态过程不稳定

D. 当网络函数的极点位于左半平面时，暂态过程不稳定

(8) 函数 $F(s)=\dfrac{2s^5+4s^4+3s^3+2s+16}{s^3+8s^2+1}$ 是正实函数(　　)。

A. 正确，因为分子和分母均是霍式多项式

B. 错误，因为分子分母最高幂次之差不为 1

C. 正确，因为满足正实函数的定义

D. 错误，因为分母多项式缺项

(9) 用 Foster Ⅱ型综合阻抗函数 $Z(s)=\dfrac{4(s^2+2)(s^2+5)}{s(s^2+4)(s^2+8)}$ 所实现的电路，下列各选项中正确的是(　　)。

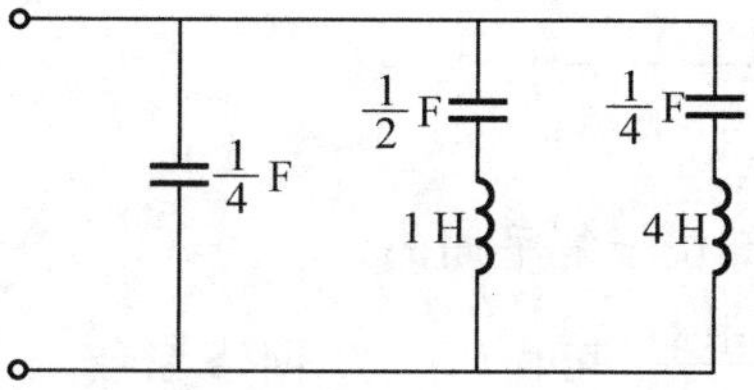

A.

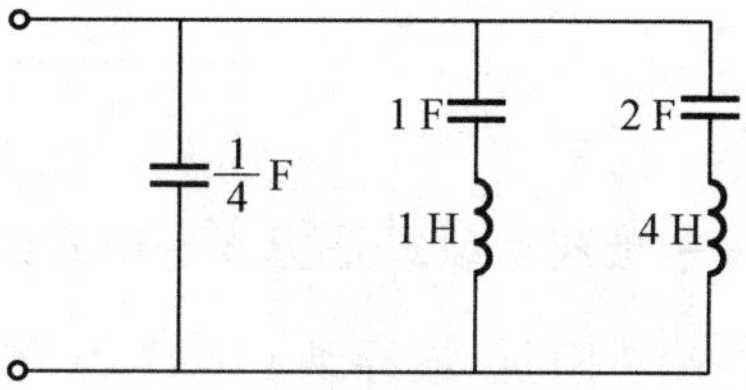

B.

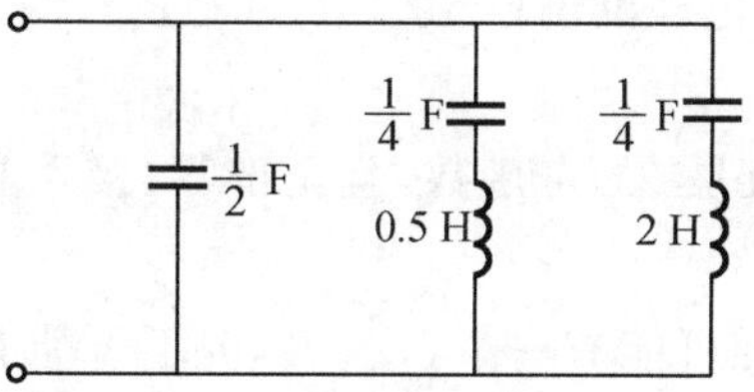

C.

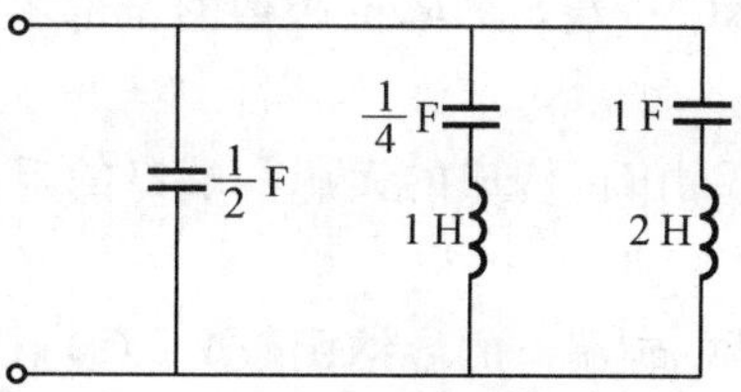

D.

(10) 下列关于函数 $F(s)=\dfrac{N(s)}{D(s)}$ 是正实函数的等价条件叙述错误的是(　　)。

A. $N(s)$、$D(s)$全部系数大于零

B. $N(s)$、$D(s)$的最高次幂最多相差 1，最低次幂最多也相差 1

C. $F(s)$在 $\mathrm{j}\omega$ 轴上的极点是单阶的，且具有正实留数

D. 对全部实频率 ω，$\mathrm{Re}[F(\mathrm{j}\omega)]<0$

(11) 下面关于 RC 一端口的 Cauer 综合法表述正确的是(　　)。

A. RC 一端口的 Cauer 综合法是基于部分分式展开进行的

B. RC 一端口的 Cauer Ⅰ型综合是通过逐次移除 $s\to\infty$ 处的极点形成的

C. RC 一端口的 Cauer Ⅱ型综合是通过逐次移除 $s\to\infty$ 处的极点形成的

D. 对于 RC 一端口的阻抗函数，如果分子多项式的幂次等于分母多项式的幂次，进行 Cauer Ⅰ 型综合时，应对其倒数进行综合

(12) 下列关于 LC 一端口电抗函数的性质叙述正确的是(　　)。

A. LC 一端口的电抗函数是复参量 s 的偶函数

B. LC 一端口电抗函数的全部零、极点共轭成对地位于虚轴上

C. LC 一端口的电抗函数在 $s=0$ 处一定是单阶零点

D. LC 一端口的电抗函数在 $s\to\infty$ 处一定是单阶极点

2. 填空题

(1) 已知某网络函数为 $H(s)=\dfrac{2s+1}{s^3+7s^2+10s}$,其对应的单位冲激特性为(　　)。

(2) 给定一个电路,在假设电阻的归一化常数 R_0 和频率归一化常数 f_0 后,归一化常数间的关系表述为(　　)。

(3) 电路如图 6.10.1 所示,其网络函数为 (　　)。

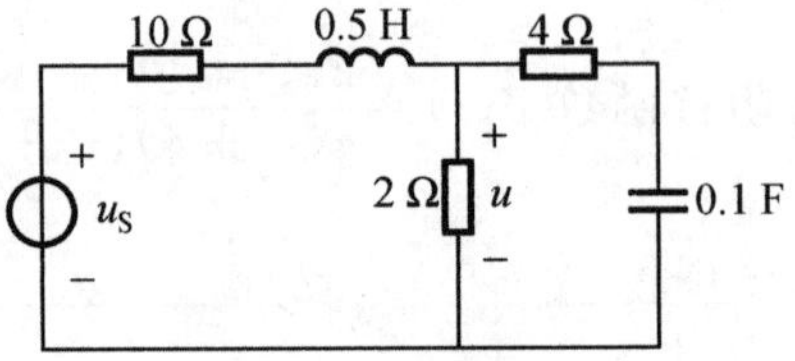

图 6.10.1

(4) 霍尔维茨多项式是指该多项式的根全部位于复平面的(　　)。

(5) 一端口阻抗(或导纳) 函数 $Z(s)=\dfrac{s^2+1}{3s^3+12s}$ 可由(　　)网络综合。

(6) RC 一端口的阻抗函数的全部零、极点交替位于(　　)上,而且是单阶的并具有正实留数。

(7) 仅由 LC 构成的无源一端口的阻抗函数是 s 的奇函数,且全部零、极点共轭成对地位于(　　)轴上。

(8) RC 一端口的导纳函数 $Y_{RC}(s)$ 在原点处可能有一个(　　),但不可能有(　　)。

(9) 当网络函数的极点位于左半平面时,暂态过程(　　)。

(10) 正实函数的复合函数为(　　) 函数。

3. 分析计算题

(1) 判断下列函数哪些是 LC 策动点阻抗,哪些是 RC 策动点阻抗,并说明理由。

①$Z_1(s)=\dfrac{s^3+2s}{s^4+4s^2+3}$;　　②$Z_2(s)=\dfrac{s^2+6s+8}{s^2+4s+3}$;

③$Z_3(s)=\dfrac{s^2+4s+3}{s^2+6s+8}$;　　④$Z_4(s)=\dfrac{s^2+5s+6}{s^2+s}$。

(2) 常数 a、b 之值在什么范围内才能使 ①$Z_1(s)=\dfrac{s^2+a}{2s^3+8s}$;②$Z_2(s)=\dfrac{s^4+bs^2+9}{2s^3+8s}$ 为 LC 阻抗函数?

(3) 试按下列要求实现 LC 阻抗函数 $Z(s)=\dfrac{(s^2+1)(s^2+4)}{s(s^2+3)(s^2+5)}$。

①先用 Cauer Ⅰ型实现两个元件,然后改用 Cauer Ⅱ型实现;

②先用 Cauer Ⅱ型实现三个元件,然后改用 Cauer Ⅰ型实现;

③先用 Cauer Ⅰ型实现一个元件后再用 Cauer Ⅱ型实现一个元件,如此反复直至实现完为止。

(4)试用 Foster Ⅱ型综合阻抗函数 $Z(s)=\dfrac{6(s^2+2)(s^2+5)}{s(s^2+3)(s^2+7)}$。

(5)试用 Cauer Ⅰ型和 Cauer Ⅱ型综合阻抗函数 $Z(s)=\dfrac{s^4+10s^2+9}{s^3+4s}$。

(6)分别用 Foster Ⅰ型和 Foster Ⅱ型综合阻抗函数 $Z(s)=\dfrac{4(s^2+2)(s^2+5)}{s(s^2+4)(s^2+8)}$。

(7)用两种 Cauer 型和两种 Foster 型电路实现下列阻抗函数。

① $Z_1(s)=\dfrac{s^2+5s+4}{2s^2+4s}$；　　② $Z_2(s)=\dfrac{(s+1)(s+4)}{(s+2)(s+6)}$。

(8)用两种 Cauer 型和两种 Foster 型电路实现下列 RC 阻抗函数。

① $Z_1(s)=\dfrac{(s+1)(s+3)}{s(s+2)}$；　　② $Z_2(s)=\dfrac{(s+2)(s+6)}{(s+1)(s+4)}$。

(9)下列阻抗中哪个是极小函数？找出 $\mathrm{Re}[Z(\mathrm{j}\omega)]$ 极小值的位置。

① $Z_1(s)=\dfrac{3s^2+2s+1}{s^2+2s+3}$；　　② $Z_2(s)=\dfrac{5s^2+4s+1}{s^2+4s+5}$。

(10)用布隆综合法综合下列阻抗函数。

① $Z(s)=\dfrac{3s^2+2s+1}{s^2+2s+3}$；　　② $Z(s)=\dfrac{12.903s^3+9.424s^2+16.736s+6.760}{9.424s^2+6.805s+6.760}$。

第7章　无源二端口网络的性质与综合

在讨论了无源一端口网络的性质与综合后，本章再来讨论无源二端口网络（在此特指仅由 R、L、C、M 元件组成的线性、集中、非时变的无源互易网络）的性质与综合。实际上无源二端口网络的应用很广，例如用于信号的传送、放大、延迟和滤波等，所以很有必要进行研究。对无源二端口网络通常给定的是其转移函数，但最后要根据由给定的转移函数求出的网络参数（通常是阻抗参数（Z 参数）或导纳参数（Y 参数））进行实现，所以本章先讨论阻抗参数和导纳参数的性质及可实现条件，再讨论无源 LC 二端口的可实现条件与综合，然后讨论电压转移函数的 RC 及 LC 梯形电路实现，最后讨论有载 LC 梯形网络电压转移函数的综合。

7.1　阻抗参数和导纳参数的性质及可实现条件

由电路分析可知，无源二端口网络共有 6 组参数，但通常只介绍其中的 4 组，即阻抗参数、导纳参数、混合参数和传输参数，其中又以阻抗参数和导纳参数应用最广，无源二端口网络的综合也以这两组参数为依据，所以本书也只讨论这两组参数的性质及可实现条件。

阻抗参数 Z_{11}、Z_{22} 和导纳参数 Y_{11}、Y_{22} 都属于策动点函数，所以都应是正实函数，即它们是 s 的实系数有理函数；在虚轴上的实部非负；零、极点只能位于 s 的左半平面和虚轴上；在虚轴上的零、极点均为单阶，虚轴极点留数为正实数。

阻抗参数 $Z_{12}=Z_{21}$ 和导纳参数 $Y_{12}=Y_{21}$ 都属于转移函数，它们也应是 s 的实系数有理函数；极点在 s 的左半平面和虚轴上，且虚轴上的极点为单阶，但零点的位置和阶次不受此限制。

为实现无源二端口网络，除满足上述介绍的各参数条件外，各参数之间还应满足一定的关系，称之为集体条件。为了证明这些条件，首先要找到无源二端口网络的参数与策动点函数的关系，然后利用策动点函数的正实性质导出参数的可实现条件。

7.1.1　阻抗参数的性质及可实现条件

图 7.1.1 所示为一无源二端口网络，有 $\boldsymbol{Z}=\begin{bmatrix} Z_{11} & Z_{12} \\ Z_{21} & Z_{22} \end{bmatrix}$，$Z_{12}=Z_{21}$，$\boldsymbol{U}=\boldsymbol{ZI}$。

Z 参数能够无源实现必须具备的一些性质如下。

(1) $Z_{11}(s)$、$Z_{22}(s)$ 为正实函数，$Z_{12}(s)=Z_{21}(s)$ 是 s 的实有理函数（不一定是正实函数）。

因为 $Z_{11}(s)$、$Z_{22}(s)$ 实际上就是 $RLCM$ 一端口等效阻抗。

(2) 满足留数条件：

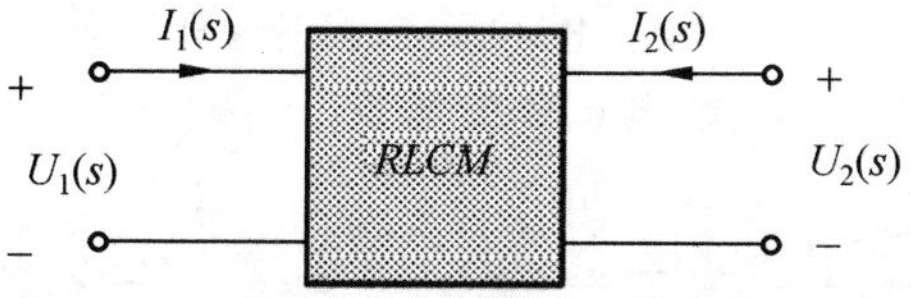

图 7.1.1　无源双端口网络

$$K_{11}^i \geqslant 0, \quad K_{22}^i \geqslant 0, \quad K_{11}^i K_{22}^i - (K_{12}^i)^2 \geqslant 0$$

即 $\begin{bmatrix} K_{11}^i & K_{12}^i \\ K_{21}^i & K_{22}^i \end{bmatrix}$ 为半正定矩阵，其中 $K_{jk}^i (k,j=1,2)$ 为 $j\omega$ 轴极点留数。

证明　由特勒根定理得：$U_1\tilde{I}_1 + U_2\tilde{I}_2 = \sum U_k \tilde{I}_k$

$$左 = [U_1, U_2]\begin{bmatrix} \tilde{I}_1 \\ \tilde{I}_2 \end{bmatrix} = \boldsymbol{U}^{\mathrm{T}}\tilde{\boldsymbol{I}} = \boldsymbol{I}^{\mathrm{T}}\boldsymbol{Z}^{\mathrm{T}}\tilde{\boldsymbol{I}} = Z_{11}I_1\tilde{I}_1 + Z_{12}(I_1\tilde{I}_2 + I_2\tilde{I}_1) + Z_{22}I_2\tilde{I}_2$$

$$= Z_{11}I_1\tilde{I}_1 + 2Z_{12}\mathrm{Re}[I_1\tilde{I}_2] + Z_{22}I_2\tilde{I}_2 \quad [注\ I_1\tilde{I}_2 = (I_2\tilde{I}_1)^*]$$

令 $I_1 = a_1 + jb_1, I_2 = a_2 + jb_2$ 则

左 $= Z_{11}(a_1^2 + b_1^2) + 2Z_{12}(a_1a_2 + b_1b_2) + Z_{22}(a_2^2 + b_2^2)$

右 $= F_0(s) + \dfrac{V_0(s)}{s} + sM_0(s) = F(s)$，为正实函数

左 $=$ 右 $\longrightarrow \boldsymbol{I}^{\mathrm{T}}\boldsymbol{Z}^{\mathrm{T}}\tilde{\boldsymbol{I}} = Z_{11}(a_1^2 + b_1^2) + 2Z_{12}(a_1a_2 + b_1b_2) + Z_{22}(a_2^2 + b_2^2) = F(s)$

$\boldsymbol{I}^{\mathrm{T}}\boldsymbol{Z}^{\mathrm{T}}\boldsymbol{I}$ 为正实函数，$\boldsymbol{Z}$ 为正实矩阵。

因为对任意 a_1、b_1、a_2、b_2，$\boldsymbol{I}^{\mathrm{T}}\boldsymbol{Z}^{\mathrm{T}}\tilde{\boldsymbol{I}}$ 均为正实函数，所以 $Z_{11}x_1^2 + 2Z_{12}x_1x_2 + Z_{22}x_2^2 = Z(s)$ 是正实函数。

因为 $Z(s)$ 在 $j\omega$ 轴上的极点留数为 $K_{11}^i x_1^2 + 2K_{12}^i x_1x_2 + K_{22}^i x_2^2 \geqslant 0$，所以 $\begin{bmatrix} K_{11}^i & K_{12}^i \\ K_{21}^i & K_{22}^i \end{bmatrix}$ 为半正定矩阵。

(3) 满足实部条件：

$$r_{11} \geqslant 0, \quad r_{22} \geqslant 0, \quad r_{11}r_{22} - (r_{12})^2 \geqslant 0$$

即 $\begin{bmatrix} r_{11} & r_{12} \\ r_{21} & r_{22} \end{bmatrix}$ 为半正定矩阵，其中 $r_{ij}(i,j=1,2) = \mathrm{Re}[Z_{ij}(j\omega)]$

证明　正实函数在 $j\omega$ 轴上的实部是非负的，所以

$$\mathrm{Re}[Z(j\omega)] = \mathrm{Re}[Z_{11}x_1^2 + 2Z_{12}x_1x_2 + Z_{22}x_2^2]$$
$$= r_{11}x_1^2 + 2r_{12}x_1x_2 + r_{22}x_2^2 \geqslant 0 (对任意\ x_1、x_2)$$

故 $\begin{bmatrix} r_{11} & r_{12} \\ r_{21} & r_{22} \end{bmatrix}$ 为半正定矩阵，其中 $r_{11} \geqslant 0, r_{22} \geqslant 0, r_{11}r_{22} - (r_{12})^2 \geqslant 0$。

由证明过程可见，性质(2)和性质(3)可概括为性质(2′)，即

(2′) 对任意实数 x_1、x_2，函数 $Z(s) = Z_{11}x_1^2 + 2Z_{12}x_1x_2 + Z_{22}x_2^2$ 为正实函数。

根据留数条件知,Z_{11}、Z_{12}、Z_{21}、Z_{22} 的全部极点中,有单独属于 Z_{11} 或 Z_{22} 的极点,称为 Z_{11} 或 Z_{22} 的私有极点,但不存在单独属于 Z_{12} 或 Z_{21} 的极点。用梯形电路(图7.1.2(a))解释如下。

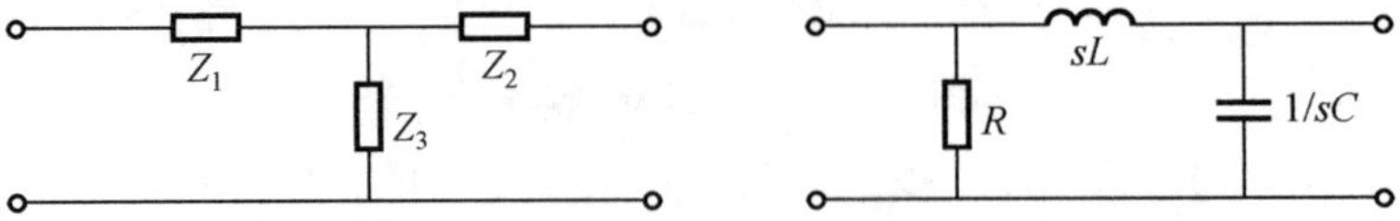

(a) 示例1　　(b) 示例2

图7.1.2　梯形网络实现电路

Z_1 的极点对应 Z_{11} 的私有极点:$Z_{11}=Z_1+Z_3$;

Z_2 的极点对应 Z_{22} 的私有极点: $Z_{22}=Z_2+Z_3$;

Z_3 的极点则是共同的极点:$Z_{12}=Z_{21}=Z_3$。

在图7.1.2(b)所示电路中,

$Z_{12}=\left.\dfrac{U_1(s)}{I_2(s)}\right|_{I_1(s)=0}=\dfrac{R}{LCs^2+RCs^2+1}$,分子、分母 s 的最高次幂相差2,因此不是正实函数。

7.1.2　导纳参数的性质及可实现条件

同理也可以得出 Y 参数能够无源实现必须具备的一些性质。

(1) $Y_{11}(s)$、$Y_{22}(s)$、$Y_{12}(s)$ 都是 s 的有理函数。

(2) $Y_{11}(s)$、$Y_{22}(s)$、$Y_{12}(s)$ 在虚轴上的实部 g_{11}、g_{22}、g_{12} 应满足如下关系,即

$$g_{11}\geqslant 0,g_{22}\geqslant 0,g_{11}g_{22}-g_{12}^2\geqslant 0$$

(3) $Y_{11}(s)$、$Y_{22}(s)$、$Y_{12}(s)$ 的极点必须在 s 的左半平面或者虚轴上,虚轴上的极点应为单阶,若在虚轴 $s_v=j\omega_v$ 处有公共极点,则各参数的留数 K_{11}^v,K_{22}^v,K_{12}^v 应满足如下条件:

$$K_{11}^v\geqslant 0,K_{22}^v\geqslant 0,K_{11}^vK_{22}^v-(K_{12}^v)^2\geqslant 0$$

由上述实部条件和留数条件可以看出,r_{12}、g_{12}、K_{12}^v 不一定必须取正值,也可以取负值,由此说明,Z_{12} 和 Y_{12} 的零点可以在 s 的右半平面,虚轴零点也不限于单阶。

7.2　无源 LC 二端口的可实现条件与综合

仅由 $L(M)$、C 元件组成的无源二端口网络应用很广,如滤波器、时延均衡器等多采用这种电路,所以随后主要讨论这类无源二端口网络的综合问题。由于无源 LC 二端口网络中不包含电阻元件,所以其参数除满足7.1节中列出的条件外,还受到更多的限制。

7.2.1　无源 LC 二端口可实现的充要条件

若一个对称矩阵 $\boldsymbol{Z}=\begin{bmatrix}Z_{11} & Z_{12}\\ Z_{21} & Z_{22}\end{bmatrix}$ 为电抗二端口阻抗矩阵,其可实现的充要条件是矩阵中每个元素都可按部分分式(式(7.2.1)、式(7.2.2))展开,并且满足留数条件。

$$Z_{jj}(s)=K_{jj}^{\infty}s+\frac{K_{jj}^{0}}{s}+\sum_{i=1}^{n_j}\frac{K_{jj}^{i}s}{s^2+\omega_{ji}^2}\quad (j=1,2) \tag{7.2.1}$$

$$Z_{12}(s)=K_{12}^{\infty}s+\frac{K_{12}^{0}}{s}+\sum_{i=1}^{n}\frac{K_{12}^{i}s}{s^2+\omega_{i}^2} \tag{7.2.2}$$

其中，$K_{jj}^{i}\geqslant 0$；K_{12}^{i} 符号不定。7.1.1 节中的性质(1) 和性质(2) 自动满足实部条件。

证明　式(7.2.1) 是容易理解的，因为对应无源 LC 一端口阻抗。

由 $\boldsymbol{Z}(s)=Z_{11}x_1^2+2Z_{12}x_1x_2+Z_{22}x_2^2$ 为正实函数得

$$Z_{12}(s)=\frac{1}{2x_1x_2}Z(s)-\frac{x_1}{2x_2}Z_{11}(s)-\frac{x_2}{2x_1}Z_{22}(s) \tag{7.2.3}$$

又 $\boldsymbol{Z}(s)=\dfrac{V_0(s)}{s}+sM_0(s)$，极点位于 jω 轴。所以 Z_{12} 的全部极点也位于 jω 轴，故可展开成式(7.2.2)。

7.2.2　无源 LC 二端口网络的串联

如图 7.2.1(a) 所示，在满足端口条件下，$\boldsymbol{Z}=\boldsymbol{Z}_1+\boldsymbol{Z}_2$。为保证端口条件，在任意端口引入理想变压器，如图 7.2.1(b) 所示。

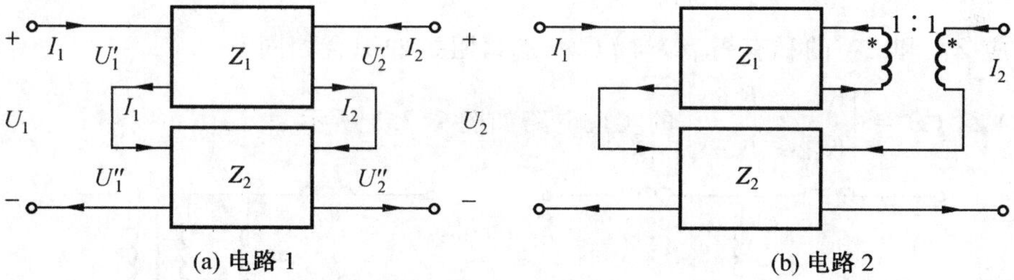

图 7.2.1　无源 LC 二端口网络的串联

7.2.3　无源 LC 二端口网络的等效电路

无源 LC 二端口网络的等效电路如图 7.2.2 所示。

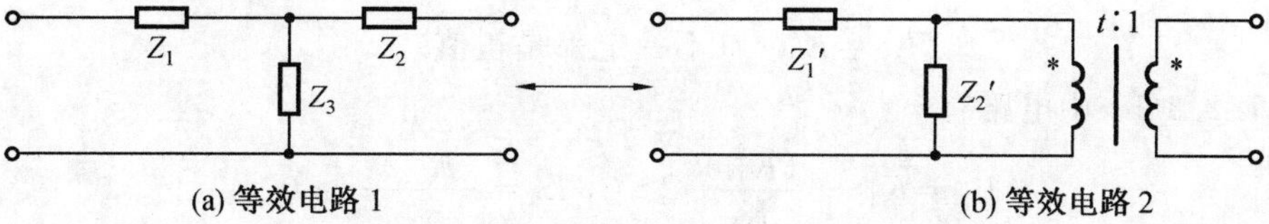

图 7.2.2　无源 LC 二端口网络的等效电路

图 7.2.2(a) 中电路 $\boldsymbol{Z}=\begin{bmatrix} Z_1+Z_3 & Z_3 \\ Z_3 & Z_2+Z_3 \end{bmatrix}=\begin{bmatrix} Z_{11} & Z_{12} \\ Z_{21} & Z_{22} \end{bmatrix}\longrightarrow\begin{cases} Z_1=Z_{11}-Z_{12} \\ Z_2=Z_{22}-Z_{12} \\ Z_3=Z_{12} \end{cases}$

图 7.2.2(b) 中电路 $\boldsymbol{Z}=\begin{bmatrix} Z_1'+Z_2' & \dfrac{Z_2'}{t} \\ \dfrac{Z_2'}{t} & \dfrac{Z_2'}{t^2} \end{bmatrix} \longrightarrow \begin{cases} Z_1'=Z_{11}-t^2Z_{22}=Z_{11}-\dfrac{Z_{12}^2}{Z_{22}} \\ Z_2'=t^2Z_{22}=\dfrac{Z_{12}^2}{Z_{22}} \\ t=\dfrac{Z_{12}}{Z_{22}} \end{cases}$

7.2.4 Z的综合

对 $\boldsymbol{Z}$ 进行展开得

$$\boldsymbol{Z}=\begin{bmatrix} Z_{11} & Z_{12} \\ Z_{21} & Z_{22} \end{bmatrix}=\begin{bmatrix} Z_1(s) & 0 \\ 0 & Z_2(s) \end{bmatrix}+\begin{bmatrix} K_{11}^{\infty}s+\dfrac{K_{11}^0}{s}+\sum\limits_{i=1}^{n}\dfrac{K_{11}^i s}{s^2+\omega_i^2} & K_{12}^{\infty}s+\dfrac{K_{12}^0}{s}+\sum\limits_{i=1}^{n}\dfrac{K_{12}^i s}{s^2+\omega_i^2} \\ K_{21}^{\infty}s+\dfrac{K_{21}^0}{s}+\sum\limits_{i=1}^{n}\dfrac{K_{21}^i s}{s^2+\omega_i^2} & K_{22}^{\infty}s+\dfrac{K_{22}^0}{s}+\sum\limits_{i=1}^{n}\dfrac{K_{22}^i s}{s^2+\omega_i^2} \end{bmatrix}=$$

$$\boldsymbol{Z}'(s)+\boldsymbol{Z}^{\infty}(s)+\boldsymbol{Z}^0(s)+\sum_{i=1}^{n}\boldsymbol{Z}^i(s)$$

(1)$\boldsymbol{Z}'(s)=\begin{bmatrix} Z_1(s) & 0 \\ 0 & Z_2(s) \end{bmatrix}$ 的实现。

对应 Z_{11} 和 Z_{22} 的私有极点，与 LC 一端口阻抗的综合相同。

(2) $\boldsymbol{Z}^{\infty}(s)=\begin{bmatrix} K_{11}^{\infty}s & K_{12}^{\infty}s \\ K_{21}^{\infty}s & K_{22}^{\infty}s \end{bmatrix}$ 的实现电路如图 7.2.3 所示。

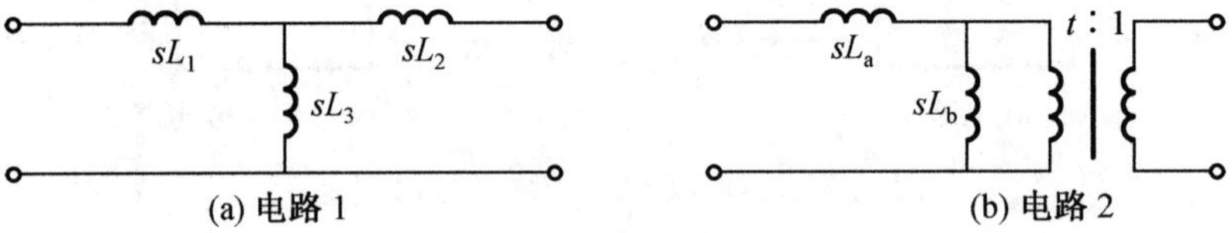

图 7.2.3 $\boldsymbol{Z}^{\infty}(s)$ 的实现电路

图 7.2.3(a) 中电路有

$$L_1=K_{11}^{\infty}-K_{12}^{\infty},L_2=K_{22}^{\infty}-K_{12}^{\infty},$$
$$L_3=K_{12}^{\infty}\quad(\text{不一定都是正值})$$

图 7.2.3(b) 中电路有

$$L_a=K_{11}^{\infty}-\frac{(K_{12}^{\infty})^2}{K_{22}^{\infty}}\geqslant 0,\ L_b=\frac{(K_{12}^{\infty})^2}{K_{22}^{\infty}}\geqslant 0$$

$$t=\frac{K_{12}^{\infty}}{K_{22}^{\infty}}\quad(t\leqslant 0\ \text{时调换同名端})$$

(3) $\boldsymbol{Z}^0(s)=\begin{bmatrix} \dfrac{K_{11}^0}{s} & \dfrac{K_{12}^0}{s} \\ \dfrac{K_{21}^0}{s} & \dfrac{K_{22}^0}{s} \end{bmatrix}$ 的实现电路如图 7.2.4 所示。

图 7.2.4(a) 中电路有

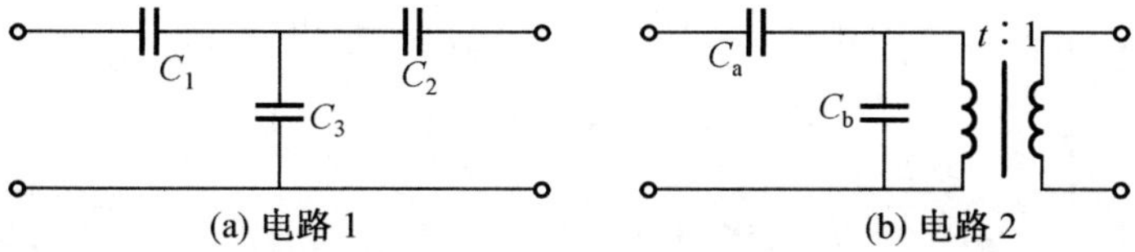

图 7.2.4　$\boldsymbol{Z}^0(s)$ 的实现电路

$$C_1=\frac{1}{K_{11}^0-K_{12}^0},C_2=\frac{1}{K_{22}^0-K_{12}^0},$$

$$C_3=\frac{1}{K_{12}^0}\quad（不一定都是正值）$$

图 7.2.4(b) 中电路有

$$C_a=\frac{K_{22}^0}{K_{11}^0K_{22}^0-(K_{12}^0)^2}\geqslant 0$$

$$C_b=\frac{K_{22}^0}{(K_{12}^0)^2}>0,\quad t=C_a=\frac{K_{12}^0}{K_{22}^0}$$

(4) $\boldsymbol{Z}^i(s)=\begin{bmatrix}\dfrac{K_{11}^i s}{s^2+\omega_i^2} & \dfrac{K_{12}^i s}{s^2+\omega_i^2}\\ \dfrac{K_{21}^i s}{s^2+\omega_i^2} & \dfrac{K_{22}^i s}{s^2+\omega_i^2}\end{bmatrix}$ 的实现电路如图 7.2.5 所示。

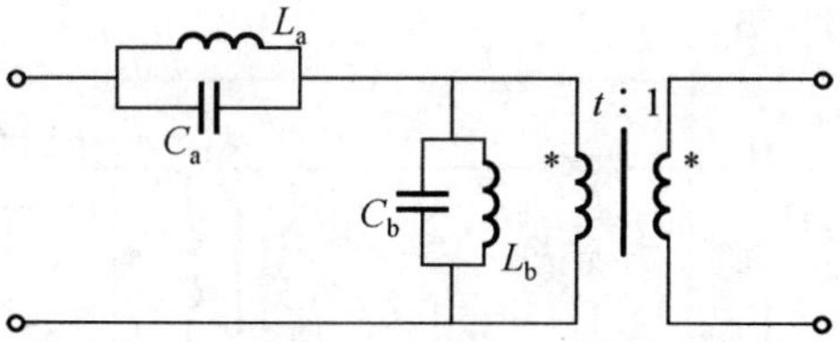

图 7.2.5　$\boldsymbol{Z}^i(s)$ 的实现电路

图 7.2.5 中电路有

$$C_a=\frac{K_{22}^i}{K_{11}^iK_{22}^i-(K_{12}^i)^2}>0,L_a=\frac{K_{11}^iK_{22}^i-(K_{12}^i)^2}{\omega_1^2K_{22}^i}\geqslant 0;$$

$$C_b=\frac{K_{22}^i}{(K_{12}^i)^2}>0,L_b=\frac{(K_{12}^i)^2}{\omega_1^2K_{22}^i}\geqslant 0;t=\frac{K_{12}^i}{K_{22}^i}$$

将上述 4 种电路串联起来，即得最终实现电路。

【例 7.2.1】　设阻抗函数 $\boldsymbol{Z}=\begin{bmatrix}\dfrac{1}{s}+9s+\dfrac{\frac{5}{8}s}{s^2+\frac{1}{16}} & 4s+\dfrac{\frac{1}{16}s}{s^2+\frac{1}{16}}\\ 4s+\dfrac{\frac{1}{16}s}{s^2+\frac{1}{16}} & \dfrac{s}{s^2+1}+10s+\dfrac{\frac{1}{32}s}{s^2+\frac{1}{16}}\end{bmatrix}$，试综合之。

解　$\boldsymbol{Z}'(s)=\begin{bmatrix}\dfrac{1}{s} & 0\\ 0 & \dfrac{s}{s^2+1}\end{bmatrix}\Rightarrow C_1=1\ \text{F},C_2=1\ \text{F},L_2=1\ \text{H}$

$$\boldsymbol{Z}^{\infty}(s)=\begin{bmatrix}9s & 4s\\ 4s & 10s\end{bmatrix}\Rightarrow\begin{cases}t^{\infty}=\dfrac{K_{12}^{\infty}}{K_{22}^{\infty}}=\dfrac{4}{10}=0.4,L_{\text{a}}^{\infty}=\dfrac{9\times10-4^2}{10}=7.4\ (\text{H})\\ L_{\text{b}}^{\infty}=\dfrac{4^2}{10}=1.6\ (\text{H})\end{cases}$$

$$\boldsymbol{Z}'(s)=\begin{bmatrix}\dfrac{\frac{5}{8}s}{s^2+\frac{1}{16}} & \dfrac{\frac{1}{16}s}{s^2+\frac{1}{16}}\\ \dfrac{\frac{1}{16}s}{s^2+\frac{1}{16}} & \dfrac{\frac{1}{32}s}{s^2+\frac{1}{16}}\end{bmatrix}\Rightarrow\begin{cases}t'=\dfrac{\frac{1}{16}}{\frac{1}{32}}=2,\quad C_{\text{a}}'=\dfrac{\frac{1}{32}}{\frac{5}{8}\times\frac{1}{32}-\left(\frac{1}{16}\right)^2}=2\ (\text{F})\\ L_{\text{a}}'=\dfrac{\frac{5}{8}\times\frac{1}{32}-\left(\frac{1}{16}\right)^2}{\frac{1}{16}\times\frac{1}{32}}=8\ (\text{H}),C_{\text{b}}'=\dfrac{\frac{1}{32}}{\left(\frac{1}{16}\right)^2}=8\ (\text{F})\\ L_{\text{b}}'=\dfrac{\left(\frac{1}{16}\right)^2}{\frac{1}{16}\times\frac{1}{32}}=2\ (\text{H})\end{cases}$$

所得电路如图 7.2.6 所示。

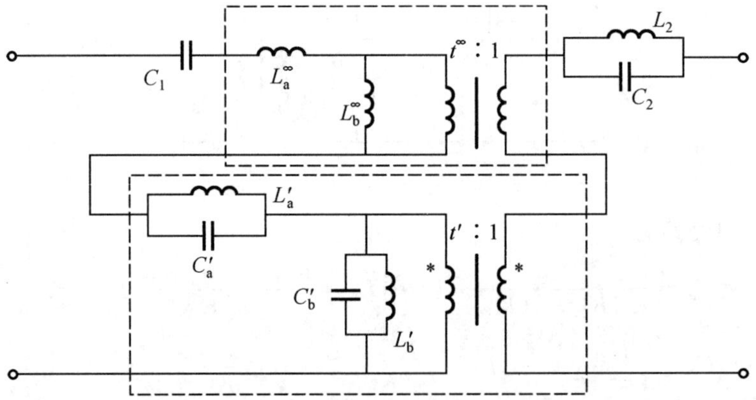

图 7.2.6　例 7.2.1 综合电路

7.3　电压转移函数的 *RC* 梯形电路实现

7.3.1　典型 *RC* 梯形电路及电压转移函数

(1) 图 7.3.1(a) 所示电路的零、极点个数相等,全部位于 $s=0$;图 7.3.1(b) 所示电路的全部零点位于 $s\to\infty$。

(2) 图 7.3.2 所示电路的一部分传输零点位于 $s=0$(m 个);另一部分传输零点位于 $s\to\infty$($n-m$ 个)。

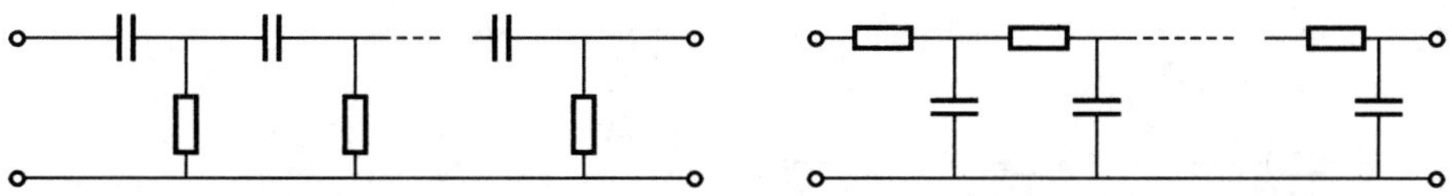

$$H(s)=\frac{H_0 s^n}{s^n+a_{n-1}s^{n-1}+\cdots a_1 s+a_0}$$

(a) 典型电路 1

$$H(s)=\frac{H_0}{s^n+a_{n-1}s^{n-1}+\cdots a_1 s+a_0}$$

(b) 典型电路 2

图 7.3.1　RC 梯形电路 Ⅰ 型及电压转移函数

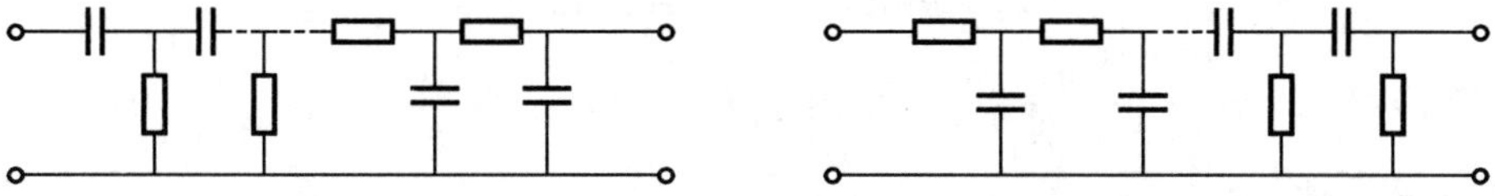

$$H(s)=\frac{H_0 s^m}{s^n+a_{n-1}s^{n-1}+\cdots a_1 s+a_0}\ (0\leqslant m\leqslant n)$$

(a) 典型电路 1　　　(b) 典型电路 2

图 7.3.2　RC 梯形电路 Ⅱ 型及电压转移函数

一般形式：

$$H(s)=\frac{H_0 s^m}{s^n+a_{n-1}s^{n-1}+\cdots+a_1 s+a_0}\quad(0\leqslant m\leqslant n)$$

特点：① 极点位于复实轴且是单阶的。

② 传输零点只能位于 $s=0$ 或 $s\to\infty$。

7.3.2　$H(s)$ 的综合

综合思路：将二端口综合问题转化为一端口综合问题，如图 7.3.3 所示。

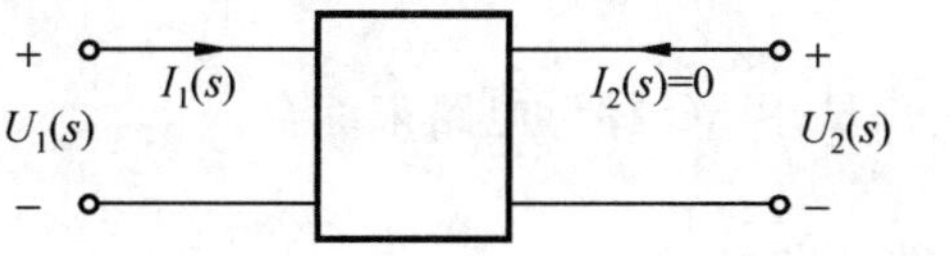

$$H(s)=\frac{U_2(s)}{U_1(s)}=\frac{Z_{21}I_1(s)}{Z_{11}I_1(s)}=\frac{Z_{21}}{Z_{11}}$$

或由 $I_2(s)=Y_{21}U_1(s)+Y_{22}U_2(s)=0\Rightarrow$

$$H(s)=\frac{U_2(s)}{U_1(s)}=-\frac{Y_{21}}{Y_{22}}$$

图 7.3.3　二端口及其电压转移函数

由 $H(s)$ 寻找 Z_{11} 或 Y_{22}，按一端口问题综合 Z_{11} 或 Y_{22}。

(1)$m=0$ 情况。

全部传输零点位于 $s\to\infty$，串臂为电阻，并臂为电容，Cauer Ⅰ 型电路。

【例 7.3.1】　设 $H(s)=\dfrac{H_0}{(s+1)(s+4)}$，试用 RC 梯形电路来综合。

解　选择 $Z_{11}=\dfrac{(s+1)(s+4)}{s(s+3)}$。

Z_{11} 的选择原则是：①Z_{11} 的分子是 $H(s)$ 的分母；②Z_{11} 为 RC 梯形一端口阻抗。Z_{11} 的选择不是唯一的。

用 Cauer Ⅰ 型综合 Z_{11}，如图 7.3.4 所示。

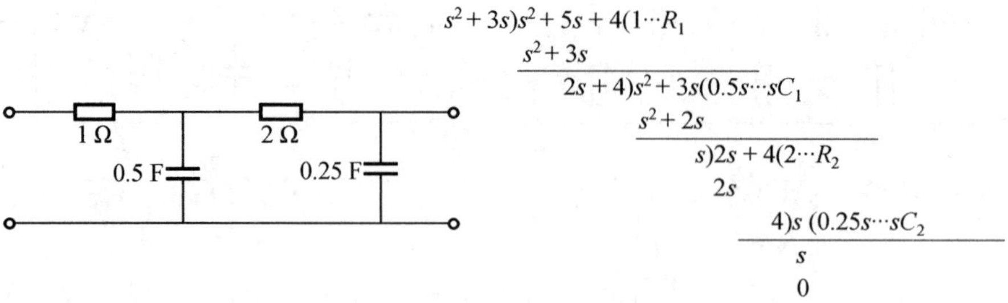

图 7.3.4　例 7.3.1 图

验算得：$H(s)=\dfrac{4}{(s+1)(s+4)}$(相当于 $H_0=4$)。

(2)$m=n$ 情况。

全部传输零点位于 $s=0$，串臂为电容，并臂为电阻，用 Cauer Ⅱ 型电路。

【例 7.3.2】　设 $H(s)=\dfrac{H_0 s^2}{(s+1)(s+4)}$，试用 RC 梯形电路来综合。

解　选择 $Z_{11}=\dfrac{(s+1)(s+4)}{s(s+3)}$，用 Cauer Ⅱ 型综合 Z_{11}，如图 7.3.5 所示。

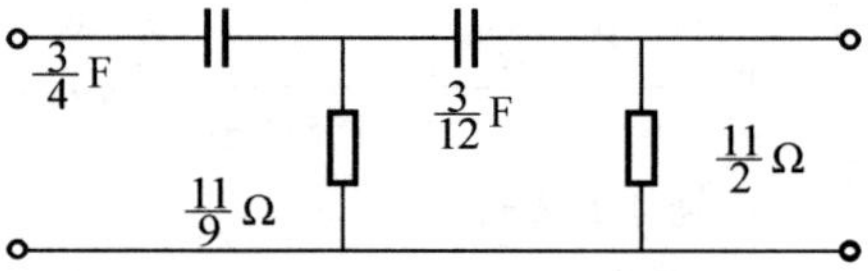

图 7.3.5　例 7.3.2 图

(3)$0<m<n$ 情况。

$H(s)$ 在 $s=0$ 处有 m 个传输零点，在 $s\to\infty$ 处有 $n-m$ 个传输零点。用 $n-m$ 节 Cauer Ⅰ 型和 m 节 Cauer Ⅱ 型进行综合。

【例 7.3.3】　设 $H(s)=\dfrac{H_0 s}{(s+1)(s+4)}$，试用 RC 梯形电路来综合。

解　选择 $Z_{11}=\dfrac{(s+1)(s+4)}{s(s+3)}$，展开得

$$Z_{11}=1+\frac{1}{0.5s+Y'}+\cdots(\text{Cauer Ⅰ 型})$$

$$Y'=\frac{s}{2s+4}\quad Z'=\frac{1}{Y'}=\frac{4}{s}+2+\cdots(\text{Cauer Ⅱ 型})$$

综合结果如图 7.3.6 所示。

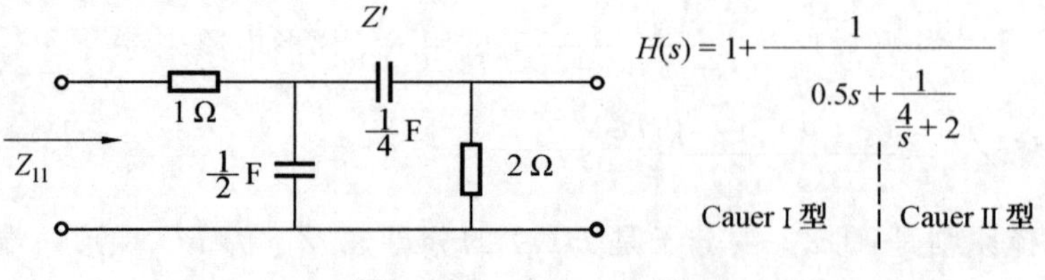

图 7.3.6　例 7.3.3 图

7.4　电压转移函数的 *LC* 梯形电路实现

7.4.1　*LC* 梯形电路及电压转移函数

LC 梯形电路如图 7.4.1 所示，其电压转移函数的一般形式为

$$H(s)=\frac{H_0 s^m}{s^n+a_{n-1}s^{n-1}+\cdots+a_1 s+a_0}\quad (0\leqslant m\leqslant n)$$

特点：① 极点位于 $j\omega$ 上且是单阶的。

② 传输零点位于 $s=0$ 或 $s\to\infty$。

③ $H(s)$ 是偶函数。（$H(s)=Z_{12}/Z_{11}=$ 奇 / 奇 $=$ 偶）

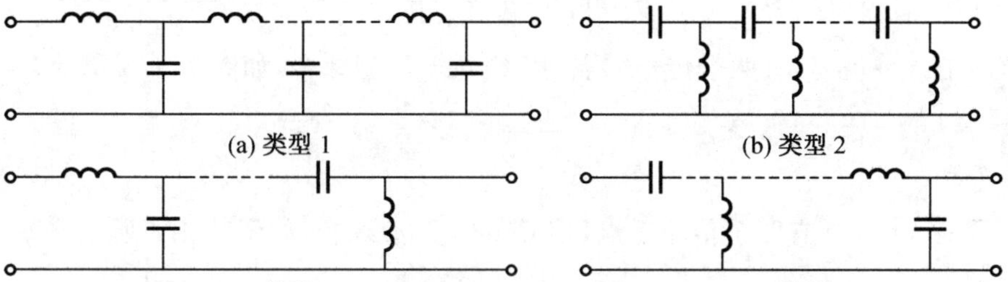

(a) 类型 1　　(b) 类型 2

(c) 类型 3　　(d) 类型 4

图 7.4.1　*LC* 梯形电路

7.4.2　*H*(*s*) 的实现(与 *RC* 情况相似)

【例 7.4.1】　设 $H(s)=\dfrac{H_0}{(s^2+1)(s^2+16)}$，试综合之。

解　全部传输零点位于 $s\to\infty$，串臂为电感，并臂为电容，用 Cauer Ⅰ 型电路综合。选择 $Z_{11}=\dfrac{(s^2+1)(s^2+16)}{s(s^2+9)}$，如图 7.4.2 所示。

原则：①Z_{11} 的分子是 $H(s)$ 的分母。

②Z_{11} 为 *LC* T 形一端口电抗函数。

$$Z_{11}=s+\cfrac{1}{\cfrac{1}{8}s+\cfrac{1}{\cfrac{8}{7}s+\cfrac{1}{\cfrac{7}{16}s}}}$$

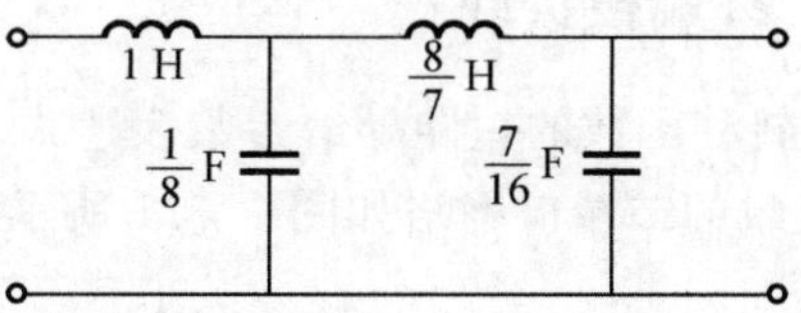

图 7.4.2　例 7.4.1 图

【例 7.4.2】　设 $H(s)=\dfrac{H_0 s^2}{(s^2+1)(s^2+16)}$，试综合之。

解　(1) 用 Z_{11}。选择 $Z_{11}=\dfrac{(s^2+1)(s^2+16)}{s(s^2+9)}$。

$H(s)$ 在 $s\to\infty$ 处有两个传输零点，用 Cauer Ⅰ 型综合得

$$Z_{11}=s+\cfrac{1}{\frac{1}{8}s+Y'}\qquad Y'=\frac{7s}{8s^2+16}$$

$H(s)$ 在 $s=0$ 处有两个传输零点,用 Cauer Ⅱ 型综合得

$$Z'=\frac{1}{Y'}=\frac{16+8s^2}{7s}=\frac{16}{7s}+\frac{8}{7}s$$

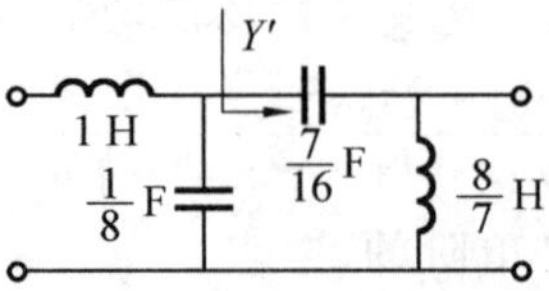

图 7.4.3 例 7.4.2 Cauer Ⅰ 型综合实现的电路

(2) 用 Y_{11}。选择 $H(s)=-\dfrac{Y_{21}}{Y_{22}}, Y_{22}=\dfrac{(s^2+1)(s^2+16)}{s(s^2+9)}=\dfrac{s^4+17s^2+16}{s^3+9s}$。

$H(s)$ 在 $s\to\infty$ 处有两个传输零点,用 Cauer Ⅰ 型综合,如图 7.4.3 所示。

$$Y_{22}=s+\cfrac{1}{\frac{1}{8}s+Z'}\qquad Z'=\frac{7s}{8s^2+16}$$

$H(s)$ 在 $s=0$ 处有两个传输零点,用 Cauer Ⅱ 型综合,如图 7.4.4 所示。

$$Y'=\frac{1}{Z'}=\frac{16}{7s}+\frac{8}{7}s$$

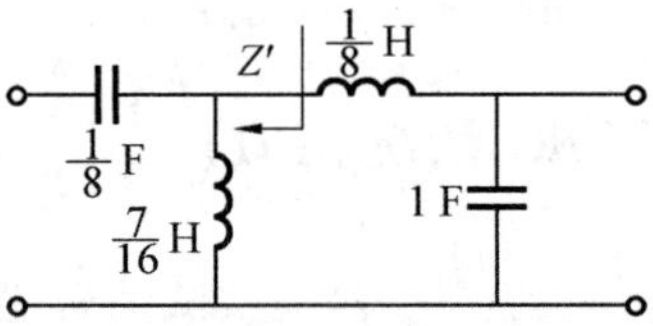

图 7.4.4 例 7.4.2 Cauer Ⅱ 型综合实现的电路

7.5 有载 *LC* 梯形网络电压转移函数的综合

7.5.1 终端接负载

(1) 电压转移函数的短路导纳参数表达式。

终端接负载的二端口网络如图 7.5.1 所示。

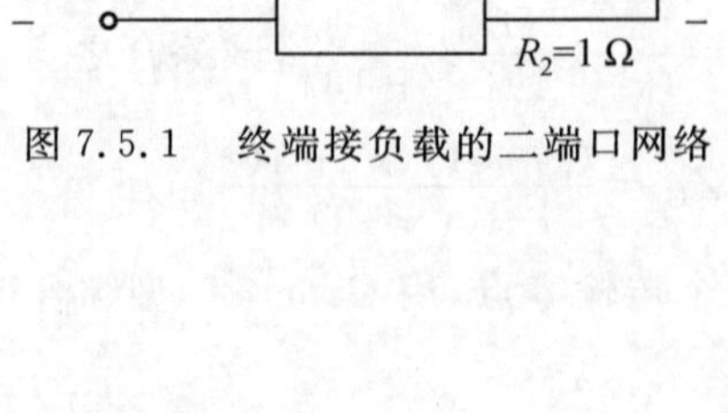

图 7.5.1 终端接负载的二端口网络

对图 7.5.1 有

$$\begin{cases} I_1 = Y_{11}U_1 + Y_{12}U_2 \\ I_2 = Y_{21}U_1 + Y_{22}U_2 \\ I_2 = -\dfrac{U_2}{R_2} \end{cases}$$

$$H(s) = \frac{-Y_{12}}{1/R_2 + Y_{22}} = \frac{-Y_{12}}{1 + Y_{22}}$$

设 $Y_{22} = \dfrac{N_{22}(s)}{D_{22}(s)}$，$H(s) = \dfrac{-Y_{12}D_{22}(s)}{N_{22}(s) + D_{22}(s)} = \dfrac{N(s)}{D(s)}$。

其中 Y_{12} 为奇函数；N_{22}、D_{22} 一奇一偶。因此得 $H(s)$ 的一般形式：

$$H(s) = \frac{N(s)}{D(s)} = \begin{cases} \dfrac{N_e(s)}{D_e(s) + D_o(s)} \\ \dfrac{N_o(s)}{D_e(s) + D_o(s)} \end{cases}$$

其中，下标 e、o 分别代表偶数和奇数。

(2) 定义：Hurwitz 多项式。

设多项式 $P(s) = C_n s^n + C_{n-1}s^{n-1} + \cdots + C_1 s + C_0$。如果 $P(s) = 0$ 的全部极点位于 s 平面的左半闭平面，则称 $P(s) = 0$ 为 Hurwitz 多项式；如果全部根位于左半平面，则称为严格 Hurwitze 多项式。$P(s)$ 为严格 Hurwitz 多项式的必要条件为 $C_i > 0(i = 0, 1, \cdots, n)$

(3) LC 一端口导抗的充分条件及必要条件。

① LC 一端口函数的分子分母之和必为一严格 Hurwitz 多项式。(充分条件)

② 设 $P(s) = P_e(s) + P_o(s) =$ 偶函数 + 奇函数为严格 Hurwitz 多项式，则 $F_1(s) = \dfrac{P_e(s)}{P_o(s)}$，$F_2(s) = \dfrac{P_o(s)}{P_e(s)}$ 为 LC 一端口导抗函数。(必要条件)

7.5.2　$H(s)$ 的实现

基本思路：

$$H(s) = \begin{cases} \dfrac{N_e(s)}{D_e(s) + D_o(s)} = \dfrac{N_e(s)/D_o(s)}{1 + \dfrac{D_e(s)}{D_o(s)}} \\ \dfrac{N_o(s)}{D_e(s) + D_o(s)} = \dfrac{N_o(s)/D_e(s)}{1 + \dfrac{D_o(s)}{D_e(s)}} \end{cases} \longrightarrow \frac{-Y_{12}}{1 + Y_{22}}$$

实现 $H(s)$ 的问题变为实现 Y_{22} 的问题，Y_{22} 的实现要视 $H(s)$ 的传输零点来确定。

【例 7.5.1】　设 $H(s) = \dfrac{1}{s^2 + 3s + 3}$，终端接 1 Ω 电阻，用 LC 网络综合之。

解　$H(s) = \dfrac{1}{3s + (s^2 + 3)} = \dfrac{\dfrac{1}{3s}}{1 + \dfrac{s^2 + 3}{3s}}$，$Y_{22} = \dfrac{s^2 + 3}{3s}$

因为 $H(s)$ 的全部传输零点均位于 $s \to \infty$，所以用 Cauer Ⅰ 型综合，如图 7.5.2 所示。

$$Y_{22}=\frac{s}{3}+\frac{1}{s}$$

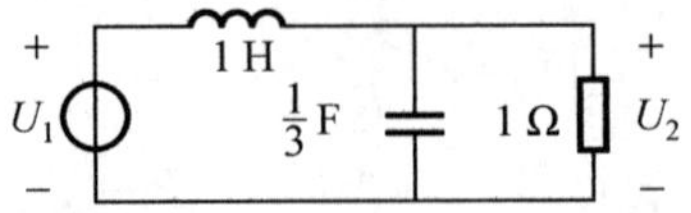

图 7.5.2　例 7.5.1 实现的电路

【例 7.5.2】　设 $H(s)=\dfrac{s}{s^3+6s^2+15s+15}$，终端接 1 Ω 电阻，用 LC 网络综合之。

解

$$H(s)=\frac{s}{(6s^2+15)+(s^3+15s)}=\frac{\dfrac{s}{6s^2+15}}{1+\dfrac{s^3+15s}{6s^2+15}},\quad Y_{22}=\frac{s^3+15s}{6s^2+15}$$

$H(s)$ 在 $s=0$ 处有一个传输零点，在 $s\to\infty$ 有两个传输零点。先用 Cauer Ⅱ 型综合再用 Cauer Ⅰ 型综合：

$$Z'=\frac{15+6s^2}{15s+s^3}=\frac{1}{s}+\frac{1}{\dfrac{15+s^2}{5s}}=\frac{1}{s}+\frac{1}{Y'},Y'=\frac{15+s^2}{5s}=\frac{1}{5}s+\frac{1}{\dfrac{1}{3}s}$$

实现的电路如图 7.5.3 所示。

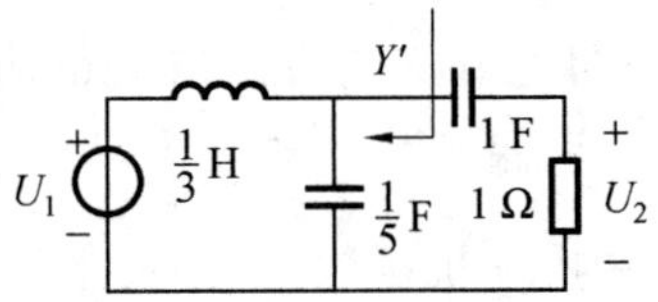

图 7.5.3　例 7.5.2 实现的电路

7.5.3　始端接负载

始端接负载与终端接负载情况类似。

【例 7.5.3】　设 $H(s)=\dfrac{s^2}{s^3+2s^2+2s+1}$，始端接 1 Ω 电阻，电路如图 7.5.4 所示，用 LC 网络综合之。

解　$$H(s)=\frac{s^2}{(2s^2+1)+(s^3+2s)}=\frac{\dfrac{s^2}{s^3+2s}}{1+\dfrac{2s^2+1}{s^3+2s}},\quad Z_{11}=\frac{2s^2+1}{s^3+2s}。$$

$H(s)$ 在 $s=0$ 处有两个传输零点，在 $s\to\infty$ 处有一个传输零点。

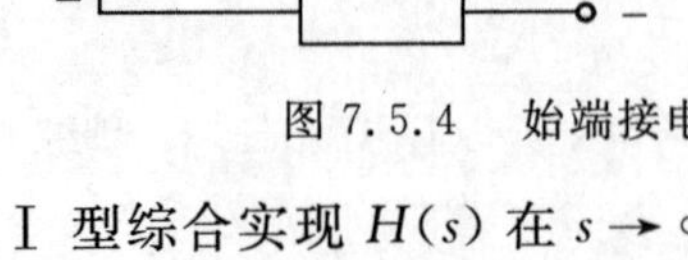

$$H(s)=\frac{U_2}{U_1}=\frac{Z_{21}I_1}{(R_1+Z_{11})I_1}=\frac{Z_{21}}{1+Z_{11}}$$

图 7.5.4　始端接电阻的二端口网络

现用 Cauer Ⅰ 型综合实现 $H(s)$ 在 $s\to\infty$ 处的零点：

$$Y' = \frac{1}{Z_{11}} = \frac{s^3 + 2s}{2s^2 + 1} = \frac{1}{2}s + \frac{1}{\dfrac{1 + 2s^2}{\dfrac{3}{2}s}} = \frac{1}{2}s + \frac{1}{Z'}$$

$$Z' = \frac{1 + 2s^2}{\dfrac{3}{2}s} = \frac{2}{3s} + \frac{4}{3}s$$

实现的电路如图 7.5.5 所示。

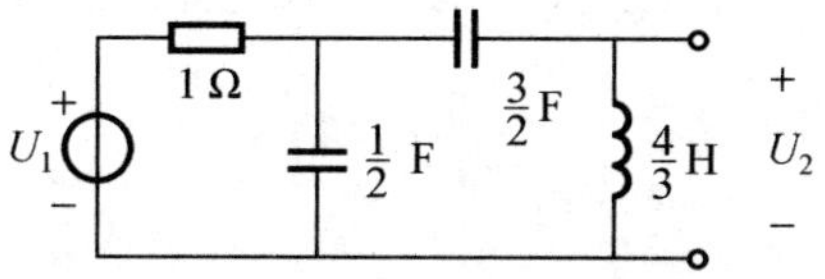

图 7.5.5　例 7.5.3 实现的电路

7.6　本章习题

1. 分析计算题

(1) 判断下列参数是否满足可实现条件。

① $Z_{11}(s) = \dfrac{2(s^3 + s^2 + 2s + 4)}{D(s)}, Z_{12}(s) = Z_{21}(s) = \dfrac{2s^3 + 7s}{D(s)},$

$Z_{22}(s) = \dfrac{2s^2 + 7s}{D(s)}, D(s) = s^3 + 2s^2 + 2s + 5;$

② $Y_{11}(s) = \dfrac{s^3 + 5s^2 + 3s + 3}{D(s)}, -Y_{12}(s) = -Y_{21}(s) = \dfrac{s^3 + 2s^2 + 2s + 3}{D(s)},$

$Y_{22}(s) = \dfrac{s^3 + 4s^2 + 2s + 3}{D(s)}, D(s) = (s + 1)(s^2 + 1)$。

(2) 检验下列 Y 参数是否满足留数条件。

$$Y_{11}(s) = Y_{22}(s) = \frac{4s^4 + 6s^2 + 1}{4s^3 + 4s}, -Y_{12}(s) = -Y_{21}(s) = \frac{4s^4 + 4s^2 + 1}{4s^3 + 4s}$$

(3) 下列阻抗参数满足留数条件时 c 的最大可能值是多少？

$$Z_{11}(s) = Z_{22}(s) = \frac{2s^2 + 1}{s^3 + 3s}, Z_{12}(s) = Z_{21}(s) = \frac{c(2s^2 + 1)}{4s^3 + 4s}$$

(4) 下列哪些转移函数不能实现？

①$Z_t(s) = \dfrac{s^4 + 4s^2 + 5}{s\,(s^2 + 1)^2}$；　　②$K_v(s) = \dfrac{-2s^2 + s + 1}{s^2 - s + 1}$；

(5) 判断下列函数是否为单端接载转移函数。哪些为单端接载 LC 网络转移函数？

① $\dfrac{s^4 + 4s^2 + 5}{s(s^2 + 1)}$；　　② $\dfrac{2s^2 + s + 1}{s^2 + s + 1}$；

③ $\dfrac{4s^2 + 3s - 8}{s^3 + 6s^2 + 11s}$；　　④ $\dfrac{s^4 - 4s^2 + 3}{(s + 3)(s + 1)^2}$。

(6) 在单端接载情况下，把下列参数综合成 LC 梯形网络。

①$Z_{11}(s)=\dfrac{s^4+4s^2+3}{s^5+7s^3+10s}$,$Z_{12}(s)=\dfrac{1}{s^5+7s^3+10s}$;

②$Z_{11}(s)=\dfrac{s^4+4s^2+3}{s^5+7s^3+10s}$,$Z_{12}(s)=\dfrac{s^2}{s^5+7s^3+10s}$。

(7) 已知特征函数 $K(s)=\dfrac{s}{s^2+1}$,求传输函数。

(8) 已知 Z 参数:

$$Z_{11}(s)=Z_{22}(s)=\frac{3s^2+1}{3s},Z_{12}(s)=\frac{1}{3s}$$

试综合成双端接 1 Ω 负载的电路。

第 8 章　滤波器逼近方法

在无源网络综合问题讨论中，总是首先假定网络函数（策动点函数或传输函数）已知，然后进行网络综合。对网络特性的要求通常用曲线、解析式或者一组不等式来规定，一般不能用实际网络去准确实现网络特性，而只能用一个可以物理实现的网络函数去逼近（近似）所要求的特性，使二者之间的差别尽可能小。在网络综合中，根据给定的技术指标，用一个可实现的函数 $f(x)$ 去逼近（拟合）给定的函数 $g(x)$，就是逼近（近似）问题。度量逼近程度的优劣，有多种准则，从而有多种逼近类型。

8.1　滤波器的性能指标与逼近类型

按照通带与阻带的相对位置，滤波器常常分为低通(LP)、高通(HP)、带通(BP)、带阻(BR)和全通(AP)滤波器。低通滤波器允许低于指定截止频率的信号顺利通过，而使高频分量受到很大的衰减作用。理想低通滤波器函数的幅频特性和相频特性如图 8.1.1 所示，其中，ω_c 为截止频率，由信号系统理论可知，没有任何集中、线性、时不变电路的幅频特性满足图 8.1.1(a)。理想低通特性逼近问题的解决，不但本身具有实际意义，而且通过频率变换很易实现带通及高通特性。而从解决逼近问题的方法来看，对非理想低通特性的逼近也是有价值的。

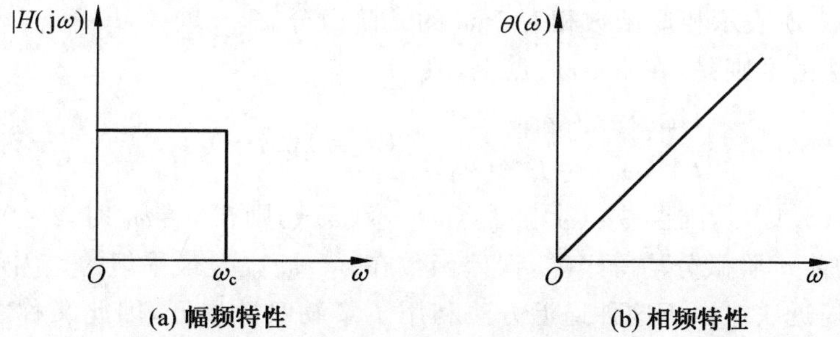

图 8.1.1　理想低通滤波器的幅频特性和相频特性

由于理想低通特性是不能实现的，在实际应用中，并不要求在整个通带内衰减都等于零、阻带的衰减为无穷大，而是将滤波器指标加以修正或放宽，在滤波器的通带和阻带内事先规定一定的衰减范围，它们分别是通带最大衰减 A_{max} 及阻带最小衰减 A_{min}。如图 8.1.2 所示，要求衰减在 $0 \leqslant \omega \leqslant \omega_c$ 范围内小于 A_{max}，在 $\omega > \omega_s$ 范围内大于 A_{min}，$\omega_c < \omega \leqslant \omega_s$ 的一段频率范围称为过渡带。

从图 8.1.2 可以看出，在通带内，衰减 $A(\omega)$ 呈纹波状地起伏变化于 0 和 A_{max} 之间。在阻带内，$A(\omega)$ 也随 ω 而起伏变化，其最大值为无限大，即阻带的理想衰减，其最小值为阻带容许的最小衰减 A_{min}，在通带边界 ω_c 和阻带边界 ω_s 处衰减分别等于 A_{max} 和 A_{min}。

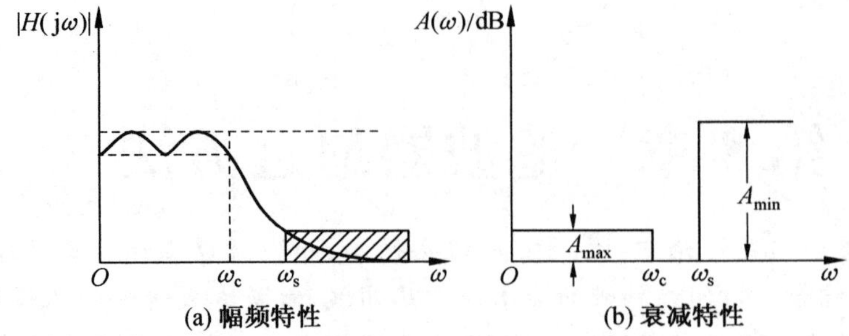

图 8.1.2 低通响应指标

过渡带的带宽$(\omega_s-\omega_c)$越窄，则过渡带中$A(\omega)$曲线变化越陡，滤波器的频率选择性越好，因此，可将ω_s/ω_c作为选频性能的度量，称为选择性比。$\omega_s/\omega_c\geqslant 1$，此值越接近于 1，选择性越好。

下面将研究逼近方法，即如何选择一个可实现的有理函数，使它的幅频特性落在图 8.1.2(a) 指定的界限内。常用的逼近方法有最平坦逼近法和等波纹逼近法。

8.1.1 最平坦逼近法(或泰勒级数逼近法)

设$f(\omega)$是要求的频率响应函数，$t(\omega)$是逼近$f(\omega)$的函数，将它们围绕$\omega=\omega_0$展开成泰勒级数，可得

$$f(\omega)=f(\omega_0)+f^{(1)}(\omega_0)(\omega-\omega_0)+\frac{f^{(2)}(\omega_0)}{2!}(\omega-\omega_0)^2+\cdots$$

$$t(\omega)=t(\omega_0)+t^{(1)}(\omega_0)(\omega-\omega_0)+\frac{t^{(2)}(\omega_0)}{2!}(\omega-\omega_0)^2+\cdots$$

式中，$f^{(n)}(\omega)$、$t^{(n)}(\omega)$表示相应函数相对于ω的n阶微分。

最平坦逼近法的准则是，在$\omega=\omega_0$点上，取

$$\begin{cases}t(\omega_0)=f(\omega_0)\\ t^{(m)}(\omega_0)=f^{(m)}(\omega_0)\end{cases}\quad(m=1,2,\cdots)\tag{8.1.1}$$

如果$t(\omega)$满足式(8.1.1)，因误差$\varepsilon(\omega)=|f(\omega)-t(\omega)|$，则在$\omega=\omega_0$时，$\varepsilon=0$，因为在$\omega_0$点上，误差函数的前$m$阶微分均等于零，误差函数在$\omega=\omega_0$上是最平坦的。因而这种逼近方法称为最平坦逼近法。由于这种逼近方法利用了泰勒级数展开，因此又称之为泰勒级数逼近法。

8.1.2 等波纹逼近法(最大误差最小化准则)

在此逼近方法中，要求在$\omega_a<\omega<\omega_b$范围内

$$\varepsilon_{\max}=\max|f(\omega)-t(\omega)|\tag{8.1.2}$$

最小。图 8.1.3 描绘了最平坦逼近法与等波纹逼近法的逼近情况。由图可见，误差函数在频带$\omega_a<\omega<\omega_b$内是波动的。可以证明，当波动的正负幅频相等时，$\varepsilon_{\max}(\omega)$最小，因而这种逼近方法称为等纹波逼近法。

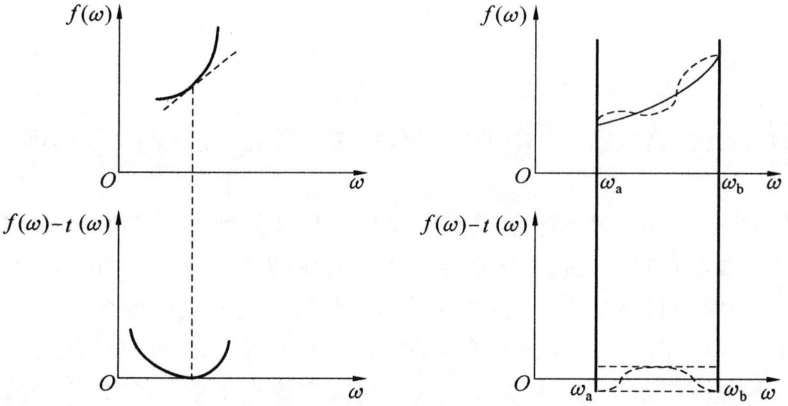

图 8.1.3　最平坦逼近法与等波纹逼近法的逼近情况

本章将研究各种经典的滤波器逼近方法，并将其用于低通滤波器的综合上，通过频带变换将其应用于高通及带通滤波器的综合方面。

8.2　巴特沃斯逼近

近似特性一般总与给定特性有差别。在整个频率范围内对这种差别的大小可以提出不同的要求。若要求在某一点近似特性与给定特性的差别为零，而且它们的一阶、二阶、三阶、……、n 阶导数也为零（n 的大小决定于对近似程度的要求），则这种近似称为最大平坦近似或泰勒近似。

一种用所谓最平通带特性去逼近理想低通特性的滤波器称为巴特沃斯(Butterworth) 滤波器。其幅频函数为

$$H(\mathrm{j}\omega)=\frac{H_0}{\sqrt{1+\varepsilon^2\left(\dfrac{\omega}{\omega_c}\right)^{2n}}}\quad (n=1,2,3,\cdots) \tag{8.2.1}$$

其中，ω_c 为边界角频率；$H_0=H(0)$；ε 为一个小于 1 的常数。当 $\omega<\omega_c$ 时，ε 越小，式(8.2.1) 右边值变动越小。

应用二项式级数，当 $|x|<1$ 时，有

$$(1+x)^{-1}=1-x+x^2-x^3+x^4-x^5+\cdots$$

将 $x=\varepsilon^2\left(\dfrac{\omega}{\omega_c}\right)^{2n}$ 代入上式得

$$|H(\mathrm{j}\omega)|^2=H_0^2\left[1-\varepsilon^2\left(\frac{\omega}{\omega_c}\right)^{2n}+\varepsilon^4\left(\frac{\omega}{\omega_c}\right)^{4n}-\varepsilon^6\left(\frac{\omega}{\omega_c}\right)^{6n}+\cdots\right] \tag{8.2.2}$$

由式(8.2.2) 可知，$|H(\mathrm{j}\omega)|^2$ 对 ω 的前 $2n-1$ 阶导数在 $\omega=0$ 处均为零，因此称巴特沃斯函数是最大平坦函数。习惯用衰减(分贝数)$A(\omega)$ 来表示传输特性，即

$$A(\omega)=-20\lg\left|\frac{H(\mathrm{j}\omega)}{H(0)}\right|=10\lg\left[1+\varepsilon^2\left(\frac{\omega}{\omega_c}\right)^{2n}\right] \tag{8.2.3}$$

由式(8.2.3) 可知，在边界频率处衰减最大，即 $\omega=\omega_c$ 处有

$$A_{\max} = 10\lg(1+\varepsilon^2) \tag{8.2.4}$$

即

$$\varepsilon = \sqrt{10^{0.1A_{\max}} - 1} \tag{8.2.5}$$

若 $\varepsilon = 1$，则通带内最大衰减达 3 dB，因此常数 ε 是为了使通带内最大衰减小于 3 dB 而引进的。

在不同的 n 值情况下，最平坦幅频特性和相频特性如图 8.2.1(a) 和图 8.2.1(b) 所示。图中所有曲线都通过 $\omega = \omega_c$ 点，当 $\varepsilon = 1$ 时它对应的通带最大波动是 3 dB。由图可以看出，在 $\omega = 0$ 上，幅频特性是平坦的，在通带内相频特性具有良好的线性度。衰减特性描绘于图 8.2.1(c) 中。由图可见，衰减量与滤波器阶数 n 有关，n 增加时衰减增大。当阻带内某个频率上的衰减量给定时，由图 8.2.1(c) 可确定逼近函数的阶数 n。例如，如果对于 $\omega > 2$ 要求有 60 dB 的衰减，则由图可查得滤波器阶数 $n > 10$。

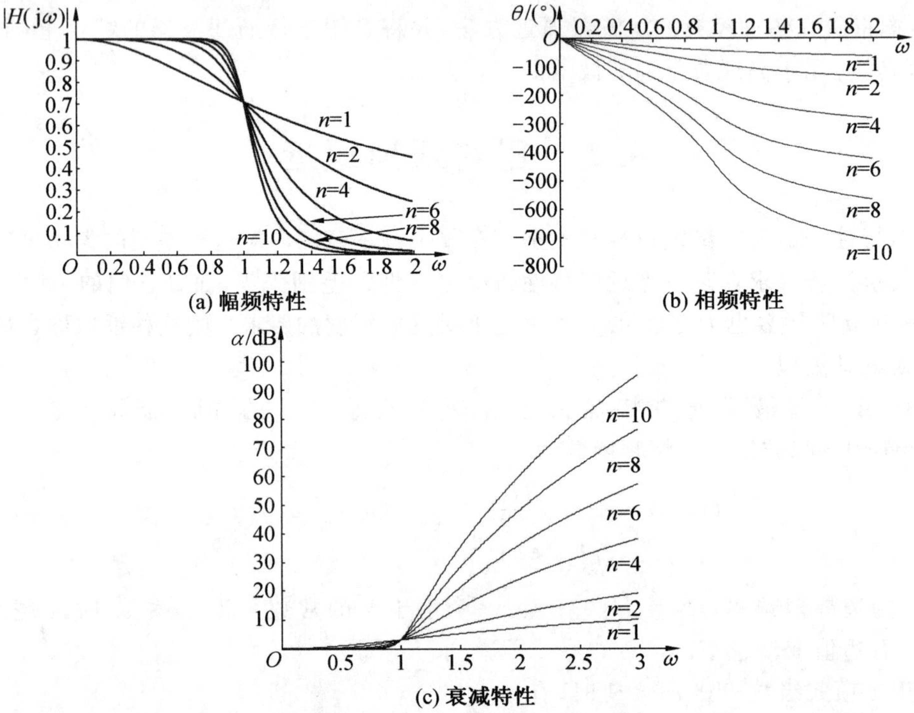

图 8.2.1　最平坦幅频特性、相频特性及衰减特性($\varepsilon = 1$)

因此，通带内纹波的要求可通过选择常数 ε 来满足，而阻带内衰减量的要求可通过选择阶数 n 来满足。

当没有曲线可查时，可推导由衰减决定阶数 n 的公式，其过程如下：

$$A_{\min} = 10\lg\left[1+\varepsilon^2\left(\frac{\omega_s}{\omega_c}\right)^{2n}\right] \tag{8.2.6}$$

即

$$10^{0.1A_{\min}} = 1+\varepsilon^2\left(\frac{\omega_s}{\omega_c}\right)^{2n} \tag{8.2.7}$$

由式(8.2.7)，可求得

$$n \geqslant \frac{\lg \dfrac{10^{0.1A_{\min}}-1}{\varepsilon^2}}{\lg \left(\dfrac{\omega_s}{\omega_c}\right)^2} \tag{8.2.8}$$

将式(8.2.5)代入式(8.2.8)得

$$n \geqslant \frac{\lg \dfrac{10^{0.1A_{\min}}-1}{10^{0.1A_{\max}}-1}}{\lg \left(\dfrac{\omega_s}{\omega_c}\right)^2} \tag{8.2.9}$$

通过式(8.2.9)可以确定所选取的最低阶数。由该式可以看出，$A_{\max}$ 越小、$A_{\min}$ 越大、$\dfrac{\omega_s}{\omega_c}$ 越小，所需要的阶数 n 越大。

由式(8.2.3)可以看出，在阻带内，当 $\omega \gg \omega_c$ 时有

$$A(\omega) \approx 20\lg \varepsilon \left(\frac{\omega}{\omega_c}\right)^n \tag{8.2.10}$$

其渐进斜率为

$$\frac{\mathrm{d}A(\omega)}{\mathrm{d}\dfrac{\omega}{\omega_c}} = \frac{20n\ \mathrm{dB}}{\text{十倍频程}} \tag{8.2.11}$$

即阻带内 $A(\omega)$ 以 $20n$ dB/十倍频程的速率下降，或以 $6n$ dB/倍频程的速率下降。

为了推导巴特沃斯函数 $H(s)$ 的极点，将巴特沃斯函数进行归一化，即令 $\omega_c=1, \varepsilon=1$，这样做只不过是用 ω 代替 $\varepsilon^{\frac{1}{n}}\dfrac{\omega}{\omega_c}$，即频率轴的坐标都变化了一个比例常数 $\varepsilon^{\frac{1}{n}}\dfrac{1}{\omega_c}$。通过频率归一化后，巴特沃斯函数变为

$$|H(\mathrm{j}\omega)|^2 = \frac{H_0^2}{1+\omega^{2n}} \quad (n=1,2,3,\cdots) \tag{8.2.12}$$

再将 $s=\mathrm{j}\omega$ 代入上式得

$$|H(s)|^2 = H(s)H(-s) = \frac{H_0^2}{1+(-s^2)^n}$$

为了满足可实现的条件，$H(s)$ 的分母必须是严格霍氏多项式，它的零点只位于 s 的左半开平面内，即

$$(-s^2)^n + 1 = 0 \tag{8.2.13}$$

分两种情况进行讨论：

(1) 第一种情况，n 为偶数，式(8.2.13)变为

$$s^{2n} = -1 \tag{8.2.14}$$

解得

$$s_k = \mathrm{e}^{\mathrm{j}\frac{2k-1}{2n}\pi} = \cos\frac{2k-1}{2n}\pi + \mathrm{j}\sin\frac{2k-1}{2n}\pi \quad (k=1,2,\cdots,2n) \tag{8.2.15}$$

在 s 平面上，这 $2n$ 个根分布在以原点为圆心的单位圆上。当 $n=4$ 时，式(8.2.15) 8 个根的分布如图 8.2.2(a) 所示。

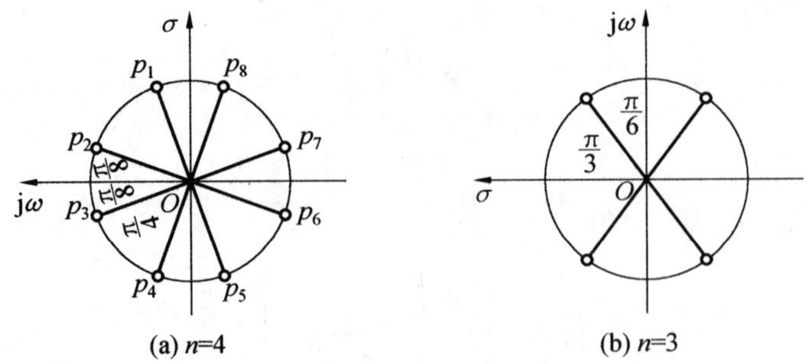

图 8.2.2　式(8.2.15)根的分布

由图可见,这些根在平面上的分布是象限对称的,即它们相对 σ 轴和 $\mathrm{j}\omega$ 轴都是对称分布的。当 n 为偶数时,在 $\mathrm{j}\omega$ 轴上和在 σ 轴上无零点(根),在左半和右半平面内,这些零点都以共轭对的形式出现。

令 $\theta_k=\dfrac{2k-1}{2n}\pi$,当 $k=1,2,\cdots,\dfrac{n}{2}$ 时(n 为偶数),$\theta_k<\dfrac{\pi}{2}$,$\cos\theta_k>0$,式(8.2.15)的根具有正实部,这些根落在右半 s 平面内。因为式(8.2.15)的根是象限对称的,因此左半 s 平面的 n 个根可以表示为

$$-\cos\theta_k\pm\mathrm{j}\sin\theta_k\quad\left(k=1,2,\cdots,\frac{n}{2}\right)\tag{8.2.16}$$

考虑到 $H(s)$ 只包括左半 s 平面的根,以及这些根必须以共轭对的形式出现,因而 $H(s)$ 可表示为

$$H(s)=H_0/\prod_{k=1}^{\frac{n}{2}}(s-s_k)(s-s_k^*)$$

设 $s_k=-a_k+\mathrm{j}b_k$(a_k、b_k 均为正实数),则

$$H(s)=H_0/\prod_{k=1}^{\frac{n}{2}}(s^2+2a_ks+a_k^2+b_k^2)$$

将式(8.2.16)表示的左半 s 平面的根代入,可得

$$H(s)=H_0/\prod_{k=1}^{\frac{n}{2}}(s^2+2\cos\theta_ks+1)\tag{8.2.17}$$

(2) 第二种情况,n 为奇数,式(8.2.13)变为

$$s^{2n}=1\tag{8.2.18}$$

它的 $2n$ 个根为

$$s_k=\mathrm{e}^{\mathrm{j}\frac{k}{n}\pi}=\cos\frac{k}{n}\pi+\mathrm{j}\sin\frac{k}{n}\pi\quad(k=0,1,2,\cdots,2n-1)\tag{8.2.19}$$

由上式可见,当 $k=0$ 时,$s_0=1$;当 $k=n$ 时,$s_n=-1$。因而当 n 为奇数时,在 $\pm\sigma$ 轴上有根存在,但无 $\mathrm{j}\omega$ 轴上的根。其他的根则是象限对称地分布于 s 平面单位圆上。当 $n=3$ 时,式(8.2.15)根的分布如图 8.2.2(b)所示。当 n 为奇数时,$H(s)$ 可表示为

$$H(s)=H_0/(s+1)\prod_{k=1}^{\frac{n}{2}}(s^2+2\cos\theta_ks+1)\tag{8.2.20}$$

表 8.2.1 列出了 $n=1\sim10$ 时的巴特沃斯函数分母多项式。

表 8.2.1　$n=1\sim10$ 时的巴特沃斯函数分母多项式

n	巴特沃斯函数分母多项式 $X(s)$
1	$s+1$
2	$s^2+\sqrt{2}s+1$
3	s^3+2s^2+2s+1
4	$(s^2+0.765s+1)(s^2+1.848s+1)$
5	$(s+1)(s^2+0.618s+1)(s^2+1.618s+1)$
6	$(s^2+0.518s+1)(s^2+1.414s+1)(s^2+1.932s+1)$
7	$(s+1)(s^2+0.445s+1)(s^2+1.247s+1)(s^2+1.802s+1)$
8	$(s^2+0.390s+1)(s^2+1.111s+1)(s^2+1.663s+1)(s^2+1.962s+1)$
9	$(s+1)(s^2+0.347s+1)(s^2+s+1)(s^2+1.532s+1)(s^2+1.879s+1)$
10	$(s^2+0.313s+1)(s^2+0.908s+1)(s^2+1.414s+1)(s^2+1.782s+1)(s^2+1.975s+1)$

【例 8.2.1】 设计一个巴特沃斯低通滤波器，性能指标如下，$f_c=25\ \text{kHz}$，$A_{\max}=3\ \text{dB}$，$f_s=50\ \text{kHz}$，$A_{\min}=20\ \text{dB}$，试求 $H(s)$。

解　由式(8.2.5)及式(8.2.9)得

$$\varepsilon=\sqrt{10^{0.1A_{\max}}-1}=\sqrt{10^{0.3}-1}\approx1$$

$$\lg\frac{10^{0.1A_{\min}}-1}{10^{0.1A_{\max}}-1}=\lg\frac{10^2-1}{10^{0.3}-1}=\lg\frac{99}{10^{0.3}-1}\approx2$$

$$\lg\left(\frac{\omega_s}{\omega_c}\right)^2=\lg\left(\frac{2\pi\times50\times10^3}{2\pi\times25\times10^3}\right)^2=\lg4\approx0.6$$

$$n\geqslant\frac{\lg\dfrac{10^{0.1A_{\min}}-1}{10^{0.1A_{\max}}-1}}{\lg\left(\dfrac{\omega_s}{\omega_c}\right)^2}=\frac{2}{0.6}\approx3.33$$

所以 $n=4$。

由表 8.2.1 得归一化的 $H(s)$ 为

$$H(s)=\frac{1}{(s^2+0.765s+1)(s^2+1.848s+1)}=\frac{1}{s^4+2.613s^3+3.414s^2+2.613s+1}$$

去归一化时用 $s\left(\dfrac{\varepsilon^{\frac{1}{n}}}{5\times10^4}\right)=s\left(\dfrac{1}{5\times10^4}\right)$ 代替上式中的 s，整理得

$$H(s)=\frac{10^{16}}{(s^2+7\ 650s+10^8)(s^2+18\ 480s+10^8)}$$

8.3　切比雪夫逼近

如上所述，巴特沃斯函数只是在 $\omega=0$ 处精确地逼近理想低通特性，在通带内随着 ω

增加,误差越来越大,在通带边界上误差最大,逼近特性并不很好。为了得到更好的逼近特性,可采用等波纹逼近法(又称切比雪夫逼近法)。

8.3.1 切比雪夫多项式

n 阶切比雪夫多项式定义如下:

$$T_n(\omega)=\begin{cases}\cos(n\arccos\omega) & (|\omega|\leqslant 1)\\ \cosh(n\,\mathrm{arccosh}\,\omega) & (|\omega|>1)\end{cases} \tag{8.3.1}$$

由上式可见:

$$\begin{cases}T_0(\omega)=1\\ T_1(\omega)=\omega\end{cases} \tag{8.3.2}$$

为了进一步计算,导出 $T_n(\omega)$ 的递推关系式:

$$\begin{aligned}T_{n+1}(\omega)=&\cos[(n+1)\arccos\omega]=\\ &\cos(\arccos\omega)\cos(n\arccos\omega)-\sin(\arccos\omega)\sin(n\arccos\omega)=\\ &2\cos(\arccos\omega)\cos(n\arccos\omega)-[\cos(\arccos\omega)\cos(n\arccos\omega)+\\ &\sin(\arccos\omega)\sin(n\arccos\omega)]=\\ &2\omega\cos(\arccos\omega)-\cos[(n-1)\arccos\omega]=\\ &2\omega T_n(\omega)-T_{n-1}(\omega)\end{aligned} \tag{8.3.3}$$

于是,得到 $T_n(\omega)$ 的递推关系式为

$$T_{n+1}(\omega)=2\omega T_n(\omega)-T_{n-1}(\omega) \tag{8.3.4}$$

利用式(8.3.4)可得 $n=1\sim 10$ 时的切比雪夫多项式 $T_n(\omega)$,见表 8.3.1。

表 8.3.1 $n=1\sim 10$ 时的切比雪夫多项式 $T_n(\omega)$

n	$T_n(\omega)$
0	1
1	ω
2	$2\omega^2-1$
3	$4\omega^3-3\omega$
4	$8\omega^4-8\omega^2+1$
5	$16\omega^5-20\omega^3+5\omega$
6	$32\omega^6-48\omega^4+18\omega^2-1$
7	$64\omega^7-112\omega^5+56\omega^3-7\omega$
8	$128\omega^8-255\omega^6+160\omega^4-32\omega^2+1$
9	$255\omega^9-576\omega^7+432\omega^5-120\omega^3+9\omega$
10	$512\omega^{10}-1\,280\omega^8+1\,120\omega^6-400\omega^4+50\omega^2-1$

8.3.2 切比雪夫多项式的性质

(1) 切比雪夫多项式的零点全部位于区间 $|\omega|\leqslant 1$ 之内。

由式(8.3.1) 可求得 $T_n(\omega)=0$ 根为

$$\omega=\cos\frac{2m-1}{2n}\pi \quad (m=1,2,3,\cdots)$$

故 $|\omega|\leqslant 1$。

(2) 当 n 是偶数时，$T_n(\omega)$ 是偶函数；当 n 是奇数时，$T_n(\omega)$ 是奇函数。

(3) 当 $|\omega|\leqslant 1$ 时，$|T_n(\omega)|\leqslant 1$。

(4) 在区间 $|\omega|\leqslant 1$ 之外，$T_n(\omega)$ 随 $|\omega|$ 增大而单调增大，并趋于无穷。

用切比雪夫多项式表示的低通函数的幅频平方的表达式为

$$|H(\mathrm{j}\omega)|^2=\frac{G^2}{1+\varepsilon^2 T_n^2\left(\frac{\omega}{\omega_c}\right)} \tag{8.3.5}$$

其衰减函数为

$$A\left(\frac{\omega}{\omega_c}\right)=10\lg\left[1+\varepsilon^2 T_n^2\left(\frac{\omega}{\omega_c}\right)\right] \tag{8.3.6}$$

在 $\omega=\omega_c$ 处属于最大衰减，即 $A_{\max}=10\lg(1+\varepsilon^2)$，与巴特沃斯逼近中确定 ε 的公式相同。切比雪夫多项式性质使它在通带内($|\omega|\leqslant 1$) 呈等波纹变化，而在阻带内仍呈单调增大，因此阻带内最小衰减仍出现在阻带边界 $\omega=\omega_s$ 处，即

$$A_{\min}=10\lg\left[1+\varepsilon^2 T_n^2\left(\frac{\omega_s}{\omega_c}\right)\right] \tag{8.3.7}$$

故得

$$T_n^2\left(\frac{\omega_s}{\omega_c}\right)=\frac{10^{0.1A_{\min}}-1}{\varepsilon^2} \tag{8.3.8}$$

或

$$T_n\left(\frac{\omega_s}{\omega_c}\right)=\cosh\left(n\,\mathrm{arccosh}\,\frac{\omega_s}{\omega_c}\right)=\frac{\sqrt{10^{0.1A_{\min}}-1}}{\varepsilon} \tag{8.3.9}$$

得

$$n\geqslant\frac{\mathrm{arccosh}\,\frac{\sqrt{10^{0.1A_{\min}}-1}}{\varepsilon}}{\mathrm{arccosh}\,\frac{\omega_s}{\omega_c}} \tag{8.3.10}$$

故可以根据 $A_{\min}$、$A_{\max}$、ω_s/ω_c 值确定阶数 n。与式(8.2.9) 比较，式(8.3.10) 只是将对数函数换成反双曲线函数。表 8.3.2 是根据式(8.2.9)、式(8.3.10) 得出的在不同 ω_s/ω_c 和 $\sqrt{10^{0.1A_{\min}}-1}/\varepsilon$ 值情况下所需的阶数，从该表可以看出巴特沃斯函数所需阶数比切比雪夫函数所需阶数大。切比雪夫函数在阻带内的衰减比巴特沃斯函数在阻带内的衰减大。

由切比雪夫函数性质可知，当$\frac{\omega_s}{\omega_c}\gg 1$ 时，$T_n\frac{\omega_s}{\omega_c}\approx 2^{n-1}\left(\frac{\omega_s}{\omega_c}\right)^n$，式(8.3.7) 近似为

$$A_{\min}=20\lg\left[\varepsilon 2^{n-1}\left(\frac{\omega_s}{\omega_c}\right)^n\right] \tag{8.3.11}$$

比较式(8.2.10)、式(8.3.11)可知切比雪夫函数比巴特沃斯函数在阻带内的衰减大 $20\lg 2^{n-1}=6(n-1)$ dB。

同理,令 $\left|H\left(\mathrm{j}\frac{\omega}{\omega_c}\right)\right|$ 中的 $\frac{\omega}{\omega_c}=\frac{s}{\mathrm{j}}$,可以推出 $H(s)$ 的极点,由式(8.3.5)得

$$|H(s)|^2=H(s)H(-s)=\frac{G^2}{1+\varepsilon^2 T_n^2\left(\frac{s}{\mathrm{j}}\right)} \tag{8.3.12}$$

设极点用 s_k 表示,由式(8.3.12)、式(8.3.1)得 $1+\varepsilon^2\cosh^2\left(n\operatorname{arccosh}\frac{s_k}{\mathrm{j}}\right)=0$

表 8.3.2　巴特沃斯函数和切比雪夫函数的比较

$\frac{\omega_s}{\omega_c}$	$\frac{\sqrt{10^{0.1A_{\min}}-1}}{\varepsilon}$									
	5		4		3		2.5		2	
	But.	Che.	But.	Che.	But.	Che.	But.	Che.	But.	Che.
100	2.68	2.31	3.32	2.57	4.19	3.01	5.02	3.38	6.64	4.02
200	3.29	2.61	3.82	2.91	4.87	3.40	5.78	3.82	7.62	4.54
500	3.62	3.01	4.48	3.35	5.66	3.92	6.78	4.41	8.96	5.24
1 000	4.29	3.31	4.98	3.69	6.29	4.32	7.53	4.85	9.96	5.76
2 000	4.42	3.62	5.48	4.02	6.92	4.71	8.29	5.29	10.96	6.29
5 000	5.29	4.01	6.14	4.46	7.75	5.22	9.25	5.87	12.28	6.98
10^4	5.72	4.31	6.64	4.80	8.38	5.62	10.04	6.31	13.28	7.51
10^5	7.15	5.32	8.30	5.92	10.48	6.92	12.55	7.78	16.60	9.25
10^6	8.58	6.32	9.96	7.04	12.57	8.24	15.06	9.25	19.97	11.00

注:But. 指巴特沃斯函数;Che. 指切比雪夫函数。

令 $\operatorname{arccosh}\frac{s_k}{\mathrm{j}}=X+\mathrm{j}Y=W$,则有 $\cosh n(X+\mathrm{j}Y)=\frac{\sqrt{-1}}{\varepsilon}=\pm\mathrm{j}\frac{1}{\varepsilon}$

或

$$\cosh(nX)\cos(nY)+\mathrm{j}\sinh(nX)\sin(nY)=\pm\mathrm{j}\frac{1}{\varepsilon}$$

故得

$$\cos(nY)=0,\quad Y=\frac{2k+1}{n}\frac{\pi}{2}$$

$$\sinh(nX)\sin(nY)=\pm\frac{1}{\varepsilon} \tag{8.3.13}$$

解得

$$X=\pm\frac{1}{n}\operatorname{arcsinh}\frac{1}{\varepsilon} \tag{8.3.14}$$

$$\frac{s_k}{\mathrm{j}}=\cosh(X+\mathrm{j}Y)=\frac{\sigma_k+\mathrm{j}\omega_k}{\mathrm{j}}=\omega_k-\mathrm{j}\sigma_k \tag{8.3.15}$$

解得

$$\sigma_k=\sinh X\sin Y=\pm\sin\frac{(2k+1)\pi}{2n}\sinh\left(\frac{1}{n}\operatorname{arcsinh}\frac{1}{\varepsilon}\right) \tag{8.3.16}$$

$$\omega_k=\cosh X\cos Y=\cos\frac{(2k+1)\pi}{2n}\cosh\left(\frac{1}{n}\operatorname{arcsinh}\frac{1}{\varepsilon}\right) \tag{8.3.17}$$

由式(8.3.16)、式(8.3.17)得

$$\left[\frac{\sigma_k}{\frac{1}{n}\operatorname{arcsinh}\frac{1}{\varepsilon}}\right]^2+\left[\frac{\omega_k}{\cosh\left(\frac{1}{n}\operatorname{arcsinh}\frac{1}{\varepsilon}\right)}\right]^2=1 \tag{8.3.18}$$

由式(8.3.18)可知，切比雪夫函数极点在一个椭圆上。表 8.3.3 所示分别是 $A_{\max}=0.5\ \mathrm{dB}$、1 dB、2 dB、3 dB 情况下切比雪夫函数逼近的分母多项式 $X(s)$。

表 8.3.3　切比雪夫函数逼近的分母多项式 $X(s)$

n	$A_{\max}=0.5\ \mathrm{dB}$
1	$s+2.862$
2	$s^2+1.425s+1.5162$
3	$(s+0.6265)(s^2+0.6265s+1.1424)$
4	$(s^2+0.3507s+1.0635)(s^2+0.8467s+0.3564)$
5	$(s+0.3623)(s^2+0.2239s+1.0358)(s^2+0.5862s+0.4748)$
6	$(s^2+0.1553s+1.0230)(s^2+0.4243s+0.5900)(s^2+0.5796s+0.1750)$
7	$(s+0.2562)(s^2+0.1140s+1.0161)(s^2+0.3194s+0.6769)(s^2+0.4616s+0.2539)$
8	$(s^2+0.0872s+1.0119)(s^2+0.2484s+0.7413)(s^2+0.3718s+0.3587)(s^2+0.4386s+0.0880)$
n	$A_{\max}=1\ \mathrm{dB}$
1	$s+1.965$
2	$s^2+1.0977s+1.1025$
3	$(s+0.4942)(s^2+0.4942s+0.9942)$
4	$(s^2+0.2791s+0.9865)(s^2+0.6737s+0.2794)$
5	$(s+0.2895)(s^2+0.1789s+0.9883)(s^2+0.4684s+0.4293)$
6	$(s^2+0.1244s+0.9907)(s^2+0.3398s+0.5577)(s^2+0.4641s+0.1247)$
7	$(s+0.2054)(s^2+0.0914s+0.9927)(s^2+0.2561s+0.6535)(s^2+0.3701s+0.2305)$
8	$(s^2+0.0700s+0.9941)(s^2+0.1993s+0.7235)(s^2+0.2984s+0.3409)(s^2+0.3520s+0.0702)$

续表 8.3.3

n	$A_{max}=2$ dB
1	$s+1.3075$
2	$s^2+0.8038s+0.8230$
3	$(s+0.3689)(s^2+0.3689s+0.8861)$
4	$(s^2+0.2098s+0.9287)(s^2+0.5064s+0.2216)$
5	$(s+0.2183)(s^2+0.1349s+0.9522)(s^2+0.3532s+0.3931)$
6	$(s^2+0.0939s+0.9660)(s^2+0.3567s+0.5359)(s^2+0.3506s+0.0999)$
7	$(s+0.1553)(s^2+0.0691s+0.9746)(s^2+0.1937s+0.6354)(s^2+0.2799s+0.2124)$
8	$(s^2+0.0530s+0.9803)(s^2+0.1509s+0.7098)(s^2+0.2258s+0.3271)(s^2+0.2664s+0.0565)$
n	$A_{max}=3$ dB
1	$s+1.0024$
2	$s^2+0.6449s+0.7079$
3	$(s+0.2986)(s^2+0.2986s+0.8392)$
4	$(s^2+0.1703s+0.9030)(s^2+0.4112s+0.1960)$
5	$(s+0.1775)(s^2+0.1097s+0.9360)(s^2+0.2873s+0.3770)$
6	$(s^2+0.0765s+0.9548)(s^2+0.2089s+0.5218)(s^2+0.2853s+0.0888)$
7	$(s+0.1265)(s^2+0.0563s+0.9665)(s^2+0.1577s+0.6273)(s^2+0.2279s+0.2043)$
8	$(s^2+0.0432s+0.9742)(s^2+0.1229s+0.7036)(s^2+0.1839s+0.3209)(s^2+0.2170s+0.0503)$

8.4　椭圆逼近

在前面介绍的切比雪夫逼近中，由于把衰减零点散置在通带内，使通带衰减呈现等波动特性，从而使整个通带的逼近得到很大改善。但是它的衰减极点(即传输零点)处在 $s\to\infty$ 处，巴特沃斯逼近也相同，常常使阻带低端的衰减不够而高端的衰减又太多。如果把衰减极点也散置在阻带内，也一定会使阻带衰减特性大为改善。椭圆逼近又称考尔逼近，其衰减函数具有等波纹通带和等最小值阻带，在阻带内有限频率处存在若干个衰减极点，因而其阻带性能显著地好于另外两种逼近。

椭圆函数在通带和阻带都是等纹波的。其在阻带内设置了零点，特别是在最靠近阻带边界频率 ω_s 处设置了零点，使得过渡带的衰减明显增大。因此，椭圆逼近比巴特沃斯逼近和切比雪夫逼近具有更陡峭的过渡带，可以获得更高的阻带衰减。对于滤波特性要求，椭圆逼近所需的阶数低，因而所对应的电路简单，所用的元件少，实现的费用低。

椭圆逼近函数的幅频平方的表达式为

$$|H(\mathrm{j}\omega)|^2=1/[1+\varepsilon^2R_{n,\omega_s}^2(\Omega)] \tag{8.4.1}$$

其中，$\Omega=\omega/\omega_c$ 为归一化频率；$R_{n,\omega_s}(\Omega)$ 是归一化角频率 Ω 的有理函数，称为切比雪夫有理函数，其定义为

$$R_{n,\omega_s}(\Omega)=\begin{cases}\prod_{i=1}^{n/2}\dfrac{\left[\Omega^2-\left(\dfrac{\omega_i}{\omega_c}\right)^2\right]}{\left[\Omega^2-\left(\dfrac{\omega_s}{\omega_i}\right)^2\right]} & (n\ \text{为偶数})\\ \Omega\prod_{j=1}^{(n-1)/2}\dfrac{\left[\Omega^2-\left(\dfrac{\omega_j}{\omega_c}\right)^2\right]}{\left[\Omega^2-\left(\dfrac{\omega_s}{\omega_j}\right)^2\right]} & (n\ \text{为奇数})\end{cases} \tag{8.4.2}$$

描述椭圆逼近函数的性能参数有：通带纹波 $A_{\max}$，选择性因子 ω_s/ω_c，阻带最小衰减 $A_{\min}$ 和阶数 n，其中任意 3 个参数可以独立地确定。

椭圆函数的数学推导过程比较复杂，需要解雅可比椭圆方程。因篇幅所限，本书不再进行推导。在进行滤波器设计时，一般可利用实用的设计手册或参考书，通过查表，直接得到椭圆逼近的转移函数 $H(s)$。表 8.4.1 是通带最大衰减 $A_{\max}=0.5$ dB 的归一化的椭圆逼近的有关参数，在该表中，对应每一个 $\Omega_s=\omega_s/\omega_c$ 值有一个相应的分表。

表 8.4.1　归一化的椭圆逼近的有关参数($A_{\max}=0.5$ dB)

n	分子常数	$H(s)$ 的分子 $N(s)$	$H(s)$ 的分母 $D(s)$	$A_{\min}$/dB
(a) $\Omega_s=1.5$				
2	0.385 40	$s^2+3.927\ 05$	$s^2+1.031\ 53s+1.603\ 19$	8.3
3	0.314 10	$s^2+2.806\ 01$	$(s^2+0.452\ 86s+1.149\ 17)(s+0.766\ 952)$	21.9
4	0.015 40	$(s^2+2.535\ 55)(s^2+12.099\ 31)$	$(s^2+0.254\ 96s+1.060\ 44)(s^2+0.920\ 01s+0.471\ 83)$	36.3
5	0.019 20	$(s^2+2.425\ 51)(s^2+5.437\ 64)$	$(s^2+0.163\ 46s+1.031\ 89)(s^2+0.570\ 23s+0.576\ 01)(s+0.425\ 97)$	50.6
(b) $\Omega_s=2.0$				
2	0.201 33	$s^2+7.464\ 1$	$s^2+1.245\ 04s+1.591\ 79$	13.9
3	0.154 24	$s^2+5.153\ 21$	$(s^2+0.537\ 87s+1.148\ 49)(s+0.692\ 12)$	31.2
4	0.003 70	$(s^2+4.593\ 26)(s^2+24.227\ 2)$	$(s^2+0.301\ 16s+1.062\ 58)(s^2+0.884\ 56s+0.410\ 32)$	48.6
5	0.004 62	$(s^2+4.364\ 95)(s^2+10.567\ 73)$	$(s^2+0.192\ 55s+1.034\ 02)(s^2+0.580\ 54s+0.525\ 00)(s+0.392\ 612)$	66.1
(c) $\Omega_s=3.0$				
2	0.083 97	$s^2+17.485\ 28$	$s^2+1.357\ 15s+1.555\ 32$	21.5
3	0.063 211	$s^2+11.827\ 81$	$(s^2+0.589\ 42s+1.145\ 59)(s+0.652\ 63)$	42.8

续表 8.4.1

n	分子常数	$H(s)$ 的分子 $N(s)$	$H(s)$ 的分母 $D(s)$	A_{min}/dB
(c) $\Omega_s = 3.0$				
4	0.000 62	$(s^2+10.455\ 4)(s^2+58.471)$	$(s^2+0.329\ 79s+1.063\ 28)(s^2+0.862\ 58s+0.377\ 87)$	64.1
5	0.000 78	$(s^2+9.895\ 5)(s^2+25.076\ 9)$	$(s^2+0.210\ 66s+1.035\ 101)(s^2+0.584\ 41s+0.496\ 39)(s+0.374\ 52)$	85.5

【例 8.4.1】 试求一低通椭圆逼近函数，使其满足下列技术条件：$\omega_c=200$ rad/s，$\omega_s=600$ rad/s，$A_{max}=0.5$ dB，$A_{min}=20$ dB。

解 阻带边界频率与通带边界频率之比为

$$\Omega_s=\omega_s/\omega_c=600/200=3$$

由表 8.4.1 可知，二阶椭圆函数在$\Omega_s=3$ 时具有 21.5 dB 的衰减。因此选电路的阶数为 $n=2$，可以满足本题目最小衰减 $A_{min}=20$ dB 的要求。由表 8.4.1 可得归一化的二阶低通椭圆函数为

$$H(s)=\frac{0.083\ 97(s^2+17.485\ 28)}{s^2+1.357\ 15s+1.553\ 2}$$

去归一化，即以$\frac{s}{\omega_c}=\frac{s}{200}$代替 $H(s)$ 表达式中的 s，整理得

$$H(s)=\frac{0.083\ 97(s^2+699\ 411)}{s^2+271.4s+62\ 212.8}$$

8.5　贝塞尔逼近

前面介绍的几种逼近方法，都是对转移函数幅频特性的逼近，均未研究转移函数的相频特性问题。在数字或图像传输系统中，时延失真(或相位失真）的影响很大，不能忽视。在这一节中，将讨论另一种逼近 —— 时延逼近，或称相位逼近。贝塞尔逼近是时延逼近的一种。

若一个滤波器的输出脉冲波形 $u_o(t)$ 与输入脉冲波形 $u_{in}(t)$ 完全相同，仅仅有一个延迟时间 τ，如图 8.5.1 所示，则该滤波器被认为具有理想的瞬态响应。两者关系为

$$u_o(t)=u_{in}(t-\tau) \tag{8.5.1}$$

式中，τ 表示脉冲延迟时间。

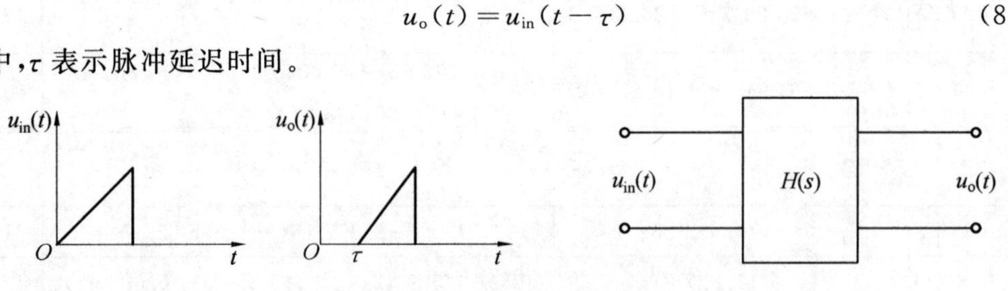

图 8.5.1　理想延迟特性

式(8.5.1)两边取拉普拉斯变换得

$$U_o(s)=U_{in}(s)e^{-s\tau} \tag{8.5.2}$$

或写成转移函数,表示为

$$H(s)=\frac{U_o(s)}{U_{in}(s)}=e^{-s\tau} \tag{8.5.3}$$

令 $s=j\omega$ 得

$$H(j\omega)=e^{-j\omega\tau} \tag{8.5.4}$$

则幅频特性和相频特性为

$$|H(j\omega)|=1 \tag{8.5.5}$$

$$\theta(\omega)=\angle H(j\omega)=-\omega\tau \tag{8.5.6}$$

时延的定义为

$$\tau(\omega)=-\frac{d\theta(\omega)}{d\omega}=\tau \tag{8.5.7}$$

由式(8.5.5)～(8.5.7)可见,如果转移函数的相频特性 $\theta(\omega)$ 是 ω 的线性函数,则时延 $\tau(\omega)$ 为一常数 τ。反之,若网络的时延随频率而变化,就会使输出脉冲的波形发生畸变。这是因为一个脉冲是由许多不同频率的信号组合而成的,通过网络传递后,不同频率的信号受到不同的时延,结果就会使输出脉冲的波形畸变。时延变化越大,波形畸变就越厉害,因此,通带内的时延变化量是衡量网络传输脉冲质量的重要指标之一。

由式(8.5.3)可知,具有理想延迟特性的转移函数为

$$H(s)=e^{-s\tau} \tag{8.5.8}$$

其相移与频率 ω 成正比,或者说网络传输的时延为定值 τ。显然,式(8.5.8)具有理想的时延特性。但是,这个函数是一个超越函数,不能用有限个集中参数元件的网络结构来实现。因此,必须用可物理实现的有理函数来逼近它。为了方便,将时延归一化为 1,即 $\tau=1$,得到该式的归一化函数为

$$H(s)=e^{-s}=\frac{1}{e^s}=\frac{1}{\cosh(s)+\sinh(s)} \tag{8.5.9}$$

下面将讨论如何用一个多项式来近似上式传递函数中的分母,当然,这个分母必须是霍氏多项式。假设这个近似多项式为

$$B_n(s)=b_0+b_1p+b_2p^2+\cdots+b_np^n=M(s)+N(s) \tag{8.5.10}$$

$B_n(s)$ 被称为 n 阶贝塞尔多项式,$M(s)$ 和 $N(s)$ 分别是 $B_n(s)$ 的偶部和奇部。式中的系数 b_i 要适当选取,使该式为物理可实现的霍氏多项式。我们知道,霍氏多项式的偶部和奇部的比值必为一电抗函数,而电抗函数按连分式展开时,其商都为正值。为了使式(8.5.10)与式(8.5.9)近似,可先将式(8.5.9)分母的 $\cosh(s)$ 和 $\sinh(s)$ 分别在 $s=0$ 处附近按泰勒级数展开,即

$$\cosh(s)=1+\frac{s^2}{2!}+\frac{s^4}{4!}+\frac{s^6}{6!}+\cdots \tag{8.5.11}$$

$$\sinh(s)=s+\frac{s^3}{3!}+\frac{s^5}{5!}+\frac{s^7}{7!}+\cdots \tag{8.5.12}$$

显然,$\cosh(s)$ 是偶函数,$\sinh(s)$ 是奇函数,将 $\cosh(s)/\sinh(s)$ 展开成连分式得

$$\frac{\cosh(s)}{\sinh(s)}=\frac{1}{s}+\cfrac{1}{\cfrac{3}{s}+\cfrac{1}{\cfrac{5}{s}+\cfrac{1}{\cfrac{7}{s}+\cdots}}} \tag{8.5.13}$$

因为式中各 $1/s$ 的系数都是正数,如果令式(8.5.10)的偶部和奇部比值的连分式展开与式(8.5.13)相同,并截取前 n 项即可得所要求的电抗函数,即

$$\frac{\cosh(s)}{\sinh(s)}=\frac{1}{s}+\cfrac{1}{\cfrac{3}{s}+\cfrac{1}{\cfrac{5}{s}+\cfrac{1}{\cfrac{2n-1}{s}}}}=\frac{M(s)}{N(s)} \tag{8.5.14}$$

式(8.5.14)即为 $s=0$ 处的 n 阶贝塞尔逼近。由于式中的商均为正值,因而由 $M(s)$ 和 $N(s)$ 组成的 $B_n(s)$ 一定是霍氏多项式。

如果 $n=2$,则

$$\frac{M(s)}{N(s)}=\frac{1}{s}+\cfrac{1}{\cfrac{3}{s}}=\frac{s^2+3}{3s}$$

可得二阶贝塞尔多项式为

$$B_2(s)=s^2+3s+3$$

二阶贝塞尔滤波器的转移函数为

$$H(s)=\frac{1}{k(s^2+3s+3)}$$

为了使 $H(0)=1$,应取 $k=1/3$。

如果 $n=3$,则

$$\frac{M(s)}{N(s)}=\frac{1}{s}+\cfrac{1}{\cfrac{3}{s}+\cfrac{1}{\cfrac{5}{s}}}=\frac{6s^2+15}{s^3+15s}$$

可得三阶贝塞尔滤波器的转移函数为

$$H(s)=\frac{1}{k(s^3+6s^2+15s+15)}$$

其中,$k=1/15$。依此类推,可以得到不同阶次下的贝塞尔多项式。不难推出 $n\geqslant 2$ 的贝塞尔多项式的递推关系式为

$$B_n(s)=(2n-1)B_{n-1}(s)+s^2B_{n-2}(s) \tag{8.5.15}$$

其中

$$B_0(s)=1$$

$$B_1(s)=s+1$$

利用式(8.5.15)可较容易地算出高阶贝塞尔多项式。斯托奇(Storch)给出了更直接的求贝塞尔多项式的公式,高阶贝塞尔多项式的一般表示式为

$$B_n(s)=\mathrm{e}^s=\sum_{i=1}^{n}b_is^i \tag{8.5.16}$$

其系数为

$$b_i = \frac{(2n-i)!}{2^{n-i} i! \ (n-i)!} \tag{8.5.17}$$

而一个高阶贝塞尔滤波器的传递函数的表示式为

$$H(s) = \frac{1}{kB_n(s)} \tag{8.5.18}$$

其中，$k = 1/b_0$。

表 8.5.1 给出了 $n \leqslant 7$ 的各阶归一化贝塞尔多项式 $B_n(s)$。如果时延 $\tau \neq 1$，则在贝塞尔多项式中应当以 $s\tau$ 代换 s。

表 8.5.1　$n \leqslant 7$ 的各阶归一化贝塞尔多项式 $B_n(s)$

n	$B_n(s)$
1	$s+1$
2	s^2+3s+3
3	$s^3+6s^2+15s+15$
4	$s^4+10s^3+45s^2+105s+105$
5	$s^5+15s^4+105s^2+420s^2+945s+945$
6	$s^6+21s^5+1\ 260s^3+4\ 725s^2+10\ 395s+10\ 395$
7	$s^7+28s^6+378s^5+3\ 150s^4+17\ 325s^3+62\ 370s^2+135\ 135s+135\ 135$

第9章　有源网络综合

前面章节中讨论了无源网络的综合。已经发现，只有正实函数才能用无源元件实现。在这节把范围扩大，允许在综合过程中采用有源元件，例如晶体管、负阻抗变换器、运算放大器等。采用有源元件使设计者不但能综合正实函数，还能综合非正实函数。对给定的网络函数进行有源综合，其主要优点是，整个综合不用电感，只用电阻、电容和运算放大器等有源元件即可完成。这意味着，有源网络可用集成电路构成（由于实际困难，目前电感尚不能包括在集成电路内）。有源网络和滤波器的上述优点以及其他特点（例如成本低、质量轻、可靠性高、灵敏度低等）已使它们得到越来越广泛的使用。前面的章节只讨论了策动点阻抗或导纳的综合，本章讨论转移函数的综合，特别是电压转移函数的综合。

9.1　有源元件

在设计线性有源网络时，常常采用一些有源元件，如广义阻抗变换器(GIC)、阻抗倒量变换器(GIL)、模拟电感和频变负阻(FDNR)等。

广义阻抗变换器

9.1.1　广义阻抗变换器

利用二端口网络组成的广义阻抗变换器如图9.1.1所示，当在网络的输出端口22′接上负载阻抗 Z_L 时，输入端口11′的等效阻抗为

$$Z_{in}=f(s)Z_L \tag{9.1.1}$$

式中，$f(s)$ 为变换因子，它通常是 s 的函数，是一个无量纲的量。

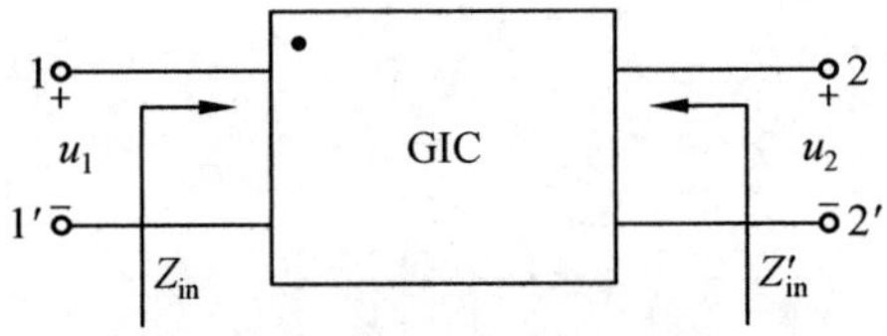

图9.1.1　广义阻抗变换器

根据二端口的 A 参数（传输参数）方程，输入端口的等效阻抗 Z_{in} 的计算表达式为

$$Z_{in}=\frac{\dot{U}_1}{\dot{I}_1}=\frac{A_{11}\dot{U}_2-A_{12}\dot{I}_2}{A_{21}\dot{U}_2-A_{22}\dot{I}_2}=\frac{A_{11}(-Z_L\dot{I}_2)-A_{12}\dot{I}_2}{A_{21}(-Z_L\dot{I}_2)-A_{22}\dot{I}_2}=\frac{A_{11}Z_L+A_{12}}{A_{21}Z_L+A_{22}} \tag{9.1.2}$$

如果二端口的 A 参数满足 $A_{12}=0$，$A_{21}=0$，则式(9.1.2)变为

$$Z_{in}=\frac{A_{11}}{A_{22}}Z_L=f(s)Z_L \tag{9.1.3}$$

其中，$f(s)=\dfrac{A_{11}}{A_{22}}$。

同理可得出当 GIC 的输入端 11′ 接负载阻抗 Z_L 时，输出端 22′ 的等效阻抗 Z'_{in} 为

$$Z'_{\text{in}}=\frac{A_{22}}{A_{11}}Z_L=\frac{Z_L}{f(s)} \tag{9.1.4}$$

式(9.1.4) 表明，当把 22′ 端作为输入端时，它也是一个广义阻抗变换器，只是这时的变换因子是 $f(s)$ 的倒数。由于输入端不同时，变换因子也不同，所以在 GIC 的符号图上通常要标明输入端(本书用“•”符号)。广义阻抗变换器的 A 参数矩阵($\mathbf{A}$) 为

$$\mathbf{A}=\begin{bmatrix}A_{11} & 0\\ 0 & A_{22}\end{bmatrix} \tag{9.1.5}$$

广义阻抗变换器一个常见的例子是理想变压器，如图 9.1.2 所示，变比为 $n:1$，它的端口特性方程为

$$\begin{cases}u_1=nu_2\\ i_1=-\dfrac{1}{n}i_2\end{cases} \tag{9.1.6}$$

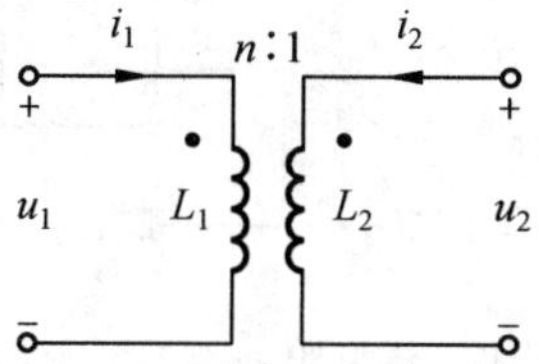

图 9.1.2　理想变压器

其对应的 A 参数矩阵为 $\begin{bmatrix}n & 0\\ 0 & 1/n\end{bmatrix}$，变换系数 $f(s)=A_{11}/A_{22}=n^2\geqslant 0$。将变换系数为正实数的广义阻抗变换器称为正阻抗变换器；将变换系数为负实数的广义阻抗变换器称为负阻抗变换器(NIC)。

负阻抗变换器可以用运算放大器来实现，图 9.1.3 是用一个运算放大器(单运算放大器) 来实现的变换系数为负实数的 GIC 电路。

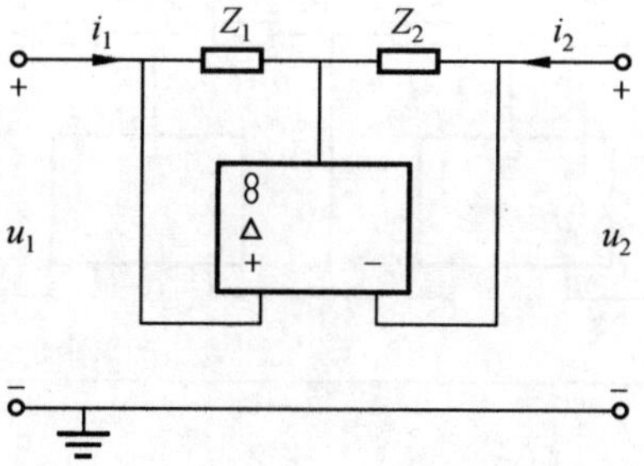

图 9.1.3　单运算放大器 GIC 电路

图 9.1.3 对应的端口特性方程为

$$\begin{cases}u_1=u_2\\ Z_1i_1=Z_2i_2\end{cases} \tag{9.1.7}$$

其对应的 A 参数矩阵和变换系数分别为

$$\boldsymbol{A}=\begin{bmatrix}1 & 0\\ 0 & -Z_2/Z_1\end{bmatrix},\quad f(s)=\frac{A_{11}}{A_{22}}=-\frac{Z_1}{Z_2} \tag{9.1.8}$$

若在图 9.1.3 的右端接负载阻抗 Z_L,则左端输入阻抗为

$$Z_{\text{in}}=f(s)Z_L=-\frac{Z_1}{Z_2}Z_L \tag{9.1.9}$$

由于图 9.1.3 的变换系数为负实数,因此称为负阻抗变换器。如果将该电路中的阻抗换成电阻,则称为负电阻变换器。负电阻变换器应用非常广泛,其常用电路如图 9.1.4 所示。对于图 9.1.4 所示电路,由于其 $u_1=u_2$,$i_1=-\frac{R_2}{R_1}i_2$,所以它是通过将电流反相来实现负阻变换的,因此又称为电流型负阻抗变换器(记为 INIC)。

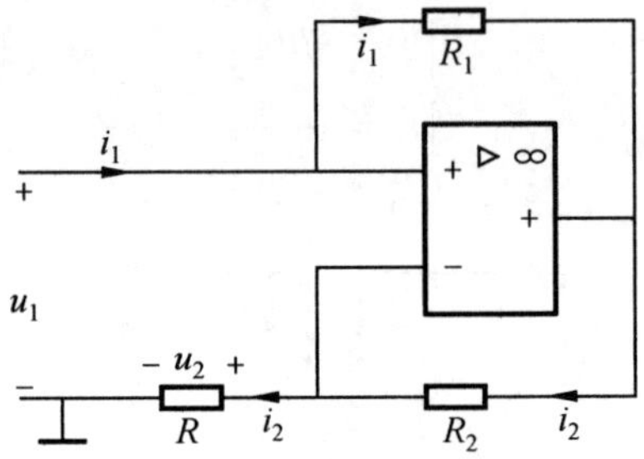

图 9.1.4　负电阻变换器的常用电路

将两个如图 9.1.3 所示的电路级联起来(图 9.1.5),也形成了一个广义阻抗变换器,按式(9.1.9),当在电路右端接负载阻抗 Z_L 时,左端输入阻抗为

$$Z_{\text{in}}=-\frac{Z_1}{Z_2}\left(-\frac{Z_3}{Z_4}Z_L\right)=\frac{Z_1Z_3}{Z_2Z_4}Z_L \tag{9.1.10}$$

其变换系数为

$$f(s)=\frac{Z_1Z_3}{Z_2Z_4}$$

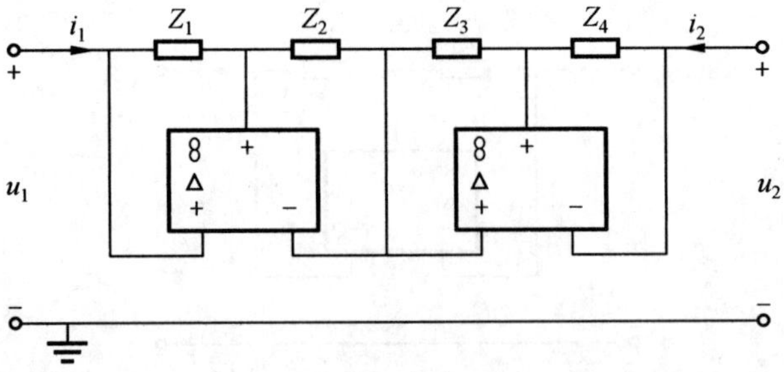

图 9.1.5　双运算放大器 GIC 电路

在图 9.1.5 所示的电路中,两级运算放大器之间无耦合。为了改善其稳定性,将两级运算放大器耦合,变成图 9.1.6 所示耦合型 GIC 电路,它就是常用的 GIC 电路。在性能上,图 9.1.5 与图9.1.6 是相同的,当在二者右端接负载阻抗 Z_L 时,其左端输入阻抗与式(9.1.10) 相同。

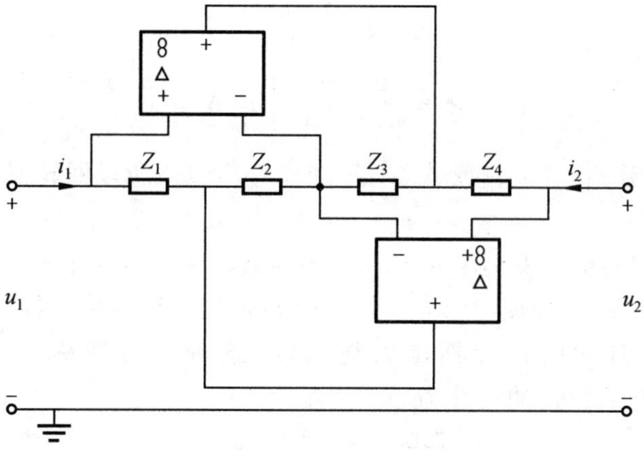

图 9.1.6　耦合型 GIC 电路

9.1.2　阻抗倒量变换器

阻抗倒量变换器

如果令式(9.1.2) 中的 $A_{11}=A_{22}=0$,则

$$Z_{\text{in}}=\frac{A_{12}}{A_{21}Z_L}=\frac{g(s)}{Z_L} \tag{9.1.11}$$

即输入阻抗与负载阻抗的倒量成正比，因此称式(9.1.11) 为阻抗倒量变换器。式(9.1.11) 中,$g(s)$ 为倒量系数,通常是 s 的函数。阻抗倒量变换器的 A 参数矩阵($\boldsymbol{A}$) 为

$$\boldsymbol{A}=\begin{bmatrix}0 & A_{12}\\ A_{21} & 0\end{bmatrix}$$

同理,可以得出当输入端 11′ 接负载阻抗 Z_L 时,输出端 22′ 的阻抗为 $Z'_{\text{in}}=\dfrac{A_{12}}{A_{21}Z_L}=\dfrac{g(s)}{Z_L}$,与式(9.1.11) 相同。因此,阻抗倒量变换器在两个方向的倒量系数相同。由式(9.1.10) 可以看出,若将图 9.1.5 或图 9.1.6 接上负载阻抗,并将 Z_2 或 Z_4 所接端口作为输出口,则该电路是一个 GII 电路。

回转器是 GII 电路的一种特例,其特征是 A_{12} 和 A_{21} 都是正实常数,即

$$A_{12}=r_1,\quad A_{21}=1/r_2,\quad g(s)=r_1r_2 \tag{9.1.12}$$

式中,r_1、r_2 称为回转器电阻。回转器符号如图 9.1.7(a) 所示,其端口方程和几种参数矩阵分别为

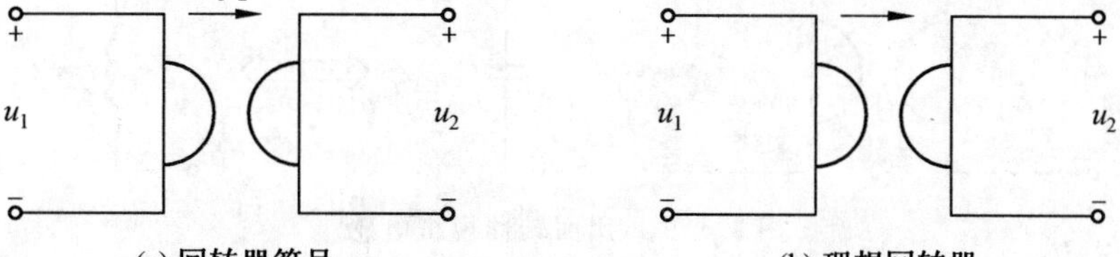

(a) 回转器符号　(b) 理想回转器

图 9.1.7　回转器

$$\begin{cases} u_1 = r_1(-i_2) \\ i_1 = u_2/r_2 \end{cases} \text{或} \begin{cases} u_1 = r_1(-i_2) \\ u_2 = r_2 i_1 \end{cases} \tag{9.1.13}$$

$$\boldsymbol{A} = \begin{bmatrix} 0 & r_1 \\ 1/r_2 & 0 \end{bmatrix},\quad \boldsymbol{Z} = \begin{bmatrix} 0 & -r_1 \\ r_2 & 0 \end{bmatrix},\quad \boldsymbol{Y} = \begin{bmatrix} 0 & 1/r_2 \\ -1/r_1 & 0 \end{bmatrix} \tag{9.1.14}$$

由上式可见,由于 $Z_{12} \neq Z_{21}$(或 $A_{11}A_{22} - A_{12}A_{21} \neq 1$),所以回转器是非互易网络。回转器的功率 P 为

$$P = u_1 i_1 + u_2 i_2 = -i_1 r_1 i_2 + i_2 r_2 i_1 = i_1 i_2 (r_2 - r_1) \tag{9.1.15}$$

如果回转器具有无源性,必须使 $P \geqslant 0$。由于 i_1、i_2 可以为任意值,因此只有 $r_1 = r_2$ 时回转器才具有无源性,并且此时回转器是无耗元件,这种回转器称为理想回转器,如图 9.1.7(b) 所示。理想回转器的特性为

$$\boldsymbol{A} = \begin{bmatrix} 0 & r \\ 1/r & 0 \end{bmatrix},\quad g(s) = r^2 \tag{9.1.16}$$

理想回转器虽有无源、无耗特性,但一般要用有源元件实现,图 9.1.8 为用运算放大器实现的回转器。

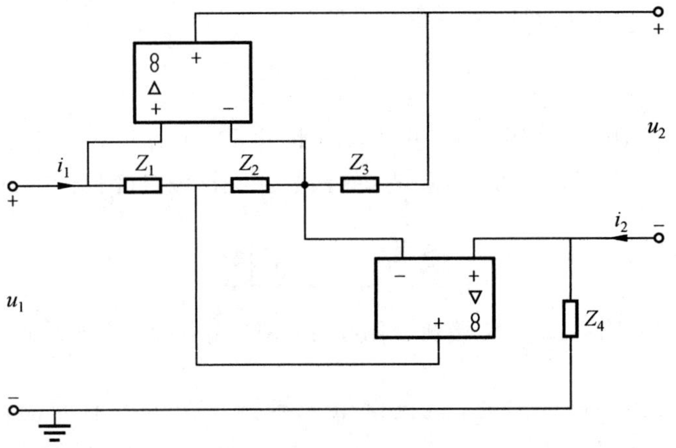

图 9.1.8 用运算放大器实现的回转器

模拟电感和频变负阻

9.1.3 模拟电感

回转器的一个重要的应用是模拟电感,如图 9.1.9 所示,在回转器的一个端口接电容 C,则在另一个端口的输入阻抗为

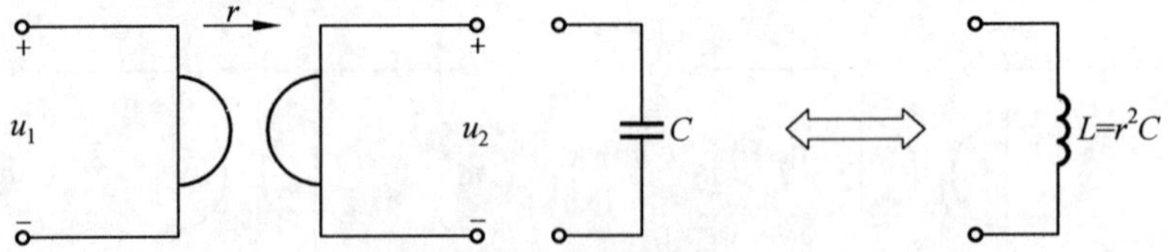

图 9.1.9 用回转器模拟电感

$$Z_{in} = r^2 sC = s(r^2 C) \tag{9.1.17}$$

其等效电感为 $L = r^2 C$。

回转器还可以用来模拟理想变压器，如图 9.1.10 所示，将两个回转器级联起来，这两个回转器的回转电阻分别为 r_1、r_2 及 r_1'、r_2'，则整个级联网络的传输参数为

$$\mathbf{A}=\begin{bmatrix}0 & r_1\\ 1/r_2 & 0\end{bmatrix}\begin{bmatrix}0 & r_1'\\ 1/r_2' & 0\end{bmatrix}=\begin{bmatrix}r_1/r_2' & 0\\ 0 & r_1'/r_2\end{bmatrix}\tag{9.1.18}$$

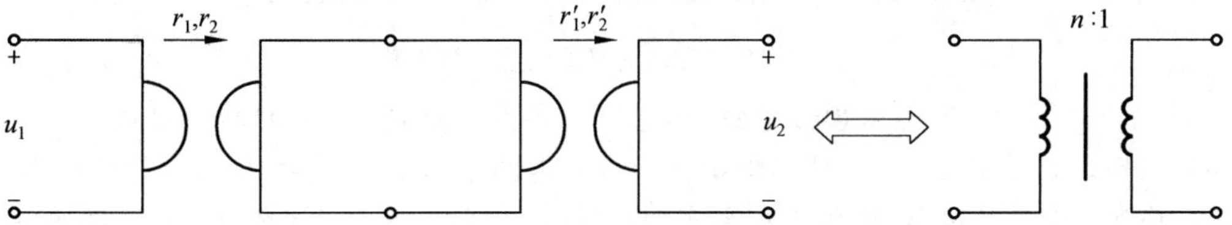

图 9.1.10　用回转器模拟理想变压器

将式(9.1.18)与理想变压器的传输特性进行对比可以看出，只要这两个回转器是对称的，即

$$\frac{r_1}{r_2'}=\frac{r_2}{r_1'}\tag{9.1.19}$$

则这两个网络相互等效。理想变压器的变比为

$$n=\frac{r_1}{r_2'}=\frac{r_2}{r_1'}\tag{9.1.20}$$

显然，任意两个完全一致的回转器，输出端与输出端对接起来，即 $r_2'=r_1$，$r_1'=r_2$ 可以等效一个 1∶1 的理想变压器。

回转器的输入端总有一端接地，因此图 9.1.9 模拟的是接地电感，但无源网络中有两端不接地的“浮地电感”，如用回转器来模拟，需要进行适当的网络变换。用一个 1∶1 的理想变压器和一个电感串联来进行等效，而理想变压器又可以用图 9.1.10 进行等效，图 9.1.11 表示了这种变换过程。

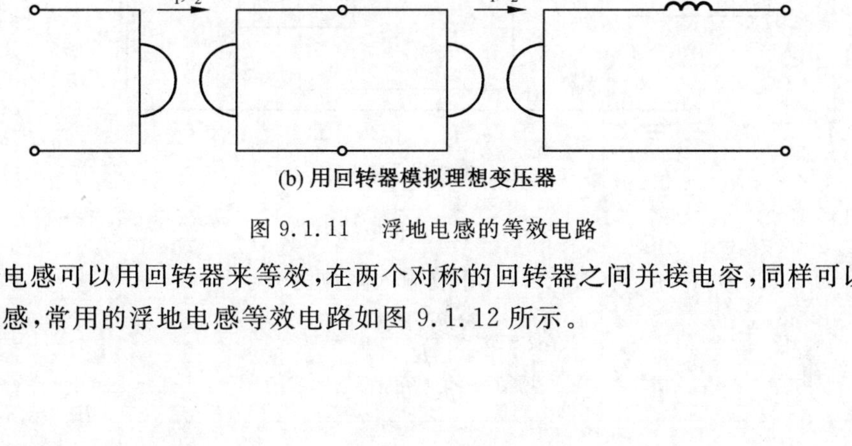

图 9.1.11　浮地电感的等效电路

由于电感可以用回转器来等效，在两个对称的回转器之间并接电容，同样可以模拟一个浮地电感，常用的浮地电感等效电路如图 9.1.12 所示。

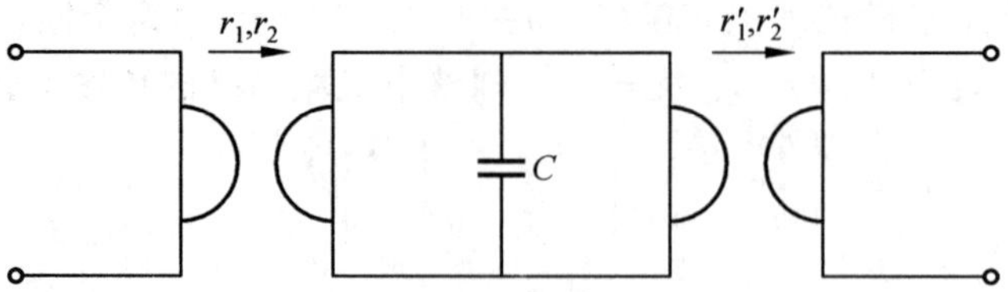

图 9.1.12　常用的浮地电感等效电路

前面论述了用回转器来模拟电感、理想变压器及浮地电感，而回转器可以用运算放大器来实现。如果将图9.1.6所示的耦合型GIC电路中的 Z_2 或 Z_4 所接端口作为输出口，则该电路是一个GII电路，即可以用来实现回转器。因此，在有源网络实现中，有两种类型的模拟电感电路，分别如图9.1.13(a)(b)所示。

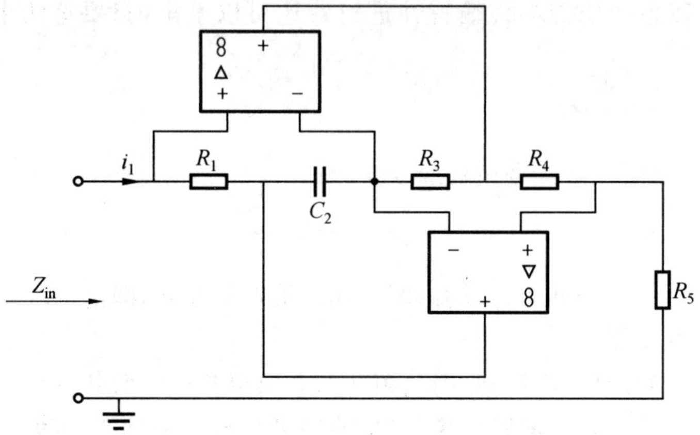

(a) Ⅰ型模拟电感电路

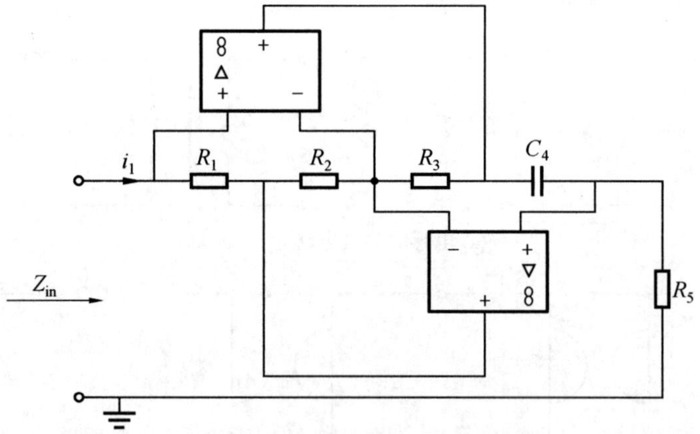

(b) Ⅱ型模拟电感电路

图 9.1.13　模拟电感电路

在图9.1.13(a)中，由式(9.1.10)，等效输入阻抗为

$$Z_{in}=s\frac{R_1R_3R_5C_2}{R_4}=sL \tag{9.1.21}$$

等效电感为

$$L=\frac{R_1R_3R_5C_2}{R_4} \tag{9.1.22}$$

在图 9.1.13(b) 中，将图 9.1.6 中的 Z_4 取成电容，其他阻抗为电阻，等效输入阻抗和等效电感值的计算方法与图 9.1.13(a) 相同，分别为

$$Z_{in}=s\frac{R_1R_3R_5C_4}{R_2}=sL,\quad L=\frac{R_1R_3R_5C_4}{R_2} \tag{9.1.23}$$

9.1.4　频变负阻

在图 9.1.6 中，将阻抗 Z_1、Z_3 用电容替换，其余阻抗用电阻替换，并在输出端口接负载电阻 R_5，则得出图 9.1.14(a) 所示的 DI 型频变负阻电路，其输入阻抗为

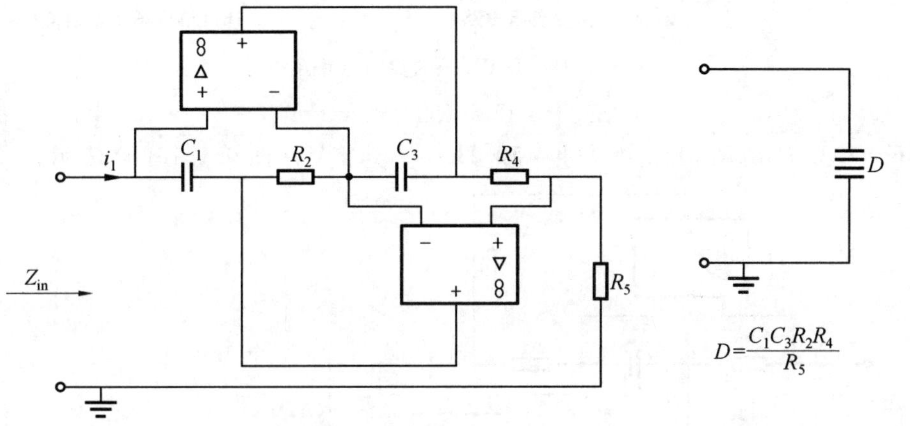

(a) DI型频变负阻电路　　(b) DI型频变负阻符号

图 9.1.14　DI 型频变负阻电路及符号

$$Z_{in}=\frac{R_5}{s^2C_1C_3R_2R_4}=\frac{1}{s^2D} \tag{9.1.24}$$

其中，$D=\dfrac{C_1C_3R_2R_4}{R_5}$，其量纲为法·秒[F·s]，当 $s=j\omega$ 时，

$$Z_{in}=-\frac{1}{\omega^2D} \tag{9.1.25}$$

显然其输入阻抗是随频率变化的负电阻元件，故称之为“频变负阻”，其符号用图 9.1.14(b) 表示。

如果图 9.1.6 中的 Z_1 和负载阻抗为电容，其他阻抗为电阻，则得出 9.1.15(a) 所示的 DII 型频变负阻电路，其输入阻抗为

$$Z_{in}=\frac{R_3}{s^2C_1C_5R_2R_4} \tag{9.1.26}$$

其符号用图 9.1.15(b) 表示。

如果图 9.1.6 中的 Z_1 和 Z_4 为电容，其他阻抗（包括负载阻抗）为电阻，则得出 9.1.16(a) 所示的 E 型频变负阻电路，其输入阻抗为

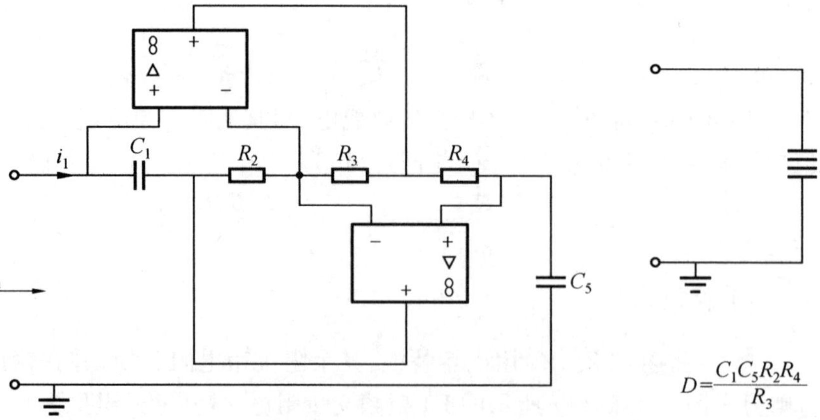

(a) DII型频变负阻电路　　(b) DII型频变负阻符号

图 9.1.15　DII 型频变负阻电路及符号

$$Z_{in}=s^2C_2C_4R_1R_3R_5=s^2E \tag{9.1.27}$$

其中,$E=C_2C_4R_1R_3R_5$,其量纲为亨·秒[H·s],其符号用图 9.1.16(b) 表示。

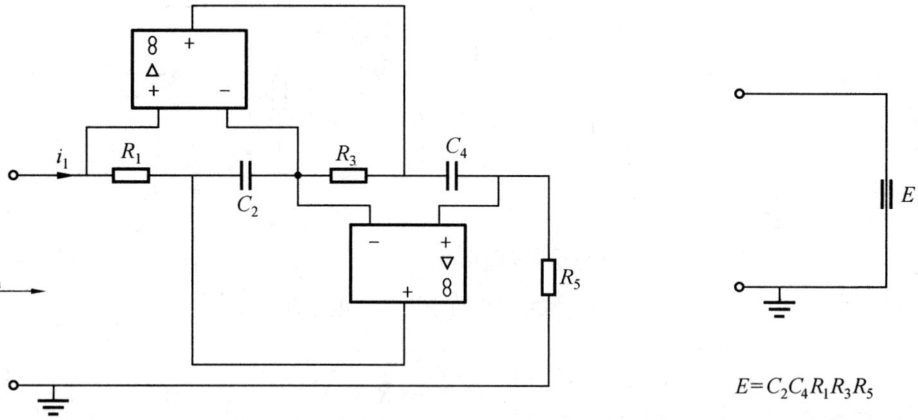

(a) E型频变负阻电路　　(b) E型频变负阻符号

图 9.1.16　E 型频变负阻电路及符号

9.2　基本节电路及特性

目前,在有源 RC 网络中,反馈放大器类型的电路还是应用得最普遍的。在这一类电路中,一个高阶的转移函数一般是很少用一节电路来实现的,因为这样做会使网络性能难以控制,并且网络特性对元件参数变化的灵敏度也太高。因此,在这一类电路中,总是将高阶转移函数首先分解为许多低阶函数的乘积,然后再将每个低阶函数用一节电路来实现,最后将这些低阶电路连接起来实现整个高阶转移函数,这就是连接型电路构成的基本方式。对应于基本节电路,这种低阶函数的基本形式一般有两种:一种是一阶节函数,它只能具有一个实数的极点或一个实数的零点;另一种是二阶节函数,它一般具有一对共轭极点或一对共轭零点。

一阶节函数

9.2.1　一阶节函数

有源滤波器二阶节和一阶节是级连实现的基本节，它的特性对高阶滤波器起重要作用。基本节电路所实现的一阶和二阶节函数称为基本节函数。

下面分析一个简单的一阶 RC 滤波电路，如图 9.2.1 所示的 RC 串联电路，其电压转移函数为

$$H(\mathrm{j}\omega)=\frac{\dot{U}_C}{\dot{U}}=\frac{\dfrac{1}{\mathrm{j}\omega C}}{R+\dfrac{1}{\mathrm{j}\omega C}}=\frac{1}{1+\mathrm{j}\omega CR} \tag{9.2.1}$$

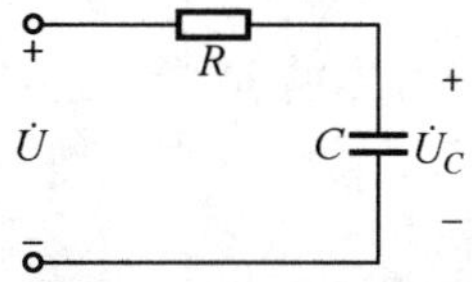

图 9.2.1　RC 串联电路

将 $\dot{U}_C$、$\dot{U}$ 和 $H(\mathrm{j}\omega)$ 都写成极坐标式，即

$$|H(\mathrm{j}\omega)|\angle\theta(\omega)=\frac{U_C\angle\psi_C}{U\angle\psi}=\frac{U_C}{U}\angle(\psi_C-\psi)$$

由此可得

$$|H(\mathrm{j}\omega)|=\frac{U_C}{U} \tag{9.2.2}$$

$$\theta(\omega)=\psi_C-\psi \tag{9.2.3}$$

现在研究式(9.2.1)所表示的 RC 滤波电路的频率特性。式(9.2.1)中，R 与 C 之积具有时间的量纲，其倒数具有频率的量纲，可设

$$\omega_0=\frac{1}{RC}$$

称为一阶 RC 滤波电路的固有频率或自然频率(natural frequency)。将其代入式(9.2.1)得

$$H(\mathrm{j}\omega)=\frac{1}{1+\mathrm{j}\dfrac{\omega}{\omega_0}}=\frac{1}{\sqrt{1+\left(\dfrac{\omega}{\omega_0}\right)^2}}\angle-\arctan\frac{\omega}{\omega_0} \tag{9.2.4}$$

根据上式便可绘制 $H(\mathrm{j}\omega)$ 的幅频和相频特性曲线。取频率的相对值 ω/ω_0 为 0,1,2,…,∞，计算 $|H(\mathrm{j}\omega)|$ 和 $\theta(\omega)$ 如下：

$\omega/\omega_0=0$ 时	$\lvert H(\mathrm{j}\omega)\rvert=1$	$\theta(\omega)=0^\circ$
$\omega/\omega_0=1$ 时	$\lvert H(\mathrm{j}\omega)\rvert=1/\sqrt{2}$	$\theta(\omega)=-45^\circ$
$\omega/\omega_0=2$ 时	$\lvert H(\mathrm{j}\omega)\rvert=1/\sqrt{5}$	$\theta(\omega)\approx-63.43^\circ$
⋮	⋮	⋮
$\omega/\omega_0=\infty$ 时	$\lvert H(\mathrm{j}\omega)\rvert=0$	$\theta(\omega)=-90^\circ$

根据这组数据绘制的一阶 RC 滤波电路的幅频和相频特性曲线如图 9.2.2 所示。

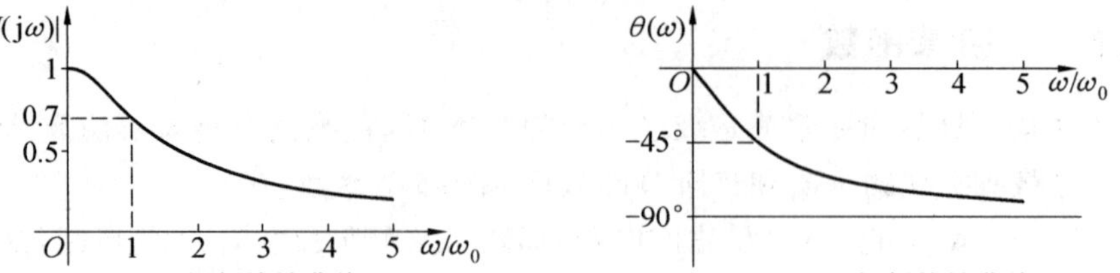

(a) 幅频特性曲线 (b) 相频特性曲线

图 9.2.2 一阶 RC 滤波电路的频率特性

一阶函数的最一般形式为

$$H(s)=\frac{a_1 s+a_0}{s+b_0} \tag{9.2.5}$$

该一阶节函数的传输极点为 $s=-b_0$，传输零点为 $s=-a_0/a_1$。式(9.2.5) 也可以用截止频率 ω_0 的形式来表示，即

$$H(s)=\frac{a_1 s+a_0}{s+\omega_0} \tag{9.2.6}$$

分子的系数决定滤波电路的类型。当 $a_1=0$ 时，为低通滤波电路，其转移函数为

$$H(s)=\frac{a_0}{s+\omega_0} \tag{9.2.7}$$

一阶低通滤波电路的零、极点分布如图 9.2.3(a) 所示。由图可见，它有一个位于 $-\omega_0$ 处的极点和位于无穷远处的零点。图 9.2.3(b) 和图 9.2.3(c) 给出了用无源元件和有源元件实现的一阶低通滤波电路。

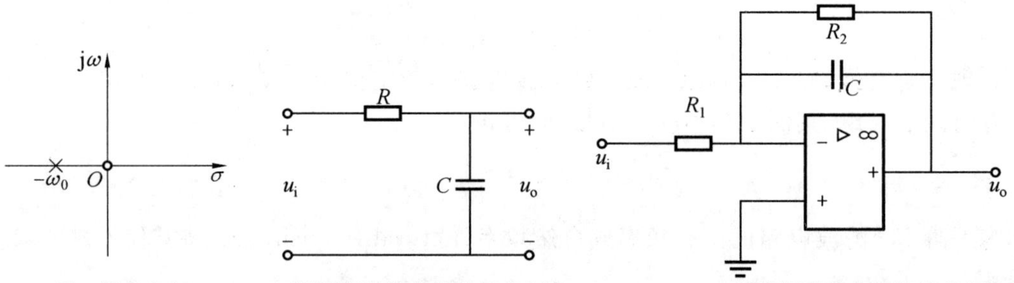

(a) 零、极点分布 (b) 用无源元件实现的相应电路 (c) 用有源元件实现的相应电路

图 9.2.3 一阶低通滤波电路的零、极点分布及无源、有源实现电路

从上例看出，一个转移函数可以用无源电路实现，也可以用有源电路实现。但是有源电路有很多优点：一是体积小、质量轻；二是可获得一定的增益，使电路更加灵活；三是转移函数各参数可以做到独立调节，而不互相影响；四是当电路的输出量从运算放大器的输出端取出时，整个电路具有低的输出阻抗。这样，在电路接上负载以后，不会影响电路的转移函数，便于各电路的直接级连。这一特性在滤波器中尤为重要。但有源电路的不足之处是受有源元件有限带宽的影响，其工作频率较无源电路工作频率低。另外，由于其使用的元件比无源电路中的多，它的灵敏度比较高。

式(9.2.6) 中，当 $a_0=0$ 时，为高通滤波电路，其转移函数为

$$H(s)=\frac{a_1 s}{s+\omega_0} \tag{9.2.8}$$

一阶高通滤波电路的零、极点分布如图 9.2.4(a) 所示。由图可见，它有一个位于 $-\omega_0$ 处的极点和位于原点处的零点。图 9.2.4(b) 和图 9.2.4(c) 给出了用无源元件和有源元件实现的一阶高通滤波电路。

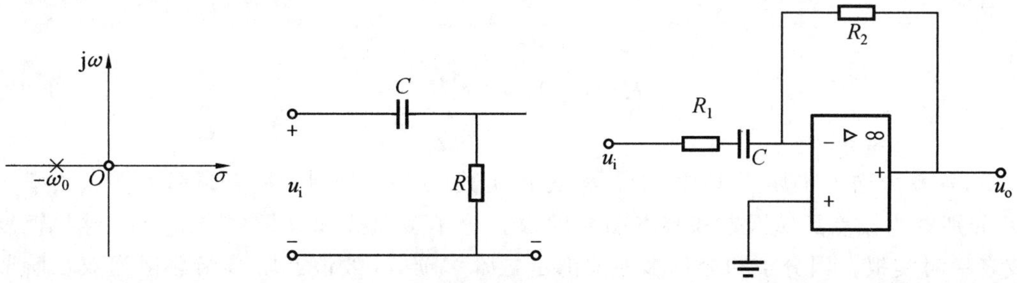

(a) 零、极点分布　(b) 用无源元件实现的相应电路　(c) 用有源元件实现的相应电路

图 9.2.4　一阶高通滤波电路的零、极点分布及无源、有源实现电路

式(9.2.6) 中，当 $a_0=-a_1\omega_0$ 时，为全通滤波电路，其转移函数为

$$H(s)=\frac{a_1 s+a_0}{s+\omega_0} \tag{9.2.9}$$

一阶全通滤波电路的幅频和相频特性曲线如图 9.2.5 所示。它的幅频特性为常数，相频特性随频率变化。一阶全通滤波电路用于相位整形系统中，其零、极点分布如图 9.2.6(a) 所示，由图可见，它的零、极点是关于 jω 轴镜像对称的。图 9.2.6(b) 和图 9.2.6(c) 给出了用无源元件和有源元件实现的一阶全通滤波电路。

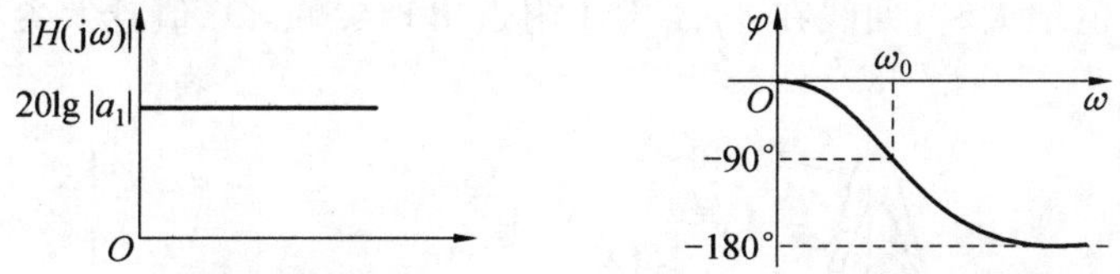

(a) 幅频特性曲线　(b) 相频特性曲线

图 9.2.5　一阶全通滤波电路的频率特性

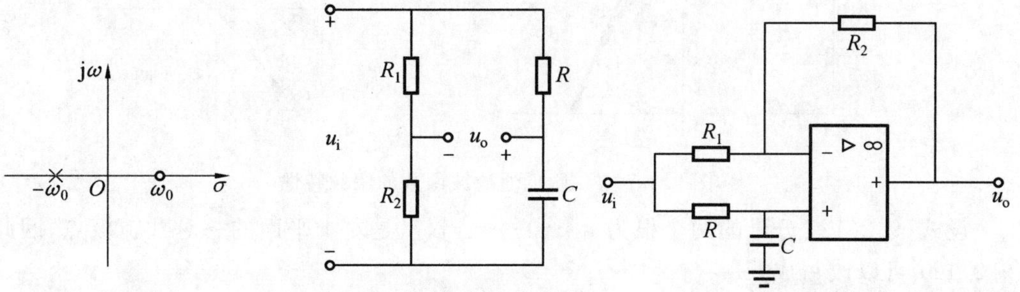

(a) 零、极点分布　(b) 用无源元件实现的相应电路　(c) 用有源元件实现的相应电路

图 9.2.6　一阶全通滤波电路的零、极点分布及无源、有源实现电路

二阶节函数

9.2.2 二阶节函数

二阶节函数的分子、分母均为 s 的二次式,其一般表达式为

$$H(s)=\frac{a_2s^2+a_1s+a_0}{b_2s^2+b_1s+b_0} \tag{9.2.10}$$

或写成

$$H(s)=K\frac{s^2+\frac{\omega_z}{Q_z}s+\omega_z^2}{s^2+\frac{\omega_p}{Q_p}s+\omega_p^2} \tag{9.2.11}$$

式中,各系数均为实数。其中 b_0、b_1、b_2 为正实数;ω_p、ω_z 分别为极点频率和零点频率;Q_p、Q_z 分别称为极点品质因数和零点品质因数。分子多项式和分母多项式有一对共轭复根或者一对实根。因分子和分母多项式都是二阶多项式,故该二阶节函数称为双二阶节函数。

当分子多项式的系数不同时,双二阶节函数将退化为下列 5 种情况。

1. 二阶低通滤波函数($a_1=a_2=0$)

式(9.2.10)中,当 $a_1=a_2=0$ 时,可实现二阶低通滤波函数。它的转移函数为

$$H(s)=\frac{a_0}{b_2s^2+b_1s+b_0}=\frac{K_0\omega_p^2}{s^2+\frac{\omega_p}{Q_p}s+\omega_p^2} \tag{9.2.12}$$

式中,K_0 是 $\omega=0$ 时的幅频响应,称为增益系数。当 $\omega=\omega_p$ 时,$|H(j\omega_p)|=Q_pK_0$。式(9.2.12)是参数 ω_p、Q_p 表示的二阶低通函数,幅频特性与 Q_p 值有关,如图 9.2.7 所示。由图可见,当 Q_p 值增大时,曲线在 $\omega/\omega_p=1$ 附近出现尖峰,Q_p 值越大尖峰越高。

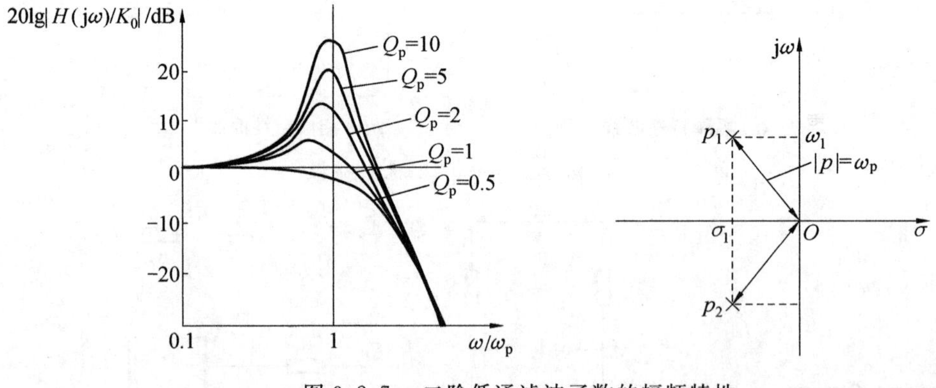

图 9.2.7 二阶低通滤波函数的幅频特性

设式(9.2.12)分母的两个根为 $s_{1,2}=-\sigma_1\pm j\omega_1$,是左半平面的一对共轭极点,因此式(9.2.12)可以改写成

$$H(s)=\frac{K_0\omega_p^2}{(s-s_1)(s-s_2)}=\frac{K_0\omega_p^2}{s^2+2\sigma_1s+\sigma_1^2+\omega_1^2} \tag{9.2.13}$$

其中

$$\begin{cases}\omega_p^2 = \sigma_1^2 + \omega_1^2 \\ Q_p = \omega_p / 2\sigma_1\end{cases} \tag{9.2.14}$$

由式(9.2.14)可以看出参数 ω_p、Q_p 的物理意义：

(1) ω_p 是极点 s_1 至原点的距离，是决定低通带宽的临界频率。

(2) Q_p 是分母多项式中常数项与一次项系数的比值，它的大小决定极点靠近虚轴的程度。$Q_p = 0.5$ 时，极点位于负实轴上。$Q_p > 0.5$ 时，$|H(j\omega)|$ 才会出现极值。$Q_p \to \infty$ 时，极点跑到虚轴上。这说明 Q_p 值越大，极点越靠近虚轴，滤波器的选择性越好。

2. 二阶高通滤波函数($a_1 = a_0 = 0$)

当 $a_1 = a_0 = 0$ 时，式(9.2.10)退化为二阶高通滤波函数：

$$H(s) = \frac{a_2 s^2}{b_2 s^2 + b_1 s + b_0} = \frac{K_0 s^2}{s^2 + \dfrac{\omega_p}{Q_p} s + \omega_p^2} \tag{9.2.15}$$

其幅频特性如图 9.2.8 所示，Q_p 所起的作用与低通时一样，K_0 则是 $\omega \to \infty$ 时的幅频响应。

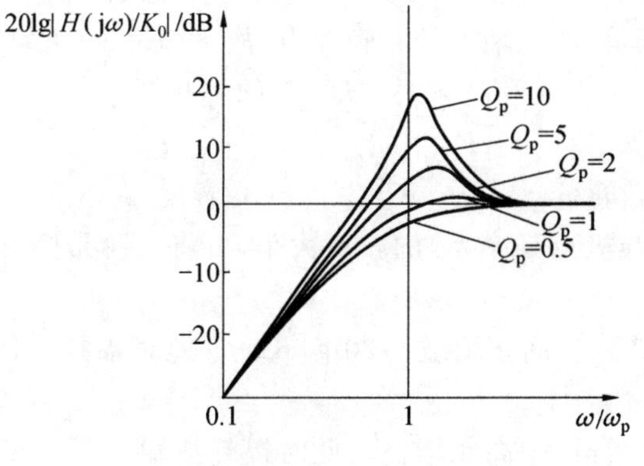

图 9.2.8　二阶高通滤波函数的幅频特性

3. 二阶带通滤波函数($a_2 = a_0 = 0$)

当 $a_2 = a_0 = 0$ 时，式(9.2.10)退化为二阶带通滤波函数：

$$H(s) = \frac{a_1 s}{b_2 s^2 + b_1 s + b_0} = K_0 \frac{\dfrac{\omega_p}{Q_p} s}{s^2 + \dfrac{\omega_p}{Q_p} s + \omega_p^2} \tag{9.2.16}$$

其幅频特性如图 9.2.9 所示，此时 ω_p 也是通带的中心频率，K_0 是 ω_p 处的幅频响应，$H(j\omega_p) = K_0$，相对带宽与 Q_p 之间有如下关系：

$$\frac{\Delta\omega}{\omega_p} = \frac{\omega_2 - \omega_1}{\omega_p} = \frac{1}{Q_p} \tag{9.2.17}$$

式中，ω_1、ω_2 是两旁幅频下降 3 dB 的临界频率。式(9.2.17)表明，相对带宽与 Q_p 成反比，Q_p 越高，幅频响应越尖锐，选择性越好。

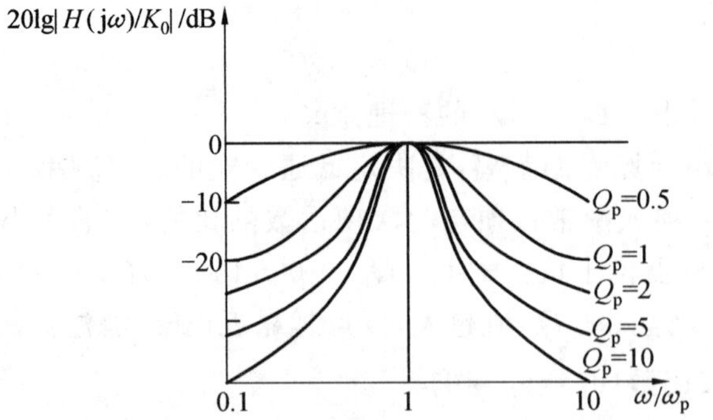

图 9.2.9　二阶带通滤波函数的幅频特性

4. 二阶带阻(陷波)滤波函数($a_1=0$)

当 $a_1=0$ 时,式(9.2.10)退化为二阶带阻(陷波滤波)函数:

$$H(s)=\frac{a_2s^2+a_0}{b_2s^2+b_1s+b_0}=K_0\frac{s^2+\omega_z^2}{s^2+\dfrac{\omega_p}{Q_p}s+\omega_p^2} \tag{9.2.18}$$

$H(s)$ 的传输零点为 $\pm j\omega_z$,即虚轴上的共轭零点,故 $H(j\omega)$ 的幅频特性 $|H(j\omega)|$ 在 $\omega=\omega_z$ 时出现零值(极小值)。在直流和高频时,$H(j\omega)$ 的幅频:

(1) 当 $\omega=0$ 时,$|H(j0)|=|K_0|(\omega_z^2/\omega_p^2)$;

(2) 当 $\omega\to\infty$ 时,$|H(j\infty)|\to|K_0|$。

根据零点频率 ω_z 与极点频率 ω_p 的相对大小,可将二阶带阻(陷波滤波)分为 3 种情形:

(1)$\omega_z=\omega_p$,直流增益=高频增益$=20\lg|K_0|$。此时幅频特性如图 9.2.10(a) 所示,一般称为陷波滤波。

(2) $\omega_z>\omega_p$,直流增益>高频增益。此时幅频特性如图 9.2.10(b) 所示,一般称为低通陷波。

(3) $\omega_z<\omega_p$,直流增益<高频增益。此时幅频特性如图 9.2.10(c) 所示,一般称为高通陷波。

5. 二阶全通滤波函数($a_0=b_0, a_1=-b_1, a_2=b_2=1$)

当 $a_0=b_0, a_1=-b_1, a_2=b_2=1$ 时,式(9.2.10)退化为二阶全通滤波函数:

$$H(s)=\frac{s^2-b_1s+b_0}{s^2+b_1s+b_0}=K_0\frac{s^2-\dfrac{\omega_p}{Q_p}s+\omega_p^2}{s^2+\dfrac{\omega_p}{Q_p}s+\omega_p^2} \tag{9.2.19}$$

一对零点和一对极点呈象限对称。

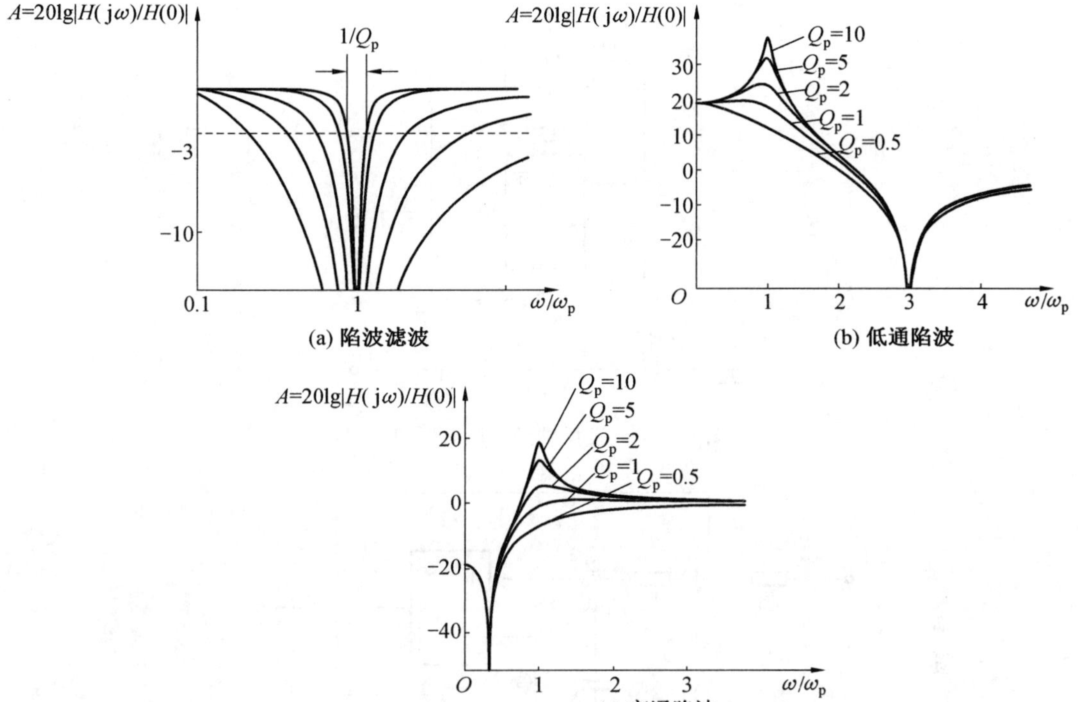

(a) 陷波滤波　(b) 低通陷波　(c) 高通陷波

图 9.2.10　幅频特性

9.3　基于反馈结构的二阶基本节电路

用运算放大器、电阻和电容构成的 RC 二阶有源电路是高阶有源滤波器的最基本电路。根据电路中含运算放大器个数的不同，可将二阶有源电路分为单运放型和多运放型两种。按照 RC 网络与运算放大器间的连接方式，又可将二阶有源电路分为正反馈型和负反馈型两种。本节将对基于反馈结构的单运放型二阶有源电路进行介绍。

9.3.1　正反馈型二阶有源电路

将 RC 网络接到运算放大器正反馈回路中构成的二阶有源电路称为正反馈型二阶有源电路，如图 9.3.1 所示。其中，有源元件为运算放大器，它的开环增益为 A。无源 RC 网络是一个四端网络，它的端子 1 和端子 3 分别接运算放大器的同相输入端和输出端，端子 2 接输入信号 u_i，端子 4 为公共接地端。电阻 R_a 和 R_b 组成分压电路并接到运算放大器的反相输入端，这是为了保证运算放大器工作在线性区。

1. 低通正反馈型电路

图 9.3.2 是一种常用的低通正反馈型电路，称为萨伦－凯(Sallen－Key)低通滤波电路，通过对该电路列写节点电压方程来求其转移电压比。

对节点 ①、节点 ② 和节点 ③ 列写节点电压方程：

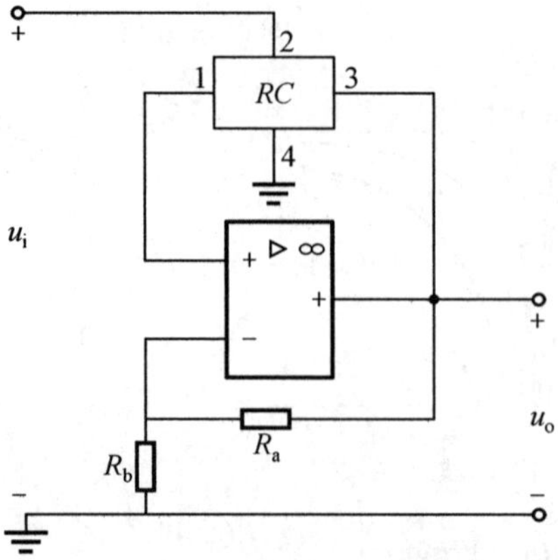

图 9.3.1 正反馈型二阶有源电路

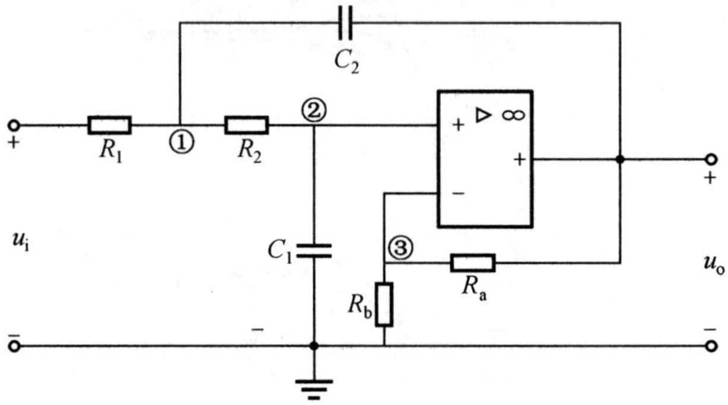

图 9.3.2 Sallen－Key 低通滤波电路

$$\begin{cases}\left(\dfrac{1}{R_1}+\dfrac{1}{R_2}+sC_2\right)U_{n1}(s)-\dfrac{1}{R_2}U_{n2}(s)-sC_2U_o(s)=\dfrac{U_i(s)}{R_1}\\ -\dfrac{1}{R_2}U_{n1}(s)+\left(\dfrac{1}{R_2}+sC_1\right)U_{n2}(s)=0\\ \left(\dfrac{1}{R_a}+\dfrac{1}{R_b}\right)U_{n3}(s)-\dfrac{1}{R_a}U_o(s)=0\end{cases} \tag{9.3.1}$$

补充理想运算放大器的端口电压方程:

$$U_{n2}(s)=U_{n3}(s) \tag{9.3.2}$$

联立方程(9.3.1)和方程(9.3.2)可得 Sallen－Key 低通滤波电路的电压转移函数为

$$H(s)=\frac{U_o(s)}{U_i(s)}=\frac{A/R_1}{R_2C_1C_2s^2+\left[C_2(1-A)+\dfrac{R_2C_1}{R_1}+C_1\right]s+\dfrac{1}{R_1}}=$$

$$\frac{A/(R_1R_2C_1C_2)}{s^2+\left[\left(\dfrac{1}{R_1}+\dfrac{1}{R_2}\right)\dfrac{1}{C_2}+(1-A)\dfrac{1}{R_2C_1}\right]s+\dfrac{1}{R_1R_2C_1C_2}} \tag{9.3.3}$$

式中,A 为同相放大器的开环增益,对理想运算放大器模型 $A=1+(R_a/R_b)$。

把式(9.3.3)与式(9.2.13)所示的标准二阶低通函数做比较,可得

$$\omega_p=\frac{1}{\sqrt{R_1R_2C_1C_2}} \tag{9.3.4}$$

$$Q_p=\frac{\omega_0}{\frac{1}{R_1C_1}+\frac{1}{R_2C_2}+\frac{1-A}{R_2C_1}} \tag{9.3.5}$$

$$K_0=A \tag{9.3.6}$$

由上面几个式子可知，待求量（电路中各元件值）多于方程数，所以其中一些元件值可以自由指定，其余元件值则由上述方程解出。下面列举几种设计方案。

（1）方案一：给定 Q_p 和 ω_p 时，可先设 $A=1$，$R_1=R_2=R$，由式（9.3.4）～（9.3.6）解得

$$C_1=\frac{2Q_p}{\omega_pR},\quad C_2=\frac{1}{2\omega_pQ_pR} \tag{9.3.7}$$

该方案的优点是灵敏度低，但是电容值相差很大（$C_1/C_2=4Q_p^2$），因此，一般只用在具有很低的极点 Q_p 的电路中，从生产角度考虑，则一般不采用该方案。

（2）方案二：为了减小元件值的分散性，选取等值电阻 $R_1=R_2=R$ 和等值电容 $C_1=C_2=C$，则

$$RC=\frac{1}{\omega_p},\quad A=3-\frac{1}{Q_p} \tag{9.3.8}$$

对给定的 ω_p，通常选取一个电容 C 值，求出电阻 R，然后根据 Q_p 的值求出 A，再根据 A 的值确定 R_a 和 R_b。

（3）方案三：先给出两个电容的比值和同相放大器的增益 A，然后确定两个电阻的比值。

【例 9.3.1】 已知 Sallen－Key 低通滤波电路如图 9.3.2 所示，其电压转移函数见式（9.3.3）。若 $\omega_p=10^4$ rad/s，$Q_p=1/\sqrt{2}$，求该 Sallen－Key 低通滤波电路的设计参数。

解　采用方案二进行设计。

（1）取 $R_1=R_2=R$，$C_1=C_2=C$，并选取 $C=1$ nF。

（2）根据给定的 ω_p 值，求出 R。

由于 $\omega_p=\frac{1}{\sqrt{R_1R_2C_1C_2}}=\frac{1}{RC}=10^4$，所以 $R=\frac{1}{10^4C}=\frac{1}{10^4\times10^{-9}}=10^5=100\ (\text{k}\Omega)$

（3）根据给定的 Q_p，求出 A。

$$Q_p=\frac{\omega_0}{\frac{1}{R_1C_1}+\frac{1}{R_2C_2}+\frac{1-A}{R_2C_1}}=\frac{\frac{1}{RC}}{\frac{1}{RC}+\frac{1}{RC}+\frac{1-A}{RC}}=\frac{1}{3-A}$$

所以

$$A=3-\frac{1}{Q_p}=3-\sqrt{2}\approx1.586，取\ A=2$$

（4）根据求出的 A 值，确定 R_a 和 R_b。

$$A=1+\frac{R_a}{R_b}=2,\quad R_a=R_b=10\ \text{k}\Omega$$

2. 高通正反馈型电路

将图 9.3.2 中 RC 网络部分的电阻和电容互调位置，如图 9.3.3 所示，就得到 Sallen－Key 高通滤波电路，这种变换称为 $RC-CR$ 变换法。其电压转移函数为

$$H(s)=\frac{U_o(s)}{U_i(s)}=\frac{As^2}{s^2+\left[\left(\frac{1}{C_1}+\frac{1}{C_2}\right)\frac{1}{R_1}+(1-A)\frac{1}{R_2C_1}\right]s+\frac{1}{R_1R_2C_1C_2}} \tag{9.3.9}$$

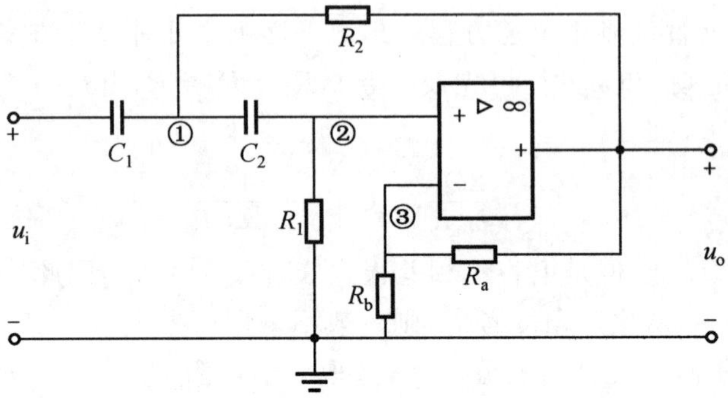

图 9.3.3 Sallen－Key 高通滤波电路

对 Sallen－Key 高通滤波电路进行设计，可以采用将式(9.3.9)与式(9.2.15)所示的标准二阶高通函数做比较的方法，还可以采用 $RC-CR$ 变换法，直接将低通滤波电路(低通原型电路)的设计结果用于高通滤波电路的设计上。

$RC-CR$ 变换的条件为

$$\begin{cases}R=\dfrac{1}{C_L\omega_{LP}}\\[2mm] C=\dfrac{1}{R_L\omega_{LP}}\end{cases} \tag{9.3.10}$$

式中，下标为 L 的参数为低通原型电路的参数；没有下标的为变换后高通滤波电路的参数。

【例 9.3.2】 用 $RC-CR$ 变换法综合高通滤波函数 $H(s)=\dfrac{As^2}{s^2+2.5s+25}$。采用 Sallen－Key 高通滤波电路来实现，并计算电路中各元件的参数，其中，A 为任意常数。(注：低通滤波电路参数采用方案二来计算。)

解 低通函数电路的设计：根据题意可得到相应的低通滤波函数为

$$H(s)=A\frac{25}{s^2+2.5s+25}$$

相应的参数为 $\omega_p=5$，$Q_p=2$。Sallen－Key 低通滤波电路如图 9.3.2 所示。

各参数计算如下：令 $R_1=R_2=R$，$C_1=C_2=C$，选取 $C=1\ \mu$F。

$$\omega_p=\frac{1}{\sqrt{R_1R_2C_1C_2}}=\frac{1}{RC}=5\Rightarrow R=200\ \text{k}\Omega$$

$$Q_p=\frac{\omega_p}{\frac{1}{R_1C_2}+\frac{1}{R_2C_2}+\frac{1-A}{R_2C_1}}=\frac{\frac{1}{RC}}{\frac{1}{RC}+\frac{1}{RC}+\frac{1-A}{RC}}=\frac{1}{3-A}=2\Rightarrow \text{取 } A=2.5$$

$A=1+\dfrac{R_a}{R_b}$，取 $R_a=3\ \mathrm{k\Omega}$，$R_b=2\ \mathrm{k\Omega}$。

根据 $RC-CR$ 变换法，对应的高通电路如图 9.3.3 所示。对应的参数为

$$R_1=R_2=R=\frac{1}{C_L\omega_L}=200\ \mathrm{k\Omega},C_1=C_2=C=\frac{1}{R_L\omega_L}=1\ \mu\mathrm{F},R_a=3\ \mathrm{k\Omega},R_b=2\ \mathrm{k\Omega}$$

9.3.2　负反馈型二阶有源电路

将 RC 网络接到运算放大器负反馈回路中构成的二阶有源电路称为负反馈型二阶有源电路，如图 9.3.4 所示。

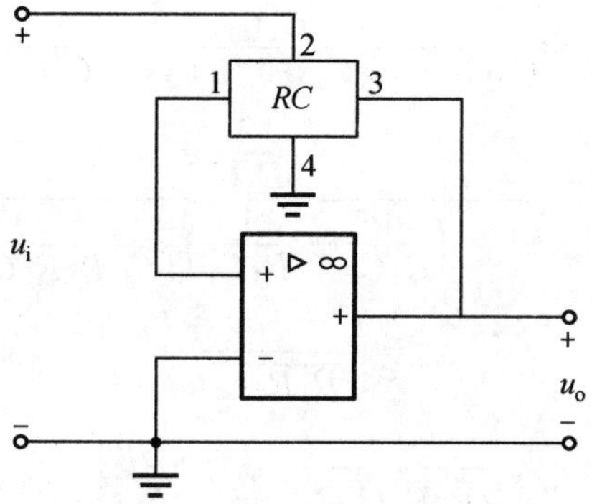

图 9.3.4　负反馈型二阶有源电路

1. 低通负反馈型电路

图 9.3.5 所示电路为低通负反馈型电路，对节点 ①、节点 ② 列写节点电压方程得

$$\begin{cases}\left(\dfrac{1}{R_1}+\dfrac{1}{R_2}+\dfrac{1}{R_3}+sC_1\right)U_{n1}(s)-\dfrac{1}{R_3}U_{n2}(s)-\dfrac{1}{R_2}U_o(s)=\dfrac{U_i(s)}{R_1}\\-\dfrac{1}{R_3}U_{n1}(s)+\left(\dfrac{1}{R_3}+sC_2\right)U_{n2}(s)-sC_2U_o(s)=0\\U_{n2}(s)=0\end{cases}\tag{9.3.11}$$

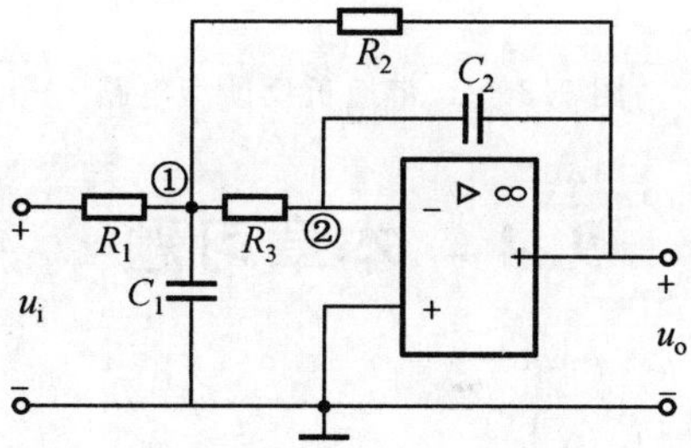

图 9.3.5　低通负反馈型电路

其电压转移函数为

$$H(s)=\frac{\dfrac{-1}{R_1R_3C_1C_2}}{s^2+\dfrac{1}{C_1}\left(\dfrac{1}{R_1}+\dfrac{1}{R_2}+\dfrac{1}{R_3}\right)s+\dfrac{1}{R_3R_2C_1C_2}}\tag{9.3.12}$$

$$\omega_p = \frac{1}{\sqrt{R_3 R_2 C_1 C_2}} \tag{9.3.13}$$

$$Q_p = \frac{\frac{1}{\sqrt{R_3 R_2 C_3 C_4}}}{\frac{1}{C_1}\left(\frac{1}{R_1} + \frac{1}{R_2} + \frac{1}{R_3}\right)} \tag{9.3.14}$$

可以仿照低通正反馈电路的设计方法,选择不同方案来设置电路参数。

2. 带通负反馈型电路

图 9.3.6 所示电路为带通负反馈型电路,其电压转移函数为

$$H(s) = \frac{G_1 C_1 s}{G_2 G_2 + G_2 C_2 s + G_1 C_2 s + C_2 C_1 s^2} =$$

$$\frac{\frac{1}{R_1 C_2} s}{s^2 + \left(\frac{1}{R_2 C_1} + \frac{1}{R_1 C_1}\right) s + \frac{1}{R_1 R_2 C_2 C_1}} \tag{9.3.15}$$

$$\omega_p = \frac{1}{\sqrt{R_1 R_2 C_1 C_2}} \tag{9.3.16}$$

$$Q_p = \frac{\frac{1}{\sqrt{R_1 R_2 C_1 C_2}}}{\frac{1}{R_2 C_1} + \frac{1}{R_1 C_1}} = \frac{\sqrt{\frac{C_1}{C_2}}}{\sqrt{\frac{R_1}{R_2}} + \sqrt{\frac{R_2}{R_1}}} \tag{9.3.17}$$

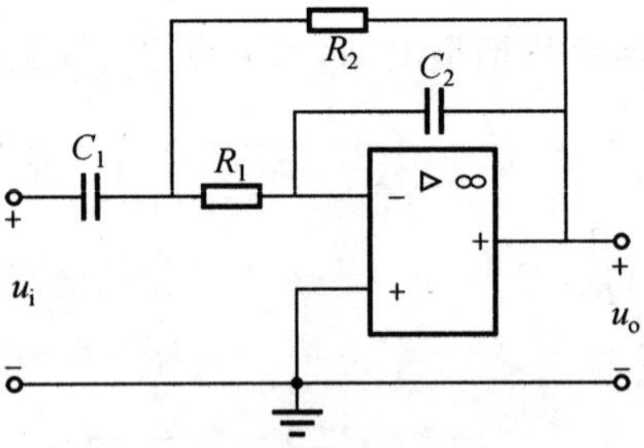

图 9.3.6　带通负反馈型电路

9.4　本章习题

1. 选择题

(1) 二阶节函数一般表达式为 $H(s) = \frac{a_2 s^2 + a_1 s + a_0}{b_2 s^2 + b_1 s + b_0}$,当分子多项式系数满足条件(　　)时为二阶带通滤波函数。

A. $a_1 = a_0 = 0$　　B. $a_1 = a_2 = 0$　　C. $a_1 = 0$　　D. $a_2 = a_0 = 0$

(2) 图 9.4.1 所示电路为(　　)。

A. 一阶全通滤波电路　　B. 一阶带通滤波电路

C. 一阶高通滤波电路　　　　D. 一阶低通滤波电路

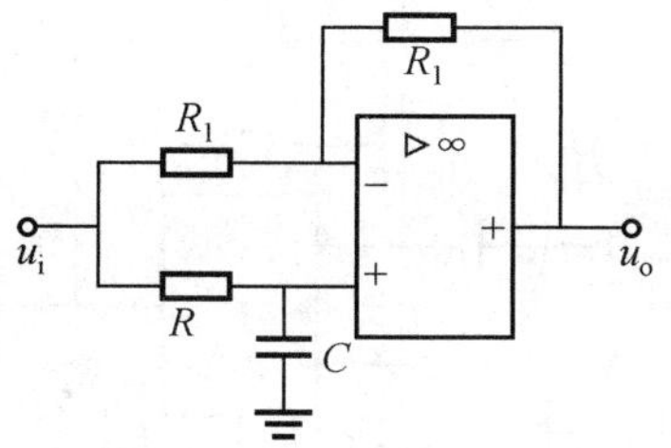

图 9.4.1

(3) 图 9.4.2 所示电路为(　　)。

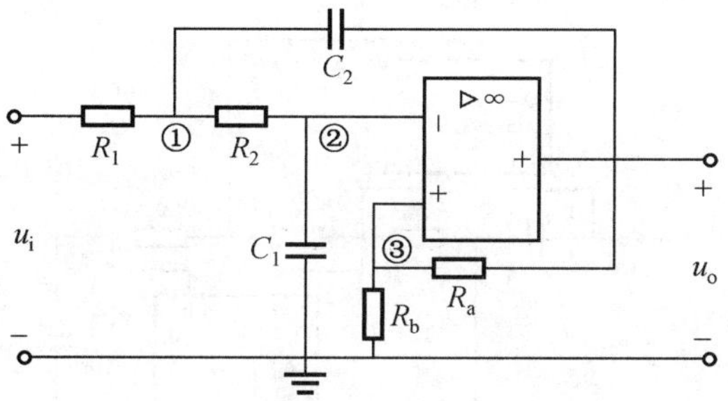

图 9.4.2

A. 二阶全通滤波电路　　　　B. 二阶带通滤波电路

C. 二阶高通滤波电路　　　　D. 二阶低通滤波电路

(4) 二阶节函数一般表达式为 $H(s)=\dfrac{a_2 s^2+a_1 s+a_0}{b_2 s^2+b_1 s+b_0}$，当分子多项式系数满足条件(　　)时为二阶高通滤波函数。

A. $a_1=a_0=0$　　B. $a_1=a_2=0$　　C. $a_1=0$　　D. $a_2=a_0=0$

2. 填空题

(1) 函数 $H(s)=K_0\dfrac{s^2+\omega_z^2}{s^2+(\omega_p/Q_p)s+\omega_p^2}$ 是(　　)函数。

(2) 图 9.4.3 所示电路是(　　)电路。

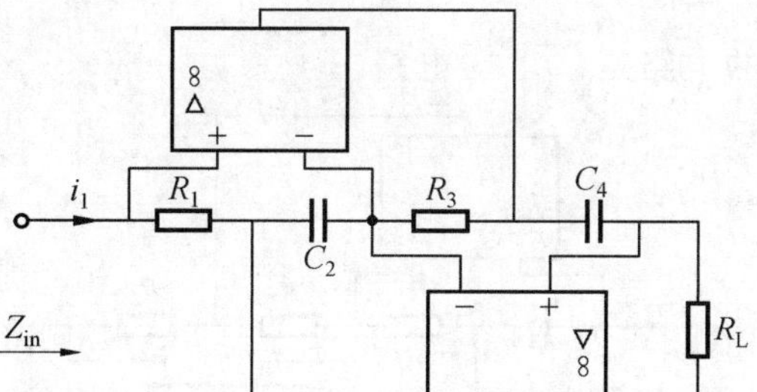

图 9.4.3

(3) 图 9.4.4 所示电路是(　　)电路。

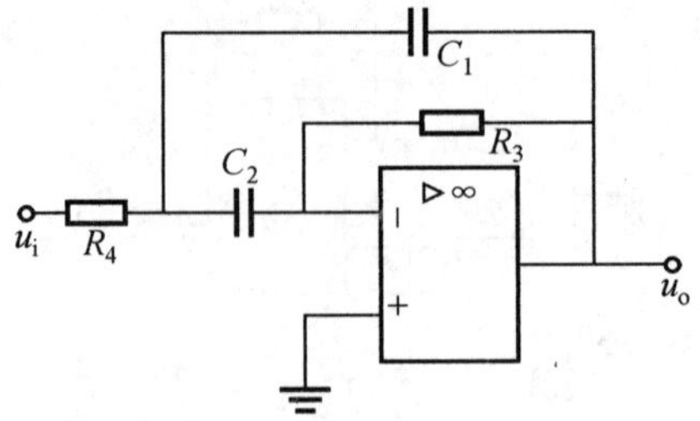

图 9.4.4

(4) 图 9.4.5 所示电路是(　　)电路。

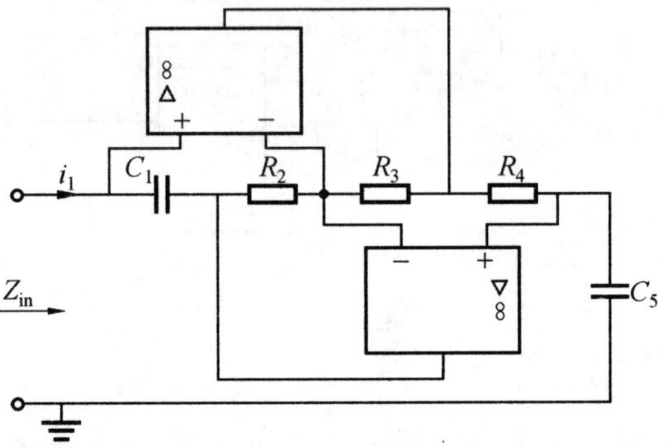

图 9.4.5

(5) 图 9.4.6 所示单运放 GIC 电路,其阻抗变换系数为(　　)。

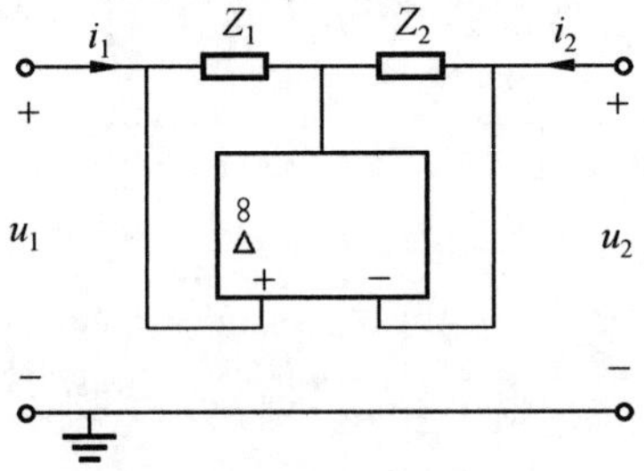

图 9.4.6

(6) 图 9.4.7 所示的电路是(　　)电路。

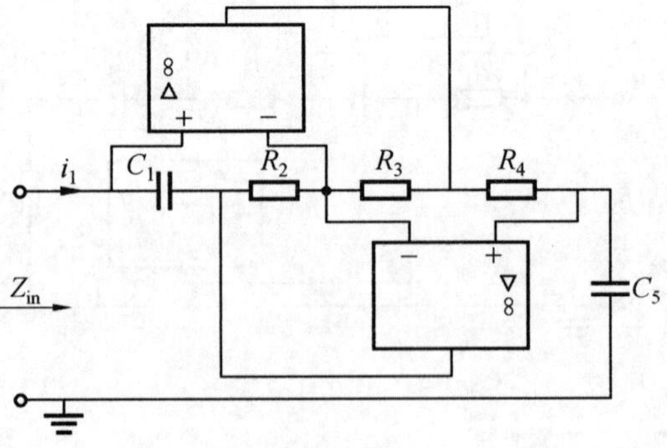

图 9.4.7

(7) 图 9.4.8 所示电路的端口输入阻抗 Z_{in} 为(　　)。

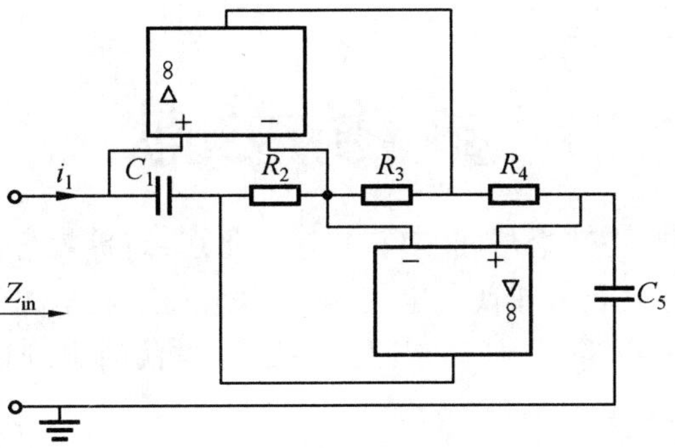

图 9.4.8

3. 分析与计算题

(1) 用 $RC-CR$ 变换法综合高通滤波函数 $H(s)=\dfrac{As^2}{s^2+2.5s+25}$。采用 Sallen－Key 高通滤波电路来实现,并计算电路中各元件的参数,其中,A 为任意常数。(注:低通滤波电路参数采用方案二来计算。)

(2) 用 $RC-CR$ 变换法综合高通滤波函数 $H(s)=\dfrac{As^2}{s^2+3s+81}$。采用具有正反馈结构的 Sallen－Key 高通滤波电路来实现,并计算电路中各元件的参数,其中,A 为任意常数。(注:低通滤波电路参数采用方案二来计算。)

参考文献

[1] 孙立山,陈希有. 电路理论基础[M]. 4 版. 北京:高等教育出版社, 2013.

[2] 张改荣. 关于图的关联矩阵秩的定理[J]. 山东轻工业学院学报,1995,9(2):75-77.

[3] 陈明, 李刚, 蔡晓静,等.一种关于图的关联矩阵秩的定理证明的新方法[J]. 数学的实践与认识, 2012, 42(9):258-262.

[4] 袁国干. 用网络拓扑分析含受控源电路的一种系统方法[J]. 天津轻工业学院学报, 1996 (2): 12-17.

[5] 陈惠开, 吴新余, 吴叔美. 现代网络分析[M]. 北京:人民邮电出版社,1992.

[6] 刘健, 陈治明, 严百平. 几种开关电容网络及其对 DC-DC 变换器的改善[J]. 电工技术, 1999(9): 10-12,30.

[7] 曲朝霞, 王焱, 邢宝玲, 等. 特有树与电路状态方程的建立[J]. 济南大学学报(自然科学版),2001,15(4): 352-354.

[8] 陈叹辞, 刘洪臣, 孙士鑫. 电路分析的观察法和矩阵法的等效证明[J]. 电气电子教学学报, 2020,42(2):73-76,95.

[9] 陈叹辞, 刘洪臣, 孙士鑫. 电网络基本矩阵转置等式证明[J]. 电气电子教学学报, 2019,41(3):54-57.

[10] 俎云霄, 吕玉琴. 网络分析与综合[M]. 北京:机械工业出版社, 2007.

[11] 邱关源. 现代电路理论[M]. 北京:高等教育出版社, 2001.

[12] 吴宁. 电网络分析与综合[M]. 北京:科学出版社, 2003.

[13] 杨志民,马义德,张新国. 现代电路理论与设计[M]. 北京:清华大学出版社, 2009.

[14] 周庭阳, 张红岩. 电网络理论:图论·方程·综合[M]. 北京:机械工业出版社, 2008.

[15] 黄席春, 高顺泉. 滤波器综合法设计原理[M]. 北京:人民邮电出版社,1978.

[16] 付永庆. 网络分析导论[M]. 哈尔滨:哈尔滨工程大学出版社,2004.

[17] 黄香馥, 陈天麒, 李西平. 网络分析与综合导论[M]. 北京:中国铁道出版社,1989.

[18] 奚柏清. 网络分析与网路综合[M]. 北京:人民邮电出版社,1985.

[19] 安德森.网络分析与综合:一种现代系统理论研究法[M]. 董达生, 盛剑桓,译.北京:人民教育出版社,1982.

[20] 汪文秉, 邹理和. 网络综合原理[M]. 北京:国防工业出版社,1979.

[21] 刘宜伦, 王孝谦, 王德隽. 网络综合理论[M]. 北京:人民邮电出版社,1962.

[22] 刘洪臣, 杨爽. 单相 H 桥逆变器单极性正弦脉宽调制下的分岔及混沌行为研究[J]. 物理学报, 2013,62 (21): 44-50.

[23] LIU Hongchen, YANG Shuang. Study on nonlinear phenomena in Buck-Boost converter with Switched-Inductor structure[J]. Mathematical Problems in Engi-

neering，2013，12：907868-1-907868-9.

[24] 刘洪臣，杨爽，王国立，等. 基于开关电感结构的混合升压变换器非线性现象研究[J]. 物理学报，2013，62(15)：66-73.

[25] 刘洪臣，李飞，杨爽. 基于周期性扩频的单相 H 桥逆变器非线性现象的研究[J]. 物理学报，2013，62(11)：98-105.

[26] 刘洪臣，王云，苏振霞. 单相三电平 H 桥逆变器分岔现象的研究[J]. 物理学报，2013，62 (24)：50-57.

[27] LIU Hongchen，LI Fei，SU Zhenxia. Symmetrical dynamical characteristic of peak and valley current-mode controlled single-phase H-bridge inverter[J]. Chinese Physics B，2013，22 (11)：230-235.